Télescope
HUBBLE

d'après
un dessin
de P. Moguérou

致我的夫人

DICTIONNAIRE AMOUREUX DU CIEL ET DES ÉTOILES

星空词典

（修订版）

［法］郑春顺（Trinh Xuan Thuan）著

［法］凯瑟琳·迪布勒伊（Catherine Dubreuil）绘

李 涵 译

何治宏、刘孜铭 审校

北京联合出版公司
Beijing United Publishing Co.,Ltd. · 昭音

图书在版编目（CIP）数据

星空词典：修订版 /（法）郑春顺著；李涵译 --
北京：北京联合出版公司，2023.3（2024.4重印）
ISBN 978-7-5596-6453-2

Ⅰ.①星… Ⅱ.①郑…②李… Ⅲ.①天文学—词典
Ⅳ.①P1-61

中国版本图书馆CIP数据核字（2022）第182433号

TRINH XUAN THUAN, Dictionnaire amoureux du ciel et des étoiles
©Plon, 2009 - Simplified Chinese edition arranged through Dakai L'Agence

星空词典：修订版

作　　者：[法] 郑春顺（Trinh Xuan Thuan）
译　　者：李　涵
出 品 人：赵红仕
出版监制：刘　凯　赵鑫玮
选题策划：联合低音
特约编辑：王冰倩
责任编辑：徐　樟　黄　昕
装帧设计：鲁明静

关注联合低音

北京联合出版公司出版
（北京市西城区德外大街83号楼9层　100088）
北京联合天畅文化传播公司发行
北京美图印务有限公司印刷　新华书店经销
字数389千字　889毫米×1194毫米　1/32　19.5印张
2023年3月第1版　2024年4月第2次印刷
ISBN 978-7-5596-6453-2
定价：100.00元

出版说明

《星空词典》与《花园词典》分别由法国天文和园艺领域的专家写成。作者耗时数年，精心编写与星空和花园最密切相关的词条，用精彩的文字构建出关于这个主题的奇妙世界，带领我们走进一段或关于天文，或关于人文的旅程。

《易经》中有这样一句话："观乎天文，以察时变，观乎人文，以化成天下。"对天文和人文的关注与好奇，是古今不变、东西皆同的。星空是自然，花园是文明。了解自然，人类可以收敛起狂傲与自大，连爱因斯坦都说，面对浩瀚的宇宙，我们的所知只是沧海一粟；而了解文明，人类可以释放出接近神性的潜能和光辉，那么多巧夺天工的奇迹被建造出来，它们或还伫立在那里，或仅存于文字中，却始终用"美"来振动这颗孤独星球上所有人的心弦。两部词典一收一放，我们便在此之中找到自己应有的位置。

由于两部作品篇幅巨大、内容丰富，时空跨度如此之广，我们在选择译者时同样谨慎。李涵女士与曹帅先生都是非常杰出的法语译者，他们分别承担了两部词典的翻译工作，最大程度还原了原作的风采，并在一切细节处都力求完美。同时，为了能够打造成两本精致隽永、大小适宜的词典，我们针对原作简笔插画与内文的关系，在设计上重新做了对应调整；在切口增加词典特有的字母元素，你可以在相应位置找到字母，方便翻阅。

最后，希望读者不管是仰望浩瀚的星空，还是身处花园的世界，都可以获得畅游其中的愉悦感。

序

讨论天空、星辰、宇宙并不是一件简单的事情。宇宙是包含全部的整体，是全部存在的集合。因此，如何从无数"词目"中选择论述的话题呢？

首先，这本书集合了天体物理学中各种稀奇古怪的东西，它们被无处不在的引力塑造成了一些奇妙的实体。比如：一勺就约等于一头大象重的"白矮星"；尺寸与巴黎相同、不到一秒钟就能自转一圈的巨型宇宙灯塔"脉冲星"；太空中具有极强引力、能监禁光、螺旋吸积气体并将它们所有的能量转化为辐射耗散的"黑洞"；或者宇宙中本质最亮的物体"类星体射电源"，以及在它的核心中居住着的"超大质量黑洞"（依靠自身强大引力，可以肆无忌惮地撕碎所有经过其势力范围的可怜恒星，并用它们来"填饱肚子"）。这些都是一些非常典型的例子。

此外，这本书还包含一些探讨我们自身起源的词条。宇宙的历史与人类息息相关，是宇宙让我们这些"星际尘埃"出现。今天，我们认为宇宙诞生于一场不同寻常的"大爆炸"——由一个极小、极热、密度极大的太初状态而来。宇宙从充满了能量的真空中诞生后，在攀登复杂阶梯的过程中一直充满创造力和可能性。

这些"有关历史"的词条不仅讲述了大爆炸，还介绍了不同文化、不同时代的人们尝试理解自己所生活的世界而构想出来的神话传说——它们讲述了星系的起源，以及恒星的诞生、演化与死亡。恒星作为宇宙的发光熔炉，通过神奇的核炼金术，制造出构成行星以及生命所必需的化学元素——氢、氧、氮。这些元素组成的气体和尘埃构成星子，凝聚成为行星，并演化出生命繁衍所需的适宜环境：固体行星表面，液态水海洋以及具备保护功能的大气。

有一颗名为地球的行星，它围绕着一颗名为太阳的恒星运行。大约38亿年前，地球上有生命诞生了。书里有一些词条，讲述了生命从双螺旋结构的核酸分子（能够边分裂边复制的DNA），一直到基因突变、自然选择的冒险旅程。这形成了地球生命物种非凡的多样性。

最后，还有一些词条讲述了宇宙演化过程中另外一个关键步骤，即意识和思想的出现。

尽管如此，我们对宇宙的认知仍然笼罩着大片的疑云。你会看到一些词条提到，宇宙质量与能量总和的96%，是由神秘的"暗物质"，以及我们一无所知、谜团般的"暗能量"所构成！因此，宇宙演化史上两次巨大的飞跃（从无生命到有生命，从本能到意识）的原因，仍然深陷于神秘的泥潭之中。

有不少词条赞颂了太阳，它既是生命之源，也是地球的能量之源。还有一些词条赞颂了地球，这颗美丽的星球有广袤的蓝天和深邃的海洋。不过，另外一些词条讲述的是事情的反面：无休止破坏环境的人类正在成为地球、自己以及其他生命物种的威胁——智慧与意识是把双刃剑。

有些词条介绍了那些非凡的人物，他们或天赋异禀，或发现了新现象，或是从某些表面看来毫不相干的事实中瞥见了新关联。每当一个新关联横空出现时，科学都会向前迈进一大步。当牛顿意识到苹果的自由落体与月球绕着地球旋转都是受到一种唯一的力量支配时，他发现了万有引力。当爱因斯坦发现了时间与空间的相互关联时，他得到了相对论。

　　天文学是唯一不能在实验室中进行的科学。我们既不能靠机器重新制造大爆炸，也无法在试管中复制恒星。连接我们和宇宙的是光。首次巨大的进步发生在 1609 年。当时，伽利略将第一架望远镜瞄向了天空，他发现了千奇百怪的世界。第二次巨大的进步是人类让自己的眼睛"进入卫星轨道"：天文学家将天文望远镜送到大气层以外的轨道上，进而能够看到宇宙完整的调色盘，还可以摆脱大气湍流的干扰、获得毫无瑕疵的宇宙图像。

　　天文学不只是单纯地对宇宙中的物体及现象进行研究。除了纯粹的科学问题，天文学的思考还涉及形而上学。哥白尼把人类从宇宙中心的位置上赶了下来，引发了一场时至今日仍有影响力的革命。现代宇宙学深刻改变了我们对时空性质、物质起源、生命与意识的发展、有序和无序、混沌与和谐、因果关系与决定论等的看法。

　　宇宙的起源是什么？宇宙能够自发诞生吗？时间和空间有开端吗？宇宙有尽头吗？宇宙从哪儿来、到哪儿去？宇宙学家和天文学家借助物理与数学的动力锤，不断地敲击着现实的围墙——他们与理论学家相遇了。宇宙学研究的对象曾长期是宗教领域的专有财产，如今宇宙学赋予了其新的解释。"人择宇宙学原理"认为，宇宙从最开始就为生命的出现做出了异常精确的调整。这些延展引发了一个根本问题：我们的存在有意义吗？或者我们只是一场宇宙事故的产物，宇宙不得不制造了我们？如果我们支持自己的宇宙只是无数平行宇宙（亦称"多重宇宙"）中的一员这个假设，那么定律以及物理常数的精准调整就可被归为偶然事件。相反，如果只存在一个宇宙，即我们的宇宙，那就肯定需要一种解释——宇宙为何会为了人类的出现而进行如此非凡精密的原则校正了。有些人将这个原则称为"上帝"。

我笃信科学一定能在人类的文化领域重获属于自己的位置。过去，科学因一种过分破碎化、机械论、简化论的观点而远离了文化领域。然而这已经成为过去时了。在这本书中，我特别添加了一些词条，探索科学与美、与诗歌、与宗教之间的关系。科学与宗教是截然不同却互为补充的两扇窗，能够帮助人类更好地理解现实。

这本词典是为文化人准备的，不过读者并不需要具备特别深入的科学知识。我尽量选择了简单明了的论述方式，用最少的行业术语来进行严谨准确的写作。为了解释深奥的概念，我借助了一些比喻以及日常生活中的形象。我还在某些词条的结尾处推荐了一些文献，希望对那些想要做深入了解的读者有所帮助。

郑春顺

Trinh Xuan Thuan

2009 年 3 月，于夏洛茨维尔

目　录

（依照法语字母顺序排列）

C

D

G

H

I

J

K

宇宙年龄

今天的人们认为，宇宙大约诞生于 140 亿年前的一次大爆炸，由一个极小、极热且密度极大的状态产生。

天体物理学家如何推算出宇宙的年龄呢？

宇宙年龄，是指当初星系中所有物质聚集在一起的时刻与现在之间的时间间隔。要想得到这个间隔，理论上只需观测一个星系，测量其因宇宙膨胀而产生的距离以及退行速度，然后用第一个量除以另一个量。如同行驶在高速公路上，当你驶过一个标有距离巴黎 300 千米的指示牌，若此时行驶速度是 100 千米 / 时，通过简单的心算可知距离巴黎还有三个小时的车程。如果你一直保持匀速行驶，那么所得时间是准确的。同理，如果一个星系的退行速度始终如一，用距离除以速度得出的宇宙年龄也是准确的。

然而，大家都知道，事实并非如此简单。

宇宙存在的前 70 亿年减速膨胀，随后开始加速膨胀（详见：**暗能量：宇宙加速膨胀**）。仅用星系距离除以速度得出的宇宙年龄是不准确的，还要考虑减速和加速的影响。

计算宇宙年龄，等于测算星系之间的距离以及退行速度。星系的退行运动，是推算宇宙年龄的一个"宇宙沙漏"。星系间的退行速度也就是宇宙的膨胀速度，是容易测算的。**多普勒效应**（详见词条）指出，一个离我们而去的星系，其光线的红移与退行速度成正比。因此，只需借助分光镜分析星系的光线，并测量此光线的红移量就可得出其退行速度。测量星系间的距离更加困难。不过，天文学家找到了一些测量宇宙距离的巧妙方法，例如利用**造父变星**（详见词条）和**超新星**（详见词条）。他们测算了大量星系的距离以及退行速度，推出宇宙大约有 137 亿年的历史。通过研究**宇宙微波背景辐射**（详见词条），宇宙年龄得到重新修正。在考虑了宇宙膨胀运动的加速及减速等因素后，我们又为宇宙增添了 38 万年的历史。

除此之外，我们还有一个沙漏可以帮助推算宇宙年龄。事实上，宇宙中包含很多物体，例如地球或者球状星团中的古老恒星，人们可以十分精确地测量它们的年龄。它们应当比宇宙年轻，或者最多与宇宙同龄，因为按照字面意思理解，宇宙包含着万物，自然要比包含的万物年长。

球状星团是宇宙中最古老的存在。这些由百万颗恒星构成的球形团块形成于宇宙的头 10 亿年间，是确定宇宙年龄的重要角色。如何推算这些恒星的年龄呢？我们举个类似的例子，希望可以帮你更好地理解推算方法。假设有一个村庄，村内聚集了全法国 2009 年 1 月 1 日这一天出生的所有婴儿。毋庸置疑，这些婴儿会长大。他们每年同一天庆祝生日。他们中有些人长成了肥胖的人，其他人相对瘦削。肥胖的那部分人将会面临更多的心脏困扰以及停搏等风险，他们的寿命会变短，平均 50 岁。体重中等的那些人寿命为 75 岁，而那些最瘦的人将会更长寿，会活到 100 岁。假设你在 2029 年，也就是这些婴儿出生 20 年后拜访这个村庄。此时所有人都还活着。你会遇到不同体形的青年，肥胖的、中等身材的以及瘦削的，由此，你推算出他们的平均年龄应该小于50岁。30年后，即2059年，你故地重游。这一次，你只遇到了中等体重的以及瘦削的人。肥胖的人已经去世了。由此，你推算出村民的平均年龄应该在50到75岁之间。再过30年后，即2089年，你的儿子来到此地，他只遇到了非常瘦的人，由此，他推算出村民的年龄介于75~100岁之间。

同样，天文学家也可以通过研究住在"球状星团"村的"恒星"村民们的亮度或者质量（二者是有关联的：恒星质量越大，亮度越大）及颜色等物理特征，来推算它们的年龄。处于同一球状星团的所有恒星，和村庄的婴儿一样，在同一时间诞生于星际云的引力坍缩。和人类一样，有些恒星生来"肥胖"，比其他恒星更重、更亮。它们过快消耗燃料储备，短短几百万年后，生命便走向尽头。相反，质量和亮度相对较小的恒星精打细算，可以存活数十亿年。太阳就是一颗精打细算的恒星，已经生存了45亿年，还可以继续生存45亿年。比太阳更轻、更暗的那些恒星可以比太阳活更久：一颗只有太阳一半质量的恒星可以活200亿年。天文学家在拜访"球状星团"村时，只见到了一些瘦小虚弱、不太亮的恒星。他们得出，球状星团中恒星的年龄大约在110亿至180亿年之间。由于很难确定这些球状星团的距离，也不好确定其中恒星的真实亮度，加之恒星亮度变化的不确定因素，我们得出的这个年龄并不是十分精确。无论如何，通过星系退行得到的宇宙年龄也介于这两个数字之间：第二个宇宙沙漏给出了几乎相同的答案。

第三个宇宙沙漏比较好理解，它以某些放射性原子的寿命为基础。这些原子并非永恒存在的。一段时间后，它们会自发地发生衰变，并放射出一些有害粒子及辐射（长期暴露在放射性物质中会导致癌症），最终变为另外一种原子。最有名的例子是碳-14。（碳有另外两种更稳定的形式，碳-12和碳-13；此处数字表示原子核中质子和中子的数目总和。因而，这三种形式的原子核中都包含6个质子；碳-12包含6个中子，碳-13包含7个，而碳-14包含8个。这些由同一化学元素构成的质子数相同而中子数不同的原子被称作"同位素"。）碳-14的半衰期大约为6000年，也就是说，最初存在的碳原子在6000年后会消失一半。因此，如果碳-14最初有10 000个原子，6000年后剩5000个，1.8万年后剩1250个，以此类推。因此，只要数出一个物体中碳-14原子的个数，我们就可以推算出它的年龄。

这个宇宙沙漏令考古学家欣喜，却令赝造者忧心忡忡。通过这一方法，我们可以十分精确地推算出一切包含碳原子的物体的年龄，无论是最古老的手稿还是梵·高的画作，都会被标上准确的时间。

在宇宙的历史长河中，碳-14存活的时间如昙花一现。它的半衰期太短，无法承担宇宙沙漏这一重任。我们需要的是半衰期与宇宙年龄相近的原子——铀原子解除了我们的烦恼。这个铀不仅是核电站发电的燃料，还是广岛、长崎核爆浩劫的核心元素。一些大质量的恒星在爆炸末日产生了铀。有两种铀原子：半衰期为 10 亿年的铀 -235，以及半衰期为 65 亿年的铀 -238。由于铀 -235 消失的速度比铀 -238 快，随着时间变化，前者与后者原子数的比值逐渐变小。因此，铀可以作为我们的宇宙沙漏。事实表明，最古老的原子的年龄还是介于 100 亿至 200 亿年之间。

这些结果意义非凡：星系退行、恒星演化、原子衰变，这三个宇宙沙漏之间没有任何明显的先天联系，却不约而同地给出了相同区间的宇宙年龄，这绝非偶然。除非，这是一个故意诱导我们犯错的宇宙大阴谋。我们可以看到大爆炸理论的合理性，以及它要告诉我们的——宇宙不是永恒的；它有开端，大约在 140 亿年前。

Amas d'étoiles

星 团

恒星天生喜好群居。它们在星际分子云（详见：**恒星**）经历了引力坍缩以及云核碎裂的过程后诞生，同一时期形成的恒星群居于星团中。

在同一个星团中，质量小的恒星远多于质量大的恒星。因此，若诞生了一个质量等同于太阳的恒星，就会有数百个，甚至是数千个比太阳轻的恒星出现。大质量的年轻恒星在诞生后，其辐射会驱散气体，使星团离开茧状气囊，随后绽放异彩。

星团亦有老少之分。年轻的星团（小于 100 亿岁）诞生于银道面上。它们在 10 光年左右的直径范围内包含数百到数万颗恒星；这些星团形状不规则、密度低，同时包含着原生茧状气囊留下的气体和尘埃。昴宿星团就是一个年轻的星团，出生还不到 1 亿年，它位于金牛座中，距离地球约 390 光年。此外，它虽然包含数百颗恒星，人们用肉眼却通常看到最闪耀的七颗，因此被称作"七姊妹星团"。年轻星团包含的恒星相对较少，因此引力不够强大，无法永久地吸引恒星居民常驻于此。根据星团质量的不同，这些恒星会在数百年，甚至是上万年后，分散离去。因此，太阳在 45 亿年前诞生于一个类似的年轻星团，摆脱了星团的重力控制，随后作为独立天体继续存活。

古老的星团（130 亿—140 亿年，大约接近宇宙的年龄）完全不同。它们大约诞生于原始爆炸后的数十万到十亿年之间，与最古老的一批星系年龄相仿。因此，它们构成了宇宙的初始状态。古老星团分布在银河系周围的星系晕中，而不在其平面上；这些星团结构紧密，在 100 光年的直径范围里含有数十万，甚至数百万颗恒星；这些星团呈球状（因而被称作"球状星团"），几乎不再含有气体或者尘埃；大量的恒星使其拥有足够强大的引力，吸引恒星居民常驻于此。球状星团中的恒星不同于年轻星团中的恒星，它们不会分散离去。

仙女星系

　　在众多与银河系类似的星系中，仙女星系是离我们最近的。当然，还有很多距离我们更近的星系，例如环绕着银河系运转的大、小麦哲伦星系，它们的距离约为1.5万光年。然而它们属于矮星系，质量仅有银河系的几百分之一。银河系和仙女星系是本星系群中质量最大的两个，而本星系群就好像浩瀚宇宙沙滩上一个堆满沙子城堡的村落……

　　在仙女座的方向上（当然前提是我们能找到这个方向），我们可以用肉眼看到仙女星系。仙女星系和恒星的外观不一样，它是明亮的、扩散的，不是点状的。

　　仙女星系的发现是星系历史上具有里程碑意义的事件。20世纪初，一个根本性的问题仍未解决：银河系就是整个宇宙吗？还是宇宙并非局限于此？按照德国哲学家康德（1724—1804）提出的"宇宙岛"概念，除了宇宙，是否还存在类似的体系？1923年，美国天文学家爱德文·哈勃在威尔山上，利用当时新建的镜片直径达2.5米的世界最大望远镜，清晰地观测了仙女星系。这个巨大的星云里包含着许多恒星，其中有一些被称作**"造父变星"**（详见词条），其亮度有周期性变化。造父变星帮助哈勃计算出仙女星系的距离，同时也为他打开了通往银河系外的大门。哈勃当时观测到的距离是90万光年，日后实际距离被修正为230万光年。虽然当时的结果存有很大误差，却足以将仙女星系放到银河系外，因为银河系的直径仅为10万至18万光年。也就是说，现在从我们眼前掠过的仙女星系的光线，早在230万年前就已从仙女星系出发，而那时，最早的人类，正行走在地球上，行走在非洲草原的某处。

仙女星系是一个旋涡星系，是银河系的双胞胎姐妹。突然间，宇宙中挤满了不同的星系。康德的"宇宙岛"假说得到了证实。宇宙变得越来越大，不久，银河系会迷失在由数千亿个星系构成的浩瀚宇宙之中，如同太阳系迷失在浩瀚的银河系之中。银河系已经不是独一无二的存在了……

仙女星系：将与银河系碰撞的预言

如今，距我们230万光年的仙女星系正以90千米/秒的速度向我们靠近。大约再过30亿年，它就会与银河系发生碰撞，并与之合二为一。那时，对地球上的生命将会产生什么影响呢？

这一宇宙大事件对银河系的不同组成部分会产生不同的影响。受其影响最大的是巨大的星际气体云，它包含了大量的分子（因此被称作"分子云"）。分子云的体积较大（几十光年），因而在碰撞的时候，身处两个星系的分子云会正面交锋，产生超强冲击波。这些冲击波会压缩气体，使气体温度上升至1000多万开，氢核聚变成氦，从而形成大量新的恒星。因此，那些正在孕育新星的庞大火种期盼着两大星系碰撞日的到来。两个星系储存的所有气体将会在几千万年内消耗殆尽。新生的大质量恒星大手大脚地消耗着燃料，只能存活短短几百年，最后爆炸，形成"**超新星**"（详见词条）。新生的质量较小的恒星精打细算地消耗着氢，能生存更久，与前几代恒星混居。

至于两个星系中古老的恒星居民，大碰撞给它们带来的损失会相对小一些：恒星比分子云小很多，恒星之间的空间也更大，因而两颗恒星之间实际上不会正面相撞。我们的太阳将和数千亿颗其他恒星一起，变成一颗白矮星，不再规规矩矩地在银河系中做圆周运动，而是拖着地球及太阳系其他成员，像关在房间里的苍蝇一样，毫无秩序地乱转。这个无章可循的轨道不利于地球上生命的延续。两个星系中的恒星会相互交融，重新排列成一个椭圆形。银河系和仙女星系都不再是独立的旋涡星系，不再具有盘面结构以及旋臂，最终合并成一个新的质量为过去两倍的椭圆星系。新星系将会被大量的矮星系包围，而这些矮星系，随着时间的推移，也会被贪婪的椭圆星系吞噬，最终消失。

Anneaux

行星环

详见：<u>土星</u>

光　年

　　光年不是时间单位，而是长度单位——指光在一年时间内传播的距离；一光年约等于 94 600 亿千米。同理，一光秒约等于 30 万千米，一光分约等于 180 万千米，一光时约等于 10.8 亿千米，一光日约等于 259 亿千米。这种表达长度的方法很高效，它能使我们轻松地计算出光从一个天体抵达地球所花费的时间。光的速度不是无穷尽的，而是约为 30 万千米／秒，它的传播也不是即时的，我们看到的宇宙都是滞后的。因此，月球的样貌大约滞后了一秒（月球距我们 38.4 万千米），太阳滞后了 8 分钟，距离太阳系最近的恒星半人马座 α 星 C 的图像被我们观测到时已经过去了 4.2 年，仙女星系的光被接收时已经比发出时晚了足有 230 万光年。

　　若物体距离在两亿光年以上，就要考虑到宇宙膨胀的因素。例如，现在因宇宙膨胀位于 470 亿光年的某个星系的光，是在 140 亿光年（当时光在宇宙中能够传播的最大距离）的地方被发射出来的。因此，可观测的宇宙半径不是 140 亿光年，而是约为 470 亿光年。

人择宇宙学原理

在 16 世纪，波兰议事司铎尼古拉·哥白尼推翻了人类是太阳系中心的观点。从此以后，他的幽灵引发的灾难层出不穷。地球让位于太阳，同样地，太阳也处于银河系的远郊，只是构成银河系的千亿颗恒星中的普通一员。很快，银河系湮没在构成宇宙的千亿个星系之中。这么说来，人类只是无垠太空中的一粒尘埃。

然而，现代宇宙学重新发现了人类与宇宙的古老关系。"为了保证人类出现，宇宙做出了非常精确的调整。"这一表述是强人择原理的观点，由英国天体物理学家布兰登·卡特于 1974 年在巴黎天文台默东观测基地提出。此处，"人择"这一术语使用得不是很恰当，因为它暗示了宇宙的改变仅仅是为了人类的诞生。然而，若外星人当真存在，他们肯定不会赞同这一观点。事实是，宇宙的调整是为了任何生命以及意识的出现，包括人类以及外星人。或许，于贝尔·雷弗提出的"复杂原则"这一术语更为恰当。弗里曼·戴森，英裔美籍物理学家，言辞凿凿地表述了生命出现的必然性："宇宙早就知道人类将会在某处诞生。"[1]

我们如何得知宇宙为了生物的出现做出了非常细致的调整呢？宇宙的特性由十五个数值及宇宙诞生时的物理状态决定，

1　弗里曼·戴森，《宇宙波澜》，帕约出版社，1987（Freeman J. Dyson, *Les Dérangeurs d'univers*, Payot,1987）。

前者被称作"基本物理常数"，后者被称作"初始条件"。基本物理常数中有光速、电子质量、电荷、决定万有引力强度的引力常量，还有决定原子大小的普朗克常量。我们已经可以通过实验十分准确地测得这些常数的值，却仍无法解释为何得出的是此数值而非另一个数值。例如，为什么光传播的速度是30万千米/秒，而非3厘米/秒？这些常量使得世界是现在的样子而非另一个模样。如果常量发生改变，地球可能只和一个网球同样大，而非现在的大小；珠穆朗玛峰也不会是现在的高度，可能只有1厘米。这些基本常数不仅决定了行星以及高山的大小与质量，同时也决定了星系、恒星以及生物的大小与质量：一片玫瑰花瓣精美的轮廓，长颈鹿长长的脖子，还有女人纤细的身材。初始条件包括宇宙物质及能量的密度等（例如暗物质或者暗能量的量），以及宇宙大爆炸时的膨胀率。

天体物理学家配备了电脑后兴奋不已，对基本常数和初始条件做了不同的组合，精心创造出许多宇宙模型。每种宇宙模型都提出了一个核心问题：在经历了约137亿年的演化后，宇宙中是否存在生命及意识？答案出人意料：除了我们的宇宙能使人类登上历史舞台，绝大多数宇宙模型的组合是无效的，生命和意识不会出现。

　　某些基本常数以及初始条件做出调整的精确程度是十分惊人的。我们拿宇宙物质的初始密度来举例说明。物质之间存在的引力会阻碍宇宙膨胀。如果初始密度过高，宇宙可能停止扩张，甚至反过来做收缩运动。一百万年，一百年，甚至仅一年后，宇宙可能坍缩消失。由于宇宙存在时间太短，恒星可能无法诞生，也无法进行一系列复杂的核反应。若没有重元素，生命不可能出现。相反，若初始密度过低，引力不足以让大爆炸中形成的氢氦云收缩并形成恒星。若没有恒星，重元素、生命以及意识，永别了！万物处于极其微妙的平衡之中。事实上，宇宙初始密度调整的精确程度是惊人的，就好比弓箭手把箭射到了一个边长为一厘米的方形目标上，而且这个目标位于宇宙的边缘，远在140亿光年的地方！精确度高达10^{-60}。换句话说，如果精确度发生了一丝丝改变，宇宙中就不会有生命出现：你我都不可能在这里讨论这个话题。

　　如何解释这个分毫不差的精确度呢？法国生物学家雅克·莫诺认为，我们可以在偶然性与必然性[1]之间做出选择。这

1　雅克·莫诺，《偶然性与必然性》，瑟伊出版社，1970（Jacques Monod, *Le Hasard et la Nécessité*, Le Seuil, 1970）。

两种主张都可能成立却都无法得到证实。

先看一下偶然性这一命题：我们需要假设存在 10^{60} 个不同的宇宙。在这些并行的宇宙中，绝大多数宇宙的组合是无效的，恰巧只有我们所在的宇宙组合是有效的，这多少有点儿像中了大乐透。这些宇宙被称作"多重宇宙"，科学界已经提出了许多假设来证明**多重宇宙**（详见词条）的存在。

帕斯卡的赌注

除了我们的宇宙，其他宇宙都无法被观测。在无法验证的情况下，多重宇宙论以及偶然性只不过是个空想的赌注。至于我，我押的是关于确定性的假设，虽然无法验证多重宇宙是否存在，这个帕斯卡的赌注仍然得到了许多哲学论据的支撑。首先是简约法则，又称作"奥卡姆剃刀"，奥卡姆指的是生活在14 世纪的神学家、哲学家奥卡姆的威廉：能简单化的时候为什么非要复杂化呢？为什么非要创造无穷个没有生命的宇宙来衬托我们这个有意识的宇宙呢？此外，我不能想象这个美丽、和谐以及统一的世界仅仅是运气的产物。

最后，宇宙是紧密相连的。宇宙趋于统一。随着物理学的进步，以前被认为毫无关联的现象逐渐被统一。17 世纪，牛顿统一了天和地：他证明了支配苹果掉到果园以及行星绕着太阳运动的是同一个宇宙力，也就是万有引力。19 世纪，麦克斯韦指出电和磁只是同一现象的不同表现形式。电磁波其实就是光波，从而统一了电磁学和光学。20 世纪初，爱因斯坦统一了时间和空间、能量和物质。迈入 21 世纪，物理学家竭力尝试将宇宙的四种基本力——强核力、弱核力、电磁力和引力——统一为一种超级力。我很难相信这种极度统一只是偶然的结果。

我们要像帕斯卡一样，相信世间有一种创造法则，它不断调整着宇宙物理常数以及初始条件，直至有意识宇宙的出现。有些人称其为"上帝"。在我看来，并不是一个人格化的神介入了人间事务，而是一种自然界无处不在的泛神论，我的观点与斯宾诺莎以及爱因斯坦不谋而合。爱因斯坦曾说："可以肯定的是，世界是理性的，或者至少是可理解的。这个信念，有一点儿像宗教情感，是所有科研工作的基础。这个信念是我的上帝观，也是斯宾诺莎的。"

扩展阅读：关于人择宇宙学原理更详细的介绍，请阅读我的另一本书《神秘旋律》，法亚尔出版社，1988（*La Mélodie secrète*, Fayard, 1988）或伽利玛出版社，*Folio-Essais*，1991，第 277—297 页（Gallimard, *Folio-Essais*, 1991, pp.277-297）；弗里曼·戴森，《宇宙波澜》，帕约出版社，1986（Freeman J.Dyson, *Les Dérangeurs d'univers*, Payot, 1986）；约翰·D. 巴罗和弗兰克·J. 提普勒，《人择原理》，牛津大学出版社，1986（John D. Barrow and Frank J. Tipler, *The Anthropic Cosmological Principle*, Oxyford University Press, 1986）。

～ 反物质

反物质就像物质的镜像，但镜中反物质的电荷符号却是相反的。除此之外，物质与反物质的物理特性一模一样。因此，一个反质子可与一个反电子组成一个反氢原子。反原子可以构成反分子，生命可能在 DNA 反基因长链条形成双螺旋结构后出现。

物质主宰了我们生活的宇宙。事实上，宇宙空间内只存在物质，特别是质子。因此，我们不必担心"反你"和"反我"联手排挤我们，使我们变为光。[1] 然而，最初的宇宙是由相等的粒子和反粒子组成的。在漫长的宇宙岁月中，如果这个完美的平衡未被打破，我们也就不可能在这里讨论问题了。当然，物质和反物质也不会出现，宇宙剩下的只有光子，变成一个充满光的世界，所有的物质，包括你和我都不会存在。

反物质为何退出舞台了呢？苏联物理学家安德烈·萨哈罗夫（1921—1989）将它的消失归因于自然对物质的一点偏爱。我们用物质的基本单位——夸克来举例说明。在宇宙诞生的瞬间，原始虚空中每产生十亿个反夸克，十亿零一个夸克就会出现。同样地，每诞生十亿个反电子，就会有十亿零一个电子出现。正是自然对物质十亿分之一的微小偏爱，才使得我们

---

1 正反物质接触时会湮灭产生光子。

出现。你我之所以存在，反你反我之所以不存在，都源于宇宙对物质这十亿分之一的偏爱。

Arc-en-ciel

彩 虹

法国哲学家、物理学家勒内·笛卡尔（1596—1650）宣称："彩虹是自然界中如此非凡的奇迹，是应用鄙人方法的理想情况。"

然而，时至今日，这一发光奇观仍有许多未解之谜。

彩虹的荣耀不仅在于它庞大的外形以及耀目的光彩，还在于它的稀有，突然出现又突然消失。阵雨过后，彩虹总是出现在与太阳方向相反的天空中。太阳和雨滴共存于天空是彩虹出现的必要条件，在暴雨天气时乌云密布，天空常常是阴暗的，然而，经太阳照射后乌云间能够显现出一片蓝天。显然，这只是彩虹形成的必要条件，并非充分条件。

彩虹的宽度是满月角直径的四倍，也就是约为2°。彩虹的两端与观察者站立的位置形成了一个约为90°的角。彩虹的弧度是永恒的42°。若你用一条假想直线去连接彩虹形成的圆心（反日点）、你的眼睛以及太阳，这条线势必要穿到地下，因为彩虹的圆心通常位于水平面以下。当太阳升至水平面42°以上时，彩虹将彻底消失在水平面以下。太阳在天空中所处的位置随着你所处的位置、季节的变化而不同。在相对纬度高一些的地区，夏季的太阳要比低纬度地区升得高。冬季相反。因此，在法国，没人在夏天的中午看到过彩虹，因为此时的太阳升到了水平面的42°以上。

彩虹最大的特点是五颜六色的外观。这些颜色的排列顺序是不变的。红色永远位于最上面，紧接着从高到低依次是橙色、黄色、绿色、蓝色、靛色和紫色。事实上，这些颜色并非断层式变化的，而是渐变的，相互之间有细微的融合。我们之所以看到的是截然不同的颜色，纯粹是眼睛的构造导致的。

彩虹种类的丰富程度也是惊人的。世上不存在两道一模一样的彩虹。即便是同一道彩虹，不同的时间也会呈现出不同的外观。偶尔，一道副虹会伴随主虹出现。这道副虹颜色相对较暗，位于天空更高处，颜色排列顺序与主虹相反：紫色位于最上面，红色位于最下面。副虹的弧度通常更大，为51°。副虹的角直径为4°，是主虹的两倍。如果你仔细观察，会发现主虹和副虹之间的天空明显要比周围的天空暗很多。即便副虹没有显现出来，我们也能发现主虹上面的一片天空要比下面的暗。两道彩虹中间的阴暗区域被称作"亚历山大带"，希腊哲学家亚历山大在公元前200年最先描述了这一现象，因而这个区域以他的名字为名。有时，我们能在贴着主虹内侧最高处看到一道不太紧凑的较窄的彩虹，这种情况相对较少。更少情况下，在同一地方我们可以看到不止一道彩虹，而是一系列类似的彩虹。这些彩虹被称作"候补彩虹"。

彩虹不是物质，而是一种纯粹的光学现象。事实上，如果彩虹是个具体的物体，比如插在地上的彩色金属拱形，它的外观会随着我观察它的位置不同而改变：从正面看，它和我们平时看到的彩虹模样相同；但是，斜着看，它就会变成一个椭圆形；从侧面看，它会变成一条细细的线条。然而，无论我从哪个方向观察彩虹，它都是圆形的。结论令人惊叹：不止存在一道彩虹，而有无数道彩虹，在我的每一个观察角度上都有一道彩虹，因此我看到的永远都是彩虹的正面。事实上，我身边的女友看到的是与我不同的另一道彩虹！这样推理下去，甚至可以说我两只眼睛看到的也不是同一道彩虹！

因此，彩虹不是物质，而是光耍的一个把戏。你可能会反对我的观点，认为彩虹一定具有某种确定性，否则你不会轻而易举地用相机捕捉到彩虹。然而，你要清楚的是，相机的工作原理和我们的眼睛如出一辙。相反，正因为彩虹不是物质，你从未见过倒映在湖面上的彩虹，也未见过倒映在镜子里的彩虹。如果你在宽广的湖面上看到了一道彩虹，这道彩虹并非悬于水面的那道彩虹的倒影，而是另一条完全不同的光线产生的另一道彩虹。彩虹像转瞬即逝的幽灵，是一条悬于空中的光谱。

由于彩虹不是实体，也没有持久的属性，我们无法用手触碰它。在过去，人们迷信地认为每道彩虹下面都埋着一个神奇的宝物。时至今日，还有人相信这种说法呢！

在专著《天象论》中，亚里士多德（前 384—前 322）最先尝试理性地解释彩虹。他意识到彩虹不是物质的，在空中没有固定位置，而只是一种随着我们观察方向改变而改变的光的游戏。他认为彩虹的颜色与光的衰减程度相关：衰减最多的是蓝光，衰减最少的是红光。

亚里士多德之后，彩虹的研究停滞了约 17 个世纪。1266 年，英国哲学家、科学家罗杰·培根（1214—1293），首次测出主虹的弧度是 42°。同时期还有一位多明我会德国物理学家狄奥多里克·德·弗雷博尔格，他于 1304 年出版了《彩虹以及光线带来的印象》，这部作品为中世纪的物理学做出了巨大的贡献。他提出，每滴雨都能形成属于它们的彩虹。这一基本观点将要揭开彩虹的奥秘。

他用一个装满水的玻璃球模拟一滴雨。这个玻璃球除了比真实的雨滴大得多，其他方面的相似程度接近完美，因此，狄奥多里克可以十分仔细地研究太阳光线在球内的运动路线。实验证明，主虹是光线穿过一滴雨的产物，过程如下：光线进入雨滴时发生第一次折射，然后在这滴雨的内壁上发生内部反射，随后在穿出雨滴进入空中时发生第二次折射。

如果说雨滴是彩虹形成的主要原因，为什么彩虹一直庄严地停在原处却没塌掉呢？狄奥多里克回答说："彩虹并非由同一批雨滴形成。一批雨滴降落后，其他雨滴紧随着过来填补空缺。因此，不仅我看到的彩虹不同于我邻居看到的，就连我自己认为的同一道彩虹都不是同一道，而是由相继而至的雨滴形成的连续的不同彩虹。"

狄奥多里克虽然获得了许多成果，但还是留下了很多未解之谜。比如，无论观察者和雨滴之间的距离是一米还是一万米，为什么主虹总是在反日点的42°处形成。此外，雨滴内到底发生了什么才导致了不同的光衰减，因而产生了不同的颜色？这些问题都超出了狄奥多里克的解答范围。

狄奥多里克的成果被遗忘了三个世纪。直到勒内·笛卡尔用了同样的推理方法，独立重新发现了它们。1637年，笛卡尔发表作品《论大气现象》（"大气现象"一词在当时指地球和月球之间发生的一切现象），陈述了自己关于彩虹的发现。借助光的折射原理，笛卡尔成功证明了太阳光在经过一次反射和两次折射后，会从固定的方向穿出形成彩虹的雨滴，这个方向的角度大约是……42°。这是人类关于彩虹弧度的解释。笛卡尔的研究成果不止如此：他还研究了副虹。他发现，如果光线在进入和离开一滴雨时经历了两次反射以及两次折射，它们会在大约51°的固定方向再次出现，这正是副虹弧度的观测值。

彩虹颜色的奥秘还要等魔术师牛顿（1643—1727）来解开。1666年，牛顿发现了万有引力定律以及微积分。同一年，这位年仅24岁的英国物理学家用棱镜将太阳白光分解成不同的颜色，正是彩虹的颜色。事实上，那个我们眼中单一的彩虹个体其实是一系列微微错开排列的不同颜色的弧形的集合。笛卡尔和牛顿二人，几乎解开了彩虹所有的谜团。

Aristote

～ 亚里士多德

亚里士多德（前384—前322）除了在形而上学、逻辑、政治、诗歌、修辞和伦理方面颇有建树，这位希腊哲学家对宇宙也十分感兴趣。他的宇宙理论在历史上产生了巨大的影响，其正统地位一直持续了大

约20个世纪，直到文艺复兴时期现代科学的出现。

为了阐述自己的宇宙模型，亚里士多德吸收了几位前人的观点：数学家毕达哥拉斯（约前580—前490）、哲学家柏拉图（约前427—前347）以及天文学家尤得塞斯（约前408—前355）。尤得塞斯是阐述科学宇宙的第一人。他将柏拉图的两球宇宙变为多球宇宙。除了保留地球是恒久不动的中心，恒星是宇宙的边界，他还认为每个行星都有自己的同心球。

亚里士多德为尤得塞斯的同心球理论注入了物理学以及宗教色彩。他将宇宙分为两部分，月球是分界线。地球和月球是变化的不完美世界，生命、衰退和死亡主导着这个世界。这个世界由土、气、水、火四种基本元素构成，自然运动是垂直运动。所有东西都自上而下或者自下而上做直线运动。气和火飞向天空，然而土和水落到地上。圆周运动不存在，因为地球不动，而且无法自转。相反，其他行星、太阳以及恒星所在的那个完美世界是不变且永恒的。这个世界由以太构成，其自然运动是绕着地球旋转，这也解释了行星完美且永恒的圆周运动。在这个世界里，天空中出现的一些不完美现象，例如彗星，这些昙花一现拖着长尾巴的物体来自于不完美世界：亚里士多德将这些不完美现象归因于地球大气层突然出现的紊乱。

六个世纪后，亚里士多德提出的宇宙模型被天文学家托勒密（约90—168）发展到了顶峰。后者提出的地心说被信奉了将近15个世纪，直至1543年，波兰神父尼古拉·哥白尼推翻了地球是宇宙中心的学说。1687年，牛顿将掉落的苹果与月球绕着地球的旋转运动联系起来，提出了万有引力定律，因此彻底推翻了亚里士多德提出的天地二元宇宙。

Astéroïdes

❧ 小行星

太阳系形成于 45.5 亿年前，距离银河系中心约 2.5 万光年。在太阳系形成的后期，大约 40 亿年前，大部分"星子"（孕育太阳的星际云中的大量尘埃颗粒聚合形成的固体物质碎片）在引力的作用下相聚形成行星。然而，在各个行星之间，来往着一类锯齿状的石质天体，它们没有参与行星的构成，以每秒十几千米的速度划过太空。人们称之为"小行星"。

小行星时常与新生的行星以及卫星撞击，在它们的表面撞出很大的环形山，从而改造了行星的外观。水星以及月球的麻子脸正是这段轰炸史的证据。

或许，地球与某个小行星的相撞使得自己发生了倾斜（地球自转轴倾斜了 23.5°），因而地球上出现了四季更迭。由于地球是倾斜的，它在一年的公转过程中吸收的太阳热量也各不相同。

或许，某个小行星撞击了地球，从而产生了月球：这个小行星撞掉了一大块地壳，这块地壳聚合形成了我们的卫星月球。

小行星大幅度地改变了行星的特征，此外，它们还彻底改变了地球上生命的演化过程。约 6500 万年前，一个巨大的小行星撞击了地球，造成了恐龙灭绝（详见：**恐龙和小行星杀手**），以及 3/4 生命物种的彻底消失，却为我们的祖先——原始哺乳动物的繁殖提供了有利条件，从而为人类的出现铺平了道路。这些天外高速杀手可能还是地球上生命的起源。有些人认为，它们在海洋里播种了氨基酸等有机物质，氨基酸聚合成长链条，形成蛋白质，然后形成 DNA 分子——生命的基本单位。人们从到访地球的某些小行星上发现了许多有机物质（详见：**泛种论**），进一步验证了有机物质是从天而降的假设。

小行星收容所

在火星与木星之间，在地球—太阳距离的 2.1~3.3 倍处，有一个"小行星带"，大部分小行星乖乖沿着这个带绕太阳公转。如果我们把带上的所有小行星聚集成一个整体，它的直径可能接近 1500 千米。月球的直径是它的 2.3 倍，与行星相比它就更微小了。因此，这个小行星带几乎不可能是由爆炸的行星碎片构成的。人们觉得它更像是太阳系形成时期的残留，木星巨大的引力阻碍了这些碎片形成单一个体。

至于那些在小行星带里没有找到住所的小行星，新生行星间相互的引力将它们扔出了太阳系。它们又在另外两个收容所中相聚。第二个收容所位于海王星轨道外侧。这里住着被扔得不太远的小行星。这个收容所被称作"柯伊伯带"，得名于首次发现它的荷兰天文学家杰拉德·柯伊伯。

第三个收容所离太阳系很远，被称作"奥尔特云"——因首次发现它的荷兰天文学家奥尔特而得名（详见：**彗星，迷信之物**），这些小行星有时会被奥尔特云扔出来，以彗星的身份再次造访太阳系。

小行星的影响

小行星深刻改变了行星的特征，同时彻底改变了地球上生命的演化过程。这些危险的高速车今天仍然存在吗？还会撞击地球吗？我们要不要重视漫画《高卢英雄历险记》中阿卜哈哈古西克斯村长发出的警告："见鬼，天要塌下来了！"

今天，小行星的威胁已经变得很小了。但有时，引力作用（主要是木星的，小部分来自火星）仍会使一些物体偏离小行星带的轨道。因此，有些物体可能会与地球发生碰撞。至于目前待在两个收容所里的彗星，它们的安宁很容易就被一团由气体和尘埃组成的星际云的到访打破，要知道，这种星际云可铺满了整个银河系。又或者，一颗邻近恒星的引力能如弹指般轻而易举地将小行星抛向太阳系内。这些因素都可能导致小行星与我们宝贵的地球相撞。这样说来，阿卜哈哈古西克斯是有道理的：天真的能塌下来。

已知约有200颗彗星的运行轨道会与地球轨道有规律地相交。此外，我们至少还发现了1200颗小行星与地球轨道相交。在这些近地物体中，直径大于150米的至少有300个，它们是实实在在的威胁。地球与彗星或者小行星相撞是可能的。事实上，地球每天都要经历大约 300 吨石头和尘埃形成的天体雨的洗礼，所幸的是，大气层像地球的铠甲，保护我们免受其中大部分的威胁，保护了我们的生命安全。事实上，空气的剧烈摩擦，穿过大气层时的突然减速，这些因素使得大部分直径小于 10 米的高速车四分五裂。碎裂的石块灼热燃烧，在星空中形成一道道火线，也就为我们呈现出"流星"或者"陨星"等视觉盛宴。地球人把变成钙化石头的小行星称作"陨石"：这是第一类型小行星。

约有 2% 的小行星属于第二类型，它们的直径为 10~100 米。它们或是石质的，或是铁质的。一个全速驶入大气层的小行星（约 20 千米 / 秒）在重压作用下会在落地前碎裂爆炸。历史上最近的一次第二类型小行星撞地球发生在 1908 年 6 月 30 日。一个直径约为 30 米、重达 10 万吨的大石头在中西伯利亚通古斯进入大气层，并在 8 千米的高空处爆炸。该爆炸的威力约为 1000 万 ~1500 万吨级 TNT 当量，大约是广岛原子弹的 1000 倍。爆炸声传播了方圆 800 千米。这次事件没有造成人员死亡，因为爆炸发生在西伯利亚泰加森林上方，但是所有的鹿都死了，树木凌乱地倒在地上，如同在 2000 平方千米的土地上乱撒的火柴一样。爆炸在空中扬起了数万吨的尘土，尘土飘得很高，甚至可以反射出早已降到地平线以下的太阳光。爆炸发生后的两天内，在俄罗斯与西欧的午夜时分，人们不需要开灯就可以悠然读书看报。除了烧焦的森林，第二类型中的石质的小行星也不会给地球表面造成可见的损害。

第二类型中的铁质小行星的情况就大不相同了。它们的抵抗力很强，在穿过大气层后几乎完好无损。美国亚利桑那州的直径为 1.2 千米的巴林杰陨石坑实在令人震惊。约在 5000 年前，一个直径为 50 米、重约 20 万吨的巨大铁质小行星落到此处，释放了 1500 万吨级 TNT 当量，相当于通古斯石质小行星的威力。小型撞击引发了地震，碎片从撞击地点被抛到了几十千米以外。

目前，人们已发现了一百多个直径大于 100 米的陨击坑，它们大部分形成于最近两亿年间。

空中飘着这么多威胁，我们还能安然入睡吗？据统计数据，我们可以的。通古斯类的石质小行星撞击地球事件的频率是平均每几个世纪一次。巴林杰陨石类的铁质小行星的撞击频率更

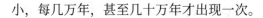

小，每几万年，甚至几十万年才出现一次。

第三类型的撞击者是更少见的高山大小的小行星（直径为1~10千米），我们的命运又将如何呢？这类撞击造成的损失是全球性的，人类文明可能会遭遇重创，甚至是彻底灭亡。大量巨型尘土将被抛向大气层的更高处。夹杂着的还有无数森林火灾产生的灰烬。灰尘和灰烬形成阻光罩，人类将在几个月内见不到阳光。冰冷漫长的黑夜笼罩了整个地球。植物和树木生长所需的光合作用无法进行。食物链因此断裂。饥饿和传染病肆虐，一亿人口可能会死于饥饿和疾病。社会框架坍塌，人类文明将不可避免地受到伤害。这一灾难性的场景同著名的"核冬天"如出一辙，而它原本描述的是一场大规模的全面核战争将会带来的灾难场景。幸运的是，这类小行星撞击地球的频率是每25万年一次。

第四类型的小行星撞击则更恐怖。人类文明将不仅是遭受破坏，而是直接消失了。6500万年前，正是这样一个直径为15千米的小行星撞击了地球，造成了大部分恐龙以及3/4物种的灭绝。直径为10千米的小行星或者彗星撞击地球的频率为平均每1000万年一次，直径为15千米的，每1亿年一次。

因此，天塌下来的风险还是存在的。阿卜哈哈古西克斯的担忧是有道理的。

假设某一天，有人告知我们一颗小行星或者彗星朝地球径直撞过来了，这时候该怎么办？两种情况：一种是监测滞后，人们的时间只够从撞击点撤离。另一种情况的可能性更大，人们有几十年时间来应对危机。我们可以用火箭发射核弹，使小行星在靠近地球时爆炸，因而改变这个杀手的路线。不过这个方法有个潜在的风险，当我们把小行星炸成成千上万块碎片后，可能冲向地球的杀手就不止一个了！

Astrophysique et réalité

∽ 天体物理学与现实

天体物理学中的现实指的是什么？

随着天文仪器变得越来越复杂、越来越精密，随着不可见的世界逐渐被征服，天文工作者离未经雕琢的现实越来越远。天文工作者的肉眼已经死亡。自从伽利略在 1609 年将第一架望远镜瞄向天空，世界就发生了天翻地覆的改变。借助超级计算机控制的大型天文望远镜，天文工作者的"眼睛"日臻完善，发现的天体越来越暗、越来越远，细节也越来越精准。天体物理学家甚至征服了不可见的世界。他们发明的望远镜可以捕捉到肉眼看不到的光线。

现实在电子路径中过滤，超级计算机以及各种复杂的数学运算使其数字化，处理它，然后将其重建。

最初，伽利略很难说服同事们让他们相信自己在望远镜中看到了神奇的世界。他的同事们认为木星的卫星以及月球的环形山只不过是望远镜透镜的光幻视。毕竟，透镜改变了光线的路径，并放大了图像。为什么不可能造成假象呢？现代天文学又将图像真实性的问题放大了一千倍。天然信号到最终成像之间要经历如此繁多的步骤，因而，怀疑图片中哪些部分属于"客观事实"也是正常的。今天的天文工作者所使用的望远镜的精密度以及体形已经远远超出了伽利略的想象，他们应该加倍谨慎地确保所得的信号来自宇宙，而非那些复杂观测仪器的电回路造成的干扰假象。伽利略的同事们有理由产生怀疑：在科学领域，一个成果，或者一次观测，尤其是那些全新且惊人的，只有在其他研究人员独立地用其他技术或测量工具验证后才会得到认可。事实上，同一个错误每次都重复出现，或者仪器每次都欺骗了我们，这两种情况几乎不可能发生。

因此，原则上，技术上的困难是可以克服的。只需要认真做好每一步，制造出精密的测量工具，完善电脑程序，简言之，不要让人为误差有可乘之机。如果只有机器参与，所得的结果在理论上是十分客观的。然而，绕不过去的是人以及人脑。人类无法百分百客观地观察自然。他的内在世界和外部世界会永远相互影响。科学工作者的大脑中填满了整个职业生涯中所学的观点、模型以及理论。研究者会受自己的老师，或者亲近的同事（也就是科学"流派"）的观点的影响，更糟糕的是，会被流行观点影响。然而，科学领域和其他领域一样，要质疑流行之物。一个被广泛接受的理论不见得一定是对的。大部分认同者并不是经过一番考证后才接受的，而只是随了大流或者出于学术惰性，更甚者，仅仅因为一些有影响力或有口才的学科领军人物支持某理论而变成支持者。

当科学工作者的内在世界被"投射"到外部时，无法保证只观察"纯粹"、无任何修饰、完全客观的事实。即便是最客观的研究者也会有观念上的"偏见"。不要忘记他们是置身于某种社会、某种文化之中工作的。有意识或者无意识的，他们都会受到周围观点的影响。

因此，当针对同一现象出现了许多言之有理却相互冲突的理论时，科学工作者会根据自己观念的偏好而选择支持其中某一理论。最典型的例子莫过于爱因斯坦对量子力学的描述。深受唯实论的影响，爱因斯坦无法接受量子力学中关于原子和亚原子的概率性的描述。他花费了很多年时间试图找到该理论的缺陷，却以失败告终。这使他未从踏足粒子物理学领域，也没有对 20 世纪 50 年代的这个革命性的重大发现产生很大的兴趣。通常，西方研究者有倾向认为在表象的面纱背后有一个纯粹不变的真相，因而他们执着于探寻宇宙的初因。而东方文化影响下的研究者很容易质疑真相的可靠性。他们更愿意相信在一个没有真正开端的世界里各种现象是相互依存的。因此，在某一文化里耳濡目染的科研工作者，继承了这一文化的思考方式，会在特定的思维框架里提出自己的理论。

信仰与现实对科研工作者的共同作用也解释了为何现代科学会最先出现在欧洲，而不是在当时技术十分先进的中国。事实上，中国人远远早于欧洲人发明了火药和指南针。大概就像比利时化学家伊利亚·普利高津所说的那样，"科学只能从人们的宇宙观中诞生。如果人们相信有一个至高无上的造物者主宰世界，决定未来，那么，这个世界一定遵循着某些规律运行，未来也是可以预测和描述的。人们需要去破解这些神圣的规律"。深受基督教影响的开普勒和牛顿均是西方科学的典型代表，他们从未停止在自然规律中寻找上帝的影子。而绝大多数中国人并不认为世界起源于一个至高无上的造物者，而是成于两个对立力量——阴阳之间的动态平衡。这就是为什么现代科学没有起源于中国，因为造物者按照一定规律统治世界的概念根本不存在。

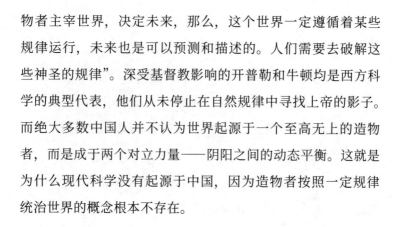

Atmosphère terrestre

地球大气

　　地球具有大气层，这层神奇的大气像蚕茧一样包裹着它。这层大气好像被准确地调整到合适的厚度，不仅保护了地球生命免受太阳有害紫外线的伤害，而且保证了生命的诞生和发展，还允许维持其运转所必需的可见光进入地球。

　　地球大气同时还是我们吸入肺里的主要气体。我们吸入的空气中大部分是氮（占总量的78%），其次是氧（占21%），还有一点儿氩（占0.9%）以及二氧化碳（占0.03%）。其中水蒸气所占的比例为0.1%～3%，因所处地点以及气候条件不同而有所不同。

今天的地球大气层与最原始的不同。在太阳系诞生时，地球的原始大气层中包含了更丰富的气体：氢、氦、甲烷、氩以及水蒸气。但是，经太阳加热后，它们摆脱了地球引力。至于氧气，它是生命的产物。生命在 35 亿年前的海洋中出现。在 4 亿年前，阻挡太阳有害紫外线的臭氧层形成了，海洋生物（蓝绿藻）因此能够征战陆地。森林和植物在坚实的土壤中不断繁殖，通过神奇的**光合作用**（详见词条）产生了大量的氧气。地球是太阳系中唯一一个大气层中富含氧气的星球，这一点保证了地球生命的发展。

大气层除了保护和供养生命，还为我们打造了一个壮丽的景观，那就是夜晚的星空以及白日的蓝天。在晴空万里的白天，从离开地面约 10 千米的飞机舷窗中看到的天地景观令人叹为观止。天空、山峦与河流融为一体，好像谱写了一曲壮丽的蓝色交响乐。英国画家透纳为了更好地观察波涛汹涌的大海的颜色，曾在一场暴风雨中，让人把自己拴到了一艘船的桅杆上。如果换成在飞机上欣赏太阳、天、地共同打造的光线景观，他还指不定要做出什么来呢！你一定注意到了从飞机上看到的这一景观要比从地面上看到的颜色深。原因很简单：天空中的光线由我们视线轴上的空气分子决定。空气分子越多，天空越亮，蓝色越浅。由于高空中空气稀薄，透过飞机舷窗看天空时，我们视线轴上的空气分子比较少，空气亮度变小，天空因此显得更蓝了。我们把实验推向极端，如果空气分子完全消失，将不会有散射的蓝光去照亮天空，天空也将因此变得一片漆黑。在没有任何空气的太空中或月球表面，情况正是如此。因此，宇航员从太空或者月球上看到的天空是黑色的。

与我们的想象相反，空气并不是"不可见的"。我们经常能够通过蓝天或者远山看到它。蓝色之所以能直抵我们的心灵，是因为潜意识里我们知道它是生命之源的颜色，是我们吸入肺中的物质的颜色，是维持我们生命的颜色。诗人约翰·拉斯金赞美道："蓝色是被上帝选择的颜色，它是喜悦的源泉！"当我们抬头仰望天空时，我们的目光不会迷失在无垠的太空中。相反，它会停留在薄薄一层明亮的蓝色大气上，它与太空的黑色背景形成鲜明对比，就像羊水一样保护着我们，使我们在忙于日常生活时免受寒冷以及太空中有害射线的伤害。

Atmosphère terrestre (Mirages de l')

地球大气层的幻景

当光的环境改变时，例如它从空气进入水中时，传播方向会发生改变：这就是我们所说的"折射"。光偏移的角度取决于光的颜色、空气分子和原子的性质以及它们的密度。由于光的折射现象，地球大气层给我们耍了很多惊人的光学把戏。

那么，你知道我们所看到的太阳、月亮以及星星都比它们的实际位置稍稍高一点吗？欣赏海上落日时，我们看到落日的底部贴到海面，但它其实早已全部位于水平面以下了！因为对于一个位于海平面高度的观察者而言，黄色光在干燥的空气中与水平线形成的折射角是 39 角分，而整轮太阳形成的角度只有 30 角分（或者 0.5°）。因此，我们所看到的那轮临近水平面的即将消失的落日只是一场幻景！

所有的幻景——高速公路上闪光的水坑，在我们靠近时却消失得无影无踪；在广袤无垠的沙漠中口渴难耐的跋涉者看到了一片长满棕榈树的绿洲，令他失望的是，当到达目的地时，绿洲根本不存在；好像悬在空中的山脉或者飘浮在天上的城堡——这些都是光的折射与大气层捣的鬼。

这些幻景只是某个真实存在的东西折射的影像，只不过它们不在我们眼睛能看到的地方：例如，降到海平面上的太阳事实上早已位于海平面以下了。幻景发生在温度不同的空气层交叠的地方：沙漠、大浮冰，或者在遇到冷空气的滚烫沥青高速公路的路面上。当我们睁开眼睛，甚至可以在酷热白天的屋顶上看到幻景，甚至是在烤面包机的旁边！空气的温差导致了不同的密度（热空气密度小，冷空气密度大）并产生不同的折射角度，光的传播因此发生改变，从而形成幻景，许下了如此之多的空头诺言！

北极光和南极光

　　毫无疑问，极光是自然界中一种极为美丽的光现象。北极光，字面意思是"北方的光"，出现于高纬度地区、极地附近，在无云宁静且无月的夜空，慢慢射向天际，是一种绚丽多彩的光辉。发生在南半球的这一光现象自然被称作"南极光"。

　　大多数极光呈现绿、黄色，但各种颜色的极光都出现过。极光的形态有圆弧状的（极光弧）、直线光芒状的、像不带图案的云一样盖住部分天空的片朵状的，以及像带褶帘幕一样的巨大带状的，底部清晰，顶部朦胧。极光像海浪一样流动、摇摆、跳动。

　　极光分为扩散极光和分立极光两种类型。扩散极光经常出现，除非夜空中的亮度变大，否则这种极光在大多数情况下是肉眼看不到的。肉眼可见的是分立极光，令我们着迷的也正是这种极光。当太阳最活跃的时候，会出现最多的太阳耀斑，此时的极光最为壮观。

　　带电粒子在地球磁力线的引导下与大气层相互影响，导致北极光（或者南极光），而它们集中出现在以地球北（南）磁极为中心的环状带内。因此，在北美，如果你生活在阿拉斯加州的巴罗，或者加拿大的丘吉尔城，每晚你都能欣赏到北极光。但是当你远离磁极，搬到较低的纬度地区生活，欣赏到北极光的概率就会直线下降。加拿大卡尔加里看到极光的概率为 18%，挪威奥斯陆有 10%，加拿大蒙特利尔有 9%，美国纽约有 4%，洛杉矶有 0.5%，意大利罗马有 0.1%，日本东京有 0.01%。

为什么在纬度如此低的纽约（约 40°），极光发生的概率不是零，而是 4% 这样一个比较高的数字呢？因为，在太阳异常活跃的某个阶段，地球磁力线因为过多的太阳粒子而变形，从而使得粒子迁移到纬度较低的地区。此时，居住在美国南部的居民偶尔也能欣赏到北极光。

当然，如果你想欣赏到最美丽的极光，那么当非常多的太阳耀斑出现时，请立马跳上一架飞往极地地区的飞机！当然了，最好去北极，因为在南半球，除了南极洲，真的没有很好的观察地点了……

宇宙芭蕾

宇宙之中万物皆运动。引力使得宇宙中所有的结构，包括恒星和星系，相互吸引并且一些"落向"另一些。这些降落运动包含在宇宙整体的膨胀运动中。可以说，地球参演了一场盛大的宇宙芭蕾。首先，它带着我们以 30 千米 / 秒的速度绕着太阳旅行。太阳又带着地球以 220 千米 / 秒的速度绕着银河系运行。银河系以 90 千米 / 秒的速度落向它的女伴仙女星系。舞会还没结束。带着银河系和仙女星系的本星系群，受室女星系团以及离我们最近的巨蛇 – 半人马超星系团的吸引，以 600 千米 / 秒的速度降落。舞会仍未结束。超星系团又跑向由成千上万个星系组成的更大的聚集区。因此，亚里士多德所说的静止不变的天空是不存在的。一切都是非永恒的、变化的。

详见：**宇宙的运动**

宇宙之美与统一性

宇宙是美丽的、和谐的、统一的。随着物理学的进步，以前看似没有关联的现象被逐渐统一起来。17 世纪，牛顿统一了天和地：无论是果园里掉落的苹果，还是绕着太阳转动的行星，支配它们的都是同一种宇宙引力。19 世纪，麦克斯韦指出电和磁只是同一现象的两种不同形式。通过证明电磁波就是光波，他揭示了光学与电磁学的统一性。20 世纪初期，爱因斯坦统一了时间与空间、物质与能量。自 21 世纪以来，物理学家们正努力将宇宙的四种基本力（强核力、弱核力、电磁力和引力）统一为一种超级力。宇宙是一个整体。

Big bang

～ 大爆炸

今天的人们认为宇宙大约诞生于 137 亿年前的一次大爆炸，由一个极小、极热且密度极大的状态产生。"大爆炸"这一观点以美国天文学家爱德文·哈勃发现的宇宙正在膨胀这一事实为前提。事实上，星系在天空中不是固定的，而是一直运动的。因为光有一种被称作**多普勒效应**（详见词条）的特性，得名于首次发现该理论的奥地利物理学家多普勒。1929 年，哈勃通过多普勒效应测量星系的运动，发现星系运动是有规律的。宇宙中绝大部分星系在远离银河系，星系间距离越远，退行运动越强烈。因此，距离银河系 20 倍远的星系的远离速度也快

20倍。距离与速度之比让我们得出一个基本结论：所有星系花了同样的时间从原始点到达了目前所处的位置，而这个时间正是距离与速度之比。

现在重温一下故事情节：所有星系在同一时刻处于同一位置。紧接着空间爆炸，导致宇宙诞生，爆炸的影响——膨胀运动——持续到今天，使得星系相互逃离。

事实上，当我说"宇宙在膨胀"，你不能理解为几十亿个星系全速冲向一个空的、不动的、不变的、早先一直存在的、出现在大爆炸之前的空间。当然也不能深究在这个空间里，那个著名的起始点，也就是最初的爆炸点到底在哪里。

空间在牛顿的宇宙中是静止不变的。然而，大爆炸宇宙中的空间不再是静态的，而是动态的。在这个空间中，星系并不在一个静态的空间里运动，而是膨胀的空间带着静态的星系运动。这很像烤箱里的提子蛋糕。当面团膨胀的时候，蛋糕表面会变大，揉在面团里的提子相互分离。或是吹一个贴有纸星星的气球，膨胀的气球表面不断变大，其表面的星星相互之间距离越来越远。与蛋糕或气球表面一样，在不断膨胀的过程中，新的空间不断出现，随着时间的推移，星系之间的距离也越来越大。同样地，星系在空间中是不动的。做运动的是蛋糕或者气球的表面，同样地，膨胀的是空间本身。提子和纸星星会发现离自己越远的同伴离开自己的速度越快，同样，星系的速度也和距离成正比。

如果宇宙诞生于一场巨大的"爆炸"，那么一些基本问题就来了，首先：是什么导致了大爆炸？物理学家认为大爆炸的爆炸声出现在"暴胀"阶段。在宇宙暴胀阶段，宇宙体积随时间呈指数级快速增长，整个空间受到压力和负引力的压迫，从每个点以超高的速度爆炸，初速就远远超过光速。某些研究者认为宇宙神奇的怒火源于一个被称作"希格斯场"（以首次研究这一问题的物理学家的名字命名）的能量场。光子是电磁场的基本构成要素，胶子及其他重力子构成了其他基本力，同样地，物理学家认为是暴胀子构成了希格斯场。因此，希格斯场又被称作"暴胀场"。

　　在这一理论里，爆炸并不发生在宇宙"产生"的零点，而发生在无穷短的时间（10^{-35} 秒）后，也就是说，宇宙已经诞生，时间与空间也已经出现。在 10^{-35} 秒时，在这个无穷紧密（10^{72} g/cm³）且无穷热（10^{75}K）的宇宙中，两种力是主角：引力和电核作用力，后者是电磁力以及强、弱核力的结合体。

　　然而，刚才关于大爆炸的解释还不是宇宙学领域最佳的答案。仅凭现有的物理学知识，我们还无法解释时间零点。宇宙是如何与时间、空间同时产生的？什么因素决定了希格斯场的性质和能量？其他基本问题尚待回答。当然，我们更无法回答那些更根本性的问题，例如：宇宙为何存在？物理规律为何存在？我们还要（或者永远）在莱布尼茨的问题前哑口无言吗："既然'无'比'有'要容易，那么这个世界为什么是'有'而不是'无'呢？假如必须存在，那么如何解释是这样存在，而不是那样存在呢？"

大爆炸理论，可信吗？

我们能相信大爆炸理论吗？我认为能。继 1965 年宇宙微波背景辐射被发现后，该理论已获得了大多数天体物理学家的支持，此后，该理论还经受了各类观察实验的验证。

然而，该理论缺少的并非实验观察，因为天文学家已从最细微的角度入手孜孜不倦地验证了大爆炸理论。他们详细研究了宇宙微波背景，因为他们曾担心这种古老的辐射背景在宇宙中过于均匀，同星系形成所必需的密度涨落背道而驰。他们担心会发现一颗恒星，其氦含量只占理论数据的 25%，这一点可能是致命的。他们担心检测出过高的氘含量，这可能导致由质子和中子构成的重子物质含量过少，与观测到的 4.9% 这一数字不符。他们害怕发现一种很关键的暗能量，使得宇宙整体密度可能远远超过一个平的宇宙（没有任何曲度）的密度，这与宇宙暴胀理论背道而驰。

这些不利于大爆炸理论的例子不胜枚举，然而，担忧的事情没有一件真正发生。最新的实验结果不仅没有削弱大爆炸理论，反而进一步支持了它。

Biodiversité

∽ 生物多样性

为了养活不断增长的人口（2050 年世界人口预计达到 90 亿～100 亿人），人类不断砍伐树木和森林以获得更多的耕地，却导致了无数其他生命物种的灭绝。在 8000 至 6000 年前，冰河消退、耕地尚未高速扩张，地球上的森林面积达到最高值。在 1950 年，森林面积为 5000 万平方千米，约占没被冰块覆盖的陆地面积的 40%。今天，超过 30% 的针叶树森林以及 45% 的热带森林消失了。这些森林容纳了地球上最丰富的动植物种类，随着它们不断被破坏，地球正在经历一场有史以来最深刻最迅猛的气候变化。

毫无疑问，热带雨林是地球生物多样性最丰富的地方。尽管其面积仅占陆地面积的 6%（约为 800 万平方千米），在此生活的水陆动物却超过已知物种的一半。然而，它遭受着人类破纪录式的生态破坏，每年约消退 1%（8 万平方千米，约等于美国的弗吉尼亚州，或者等于法国面积的 1/7）。平均每两秒钟，一块和足球场相同面积的热带雨林就从地球表面消失了。

想象一下接下来的噩梦:你回乡休养。森林环抱你的房子,树叶簌簌、鸟儿欢唱,睡意来袭。假设你家周围的树木和热带雨林消失的速度一样,你午睡一小时后醒来,将会惊悚地发现郁郁葱葱的树林以及悦耳的鸟叫声都消失了。方圆几千米内,你眼前只剩下一片光秃秃的没有任何植被覆盖的黄土地。

亚马孙热带雨林是地球上最大的热带森林,它艰难地生存到了21世纪。同时,它也是地球上最大的物种储备地:在10平方千米的土地上,其动植物的种类要超过整个欧洲。亚马孙热带雨林面积的2/3位于巴西,因此巴西是世界上物种最丰富的国家。然而,它并没有逃脱人类贪婪的魔爪,雨林很多地方遭受了破坏。已经有14%的面积彻底消失,那些树木被制成家具,搬进了我们的客厅和餐厅,为了养活更多的人口,那些土地被开垦成了耕地。亚马孙热带雨林以及其他的热带森林可能会在几十年内消失,随之消失的还有一半以上现存的动植物物种。昔日的撒哈拉沙漠也是一片生机盎然,而现在,它正以每年几万平方千米的速度不断扩大。巴西、马达加斯加、菲律宾等国家的热带森林面积现在仅为最初的1/10!

地球上有25个生物多样性"热点"正面临着严重的物种灭绝问题,其中有15个位于:除了上面刚刚提到的三个地方以外,其余的分布在墨西哥南部、中美洲、热带安第斯山脉、安的列斯群岛、西非、印度、缅甸、印度尼西亚、新喀里多尼亚的潮湿森林里。这些生物多样性"热点"总共只占陆地面积的1.4%,却容纳了世界上44%的植物种类以及1/3以上的哺乳动物、爬行动物及两栖动物。更糟糕的是：这些物种只存活于热带森林中，无法在其他地方生存。因此，如果我们能够保护好这些很小面积的地球表面，就能够挽救几百万个生命物种，从而保护生物的多样性。

每一天结束的时候，大约 75 种动物和植物物种会消失，也就是说，每小时就会有 3 种消失，每年会有 2.7 万种。濒临灭绝的物种（总数不超过 100 的物种）包括食猿雕、夏威夷乌鸦以及爪哇犀牛。大熊猫、山地大猩猩以及苏门答腊猩猩很快也会名列其中。导致这场大范围灭绝的原因多种多样。除了森林退化、炸毁珊瑚礁以及其他生态环境的破坏，还有环境污染、捕食以饱口福以及人口激增的需要，当然，还有利益的驱使。比如，犀牛之所以惨遭屠杀，是因为古代人们认为犀牛角有药物价值（而这一点尚未被科学验证）；藏羚羊也命运多舛，它们的绒毛被制成披肩，披在了西方女人的肩上以御严寒；某些海洋因为过度捕捞而导致鱼类数量骤减。

面对目前的物种灭绝节奏，如果人类仍然无动于衷，到 2030 年，至少会有 1/5 的植物以及动物将彻底从地球上消失，到 2050 年将会有一半消失。我们的孩子将会生活在一个没有生物多样性、死气沉沉、物种贫乏的世界中。当他们环游世界时，看到的几乎是同样的动物和植物。

近期损失最惨重的物种还包括青蛙，约在 4 亿年前，两栖类动物的祖先离开水生环境前往坚实的陆地上冒险。在 20 世纪 80 年代，动物学家发现在距离遥远的澳大利亚、哥斯达黎加、美国的加利福尼亚州以及加拿大等地区，青蛙的数量快速减少（每年大约 2%）。和所有的两栖动物一样，青蛙利用潮湿且透水的皮肤吸收化学物质以及交换气体（比如空气）。它们的皮肤像缓冲器一样工作，能够吸收周围环境里的有毒物质以及寄生物。青蛙确实是监测大气微量有毒物质的活体检测器。它们的作用和矿井里的金丝雀一样，能够警告我们即将到来的危险以及灾难。它们的消失告诉我们自己呼吸的空气污染严重，此外，我们生存的环境中还存在危险的有毒物质。

生物多样性的损失是不可修复的。在破坏生物多样性的同时，我们是在自我毁灭。因为生命处在一系列复杂的链条中，每个环节都相互关联。事实上，所有生物都是相互依存的。比如，我们要靠某些细菌净化水，要靠某些细菌将动植物残余的有机物分解为腐殖质，这样有机物实现了循环，同时为土壤提供了养分。

此外，生物多样性对我们的健康以及幸福也起到了十分关键的作用，因为大自然充满了丰富的药物资源。我们服用的大部分药物来源于野生植物。在美国，40% 的药方上开的是天然成分的药物（24% 以植物为主要成分，13% 以微生物为主要成分，3% 以动物为主要成分）。我们已经学会从这个由不同生命物种构成的巨大数据库中找寻原料，并成功制成了抗生素、抗疟疫苗、抗凝剂以及其他抗抑郁药品。

实际上，那些减轻我们痛苦的具有革命意义的新型药物很少是纯粹的实验室成果。分子与细胞生物过程的研究主要针对的是疾病最本质的成因。而新型药物的研究过程正好相反：首先在某个生命机体中发现了解毒药的存在，然后研究其分子和细胞层面的特性。

如何获得这些神奇的药物呢？我们可以借助古老文化的智慧：中国与印度传统药学中有许多关于植物药物的研究，它们为我们提供了很多神奇的医药产品。此外，我们还可以向生活在热带森林里的原住民学习：他们熟谙 50 000 多种植物的特性，代代口口相传，从丰富的天然药典中获益良多。然而，到目前为止，在热带森林里成千上万种传统药材中，只有几种进入了西方国家的实验室。

保护物种多样性对此项研究至关重要。万一明天灭绝的某个物种中含有治愈癌症或者艾滋病的神奇成分呢？天然药材的搜寻工作是与时间赛跑，是科学与生命物种之间的对决。然而，除了保护自然提供的治愈疾病的天然"药典"这一功利目的，失去生物多样性也意味着损坏了一本不可修复的生命之书中尚未读完的重要章节。这样，人类就永远无法了解到关于自己起源的历史以及演化过程，因为这些信息一旦丢失就再也无处可寻了。

扩展阅读：爱德华·威尔逊，《生命的未来》，瑟伊出版社，2003（Edward Wilson, *L'avenir de la vie*, Le Seuil, 2003）。

Brahé (Tycho)

第谷·布拉赫

第谷·布拉赫（1546—1601）是现代观测天文学之父。他是首位意识到只有通过极度精确的观测才能真正揭开宇宙神秘面纱的科学家。在此之前，人们要么相信托勒密推崇的地心说，地球统治着宇宙；要么相信哥白尼支持的日心说，太阳才位于宇宙的中心。布拉赫的观测结果是当时最精确的，为其助手开普勒留下了无价的成果，而开普勒正是沿着前者的道路继续研究，才最终解开了行星运动的秘密。

出生于丹麦贵族家庭的布拉赫一生动荡却精彩。两岁时，他被叔叔偷走抚养。13岁时，他开始在哥本哈根大学学习法律和哲学，在叔叔的安排下，他后来从事了外交工作。在1560年，也就是14岁时，一件事情改变了他的人生轨迹：他观察到一次被星历表预报的日食。人类居然可以提前很久准确地预知星体运动的位置，这一点对年幼的布拉赫来讲，绝对是件"神圣的事情"。

在16岁时，他在德国莱比锡大学读书，继续攻读法律专业。但他仍为天文学、占星术以及炼金术着迷，他的所有钱都花在了买书以及各种各样的天文仪器上。当时的天体观测仍用肉眼完成，因此布拉赫就用象限仪和六分仪通宵观测天空。在1563年，他发现了另外一个天文现象：木星与土星相遇，前者从后者前面经过。他查到这一现象早就被当时的天文表预测到了，只是还要再过好几天才发生！他无法接受如此之大的误差。

从此，他有了新的人生规划——决定倾其一生制作一个更精确的星历表，提高准确率。尽管家人强烈反对，他还是放弃了法律，投身于天文学。

然而天有不测风云，天文学也无法为他遮风挡雨。1566年，这位天生易怒的年轻科学家在罗斯托克大学与一位同学因一个数学定理发生了争执。他俩进行了决斗，在决斗中，他失去了鼻头，余生一直戴着一个金银合成的假鼻子。

回到丹麦后，在1572年，他在仙后座观测到了一颗新星，和金星一样明亮，这与当时亚里士多德的观点背道而驰。在日日夜夜不间断地观测后，他明确指出这颗新星相较遥远的恒星是不动的。这就说明这颗新星距离遥远，不属于地球与月球所在的不完美世界，而位于一个完美恒久的世界。然而，这颗新星的出现是怎么回事呢？又或者是发生了某种改变？布拉赫得出结论：亚里士多德是错的，宇宙不可能是恒久不变的。

今天，我们知道布拉赫是正确的，这颗新星是一颗超新星，超新星是标志着银河系中大质量恒星死亡的闪光爆炸物。这一发现使得布拉赫享誉整个欧洲。丹麦国王腓特烈二世还将汶岛赠予他，这座岛位于丹麦远海中，在赫尔辛格（哈姆雷特城堡所在地）和哥本哈根之间。此外，国王还赞助了建立大型天文台所需的所有经费。1576年，他开始建立乌拉尼亚堡（又称乌拉尼亚天文台），取意自司天文的缪斯女神，很快，它便成了欧洲最重要的天文台。布拉赫为他的天文台配备了当时最大最精密的仪器。这些仪器都是布拉赫自己在工作室里斥巨资精心制造的。乌拉尼亚堡于 1580 年竣工。自此，在之后的 17 年里，布拉赫的天文观测结果的准确程度是时人望尘莫及的，其精度约是托勒密观测成果的十倍。虽然布拉赫在天文领域享有至高的权威，但是他专横、我行我素的性格使得他

成了汶岛的专制者，岛上居民怨声载道。

　　1577 年，布拉赫观测到了彗星，这进一步验证了他对亚里士多德学说准确性的怀疑。在此之前，人们认为彗星和彩虹一样，是一种地球大气现象。布拉赫认为并非如此。相较于遥远的恒星，彗星改变了位置，这也就是说，它比 1572 年发现的超新星离地球更近，但是它的位移比月球的小得多，因而彗星与月球相比离地球要更远。布拉赫因此得出结论，彗星一定位于行星"水晶球"领域的某个位置。事实上，为了解释行星受太阳吸引却不会撞向太阳这件事，希腊人把行星固定在以地球为中心的同心水晶球上（水晶是透明的，因此我们可以直接看到行星），地球是不动的。这些球体可做旋转运动，这就解释了行星的运动。

　　彗星的观测结果带来了两个严重后果：一方面，一个新物体的出现再次推翻了亚里士多德的宇宙不变论。另一方面，布拉赫十分精准地观测到这颗彗星的运动轨迹：它不是圆形的，而是椭圆形的。当时的希腊人认为宇宙中一切物体都做圆周运

动，因为圆形是最完美的几何图形。可完美的圆形怎么不见了？更严重的后果是：既然彗星的运动轨迹是椭圆形，而这颗彗星又比最遥远的行星（这里指的是土星，当时还没有发现天王星、海王星）近，那么它的轨道就一定会穿透"行星水晶球"，而这些球理应是坚实的固体物质，这实在是匪夷所思！布拉赫得出的结论是，这些行星水晶球并不存在，它们只是人们想象出来的。那么，是什么使得行星在自己的轨道运行，而没有撞向太阳呢？

尽管还有许多未解之谜，布拉赫在哥白尼的日心说宇宙以及托勒密的地心说宇宙之间找到了折中点，建立了自己的宇宙模型。

腓特烈二世去世后，1588 年，在其继承人克里斯蒂安四世在位的初期，布拉赫无视宗教权威以及蔑视贵族传统（他与平民结婚）的行为，维护天文台运行花费的巨额资金（他有 20 到 30 个用来观测和计算的辅助实验室），玩世不恭的态度（他身边有一个侏儒弄臣，养了一只驼鹿当宠物）以及他的骄人成绩惹怒了妒火中烧的贵族们，他们不再给这位天文学家提供津贴和薪水，布拉赫的天文台无法继续运行了，科研工作也无法继续推进了。

没了资金支持后，在 1597 年，布拉赫带着他的六个孩子、助手、仆人以及书籍和仪器离开了汶岛。他多次到访德国，希望找到合适的地点重建一个天文台。他说过："天文学家要四海为家，因为他不能期待无知的政客们赞赏自己的工作。"

1599 年，布拉赫定居于波西米亚的布拉格，被皇帝鲁道夫二世封为"皇家数学家"。鲁道夫二世也赠予他土地用来建立新的天文台。可惜布拉赫并没有看到工程竣工的那一刻。1601年，他因长时间憋尿而死。据传，当时他参加了一场没完没了的晚宴，出于礼貌，他没有请辞去洗手间。另一种说法是，他是被人毒死的。在布拉赫去世后，之前专程来到布拉格为其工作的年轻助手，德国天文学家开普勒（1571—1630）成了皇家数学家，同时接手了他生前留下的大量精确的天体观测成果，尤其是关于火星的成果。布拉赫最后的遗言被一位助手记在了他的笔记本上："希望我没有辜负此生！"他可以死而无憾了。在他的不懈努力下，开普勒才能获得一份精度无法被超越的观测成果，没有他 17 年的日积月累，就无法保证几个近距离行星绕太阳运动轨道跟踪结果的正确性。开普勒将站在他的肩膀上，去看清楚天体运动的奥秘。

扩展阅读：亚瑟·库斯勒，《梦游者》，卡尔曼 - 雷维出版社，1960（Arthur Koestler, *Les Somnambules*, Calmann-Lévy, 1960）。

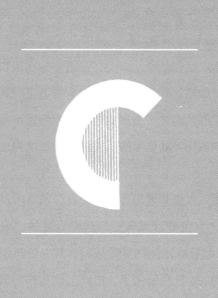

Calendrier cosmique

宇宙日历

　　现代宇宙学把人类放在了宇宙最微乎其微的位置上：太阳系也只不过是无垠的宇宙沙滩上的一粒沙子（详见：**哥白尼的幽灵**）。然而，空间和时间是紧密联系的：一段空间距离就是时间与光速的产物。换句话说，人类在宇宙中的地位和人类在时间里的渺小是一致的。我们只是宇宙大型史诗里一眨眼的工夫。要想更好地了解人类在宇宙历史中所占据的微不足道的地位，我们可以把宇宙约 140 亿年的历史压缩到长度为一年的宇宙日历里。

　　在这个日历中，大爆炸发生在 1 月 1 日，当下所对应的是 12 月 31 日 24 时。宇宙的巨幅画卷是这样展开的：银河系诞生于 2 月 21 日，太阳系及其行星随从到 9 月 3 日才现身，也就是说，这一年的 3/4 已经结束了。地球上最初的生命细胞在 9 月 23 日才登上舞台，微生物在 10 月 26 日制造了性别。生命在最后一个月的后半阶段有了突飞猛进的发展：鱼类以及脊椎动物在 12 月 18 日第一次出现，植物绿色大军在 12 月 20 日侵占了地球，昆虫在 12 月 21 日诞生，爬行动物出生在 12 月 23 日。12 月 24 日恐龙开始统治地球。12 月 27 日鸟儿的歌声开始响遍地球。它变成了一个郁郁葱葱鲜花盛开的星球，然而在 12 月 28 日，一颗小行星杀手撞击了它，恐龙因此灭绝，我们的祖先哺乳动物趁机迅速繁殖。我们的近亲灵长目动物在 12

月 29 日诞生。

至于人类，其整个演变过程都发生在 12 月 31 日的晚上，21 时 49 分，也就是还有两个小时多一点一年就结束了，第一批人类才能够直立行走。借助发达的符号意识以及抽象能力，古人开始创造和创新。一个个创举如雨后春笋般改善了人类的物质生活，同时也传播了智慧与知识，赞扬和启蒙了灵魂。这一切都发生于今年的最后一分钟内。人类在 23 时 59 分 17 秒发明了农业并在 23 时 59 分 26 秒开始制造石头工具。天文学在 23 时 59 分 50 秒诞生，紧跟着，字母诞生于 23 时 59 分 51 秒，冶铁业出现于 23 时 59 分 54 秒。随后一些引导人类精神生活的伟人降生：佛祖出生于 23 时 59 分 55 秒，基督出生于 23 时 59 分 56 秒，穆罕默德出生于 23 时 59 分 57 秒。文艺复兴以及实验科学诞生于本年度最后一秒，23 时 59 分 59 秒。

现在是 0 时。我们已经登上月球，整个地球变成了地球村，但同时，我们严重破坏了生态平衡，减少了地球的生物多样性。

详见：**同类相食的星系**

Céphéides (Étoiles)

∽ 造父变星

造父变星是一种光变周期很特别的变星：两个亮度最大值

（最小值）之间的时间间隔被称作周期，这个周期长短受其绝对星等[1]的影响。造父变星越亮，其周期（从几天到一个月不等）越长。天文学家根据这一属性利用造父变星测量距离（详见：**宇宙的距离**）。因此，它们被誉为"量天尺"。

1912 年在哈佛大学工作的年轻天文学家亨丽爱塔·勒维特发现了造父变星。

只需要在银河系或者一个近距离的星系里标定这些造父变星的位置，就可以通过观测它们亮度的变化来确定光变周期，从而确定绝对星等。绝对星等与视星等[2]相结合可以表示距离。美国天文学家**爱德文·哈勃**（详见：**爱德文·哈勃，星云探测者**）利用造父变星证明了银河外星系的存在。这些遥远星系的发现为银河系外宇宙的探索打开了一扇大门。

Chaos: la fin des certitudes

混沌：确定性的终点

在通用语中，"混沌"意味着"大范围的无序、混乱"。但是在科学家的脑海中，混沌并不指"秩序的缺失"，而是一个不可见的概念，指长期的无法预测性。

1　假定天体距离为 10pc(秒差距) 时的视星等。
2　从地球上观测到的天体的星等。

为了更好地理解混沌，我们先来看一个不混沌的状态——网球运动。网球猛冲向你，你用球拍击球，球网对面另一方再挡回来。如果两个已知信息确定，物理学家就可以预测网球会落在球场的哪个位置：首先是初始条件，也就是说，球拍击球的具体位置和具体时刻，以及球体飞出去时的速度；其次是物理定律，具体而言指的是牛顿的引力定律。

网球初始条件的认知或多或少有些误差。比如，人在预测球体位置时，可能会有几厘米的误差。在确定球拍击打网球的具体时刻时，可能又会有几分之一秒的不确定性。初始条件里的不确定性是不是就意味着我们无法预测网球的结局？并非如此：因为初始条件对网球运动并非百分之百起决定作用。几厘米的距离误差和几分之一秒的时间误差对于预测网球弹回地点和时刻的影响微乎其微。因此，网球的预测是可行的。

但在自然界以及日常生活中存在很多情况，它们的发展对初始条件是极度敏感的。系统初始条件一丁点儿细微的改变都会引发日后指数级的改变。这就是我们所称的混沌状态。由于结局与初始状态息息相关，微不足道的事情就能改变全局，因此我们很难去预测这类情况的结局。

法国数学家**亨利·庞加莱**（1854—1912，详见：**亨利·庞加莱，混沌的预言家**），研究太阳系中行星运行轨道的稳定性问题，在 1888 年首次提出了混沌理论。但是他的研究太超前了：那时计算机还没有问世，庞加莱还无法类推出这个对初始条件有极度敏感性的系统在无穷远的未来的结局，因此无法验证自己的天才发现。这一研究就被搁置了半个多世纪。

1961 年，混沌理论在气象现象中再次被偶然发现，这次的发现者是美国人爱德华·洛伦茨（1917—2008）。他发现无法预测一周后的天气情况，因为气象模型与初始条件息息相关。人类知识的局限性是无法逃避的。自然界仍有许多奥秘尚未被解开。因此物理学家经常把混沌解释为"蝴蝶效应"：夏威夷一只蝴蝶振一下翅膀就能够引发纽约的一场雨。

20 世纪 70 年代，伴随着计算机这一神奇同盟的问世，混沌理论的研究有了突飞猛进的发展。

因此，在 20 世纪，围绕着 18 世纪建立起来的牛顿物理学城堡的坚固城墙轰然倒塌。爱因斯坦在 1905 年提出的相对论，彻底推翻了牛顿所认为的绝对时空的存在。在二三十年代，量子力学摧毁了一切精准理论的确定性。20 世纪末，最后一道坚固堡垒被摧毁：混沌学的出现彻底推翻了牛顿和拉普拉斯所确信的绝对的自然决定论。在混沌理论出现之前，"井然有序"是主导词，与其相反的"无序"一词是科学语言的禁忌，一直被无视、回避。但是混沌学改变了一切——它为规则世界引入了不规则，在有序之中引入了无序。

混沌的面孔并不陌生，在日常生活中我们随时可见。我们都有过这样的经历，一个看似微不足道的事情后来导致了十分严重的后果。一位男士因为闹钟没响，错过了一场面试，因此失去了期待已久的工作。一位女士的轿车因为汽油里的灰尘而出现故障，因此错过了航班，也因此与死神擦肩而过，因为这趟航班在起飞几小时后坠毁在了大海之中。一些微不足道的小事以及一些不易察觉的不同后果因此改变了我们的人生轨迹。

混沌理论不仅存在于自然科学中，它还涉及多领域学科和专业：人类学、生物学、生态学、地质学、经济、历史、伊斯兰建筑、日本书法、语言学、音乐、股市、放射学、通信、城市规划以及动物学等等，而这些还只是其中的一部分。有了混沌学，我们司空见惯的日常现象都能成为研究对象：不规则的烟圈，随风飘扬的旗子，高速路上无休止的拥堵，没关紧的水龙头里滴出的水滴，心律不齐或者股市波动……这些现象都因为混沌理论而获得了解释。

因此，混沌学是一门整体科学，它打破了不同学科之间的壁垒。它推翻了决定论的高墙，把随机性放在了首要位置。此外，它还是一门"全体论"科学，它纵览全局，排斥简化论。单独的构成要素（夸克、染色体或者神经元）无法解释整个世界，我们应该从全局去理解世界。

太阳系的混沌

太阳系，在几千年的时间中（自天文学诞生以来）呈现出稳定的状态，如果放大这个时间段，它还会是这种状态吗？

在牛顿（1643—1727）生活的时代，人们已经知道有几个行星（土星和木星）是不稳定因子，它们的运动呈现不规则性。牛顿认为它们的轨道偏差能够引发太阳系的崩溃，除非太阳系这台挂钟能够奇迹般地（他甚至提到了上帝的介入）校准成功。

1773 年，法国天文学家**皮埃尔 - 西蒙·拉普拉斯**（详见词条）着手研究太阳系的稳定性问题。他认为，行星会一直绕着太阳做圆周运动：太阳系是一个神奇的宇宙钟表，是一个保养良好的机械装置，只受引力的驱动。上帝的介入是没有必要的：上帝，在给钟表上好发条之后，就退居二线了。

19 世纪末，又有了新的进步：亨利·庞加莱提出了混沌理论。这一提出证实了太阳系从井然有序的状态突然转入混沌系统之中这一观点的可能性。毕竟，拉普拉斯只研究了土星和木星在 900 年间几个周期里的运动，这段时间相较于太阳系 45.5 亿年的历史简直就是沧海一粟！然而，如果没有上万年、几百万年，甚至是几十亿年的追踪，混沌系统是不会展露一点头角的。这就需要借助拥有强大计算功能的计算机来计算如此长期的行星运动了。

1989 年，在巴黎经度局工作的雅克·拉斯卡尔（1955 — ）接受了挑战。拉普拉斯是这个机构的创始人之一，他更为支持太阳系的稳定性，而拉斯卡尔沿着知名前辈的道路，却发现了混沌系统。他往电脑里输入了一个约有 15 万个代数项的数学公式，这个公式描述了行星在绕太阳运行的轨道中的普遍行为。由此，天文学家可以计算出太阳系两亿年以后的演化。为了验证混沌理论，需要在初始条件（行星的初始速度和初始位置）发生微小改变的情况下重复计算。

计算机给出的结果十分清楚：整个太阳系，包括太阳系内的行星（水星、金星、地球和火星）都受混沌理论的影响。初始状态中最细微的一点儿差别都会被无限放大，因此形成的轨道也会截然不同。对初始条件的极端依赖意味着现在与过去和未来被割断了。未来不可预知，过去永不再现。行星运行轨迹有一个不可知的过去以及一个不确定的未来，因为我们永远无法百分之百精确地测量出行星的位置。

但是，混沌不等同于混乱和不稳定。轨道的不确定性并不意味着明天地球会紧贴着木星运行或者离开太阳系。毕竟，太阳系形成于 45.5 亿年前，而时至今日，行星一直规规矩矩地绕着太阳运动。那么在这段漫长的时间里，行星怎么没有发过一次疯，它们的轨道也从来没有交叉过，正面撞击也从没使它们爆炸过？因为混沌被遏制住了。

当引力扰动一直较弱，而且共振现象并没有将其放大时，太阳系的混沌就能够被遏制。准确地讲，是因为混沌不会放纵所有的离心率发生变化，牛顿和拉普拉斯才会认为太阳系是一个保养良好的神奇机械装置，因而可以绝对准确地确定其未来、现在和过去。游荡在太阳系角落里的混沌系统构成了一架桥梁，一边是物理定律描绘的抽象的、纯粹的、理想化的世界，另一边是我们生活的复杂无序的具体世界。

恒星世界的混沌

在一个炎热却美丽的夏季夜晚，一道巨大的微白色的拱形横跨星空，愉悦了我们的双眼。今天，我们已经知道这其实正是我们所在星系银河系的盘面（详见：**银河系的现代解读**），它由约 1000 亿至 4000 亿颗受引力相连的恒星组成。在这个直径为 10 万至 18 万光年的扁平盘面上，恒星不是静止不动的。

如同在一个巨大的宇宙旋转木马上，恒星永不停歇地绕着银河系中心旋转。因此，我们的恒星太阳，作为一颗离中心约有 2.5 万光年的郊区恒星，带着它的随从以 220 千米 / 秒的速度运动。因此，每 2.3 亿年，我们就绕银河系一圈。自诞生以来，在过去的 45.5 亿年间，我们的恒星已经做了近 20 次这样的圆周运动。

牛顿的引力定律决定了恒星在圆盘上的运动。因此我们提出一个问题：既然混沌系统存在于牛顿所有的方程式之中，那么它会不会也存在于恒星世界里呢？为了弄清楚这个问题，1976 年，尼斯天文台的法国天文学家米歇尔·叶侬（1931 — ）研究了银河面上恒星的绕行运动。他再次发现，当恒星运动能量超过一定数值的时候，混沌系统就会前来赴约。

但是，和行星的情况一样，混沌并不意味着彻底的无序。混沌是必然的，但无序是被遏制的。恒星不会突然抽风，任意选择轨道，发生正面撞击或者离开银河。综上所述，在未来的几十亿年里，它们仍会墨守成规地绕着银河中心做圆周运动。

木星大红斑之中的混沌

在亨利·庞加莱的突出贡献之后，1961 年，混沌再次被发现。这次发现几乎是偶然的，由气象学家爱德华·洛伦茨在天气现象中发现：事实上，在形成雨天或者晴天的大气运动中，在带来夏季暴雨以及春季阵雨的季风中，混沌无处不在。由于混沌的存在，我们无法预知一周以后的天气情况。事实上，混沌不仅存在于地球大气层的空气中，还存在于我们周围世界一切流动的物体中。当你漫步于塞纳河畔，目光随着流过巴黎桥底的河水而动时，你会发现，桥墩附近的流水中出现了漩涡。此处流水的运动是复杂、无规律且表面无序的。我们会用湍流一词来描述这一运动，而科学家会将其称为混沌。

混沌还存在于流动在教堂管风琴琴管中的空气里，存在于火山爆发时喷向天空的熔岩流中。一个烟民用嘴巴欢愉地吐出一个个烟圈，水龙头里的流水，尼亚加拉大瀑布氤氲的白色水浪——这些都是混沌。

这些混沌的紊乱现象同样出现在太阳系**木星**（详见词条）这个巨大气体行星的大气中。在木星的南半球有一个大红斑（详见：**木星**），呈椭圆形，像宇宙的一只巨眼。这个斑是一个呈棕色和橘色色调的巨大气旋，像印象派的画作一样明亮耀眼。在过去的几个世纪中，它的大小并不固定。在它体形最大的时候，其身材（东西长 4 万千米，南北宽 1.4 万千米）大到可以吞掉三个地球。这个巨大的旋涡，自从 17 世纪被首次发现，在随后的几个世纪中不断地显现出来，被监禁在巨大的水平云带之中。

我们需要一个解释，混沌理论来为我们解围了。这个存在了几个世纪之久的旋涡可以被理解为一个自发组织的系统，是导致周围一切混乱的混沌系统所造成并维护的一个稳定的区域。这个大红斑就像波涛汹涌的大海之中的一个平静岛屿，是暴风雨中的一个宁静港湾。它的存在告诉我们，在描述流体湍流的条件中可能同时包含决定论以及混沌。一直被忽视和摒弃的无序，直到 19 世纪末才重见天日彰显其存在，要求获得与有序同样的认可。

蓝 天

　　天空为什么是蓝色的？这个看似幼稚的问题实际上是有意义的。天空的蓝色不可能来自大气层发射的光线，否则这样的光线在夜晚将会同样存在。然而夜晚的天空不是蓝色的，而是黑色的。同样，它也不可能形成于大气层外的蓝色光源，因为在满天繁星的夜晚天空仍像墨汁一样漆黑。因此，天空的蓝色应该和太阳光有关。不过，太阳光是完美的白色。它包含所有的颜色，牛顿透过三棱镜证明了这一点。要使得天空呈现蓝色而不是白色，太阳光在到达地面之前得先经过大气层的"过滤"，某种机制除去了其中的红色、黄色以及其他颜色，只剩下蓝色进入了我们的视线。过滤只能通过两种方法实现：或者通过吸收，或者通过散射。然而，第一种方法是不可能的，因为太阳光、月光或者星光在穿过大气层时被吸收的不是蓝色光。因此，只能通过散射。也就是说，一条射入大气层的太阳光线向四面八方分散，使得天空变成了蓝色。

因此，空气中哪些粒子能够分散（物理学家使用的术语是"散射"）光线，从而使得天空变成蓝色呢？是否是灰尘颗粒呢？在夏季，漫长干燥的天气过后，空气中飘浮着被风从地上扬起的沙粒和泥土。这时天空不再是蔚蓝色的，而变成奶白色。因此，灰尘不是天蓝色的成因，它更像是天蓝色的杀手。

　　那么是大气层中的水分子吗？当它在高空凝结成冰晶、形成卷云后，蔚蓝色就会消失，奶白色出现。因此，水分子也不是蓝色的成因。

　　那么只剩下空气分子了。空气分子很喜欢散射光线，尤其偏爱蓝色。光的波长越小，也就是说，光越蓝，越容易被散射。因此，蓝色光被散射的可能性约是红色光的十倍〔英国物理学家瑞利勋爵（1842—1919），证明了散射光线的强度与入射光线波长的四次方成反比〕。因此，当我们朝天空的任意方向看时，除了直视太阳时，一个蓝色太阳光子进入我们视线的可能性要大于一个红色光子进入的可能性。这就是天空呈蓝色的原因。

　　此外，你有没有发现天边要比我们头顶的天空亮很多？即使在一个非常晴朗的白天，天空也并非到处都是蓝色的。天边会变成白色。太阳光到达我们眼睛所要穿过的空气数量是其成因：在靠近天边的地方，我们的视线要穿过更厚的空气层，也就有更多的空气分子，空气分子对光线的散射不再单一，而变得复杂。当然，蓝光被散射的可能性仍比红光大，然而，由于存在大量的空气分子，这些颜色不同（或者波长不同）的光子或早或晚都会发生散射，然后它们的路线出现了偏差。因此，

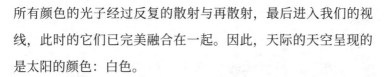

所有颜色的光子经过反复的散射与再散射，最后进入我们的视线，此时的它们已完美融合在一起。因此，天际的天空呈现的是太阳的颜色：白色。

我居住在弗吉尼亚州的夏洛茨维尔大学城里，距离阿巴拉契亚高地约一个小时的车程。很开心我能经常去山中漫步。远处的山峰好像染上了蓝色。在全世界，无论是在缅因州、俄勒冈（美），还是在澳大利亚或者牙买加，有十多座山峰都被命名为"蓝山"，这绝非偶然。早在罗马帝国时期的壁画上，我们就能看到一座座蓝色的山。包括扬·凡·艾克（约1385—1441）在内的15世纪弗拉芒画家，他们正因能出色地运用差异细微的不同蓝色表现远景而举世闻名。

为什么远处的山脉呈蓝色呢？覆盖着森林的它们本应该被染成绿色呀。同样地，远山呈蓝色而非绿色也是我们与山之间的空气分子散射太阳光的结果。除了被山脉反射的光，我们还能看到"空气光"。由于蓝色光比红色光更容易被散射，这个空气光就是蓝色的，于是在我们和山峰之间形成了一个蓝色的纱幔。空气光的数量自然取决于我们与这些山峰之间的距离。如果其中有一座山峰离我们较近，反射的太阳光就能十分轻松地进入我们的眼睛，因此我们从衬托它的纱幔中看到了淡蓝色。周围更远处的风景浸染着些许不同的蓝色，不同的蓝色和谐地交融在一起。只有近处的红屋顶以及绿草地让我们跳出了这曲蓝色交响乐。但是，当山足够远时，散射变得复杂（太阳光经历多次连续散射），光的散射超出了我们的视线，我们就看不到它了。因此，空气的光代替了山脉的光。这样，即使在一个十分晴朗的白天，当空气也十分纯净时，我们也无法看到超过一定距离的远方的地形。

此外，当太阳位于高空时，我们也看不到山脉。此时的太阳会制造大量的空气光，减少山脉的光，因此我们就看不到山脉了。然而，当太阳在空中的位置变低一些，此时空气的光变弱，山脉会重新进入我们的视野。当我们站在沙滩上欣赏日落时，会发生同样的现象，远方的小岛或者海岸线会突然进入我们的视野，然而在白天的时候我们却看不到它们，因为白天空气的光线太强了。

早在五个世纪以前，著名的意大利画家、学者达·芬奇（1452—1519）发现，远方物体以及我们之间的空气是我们能否看到前者的关键因素。他同时在绘画和科学两个领域深有造诣，他是绘画透视规则的首创者，他将透视分为三种：第一种是最广为人知的，线性透视解释了越远的物体显得越小（一个物体的夹角大小与距离成反比，距离越大，夹角越小）；第二种是空气透视，它解释了为什么物体越远，越不清晰；第三种是颜色透视，它解释了为什么物体的颜色会随着距离的变化而变化。达·芬奇准确地指出后两种透视与观察者以及物体的空气有关。英国画家威廉·透纳（1775—1851）在自己的作品中将颜色透视法发挥得淋漓尽致，他能够将微颤的空气、水以及光的不同形状完美地融为一体。

夜 空

　　某个夜晚，当你抬头仰望天空，银河上能用肉眼看到的实际上都是最亮的恒星。因此，我们最熟悉的恒星大多数是蓝超巨星（超大质量的炙热年轻恒星），像天津四、参宿七，以及温度低一些的大质量恒星，像织女星、天狼星 A 以及牛郎星，或者是一些**红巨星**（详见词条），例如参宿四、米拉变星（蒭藁增二）或者大角星。由于这些恒星本身十分明亮，即使距离遥远，仍能够靠肉眼分辨出来。因此，在天空中最显眼的距离已知的 20 颗恒星中，只有六颗的距离小于 33 光年。相反，我们很少能看到与太阳同类型的恒星〔半人马座 α 星（南门二）是其中之一〕，完全看不到红矮星（红矮星是一种质量较小、亮度微弱且温度低的恒星，只有太阳质量的 10%～80%），因为这些恒星本身亮度较低。

LA NUIT ETOILÉE D'APRÈS VINCENT VAN GOGH

换句话说，如果你只能用肉眼观看天空，或许你会认为银河的恒星居民主要包括蓝超巨星、红巨星之类的质量大且亮度高的恒星，而红矮星完全不属于其中。这种想法是错误的。人们借助天文望远镜，完成了银河恒星居民完整的人口普查，数据显示，红矮星是天空中最常见的恒星：它们的数量超过了宇宙中恒星总数的80%。只不过，由于它们亮度较低，在不借助特殊望远镜的情况下，我们无法用肉眼观察到。相反，蓝超巨星、红巨星以及质量大且亮度高的恒星，表面上看它们布满了夜空，事实上数量很少：在10 000颗恒星中，只有一颗是这种类型的！

因此，如同恒星以及星系一样，它们迷惑了我们的双眼，使得我们无法正确地为宇宙群众进行分类（详见：**光明与黑暗**），夜晚迷人的星星，也让我们对银河居民形成了错误的印象。如果我们不知道黑暗中还存在着许多质量小、亮度低的恒星，就很可能与真相擦肩而过。

Comètes, objets de superstition

⁀ 彗星，迷信之物

彗星是一种拖着发光长尾巴，像随风飘扬的头发一样（彗星一词源于希腊语 Kome，意思是"头发"），偶尔出现在天空中的天体。它给人类带来了多种多样的感受。它是天文学家的观察对象〔1572 年观察到的彗星在丹麦天文学家**第谷·布拉赫**（详见词条）的心中播下了疑惑的种子〕，对于占星家以及占卜者来说，它经常被看作是坏事情的征兆。

在古代，身兼传教士的天文学家通常将彗星的出现与灾难联系起来。因此，阿兹特克以及印加人的习俗都曾提到，彗星向阿兹特克的蒙特祖玛以及印加的瓦伊纳·卡帕克预报过西班牙人的来临以及两个帝国的没落。刚果的班图族也认为彗星的出现预示着重大灾难的横空来临。在印度神话中，彗星预示着与世界末日相关的巨大变动。然而，在意大利画家乔托·迪·邦多纳看来，彗星预示着巨变的发生，但这次是好征兆。在其画作《三博士来朝》中，他画上了 1301 年出现的哈雷彗星。

1066 年出现的哈雷彗星同样出现在了贝叶挂毯上；它预示了征服者威廉成功侵占了英国。关于彗星的迷信说法一直延续到1910 年，也就是哈雷彗星截至目前的倒数第二次出现的时候，这一次，彗星的尾巴特别长，好像都碰到地球了。因此有些人就认为它们含有毒害人类的有毒气体，一些江湖医生还趁机卖了好多自制的"抗彗星"药！

彗星，物理对象

在大多数时间里，由冰以及灰尘组合而成的彗星会乖乖地待在自己的家中。然而，有时，当一团由气体和灰尘组成的星际云或者一颗近距离的恒星经过时，它们会打破彗星的安宁生活，前者弹弓般的引力会将彗星抛向太阳系内。当这些彗星靠近太阳时，太阳热量使得覆盖在石质核心上重达几十吨的紧密尘埃和冰的混合物升华，形成一个直径为 10 万余千米（长度接近于木星）的巨大气体光晕，包围着一个直径为几千米的岩石核。壮观的气体彗尾受太阳辐射（彗尾轻微弯曲）或者带电粒子构成的太阳风影响（彗尾呈直线状）后，会朝着太阳的反方向延展。彗尾长达几百万千米，为人类打造了一场视觉盛宴。一颗彗星可能接近 1000 亿吨，与一个边长为 10 千米的大浮冰的重量相同。

最著名的是哈雷彗星，得名于英国天文学家埃德蒙·哈雷。这位天文学家最先认识到彗星的运动和行星一样，是由太阳的引力场控制的，而且它们绕太阳运动的轨道也是椭圆形的。

1682 年，在观测到这颗彗星的盛大出场后，他借助牛顿的万有引力公式，预言在 76 年后，即 1758 年，这颗彗星会再次出现。它如期而至，成了天体力学的一次辉煌胜利。不幸的是，早在预言成真的 16 年前，科学家就与世长辞了，生前并没有享受到这份荣耀。自此之后，每过 76 年，大约与人类的寿命相等，哈雷彗星都会如约而至，重新唤起人们对这位科学家的回忆。

La Comète de 1066 dans la tapisserie de Bayeux XIème

上一次哈雷彗星出现在 1986 年，为了庆祝它的回归，人类向其发射了大批宇宙探测器。其中，"乔托号"欧洲探测器进入了彗星光晕中，距离彗核只有 600 千米！这项任务充满了不确定性，因为一丝一毫的操作失误都会导致探测器撞向彗核：以彗星为参照物，当探测器以 70 千米 / 秒的速度运行时，若与宇宙中的一粒尘埃发生碰撞，其后果将会是毁灭性的，这一碰撞的威力等同于一架步枪射出的子弹的威力。尘埃的碎屑损坏了"乔托号"的录像装置，但幸运的是，在此之前它已经向我们展示了彗核不可思议的神奇景象：崎岖不平的表面上覆盖着一层多孔、裂开的冰层，像煤炭一样黑，主要由碳以及有机分子构成的化合物组成。其表面能猛烈喷发出冰和气体组成的喷流。彗核的引力很弱（一名宇航员在上面只重 1 克！），因此，从这些大型喷射物中被驱逐的物质会消失在宇宙中。气流的推动力如同飞机的喷气发动机，为其赋予动能以及方向，使得彗核每 53 小时完成一次自转。

宇宙探测器还拜访过另外两颗彗星。

2004 年 1 月，"星尘号"探测器到达了威尔德二号彗星彗核的 200 千米处，并在此提取了彗星物质，随后于 2006 年 1 月成功返回地球，将战利品交给了科学家。我们通过研究这些物质，可以回溯过去，直接检测太阳系诞生时期占主导地位的物理和化学条件。

2005年7月4日，为了庆祝美国独立日，美国航天局（NASA）发射了一个巨大的太空烟花，通过"深度撞击号"探测器向坦普尔一号彗星发射了一枚重达372千克、体积同洗衣机一样大小的火箭。该彗星有曼哈顿岛大小的一半，是个巨大的冰山，由10亿吨冰和灰尘构成，以3.7万千米/时的高速划破长空，这次撞击释放的能量和4800千克炸药相同。火箭以1~10千米/秒的速度撞击坦普尔一号，形成了一个巨大的撞击坑，扬起了成吨的灰尘和气体，科学家因此可以研究彗星的化学构成，以及太阳系诞生时的化学构成。策划一次距地球1.33亿千米处的撞击当真是一次技术壮举。其难度和指挥一颗台球去撞击一架波音747的难度相当，而这架飞机的位置等同于地球到太阳的距离！研究撞击喷射出的气体让我们发现，除了冰，彗星上还存在许多有机分子。

彗星的故乡

大部分彗星来自于距太阳系遥远的小行星聚集区，被称作"奥尔特云"，因首次发现它的荷兰天文学家奥尔特（1900—1992）而得名。这个云团延伸的距离是地日距离的5万到10万倍，最远的边界到半人马座比邻星（距离太阳最近的恒星）。它由许多小行星构成，这些小行星是在太阳系出现行星后被残忍扔出太阳系的。人们认为这一区域所包含的无数岩石物体的总质量等同于四颗固态行星（水星、金星、地球、火星）的质量之和。这些小行星并不构成一个平面结构，与柯伊伯带（详见：**小行星**）不同，而是绕着太阳呈球面排列。此处距离太阳遥远，因而气候寒冷，通常在 $-250℃$。冰、甲烷、氨以及二氧化碳，混合着灰尘颗粒覆盖着小行星。当这些石心的"脏雪球"被太阳光加热时，就会变成彗星。

Conscience humaine

∽ 人类意识

　　地球生命经历了两次巨大的飞跃。这两次飞跃都笼罩着神秘的面纱，揭开这层面纱对人类智慧是个巨大的挑战。第一次飞跃是从无生命到有生命。时至今日，生命如何在这片毫无生机的星尘汇聚地突然出现，对此，人类仍一头雾水。第二次飞跃是人类获得了认知过程以及符号，这些都是艺术、科学以及文化的根基。在短短 600 万年的时间里，是什么将类人猿改造成能够思索宇宙问题的人类？什么是人类意识？精神的属性是什么？思想的起源又是什么？

法国哲学家笛卡尔（1596—1650）认为人类有双重属性。人类的精神是非物质的，无法延伸到空间中，是不可分割的，但是人类还有一个物质的身体，它可以延伸到空间内，是可分割的。身体是一个完美的机器，如同圣日耳曼皇家花园里的机器人一样令人着迷。能思考的精神和物质是不同的，但共同存在。精神就像总工程师一样，保证身体机器的正常运转。"松果体"作为中介，将精神与身体联系起来。这就是著名的笛卡尔"身心二元论"。

这个二元论违背了当代大多数神经生物学家的观点。他们认为意识只是物质世界的反映，是极为复杂的神经回路组织的产物。换句话讲，在他们看来，意识和身体是一个整体。意识并不独立于身体，在大脑神经元的活动下，意识自然地从身体"浮现"。这就是"一元论"的立场。

此处，"浮现"理论与"复杂"这一概念相关联。当物质构造超过一定的复杂程度时，新的属性就会浮现在机体的最高层，而不会存在于作为基本构成元素的下层。换句话说，整体大于每个部分之和。这样看来，当细胞构造变得足够复杂时，生命就从毫无生机的星尘之中诞生。同样地，当神经元网络足够复杂时，意识就会出现在大脑皮层上。

对于"一元论"的支持者而言，意识只是神经元回路中流动的电流以及化学信号的产物。法国医学家皮埃尔·卡巴尼斯（1757—1808）将这一立场概括为一句流行于 18 世纪的警句："大脑分泌思想，如同肝脏分泌胆汁。"

"二元对抗一元"的辩论结局如何？精神独立于物质，还是只是物质的一种反映？这两个立场都遇到了无法解决但确实存在的难题。

笛卡尔的身心二元论认为，松果体是精神与身体的交会点，然而这一观点早已被神经生物学家推翻。二元论最本质的问题是辨认出精神的存在——这个独立的存在从内部凝视着外部世界，二元论的反对者嘲讽地将其称作"机器内部的幽灵"。假设这一幽灵当真存在，那么这样一个非物质的存在能够作用于物质身体的行为之上吗？显然，这与作为物理学神圣定律之一的能量守恒定律相悖了。此定律认为一个系统内的总能量既不能自生也不能自灭。在二元论的支持者中，澳大利亚神经生物学家约翰·埃克尔斯（1903—1997）[1] 利用量子的不确定性在很短的一瞬间打破了能量守恒定律，但是仍然无法解释量子力学在大脑运转过程中所扮演的角色。

观察者与行为者之间，"我"与外在客观之间，内部世界与外部世界之间，笛卡尔的二元论都建立在外部世界相对于观察者是一个绝对独立的客观存在这一假设之上。然而，在日常

1　详见《大脑的演化以及意识的形成》，法亚尔出版社，1992 (*Évolution du cerveau et création de la science,* Fayard, 1992)。

生活范畴中，我们可以近似地认为观察者独立于客体，然而在原子以及亚原子的层面上，情况并非如此。量子力学告诉我们，这一层面的分界线是不存在的。观察者同时具有被观察的客观世界的性质，前者不仅影响后者，二者还是相互依存的关系。因此，一个元粒子披上波纹外套，在不被观察的时候，它在空间中可以无处不在，但在被观察的时候，它又变成一个有具体位置以及速度的粒子。观察行为本身可以改变外部客观世界。

通过对某些物理或者化学的"开放"系统，也就是与其环境发生互动的系统的观察，科学家构建了涌现理论和自我组织理论，它们是一元论的理论基础。在这些开放系统中，这种互动将它们推出平衡状态，使其抵达"分叉点"，陡然进入一个更有条理的状态中。

让我们一起来观察正在水壶中加热的水。最初的水是均质的、没有结构的，一旦人们将其加热到临界点温度，水就会迅速自发地变成有序、稳定的水流中的对流水泡。水就从一个无序的状态分叉到一个有序的状态，因为加热打破了它的平衡状态[1]。

生物演化很可能以同样的方式进行：它可能从一个分叉点到另一个分叉点，从一个自我组织到另一个自我组织演化，因而从无生命演化成有生命，从无意识到有意识。之所以出现这样的演化大跨越，是因为这些有机体是出色的开放系统。它们不断地与环境交换能量，完成呼吸、给养以及排放废物等行为。另一方面，有些破坏环境平衡的介质也不可避免地存在，它们

1　如果继续加热，有序的流水又会进入一个混乱的状态。

打破了生物圈的平衡，这是自我组织运行的必要条件。这些变化可以是循序渐进的，也可以是突然性的。地球大气层中逐渐增多的氧气得益于植物物种，这使得生命走出水域，这是一种循序渐进的变化。6500 万年前一颗巨大的小行星撞击了地球，导致地球上大部分恐龙（详见：**恐龙和小行星杀手**）以及当时 3/4 生物的灭绝，这是一种突然的变化。

我们可以认为世界观从位于特定环境中的身体的长期活动中"涌现"而来。大脑位于人体中，人体与其周围的世界相互作用；机体与外部世界存在的这种长期不变的相互作用形成了意识。这样看来，我们可以把意识解释为元粒子、电化学反应以及神经回路。但是，这种关于意识的物质化以及简化解释能站得住脚吗？

借用生物学家弗朗西斯·克里克（1916—2004）的表述[1]，如果人体只是"一堆神经元"，如果意识只不过是神经元活动的结果，更何谈所谓的自由意志？如果我们坚持"神经元人体"[2]模型，我们所拥有的做选择以及做决定的，通过未知的方式被传送给被称为"自由意志"的"内在的我"的这一感觉，只是一种幻觉。做出一个决定，是大脑中神经元工作的反映，是在外部刺激、遗传基因以及生活中积累的知识的综合影响下，神经元确定的一个最佳方案。当众多神经回路同时运转，之后我们做出了一个决定，随之而来的感受是放松以及愉悦。

1　详见其作品，汪云九等译，《生命系列：惊人的假说》，湖南科学技术出版社，2007。

2　详见让 - 皮埃尔·尚热，《神经元人体》，法亚尔出版社，1983 (J.-P. Changeux, *L'Homme neuronal*, Fayard, 1983)。

按照这一解释，就像我们不能控制自己的心跳一样，我们再也不能决定是否去看电影，是否去救一个濒临危险的人，或者是否去杀人。达尔文（1809—1882）的自然选择和进化论被用来解释这一奇怪的状态：我们之所以有能主宰自己、能够做决定以及有自由意志的感觉，是因为统率全局的感觉贯穿在人类演化的适应过程中。这一理论重复说明我们只是一群自以为会思考的机器人，演化让机器人误认为获得了自由意志。我们引以为豪的意识只不过是一种简单的机能，是在神经元的电化学反应长链条的终端亮起的一盏信号灯。事实上，身居帅位只是我们的一个错觉，我们从未有过任何的自由意志。

那我们从这一推理中做一个有逻辑的总结——此理论的支持者并没有做——我们可以说，如果自由意志不存在，价值观、责任观、道德观、正义观以及伦理观，这些构成人类社会以及人类文明的基础也就不会存在了。

"一元论者"也陷入了一个不怎么舒服的哲学境地，这归因于他们不认为意识有能力反作用于产生它的物质肉体。在他们眼中，物质肉体只不过是一个涌现各种神经元活动的属地，除此之外一无是处。它只是一个没穿衣服的皇帝，没有任何改变行为的能力。

我认为，要想走出困境，就得把衣服和权力还给皇帝，也就是假设精神与肉体之间存在一种相互的因果关系，这个关系能够在两个方向起作用，不仅仅是向上，同样可以向下。当向上起作用时，下层（基本粒子、原子、基因）的相互作用产生一个上层，也就是生命以及意识。作用于这个上层的理论无法从统治下层的理论中推导出来，因此，无法通过单纯的无生命粒子的研究得出生命以及意识。毫无疑问，上升型因果关系肯定存在，肉体能够影响精神状态：当我们身体不舒服的时候，我们的意识会变得模糊……

不过，我认为还存在一种向下作用的因果关系，使得上层影响下层。某些科学实验证明意识也可以影响肉体：人们观察到，在一些遭受情感缺失的小孩身上，会出现某些基因钝化。众所周知，当我们"头不好"的时候，很容易生病。肉体的疼痛通常伴随着精神的痛苦。相反，如果杂念逝去、心绪平和，肉体也会随之平静，就会感觉"好了"。根据下行型因果关系，从神经元活动中生成的意识，反过来可以影响行为，这样说来，自由意志就重新立得住脚了。

那些否认自由意志存在的人，每当他们宣称自己作为独立的个体去行动与表达时，都是自相矛盾的。我尝试证明自由意志是真的，这一行为本身不正是证明它存在的一个证据吗？因为一个根本不存在的东西又怎么会想证明自己的存在呢？没有自由意志的神经生物学家和哲学家又如何被诱导去否认这一自由意志的存在呢？

如果没有自由意志，我们如何解释罪犯的改过自新一事呢？多年以来，罪犯的生活被仇恨和残酷笼罩，突发的某件事情或者意识觉醒，使他们突然意识到自己行为的惨无人道，从而洗心革面，过上与之前完全不同的生活，过上了充满善意与无私的生活。有些人被"神意"打动，彻底地、几乎是瞬间地转变，在此之前，这些人从来没有关心过精神层面的问题，此刻却狂热地信奉宗教，以至于彻底改变了以往的生活方式以及思维方式，这又作何解释呢？这类转变需要神经元网络大规模的重新组合，如果意识不能影响神经回路，就变得无法解释了。因为，尽管大脑有超群的适应能力（在截掉一根手指或者一只胳膊几分钟后，神经元网络就开始重组），这个重组过程也不能一蹴而就。

很明显，科学尚无法解释我们是如何思考、如何爱以及如何创造的。就我而言，我很难相信人类只不过是"繁殖基因的机器"，这里我借用了英国生物学家理查德·道金斯（1941—）的表述[1]，我很难相信优越感能解释人类的存在，对美丽的狂喜，对丑陋的憎恶，欢愉与悲伤，慈善与怜悯——这一切都不可能仅仅是被自然演化和选择中一些盲目且不可替代的力量所支配的神经元网络的产物。[2]

Constante cosmologique

宇宙学常数

宇宙学常数与产生排斥的"反引力"有关，这一概念与产

1　详见理查德·道金斯，卢允中等译，《自私的基因》，吉林人民出版社，1998。

2　关于肉体与精神之争的佛教观点，请阅读郑春顺与李卡德合著的《手心里的无限性》，尼尔 - 法亚尔出版社，2000，第239—285页（Matthieu Ricard and Thrinh Xuan Thuan, *L'infini dans la paume de la main*, Nil-Fayard, 2000, pp. 239-285）。

生吸引的引力相反。1917年，爱因斯坦在广义相对论中引入这一概念，构建了一个静态宇宙模型。爱因斯坦没有明确指出这一斥力的来源，只提出它不可能从物质或者光中产生。

斥力有其存在的合理性，因为按照爱因斯坦的理论，引力不仅仅取决于物质的质量，或者物质的密度（密度等于物体的质量除以其体积），还取决于压力。然而，如果宇宙中存在一个大于物质密度的巨大负压力，我们就直接处于一个引力为负的环境中，也就是说，这个环境整体不再是相互吸引的，而是相互排斥的。然而，这种巨大的负压力是如何生成的呢？爱因斯坦毫无头绪。由于宇宙学常数没有任何明确的物理解释，1929年，当哈勃宣布发现了宇宙膨胀，静态宇宙模型因此失效后，爱因斯坦其实是十分高兴看到宇宙学常数从自己的方程中被剔除掉的。他甚至说，提出宇宙学常数是"自己这一生犯得最严重的错误"。

尽管如此，宇宙学常数的生命力还是十分顽强的。1998年，人们发现了宇宙加速膨胀，这使得宇宙学常数死灰复燃！天体物理学家重新引入宇宙学常数，试图解释导致宇宙膨胀加速的神秘斥力。当然，与复活的宇宙学常数相关的"暗能量"（与著名的"暗物质"的命名方式相同，都是因为性质完全未知），应该远比爱因斯坦计算的数值大。事实上，这次构建的不再是一个静态宇宙，而是一个在加速膨胀的宇宙。计算证明，若想复制从宇宙大爆炸后第70亿年观测到的宇宙加速膨胀，暗能量应该占宇宙物质与能量总内容的68.3%左右。

这一宇宙学常数的意义何在？现代流行解释中提到了一种

新型的能量，它的构成元素不包括我们常见的任何基本粒子，比如光子、质子、中子或者其他电子。暗能量像一种新以太，填满了整个空间。这种物质应该是透明的，能够让人看到恒星以及星系等发光点，当然，也能让人看到黑夜。

那么，如何解释这种不同于引力的斥力呢？为了更好地理解，我们一起回忆一下，根据牛顿的理论，两个物体之间引力的大小与它们质量的乘积成正比，与它们距离的平方成反比。换句话讲，物体的引力源于质量。在爱因斯坦的广义相对论中，质量也是引力的成因，这与牛顿的理论相同，不同的是，前者认为质量并不是唯一成因。还有另外两个因素促成了引力场的存在：能量以及我们刚刚提到的压力。

物体的能量来源于自身质量，同时来源于构成该物质的原子运动产生的能量。因此，我们拿来两个完全相同的铁块，它们拥有相同的质量以及温度。加热其中一块，使其温度比另一块高10℃。然后我们把这两个铁块放到天平的两个托盘上，接下来会发现天平倾向了加热的铁块那边。因此，相较于没有加热的铁块，加热后的铁块的重量、质量以及对地球的引力都变大了。当然，此处的重量差是十分微小的。如果两个铁块均重1千克，加热后的铁块比没有加热的铁块重1千克的 $1/10^{15}$。只有十分精密的天平能够识别出这种细微的差别。

这一微小的质量差从何而来呢？当加热铁块后，我们加快了构成铁块的原子的运动，因此加大了铁块的质量以及总重力。事实上，物体的温度是其原子及分子运动的显示器。因此，日出时分，当第一缕阳光照射空气时，空气分子做加速运动，不安分地撞击着我们的皮肤，因此我们有了热的感觉[1]。

引力的另一个成因是压力，这与压弹簧时施加的力类似。我们再次使用这个十分精密的天平，称一下两个一模一样的弹簧，不同的是，一个是压缩弹簧，另一个没被压缩，我们发现天平偏向了压缩弹簧。压缩弹簧被施加的压力导致其重量出现了微小的增大。然而，为了更好地理解爱因斯坦宇宙学常数的性质，我们仍需要指出存在两种压力，一种是正的，另一种是负的。我们都很熟悉正压：它向外推。当处在拥挤的人群中，身体相互推挤时，我们会感觉到这种压力。这也是施加在弹簧上的压力，当我们把压缩的弹簧放在一个罐子里，如果这时候我们看到罐子的盖子微微打开了一点儿，这是因为弹簧推了它。负压就没那么明显了。负压不是向外推，而是向里吸。更与众不同的是，正压和质量以及能量一样，是吸引的引力的成因，而负压是排斥的"反引力"的成因。然而在我们日常生活领域里，这一斥力却不见踪影。有两个原因：首先，由质子、中子以及电子构成的重子物质形成的压力都是正的，它们形成的引力也都是吸引的，因此，当我们跌倒时，引力使得我们倒向地面，而不是把我们推向天上；其次，在日常生活领域，重子物质的压力以及引力的作用是微不足道的。

但是，在特殊环境下，比如在整个宇宙范围内，压力可能就是负的，会形成排斥的引力。这种负压，在爱因斯坦的方程式中表现为宇宙常数项，与一种神秘的充满整个宇宙的"暗能

1　在物理学中，绝对零度，也就是 0K，在此理想状态下，原子不做任何运动。

量"相关。由于暗能量在空间中施加均匀的压力，因此不存在压差。当不同的压力存在时，才会出现压差。当飞机上升时，地面的压力大于高空的，压差作用于鼓膜，因此耳朵会难受。暗能量产生的力，本质上也是引力。因此宇宙中出现了一场凶残的争斗，一方是宇宙中全部质量和能量生成的吸引的普通引力，使得宇宙塌陷，另一方是与宇宙学常数相关的非凡的反引力，使宇宙膨胀。引力与距离的平方成反比，而斥力与距离成正比。也就是说，当宇宙中两个物体的距离越大时，斥力就越大。因此，无论在太阳系（太阳与最远的冥王星之间的距离为 5.5 光时）中、在星系（10 万光年）中，还是在星系团（几千万光年）中，这一斥力都可忽略不计。只有在比星系团更高的范围内，斥力才表现得比较明显。该情况符合我们的观察数据，因为如果斥力在太阳系中存在，那么很久以前我们就应该在观察行星运动时就发现它了！在太阳系内，在星系之间以及星系团领域中，占主导地位的仍然是牛顿的普通引力，它支配着万物。因此，地球能够保证月球规规矩矩地绕着轨道运转，而不是把它扔到星际空间中乱晃。由无数恒星构成的星系以及由无数星系构成的星系团并没有相互分离，而过着群居生活。

目前，人们仍然不知道导致宇宙加速膨胀的斥力的来源。有些物理学家认为与宇宙学常数相关，作为宇宙加速膨胀成因的暗能量，来自于一种原始的量子真空。由于目前我们没有一种被称作"量子引力"的理论做支撑，没有理论来统一现代物理学的两大基石——描述无限小的量子力学，以及无限大的相对论。因此，如何计算这一真空能量，我们无从谈起。

其他物理学家提出宇宙学常数并不是宇宙加速膨胀的成因。物如其名，这一常数不会随着时间变化；然而，有些研究者认为，斥力不是恒久不变的，它会随着时间变化。由于没有精确的信息，他们模仿古代某些学者（比如亚里士多德）提出的第五种元素，将这种可变的**暗能量**（详见：**暗能量：宇宙加速膨胀**）命名为"精质"，补充了古希腊哲学家恩培多克勒提出的四种元素（土、水、风、火）。

Constellation

◌◌◌ 星　座

古人很早就发现天体现象是规律的、永恒的，人间事务以及人际关系对其望尘莫及。古人把这些宇宙规律当作人类不朽灵魂的归宿。

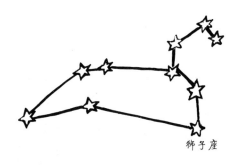

狮子座

其中最明显的一个规律是某些星座随着季节的变换出现。在一个美丽的黑夜，请抬头仰望天空。肉眼大约可以看到3000个发光的点。如果我们算上对跖点的天空，肉眼约可以看到6000颗星星。我们的眼睛容易被最闪亮的星星吸引。然后，我们几乎本能地在心里用虚线把它们连在一起，它们所呈现的图案经常能够反映特定的环境。因此，在北半球，有一群星星——或者是星座——在欧洲被称作大熊座，这个图案源于古希腊人以及美洲印第安人，他们是天生的猎人。而历来钟爱美食的法国人，更愿意把它看作一口平底锅。北美居民同样采用了饮食主题，他们把它看成一个大汤勺。中国人认为它形似舀酒的斗。对埃及人而言，这个星座代表了一个奇怪的队列，其中有一头公牛、一个平躺着的神、背上驮着一只鳄鱼的河马。而中世纪的欧洲居民则认为这是辆搬运车。

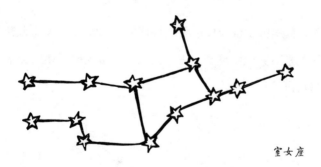

室女座

古人出于实用目的观测天空以及星座。有些可以作为他们航行的方位标：**北极星**（详见词条）位于小熊星座，在天空的位置几乎不变，自古以来为夜晚的行者指明北方。其他星座是早期的时间表。事实上，古人的生存以及安康在很大程度上依赖于他们所掌握的天体现象以及天地之间事情的联系。例如，狩猎季是大小羚羊群迁徙的时候，迁徙只发生在一年中某个特定的时间段。农业的出现使得人们需要了解更多的天象。水果、植物的播种以及采摘只能在某些季节进行。读懂天历从此变成了一个攸关生死的问题。

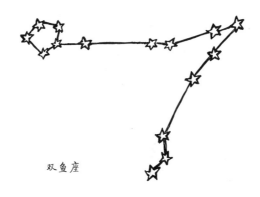

双鱼座

后来，有些人认为可以从人类出生时行星以及恒星的位置中读出他的命运：当时的天文学与星相学混为一谈。尽管有些星相学的术语（星座的名称以及许多被用于指示行星位置以及运动的词汇）今天仍被天文学家使用，两者却是完全不同的学科。属于同一星座的星星在空中并不一定是相邻的。它们中的某些只不过恰巧位于地球的同一视轴线上而已。

由于太阳、月亮以及星星东升西落，它们构成的星座也东升西落。我们知道，由于地球发生了自转，我们在夜晚看到的天空景象会发生变化。星座之所以随季节发生变化，是因为地球绕着太阳做周年运动。在人类的一生中（100 年左右），星座的外形不会改变。在星星的一生中（几百万年，甚至是几十亿年），星座中星星的位置就会发生变化，这不仅因为星星出生、生活然后死亡，它们出现或消失在一个星座中，还因为它们在空中并不是静止的，它们以每秒几十千米的速度相互分离，某些星星就会离开一个星座进入另一个星座。因此，在宇宙时间范围内，星座会慢慢解散、慢慢改变。

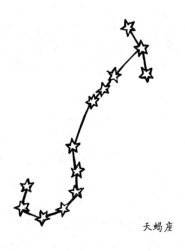

天蝎座

Copernic (Nicolas)

尼古拉·哥白尼

尼古拉·哥白尼（1473—1543）是欧洲文艺复兴时期科学革命的领军人物，他推翻了地球在太阳系的中心地位，提出了日心说。他把地球——人类在浩瀚宇宙中的港湾，降级为一颗普通的行星，和别的行星一样，绕着太阳运动。它不再是静止不动的，而是运动的。哥白尼的学说为科学以及哲学领域带来了深刻的变革，其深远影响延续至今。

1473 年 2 月 19 日，哥白尼出生于波兰托伦市的一个富裕家庭。1491 年，他进入克拉科夫的雅盖隆大学学习自由艺术，没有获得学位。1497 年，他前往意大利学习教规与医学，先就读于博洛尼亚大学，后就读于帕多瓦大学。在博洛尼亚大学，其数学老师多米尼克·玛利亚·诺瓦拉，是质疑托勒密地心说的先驱之一，他点燃了哥白尼对天文学的热情。1507 年到 1514 年，哥白尼写了一篇天文学的小论文《天体运动假说》，这篇手稿直到 19 世纪才公开发表，但可以看到，那时哥白尼的日心说宇宙观已经萌芽，这些观点最终都被写入了《天体运行论》，这部著作发表于 1543 年。

近 15 个世纪的时间里，托勒密的宇宙观一直是主流观点。托勒密在《天文学大成》中，借鉴了公元前 4 世纪亚里士多德的观点，表述了自己的宇宙观。他认为，地球是静止不动的，是世界以及天体运动的中心，太阳以及其他行星永不停歇地绕着它转。在《天体运行论》中，哥白尼否认了亚里士多德的理论。在哥白尼的宇宙中，中心是太阳，而不再是地球。我们的地球被降级为一颗普通的行星。和其他行星一样，它不再是静止不动，而是在自己的轨道上，绕着太阳旋转。离太阳由近及远分别是太阳系已知的六颗行星：水星、金星、地球、火星、木星和土星。只有月亮把地球当作中心。它伴随着地球每年绕太阳旋转一圈，自己同时每月绕地球运动一圈。

否认地球的特殊地位是一次非凡又勇敢的行为。称之为勇敢的行为，是因为哥白尼的论文与基督教义，无论是新教，还是天主教的内容都背道而驰，这容易给他招来许多麻烦。乔尔丹诺·布鲁诺由于否认地球的特殊地位，在 1600 年被活活烧死。再后来，伽利

略因此被软禁在家，其作品也被列入了教会的禁书目录。哥白尼之所以在垂暮之年才发表这部巨著（这部作品的主要部分早在 1530 年就已完成），肯定是担心教会苛刻的审查。这部作品具有极强的煽动性。出于担心，负责该作品出版工作的路德教教士安德烈亚斯·奥西安德擅自增添了一篇没有署名的前言（50 年后，开普勒揭秘说这位教士才是这篇前言的真正作者）。前言中说日心模型不能被当作这个宇宙真实的面目，它只是一种数学方法，一种比托勒密的地心模型能更准确计算行星轨道的方法。换句话讲，日心模型只是挽救了表象，不一定与客观事实相符。奥西安德的这篇文章确实减弱了哥白尼著作的轰动效果，也因此该书没有立马被列入教会的禁书目录。

之所以称此为非凡的行为，是因为在托勒密之后，行星运动的观测精度并没有获得实际进步，而这部著作却在这样的大

环境中横空出世。在科学领域，一种观点的推翻通常是以更精确的观察结果为前提的，新发现与常用的范式发生冲突，而该学说的出现与众不同。哥白尼所捍卫的日心模型比古希腊人的地心模型更简单且更巧妙地解释了行星运动。在他心中，科学领域的美以及精巧通常就是真相的同义词。

哥白尼的宇宙观为天文学开辟了一条新的道路，开普勒沿着这条道路仔细研究了第谷·布拉赫的观察结果，发现了行星的运动规律。日心说彻底推翻了亚里士多德的物理学，为伽利略以及牛顿的新物理学奠定了基础。

Copernic (Le fantôme de)

哥白尼的幽灵

哥白尼的日心宇宙模型在 1543 年沉重打击了人类的自尊心。宇宙不再绕着人类旋转，不再因人类的需求及利益而生。人类不再占据中心位置，不再是上帝唯一的关注点。从此以后，哥白尼的幽灵一直萦绕着我们。无论在时间还是空间上，人类变得越来越渺小。尽管地球不再是太阳系的中心，不过我们的太阳一定还是银河系的中心。谁想到……美国天文学家哈罗·沙普利（1885—1972）提出，太阳只是一颗位于银河系边缘的普通恒星，距离银河中心约 2.6 万光年。那么，我们的银河系总该是宇宙的中心吧？也没戏！在 1923 年，美国天文学家爱德文·哈勃证明了其他一些星系的存在。今天的人们已经知道银河系只是可观测的宇宙中数千亿个星系中的普通一员。这还没结束！有些天体物理学家认为，我们的宇宙也不是唯一的，它只是超宇宙中众多宇宙成员之一，各个宇宙之间相互独立，因此无法被观察到。

更令人震惊的是：构成人类的那些包含质子、中子以及电子的重子物质（以及我们周围的物体：玫瑰花束、书籍、莫奈的油画、罗丹的雕塑等），并不是宇宙内容的主要成分。这些重子物质只占宇宙质量能量总内容的 4.9%。今天，人类已经知道自己的构成物质与宇宙的大部分不同，而且即使质子、中子以及电子并不存在，都可能几乎不会改变宇宙的质量能量总内容！当然，这并不意味着重子物质就不重要。它们在恒星中自发组织，制造了生命所需的重元素。它们自发组织形成了由数千亿个神经元网络构成的大脑，人们才能思索关于宇宙生命摇篮的问题。

然而，人类的自尊心还要遭受别的打击。在这微小的 4.9% 中，导致恒星以及星系在夜空中闪耀的发光物质只占了微不足道的 0.5%。剩下的 4.4% 是令人绝望的黑色（人们称之为"不发光物质"），而且只通过引力作用才会表现出来。然而，不发光物质还不是事情的结局。"异常"的暗物质是前者的约 5.5 倍之多（占宇宙质量能量总内容的 26.8%），由于它们和你我不一样，不是由重子物质（质子和中子）构成的，其存在只能通过它们形成的引力作用表现出来。人们认为它们紧随着大爆炸出现，由大质量的元粒子构成，性质仍是个谜团。我们做个总结：约 5% 的重子物质加上约 27% 的异常物质，总共占宇宙质量能量总内容的 32%。那么剩余的约 68% 去哪儿了？

这一次，天体物理学家彻底陷入了一片黑暗之中！由于缺少详细的信息，同时为了掩盖自己的无知，物理学家将剩余的 68.3% 称作"**暗能量**"（详见：**暗能量：宇宙加速膨胀**）。对于暗能量的性质，人们除了知道它是宇宙膨胀加速的成因，其他几乎一无所知：随着时间推移，星系相互分离的速度越来越快，宇宙的膨胀也越来越快。

哥白尼的幽灵帮我们人类摆正了自己的位置——我们不仅不是世界的中心，甚至与宇宙大部分物质的构成要素都不一样！

Cordes (Théorie des)

ᔒᔕ 弦理论

目前，我们仍不能从宇宙之初——时间和空间出现的那一刻，开始讲述它的历史。在追溯起源知识的道路上竖着一堵墙，这堵墙被称作**普朗克墙**（详见词条）。当时间小于普朗克时间（10^{-43} 秒），尺寸小于普朗克长度（10^{-33} 厘米）时，现代物理就变得不知所措。因为我们没有将现代物理学两大基石——量子力学和相对论——这两个重要理论统一起来。前者描述了无穷小，并解释了当引力不起主导作用时原子以及光的表现；后者描述了无穷大，让我们明白了当两种核力以及电磁力退居二线，变成引力引导下的宇宙以及宇宙结构。

然而，问题就在这儿，在普朗克时间里，无穷大与无穷小相融合，四种力势均力敌，但我们仍然没有"量子引力"这一理论来把它们统一为"万有理论"。万有理论已经成为现代物理学的圣杯。通常情况下，在科学领域，尖锐的危机或者无法解决的巨大问题会生成质疑、引发革命，会导致被科学史家托马斯·库恩称作"范式"的改变。21世纪初，或许正是一个可能改变物理学命运的历史性时刻。

一些理论试图将引力与其他三个力统一起来。其中最流行的理论是弦理论。根据此理论，粒子不是点物体，而是无限短（10^{-33} 厘米，等于一个普朗克长度）的弦振动的产物。传播力的物质粒子以及光粒子（例如：光子传播电磁力），它们连接了世界上各个要素，使得世界发生改变与演化，这些粒子只是弦振动的不同表现形式。然而，神奇的是，引力子——传播引力的粒子——在其他统一理论中从未露面的粒子，却奇迹般地在弦理论中，作为一种表现形式出现了。因此，将引力与其他三种力统一的想法变成了可能。在弦理论中，如同小提琴琴弦的振动，产生了不同的声音及其泛音，这些"弦"的声音以及泛音也出现在自然界，光子、质子、电子以及引力子是我们的乐器形式。因此，这些弦在我们身边歌唱、振动，世界如同一首大型交响乐。

弦理论最明显的特点是给宇宙假设了额外维。最简单的弦理论版本是，这些弦居住在一个九维宇宙中，也就是多出了六维。在这九维中，**宇宙暴胀**（详见词条）扩大了其中的三个维度（包括时间维度），形成了我们所熟悉的宇宙。其他六个维度变化太小，因此没被观察到。

除了弦以外，该理论还认为在时空中应该存在力场以及薄膜状物体，后者被简称为"膜"。因此，弦理论还有一个更有力的版本，该版本假设了十个空间维度（不是九个），加上时间维度总共 11 个维度，该理论被称为 M 理论（M 是膜"membranes"的首字母）。膜也可以有不同的维度。例如，在一种弦理论中，我们的宇宙是个四维的膜（三个空间维度加上一个时间维度），存在于更高维的空间里，如同二维的极薄的水层覆盖了三维的海洋。膜是弦的居所，但是后者不能待在任意地方，它们只存在于膜的表面。

弦理论还有其他与众不同的观点：宇宙中的粒子数目应该翻倍。事实上，弦理论以超对称性概念为基础。超对称性用于统一物质与光。这一对称理论连接了两种粒子：半整数自旋的粒子（1/2、3/2……），例如夸克和电子，这类粒子被称作"费米子"；以及整数自旋的粒子（0、1……），例如光粒子（光子）以及胶子等传递作用力的粒子，这类粒子被称作"玻色子"。在超对称宇宙中，每一个玻色子都有自己的超对称粒子，玻色子的超对称粒子是费米子，费米子的超对称粒子是玻色子。这样一来，宇宙中实际存在的粒子个数就翻番了。超对称粒子在任何方面都与常见粒子相同（具有相同的质量、电荷等），唯一不同的是自旋数相差 1/2。因此，1/2 自旋的电子（électron）的超对称粒子写作 sélectron（费米子的超对称粒子的命名规则是在普通名字上加一个前缀"s"），它的自旋是 0。然而自旋 1 的光子（photon）的超对称粒子写作 photino（玻色子的超对称粒子的命名规则是在词尾加一个后缀"ino"，在意大利语中是"更小"的意思，尽管某些粒子并没有这个词缀所讲的那么轻），自旋 1/2。然而宇宙与这个理论并不相符。即使我们已经具备可以测量它们质量的粒子超级加速器，但目前从未发现一个质量与电子同样小的 sélectron。为了挽救超对称性于生死边缘，物理学家不得不假设粒子与超对称粒子之间的对称性在质量方面是不完美的。人们称之为"对称性破缺"。因此，粒子与它们的超对称粒子质量不同，后者的质量更大一些。

弦理论的超对称性破缺还导致了另一个重要的结果：真空是有能量的，因为粒子和它们的超对称粒子的质量不完全相等。利用这一破缺，物理学家充满激情地开始计算弦理论中真空的能量。最关键的问题是：真空的能量等于宇宙加速膨胀所需的能量吗？初步结果还是鼓舞人心的。尽管大多数超前的解法给出的真空能量都超过所需，仍有一些得出的数值与观测所得相等。这绝对是一种进步。但有个问题仍然存在，而且是不容忽视的：弦理论几乎给出了无穷个解法，因此大量的额外空间维度形成了几乎无穷多个不同的宇宙几何图形。在弦理论最简单的版本（有六个额外维）中，每个维度可以选择不同的形状（或者"拓扑"）——球面、环面或者双连环等，可以构成无数个不同的几何图形。物理学家通过计算得知可能有 10^{500}（1 后面要带 500 个 0）个不同的宇宙！他们称其为"**多重宇宙**"（详见词条）。

隐藏维度的每个几何图形不仅给真空（没有任何物质和光）赋予了特殊的能量，而且还导致我们所在的肉眼可见的四维世界出现了不同的现象。事实上，几何图形决定了存在于此的粒子以及作用力的性质。因此，弦理论也许能帮我们解开基本规律所具有的特性。根据弦理论，我们现行世界中所观察到的物理学规律只不过是被隐藏的额外维度的结果。这是不是意味着我们终于明白世界为什么是这样的，而我们也即将靠近物理学的终点了呢？还早着呢！

目前，弦理论具有科学界最大的弊端：它从未经过实验证明。

即使有一天它被证实了，而且我们也明白物理定律的真实原因，这也只不过将终极疑问向深处推进了一些。新的问题会随之而来：在这 10^{500} 种多重宇宙中，为什么宇宙选择了目前的几何图形以及真空能量？其他图形去哪儿了？

为了回答这些问题，美国物理学家史蒂文·温伯格提出了一个"人为的"论据（详见：**人择宇宙学原理**），该论据认为宇宙特性要与人类的存在相兼容。只有真空的能量比零稍微高一点，人以及意识才能在宇宙中存活。在这 10^{500} 种可能性中，只有我们的宇宙满足条件。这就是为什么我们现在能站在这儿思索这样的问题。其他的宇宙都是贫瘠的，既没有生命也没有意识。

宇宙学

　　宇宙学是对宇宙整体——宇宙中所存在的万物——的研究。日出、日落、月相、星空、四季轮回，当我试着将这些看起来完全不同的信息碎片统一起来时，我就变成了宇宙学家。为了建立一个统一的系统来解释外部世界，我们提出了宇宙这一概念。这个宇宙为我们提供了统一的术语，而且随着文化以及时代不同而不同。

　　不同的宇宙在历史上相继出现。第一个宇宙大约出现在几十万年前，与语言出现的时间相同。古生物学中第四纪以前的人们生活在一个神奇的泛灵宇宙中，一切都是有灵的：白天有太阳之灵，夜晚有月亮之灵和星星之灵，有果树之灵，还有我们可以倚靠以及忏悔的石头之灵，简言之，这是一个会宽慰人、与人亲近的宇宙。

　　随着知识的积累，无知消失。大约在一万年前，一个由万神统治的神话宇宙出现了。所有的自然现象，包括宇宙的诞生全都是万神的行为、爱、恨以及他们战争的产物。随着神话宇宙的出现，宗教诞生。人类无法直接与超能生命体对话，只能通过天赐特权的中介——祭司——实现沟通。宇宙学/宗教、宇宙学家/祭司这种搭配持续了数千年，直到科学宇宙取而代之。

　　神话宇宙是多种多样的，因文化以及时代的不同而不同。神话宇宙下的人们所取得的智力成果是令人赞叹的。埃及人征服了几何学，建立了金字塔。巴比伦人学会了使用数字记录天体的位置，制作了天历并且能够预测月食的出现。然而，这些人不是为了观察天空本身，而是为了从中读出自己同类的命运：他们的兴趣点属于星相学，而非天文学。使用已有的数学知识来探秘天体运动的规律完全不是他们的兴趣所在。

临近公元前6世纪时，在小亚细亚海岸上发生了令人震惊的进展：希腊人认为人类不能再盲目地信仰天神，人类智慧有能力发现宇宙规律的真相。一小部分杰出的人才引进了革命性的观点，他们认为世界可以分解成不同的部分，而且每个部分的行为以及它们之间的相互作用都可以用理性的方式解释。于是，希腊人揭开了科学宇宙的序幕，这一宇宙一直延续至今。

Couleurs

颜 色

我们身处一场颜色盛宴。在白天，我们大部分的经历都与太阳光在日常物体上的反射相关。可是太阳光是白色的。那么为什么玫瑰花是粉色的，而树叶是绿色的，粉笔是白色的呢？

牛顿曾经用棱镜证明了白光是可分割的，它是一个多种颜色的混合体，根据光粒子能量的递增，它们分别是红、橙、黄、绿、蓝、靛、紫。被照射的物体原子吸收了其中的某些颜色。

因此，玫瑰吸收了蓝色以及紫色，只反射红色，红色与白色相融，我们看到的是悦目的红色。只有在一个原子或者分子的不同能量状态的差值与某种颜色的光粒子的能量完全相等时，它们才能吸收某种光。当吸收了一种光粒子时，电子从一种低能量状态跃迁到一种高能量状态，所吸收的光的能量刚好等于这两种状态的能量差。然而，某些玫瑰花原子的某些能量状态的排列方式不同，其能量状态的差值与蓝色以及紫色光的能量相同。因此蓝光和紫光就被吸收了。相反地，没有与红色光能量相同的能量状态差值，因此红光没被吸收，玫瑰因而是红色的。

同理，树叶的叶绿素分子的能量状态的排列方式刚好吸收了红光和蓝光，没有吸收绿光。而粉笔之所以是白色的，因为其分子的能量状态的排列方式不能吸收七色光中的任何一种能量，因此它反射了白光的所有颜色，因而粉笔盒、石灰墙在我们眼中是白色的。

Crépuscule

黄　昏

当太阳消失在水平线以下时，黑夜不会立马来临。天空在短时间内仍是亮的：这就是黄昏。

黄昏之所以会出现，是因为大气层导致太阳光发生了散射：当太阳下降到地平线以下时，它仍然照射着上方的空气。黄昏的光将天空中一片拱状区域染成了黄色，而之所以呈现出黄色，是因为太阳光中的蓝光或被散射了，或被吸收了。而这片区域之所以临近地平线，是因为在这个方向上比我们头顶上有更多可以散射阳光的分子。

　　为什么在黄昏时分，只有天空顶部的颜色仍然是蓝色的，而其他所有地方都改变了颜色呢？这是由位于超过 30 千米的高空处的臭氧层导致的：它能够过滤阳光，吸收大量的红色、橙色以及黄色光，却留下了蓝色光。

查尔斯·达尔文

Portrait
de Charles Darwin
fin 1830. par. G. Richmon

英国博物学家查尔斯·达尔文（1809—1882）在随着"小猎犬号"航行的过程中，尤其在加拉帕戈斯群岛上，发现了种类异常丰富的物种，这成为其生物进化论的灵感源泉。这个被称为"达尔文主义"，并于 1859 年在其代表作《物种起源》首版中详细介绍的理论，在生物研究领域引入了时间概念。现有的生物并不是生命起源时的所有生物。古生物学的研究表明：它们的外观发生了改变与演化，在不同的地质年代，为了适应不同的环境，它们有不同的改变。

达尔文的作品引起了巨大的轰动。达尔文认为，人类的祖先的祖先、祖先的祖先，一直往上追溯，分别是灵长目、爬行动物、鱼类、无脊椎动物，最终是原核动物。达尔文的理论将备受**亚里士多德**（详见词条）推崇的生物进化观完全抛到了脑后。目的论被否定了。地球上生命的演化不再按照一个"大工程"的计划进行，也不朝预定的目的发展。相反，生命演化是随机改变的，是自然选择推动的。

化石研究表明，地球上最初的生物约出现在 35 亿年前（详见：**物种起源**），是超级简单的单细胞生物：在原始海洋中繁殖的细菌及蓝藻。从此以后，生物的外观不断发生改变。

为什么会发生改变呢？达尔文无法给出答案，因为当时的他既不知道 DNA 结构，也不知道它的基因编码。1953 年，弗朗西斯·克里克（1916—2004）以及詹姆斯·沃森（1928— ）解开了 DNA 双螺旋的秘密，因而成功解释了基因突变导致的物种演化。也就是说，如果第一个 DNA 分子能被原原本本地复制的话，世界将不会存在任何的改变或者演化。地球上只有单细胞生物，更不会有我们出现在这儿高谈阔论了。由于繁殖不是一个可靠的过程，容易出现错误，这和复印机一样，复印件和原件不是完全一致的，因此出现了新事物，也因此自然界能够革新，生成新物种。复制失误不是必然的，而是偶然的，因而就出现了物种的基因突变。大多数情况下，这些随机改变是有害的，可能会导致该物种的灭绝。这一点和复印书籍是相似的，一本复印效果差的书是很难阅读的。但是，有时候这种改变是有益的，使得生物获得了更好地适应环境的有利条件。这个优势被达尔文称为"自然选择"。

基因突变是偶然出现的，这一观点与法国博物学家让-巴蒂斯特·拉马克（1744—1829）支持的观点截然不同。拉马克的进化理论早于达尔文主义，他的观点是改变源于使用。因此，依照他的理论，长颈鹿之所以有一个很长的脖子，是因为它为了够到高处的树叶而不断拉长脖子。这样一点点被拉长的脖子就通过遗传方式世代相传下来。今天拉马克的观点已被彻底遗弃了，因为遗传学证明，一种发生了改变的蛋白质（比如由于脖子变长发生了改变）在任何情况下都不可能把新状态的信息传递给基因，也无法改变基因序列。因此，新获得的特性不可能被遗传。

基因突变可以很自然地发生（DNA 复制过程中的失误），也可以由能量辐射引发（比如 X 射线、宇宙射线）。但是，不管是人为的还是自然的，基因突变总是偶然的，没有预谋也没有预定方向。偶然性胜过了必然性。生命树上的每一个分支都是基因突变与环境偶然相遇的结果。然后，自然选择发生作用，引导并推进了生命的演化。

Détecteur de lumière

光探测器

光连接了人类和宇宙。天文工作者的基本任务之一就是采集光。然而只利用大型望远镜观察光还不够，他们还需知道如何储存光，这样就可以不慌不忙地研究、解读其信息了。早期的天文学家心满意足地完成了这项任务。19 世纪初，尼塞福尔·涅普斯（1765—1833）发明出了照相用的玻璃底片，让这项研究向前迈了一大步。涅普斯能将成千上万个星星的图像瞬间固定在一张玻璃硬片上，从此打开了遥远宇宙之门。20 世纪 70 年代前，玻璃硬片一直在观测领域占据着统治地位。然而，它并不是一个高效的光探测器。在硬片采集的 50 个光粒子（或者光子）中，只有一个能够发生成像所必需的化学反应。换句话说，采集到的 98% 的光就这样白白浪费了。

电荷耦合元件（Charged-coupled Device, CCD），也是数码相机上的电子探测器，它取代了化学探测器。内含硅片，其表面每一个像素产生的电流大小与捕捉到的光的强度成正比。观测结束后，要想成像，只需"读出"每个像素上积累的电荷即可。这使得效率提高了 37 倍多。玻璃硬片只能存储射入光的 2%，而 CCD 能够储存 75%。

今天的天文学家不再利用望远镜观察了，改用接入的电视屏，后者能使天文学家看到 CCD 存储的图像。虽然不再与天空直接接触，但是观察变得更高效、更精准，天文学家的工作环境也更舒服了。

Dieu et le bouddhisme

✺ 上帝与佛教

与一神教不同，佛教中没有创造宇宙的上帝这一概念。佛教认为，宇宙特性不需要为了生命以及意识的出现而被调整。因此它否认**人择宇宙学原理**（详见词条）。佛教的看法是，在这个没有开端的世界里，意识流以及物质世界一直是并存的。它们的相互配合、相互依存也是它们共存的条件。在我看来，

我认为相互依存的概念能够解释宇宙为保证有意识生命出现而做出的精准调整。然而，这一概念无法明确地回答莱布尼茨的核心问题：既然"无"比"有"要容易，那么这个世界为什么是"有"而不是"无"呢？

佛学视角提出了其他问题。既然没有造物者，宇宙就不是被创造出来的。因此，宇宙既没有开始也没有结束。这是一个轮回的世界，既没有大爆炸，也没有大灭亡。从科学角度看，某天，宇宙自身会塌陷，发生大灭亡，这一天的到来遥遥无期。最新的观察结果提到了宇宙加速膨胀，认为宇宙是一个没有任何曲度的空间（人们称它为"扁平"宇宙），在无穷时间内膨胀不会停止，这样看来，根据目前掌握的知识，周期循环的宇宙不可能存在。然而，导致宇宙膨胀的暗能量的性质还是未知的，某些循环宇宙的模型还是可能存在的。科学是与大爆炸后的宇宙相伴而存的"意识流"，很难验证或者削弱以上假设。没有什么是确定的，因为科学远不能理解意识的起源——为什么我们会喜爱、憎恶或者创造。

∽ 上帝和宇宙学

宇宙学家提出的问题与困扰神学家的问题十分相似：宇宙是如何出现的？是否存在一个时空开端？宇宙有没有尽头？宇宙从哪里来，到哪里去？是否存在一个掌控世界和谐的造物原则？

今天，传统精神领域不再只局限于宗教。它还属于科学界。科学领域的新发现层出不穷，人们的世界观发生了巨大的改变。

为了证明上帝的存在，柏拉图、亚里士多德、托马斯·阿奎纳以及康德经常引用的一个"宇宙学"的论据是：万物都有原因。但是这条因果链不能没有终点。它必须有一个初因，那就是上帝。这一论点建立在西方的线性时间观上。然而，时间可能不是线性的。在某些东方哲学以及宗教中，例如，佛教就认为时间不是线性的，而是周期性的。A 导致 B，B 导致 C，C 又导致了 A。也就不需要初因了。

然而，即使在线性时间中，量子力学也对"万物都有原因"的断论提出了质疑。在 1927 年，沃纳·海森堡利用自己发现的"不确定性原理"证明了不确定以及模糊是亚原子世界固有的特性。包括安德烈·林德在内的物理学家认为，在理论上，宇宙能够突然自发地从真空中出现，能够在没有初因的情况下，靠量子波动的恩惠横空出世。在普朗克时间（10^{-43} 秒）内，宇宙大小仅为 10^{-33} 厘米，也就是比一颗原子的 $1/10^{25}$ 还小。宇宙一旦从量子波动中诞生，在远不到一秒的时间内，**宇宙暴胀**

（详见词条）使它呈指数级迅速膨胀。有关宇宙诞生的描述特别像某些宗教中提到的"无中生有"。最大的区别在于，宇宙的诞生是量子的不确定性的魔法，因而不需要一个初因，当然也不需要一个上帝。从此以后，纯粹的物理过程就可以解释宇宙的出现。

Dieu et la complexité de l'univers

上帝和宇宙的复杂性

我们无法接受宇宙是毫无道理可寻的。如此复杂的组织不可能只是纯粹偶然的结果，一定存在一个组织法则。那么，我们再借用一下神学家们钟爱的论据。英国大主教威廉·巴莱（1743—1805）写道："当我散步的时候，如果绊到了一块石头，我就不会纳闷这块石头是从哪儿来的。不过，它可能已经在那儿待了几个世纪了。然而，如果我在地上发现了一块手表，我就会告诉自己，这是一个钟表匠的作品。"伏尔泰（1694—1778）思考的是宇宙秩序能否向我们证明造物主的存在："宇宙令我尴尬，我只知道这个钟表是真实存在的，却找不到制造这个钟表的匠人。"

不幸的是，复杂性科学[1]并不完全同意这种推理。它告诉我

1　详见本人另一部作品《混沌与和谐》，郑春顺著，马世元译，商务印书馆，2002。

们，某些非常复杂的系统可能是根据物理及生物定律进行的完全自然的演化的结果。

复杂不一定必须有创造者或者计划。

∽ 上帝和时间

量子力学使得初因（详见：**上帝和宇宙学**）不再流行。甚至连"因果关系"这一概念也在宇宙领域丧失了其惯有的意义。这一概念事先假设了时间是存在的：原因先于结果存在。然而，现代宇宙学认为时间、空间和宇宙是同时被创造的。早在 4 世纪，圣·奥古斯丁就写到，世界不是在时间内被创造的，它与时间被同时创造出来。有一种观点认为，经历了漫长岁月的上帝，在某一刻突然决定创造宇宙，这在圣·奥古斯丁看来是很荒谬的。如果时间并非一直存在，而是和宇宙同时诞生的，那么"然后上帝创造了世界"这句话又有什么意义呢？创造这一行为只有在时间内进行才有意义！因此，认为上帝早于宇宙存在，以及思考宇宙大爆炸"以前"发生了什么都很可笑。"以前"没有任何意义，因为那时候时间压根就没出现……

还有一些与已经存在的上帝这一观点相关的其他概念难题。时间流逝通过各种变化表现出来。但是我们能否认为作为宇宙一切变化初因的上帝，本身也是变化的呢？谁能改变上帝？此外，爱因斯坦已经告诉我们，时间并不是通用的。宇宙中每一个点的时间都可能是不同的。某个**"黑洞"**（详见词条）附近的时间就不同于地球上的时间（详见：**时间和引力**）。时间是可变的，可以被人类意志改变。踩一下油门，时间就会变慢（详见：**时间和运动**）。如果宇宙自身塌陷（详见：**时间之箭**），时间可能会改变方向或停止。因此，一个存在于时间内的上帝，可能会受到由黑洞、中子星以及其他引力场，或者人类行为导致的时间改变的影响，上帝就不是万能的了。万能的上帝并不存在。

或许能解决这一难题的是一个时间以外的上帝。然而，不在时间内的上帝就无法来帮助我们了。此外，如果上帝超越了时间，就可以预知未来。一个时间以外的上帝无法思考，因为思考本身也是一个时间性的行为。上帝所知不再随着时间流逝而改变。上帝应该提前知道在时间长河中能够对宇宙最小微粒产生影响的一切改变。

因此，现代宇宙学为我们提供了两个选择：一个是时间内人格化的上帝，但他不是无所不能的；另一个是万能的、不具人格的、存在于时间以外的上帝。

爱因斯坦的上帝

曾有人问爱因斯坦是否信教，他的回答是："当我们竭尽所能探索自然的奥秘时，会发现一切可知的定律以及关联背后，总有一些不可知的、微妙的、无法解释的东西。我崇拜这个超越了我理解范围的力量，这就是我所信奉的宗教。这样说来，我是信教的。"另一个问题："你信上帝吗？"他回答："我不是无神论者。但是上帝是否存在这一问题已经远远超出了我们的智力范围。我们就像一个孩子，走进了一个巨大的图书馆，图书馆里装满了用各国语言书写的书籍。这个孩子知道一定有人写了这些书，但是他不知道怎么写这些书，他甚至不懂这些书所使用的语言。他隐约知道这些书一定是按照某种神秘的秩序排列的，但他不知道具体是哪种秩序。我感觉，即使是最有智慧的人类，在面对上帝时也会是这种态度。我们观测到宇宙拥有巧妙的构造，也知道宇宙遵循一定的法则，然而我们的所知只是沧海一粟。"

爱因斯坦在《我的信仰》这本小册子中更详细地介绍了自己的信仰。密契经验是一切宗教的根基："密契经验是我们所能感受的最美妙的感觉……在我们所经历的每件事情背后，都有某种东西是不被我们的思想所理解的，而它的美丽与细腻只能通过某种不寻常的方式让我们感受到。在我看来，这就是宗教感。从这个角度看，单纯从这个角度看，我是狂热的教徒。"

因此，爱因斯坦的"宇宙"宗教之所以自称为宗教，并不取平常意义上的践行的、启示的、授以神职的宗教之含义，而仅仅是借用了词源含义：宗教超越个体，能连接人类与自然以及其他人类。

爱因斯坦的上帝不是一个介入人间事务的人格化的上帝，而是非人格化的、维持世界和谐的上帝。对爱因斯坦而言，尝试理解自然法则，就是尝试理解上帝本人。爱因斯坦和斯宾诺莎都认为，上帝既不是创造者，也不是完美的钟表匠人，更不是造物者。上帝什么都没有创造，因为上帝就是自然本身。

爱因斯坦认为，科学与宗教是用来观察现实时互补的两扇窗户。他经常说："我无法想象一个真挚的科学家会没有深沉的信仰。"也就成就了他的一句名言："科学如果没有宗教就如同瘸子，宗教如果没有科学就如同瞎子。"爱因斯坦继续说道，不过，有一个宗教观点，是科学无法承认的：那就是人格化的上帝随时可能参与其创造的万物之中。他说，科学的目的是找寻支配现实的永恒定律。他不接受神意随时出来扰乱宇宙因果关系的观点。爱因斯坦是坚定的决定论者。上帝在创造完宇宙并给它上好"发条"后，退居远方欣赏宇宙的演化，不再参与凡尘事务。而位于这个机械的、决定论的自然之中的人类，就丧失了自由意志："人类的思想不是自由的，感情和行为也不是，而像恒星运动一样，是因果牵连的。"

爱因斯坦的决定论吓到了他的一些朋友，其中包括德国物理学家马克斯·玻恩。玻恩从中看到了一切道德行为的灭亡。一个完全机械的、决定论的宇宙否定了人类的自由以及道德伦理。一个罪犯将无法在法官面前为自己辩护，无法洗清罪行，因为宇宙是决定论的，罪犯本身无法控制自己的行为。玻恩认为，量子力学引入的不确定性为传统力学的决定论城堡打开了一个缺口。在他看来，量子力学内在的不确定性能够协调物理定律外在的刚性以及人类的自由。

因此，当你在玩桌球的时候，牛顿传统力学能够准确地计算出两个相碰球的路线。但在粒子世界情况就变了。把一个电子扔向一个原子：电子撞击原子后，电子的路径不再是确定的。它可以朝任何一个方向运动，我们所能确定的只是它朝某一方向运动的概率。玻恩证明，这个概率就是奥地利物理学家薛定谔的波函数振幅的二次方。波函数告诉我们，在波峰处遇到电子的可能性最大，在波谷的可能性最小。然而，即使在波峰处，我们也并没有百分之百的把握能够遇到电子。电子出现的概率可能是 80% 或 90%，但绝对不会是 100%。在粒子世界，传统力学刻板的决定论让位于自由的灵魂量子力学。

"上帝不会掷骰子。"爱因斯坦说。他认为，电子或者在一个地方，或者不在这个地方，但绝不可能同时存在于任何地方。坚定的决定论信仰使得爱因斯坦离量子力学越来越远，而他原本可能是这一理论的创始人之一。

扩展阅读：阿尔伯特·爱因斯坦著，《我的世界观》，中国社会科学出版社，2011；艾萨克森著，张卜天译，《爱因斯坦传》，湖南科技出版社，2014。

Dinosaures et l'astéroïde meurtrier (Les)
恐龙和小行星杀手

《高卢英雄历险记》中阿卜哈哈古西克斯村长的口头禅，天要塌下来了。恐龙为此付出了生命的代价。

早在 1.65 亿年前，恐龙是地球的主人。我们的祖先哺乳类动物，为了躲避暴龙以及其他食肉怪物凶残的爪牙，战战兢兢地藏在角落里生活。6500 万年前，一颗比山还大的巨大小行星，直径约为 15 千米，质量约为 10 万亿吨，比子弹还快地划过天空，撞向地球。这次猛烈撞击的爆破力等于 1000 万亿吨级 TNT 当量，约是地球上所有核电站威力的 100 倍。加勒比海上浪花滚滚，掀起了高达几百米的海啸，危害波及古巴、美国佛罗里达州以及墨西哥海岸。巨大的撞击向空中喷射了 100 万亿多吨碎石。大部分碎石又重新落到撞击点附近，但还有约 1% 的细小灰尘仍悬浮于空中，停留了数月。风将灰尘刮到了地球的每个角落，整个地球被不透光的巨大乌云笼罩，阻止了太阳光和热量。因此，地球进入了长达数年漫长而寒冷的黑夜。动植物的结局惨不忍睹：30%~80% 的植物物种消失，饥荒导致了包括大部分恐龙在内的 3/4 的动物物种灭绝。

因此，大部分恐龙消失的直接原因不是小行星撞击地球，而是撞击扬起的灰尘云，灰尘云阻挡了太阳，使之无法为地球带来热量，地球因此陷入了寒冬之中。

彼之灾难，此之幸福。我们的祖先哺乳动物，它们的食物是埋在地下的种子，因此躲过了浩劫。由于大部分的捕食者消失了，它们开始繁殖，衍生出许多不同的类别。其中有一个分支是智人。

小行星杀手是目前关于绝大部分恐龙突然消失最好的解释。一些重大发现也支持了这一解释。此外，我们认为已经发现了此次撞击的位置：在墨西哥的尤卡坦半岛（位于墨西哥湾以及安的列斯群岛海域之间）的希克苏鲁伯，人们发现了一个巨大的陨石坑。

如果小行星杀手没有出现，现在"统治"地球的可能还是恐龙，而我们人类可能永远都不会登上历史舞台。因此，小行星是偶然事件发生的重要因子。它们不仅深刻改变了行星的特征（详见：**小行星**），还彻底改变了地球上生命的演化过程。我们可以认为，小行星是人类出现的诱因。

Distances dans l'univers:la profondeur cosmique
宇宙的距离：宇宙深度

在我们眼中，天空像一个巨大的二维平面。天文学家为了测量宇宙，发明了第三维：宇宙深度。

若要测量近距离的宇宙物体，例如 100 光年范围内的恒星和行星，天文学家使用的是"视差"测距法。下面用一个简单的例子来解释这一方法：手臂伸直，用一根手指指向物体，用一只眼睛瞄准，接着用另一只，这样轮回快速地眨眼睛。这时候你会感觉自己的手指相较于远处的物体发生了位移。这一现象之所以会出现，是因为我们两眼之间有一定的距离。同理，一颗行星相较于远处恒星的位置，如果从两个不同大洲的天文台同时测量，测量结果也会有一个细微的"视差"区别。两个天文台相距地越远，或者行星距离越近，视差就会越大。因此，通过测量视差，结合已知的两个天文台的距离，我们可以推算出行星的距离。

由于天文台建在地球上，对于远在 100 光年以外的恒星，视差法就无法再提供有用的信息了。

1989 年是腾飞之年。欧洲空间局向轨道发射了依巴谷卫星（Hipparcos），全称是高精视差测量卫星（High Precision Parallax Collecting Satellite），同时也是为了向公元前 2 世纪的希腊数学家依巴谷致敬。从轨道的两个不同位置测量恒星位置，在不受地球大气层紊流的影响下，依巴谷卫星能够确定视差，因此可以测量出半径为 650 光年范围内 100 万颗恒星的距离。

若想测量整个银河系的距离，视差法远无法实现，因为银河系的半径是 4.5 万光年。1912 年人们发现了**造父变星**（详见词条），更远距离的宇宙测量工作随之迎刃而解。造父变星是一种亮度有周期变化的恒星，这个周期长短由其绝对星等决定。天文学家如同航海家，为了计算出自己与海岸的距离，将灯塔的表面亮度与实际亮度（或者绝对星等）做比较，其中实际亮度是当他到达灯塔位置时得到的亮度。[1]

造父变星本身是亮的，从远处可以被看到。**哈勃空间望远镜**（详见词条）可以在 4.9 亿光年的星系中识别出它们。

对于那些更遥远的物体，如果观测不到造父变星了，天文学家需要采取新策略。这一策略挑出了一些在时间、空间中本质亮度不做任何改变的物体。天文学术语将它们称作"标准烛光"（此处"烛光"一词指一切光源）。

亮度与 10 万个太阳相同的超级恒星、因引力作用相连的 10

---

[1]　表面亮度等于本质亮度除以距离的平方。如果表面亮度和绝对星等都是已知的，就可以求出距离。

万颗恒星组成的球状星团，以及巨大的椭圆星系都被当作了宇宙灯塔。**II型超新星**（详见：**II型超新星：大质量恒星的临终爆炸**），是大质量恒星演化末期经历的一种爆炸，其每秒释放的能量与一个星系全部亮度的最大值相等，它们也被调来帮助工作。目前最流行的一种宇宙灯塔是一种特殊的恒星爆炸，被称作"Ia型超新星"。正是借助这种超新星，天文学家证明了宇宙在一种神秘**暗能量**（详见：**暗能量：宇宙加速膨胀**）的驱动下加速膨胀。

然而，如果当下最大型的望远镜无法捕捉到这些超亮的物体，它们就无法再为几十亿光年以上的距离做信标了。为了测得更深的宇宙距离，天文学家需要向1929年爱德文·哈勃的重大发现求助：宇宙在膨胀，所有遥远的星系像躲瘟疫一样远离银河系！很明显，离得越远，逃得越快。这就是人们所说的"哈勃定律"。若想获得一个遥远天体的距离，只需要利用分光镜分解它的光，测得因**多普勒效应**（详见词条）导致的红移，推出它的远离速度，再利用哈勃定律计算出它的距离。利用这一方法，我们可以测出可观测宇宙边界的距离。

扩展阅读：如想进一步了解有关宇宙信标的内容，请阅读我的另一部作品《神秘旋律》，法亚尔出版社，1988（*La Mélodie secrète*, Fayard, 1988）。

多普勒效应

夜晚，点缀天空的星星之间好像是不动的。然而，万物都在移动，万物都在改变，万物都不是永恒的。奥地利物理学家克里斯蒂安·多普勒（1803—1853）发现了它们的运动。1842年，他在布拉格发现了一个正在运动的发声物体，当它靠近观察者时，其声音变得更尖，而当它远离时，变得更低沉。我们站在人行横道上也能感受到"多普勒效应"，比如救护车的警报声：当救护车靠近我们时，声音是尖的，当它远离时，声音会变得低沉。

和声音一样，光也有多普勒效应。当一个发光物体远离我们时，它的光变得更"低沉"：它发生了红移，丧失了能量。然而当发光物体靠近我们时，它的光变得更"尖"，它发生了蓝移，获得了更多的能量。如果远离或者靠近的速度增大，颜色的改变会更明显。

因此，1929年，美国天文学家爱德文·哈勃借助多普勒效应测得了已知距离的星系的运动，这个发现改变了宇宙的面貌。他发现星系运动不是无序的。大部分星系在逃离银河系（它们的光变红而不是变蓝），这个退行运动随着星系距离变大而变快。距离与速度之比（人们称为"哈勃定律"）的关键结果：从最初的位置到目前的位置，所有星系花了同样的时间。

回顾一下事情经过：所有星系在同一时刻位于同一位置。

这就是大爆炸的那个情景，宇宙诞生于初始大爆炸，这一效应持续至今，宇宙继续做膨胀运动，因此星系相互远离。

多普勒效应还有其他重要的应用：人们可以利用它测得星系间的距离，从而为宇宙制图。为了重建宇宙的第三维度，重现宇宙深度，人们需要测量星系间的距离：用分光镜分解每个星系的光谱，测得多普勒效应导致的红移距离，从中推算出退行速度，并利用距离与速度的比例关系算出距离。

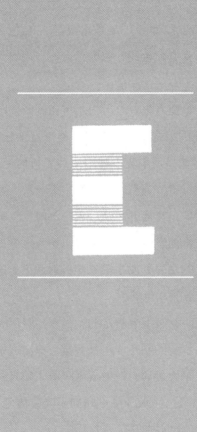

水

水是生命之源。地球表面的 3/4 被水覆盖，"蓝色星球"的美名由此而来。水本身有颜色吗？它为什么能显现出无数种颜色呢？

水的颜色之所以千变万化，是因为水传送到我们眼中的光是三种截然不同的光的组合。水面的光可能来自于它的表面、水中或者底部。它可能是反射光、散射光或者折射光。因此，太阳光线可能被水面反射，或者在水面发生第一次折射后进入水中，然后再发生散射，在离开水面进入空气时发生第二次折射。或者太阳光线在水面发生第一次折射，穿入水中被水底反射，然后在水和空气的交界处发生第二次折射。正是这三种不同光线的组合形成了五颜六色的水。

水有自己的颜色吗？答案是肯定的。当水足够深时，光反射可以忽略不计，水本身的颜色才可被察觉，深海就是个很好的例子。深海的蓝色是大量海水散射或者吸收太阳光线作用的结果：相较于蓝色和紫色，水分子更倾向于吸收橙色和红色。也就是说，蓝色和紫色在水中的穿透力最强。

然而，海水表面是蓝色的，其主要原因既不是太阳光的散射也不是光的吸收，而是水面对天空的反射。天空是蓝色的（详见：**蓝天**），所以海洋也是蓝色的。如果天空变得阴沉，海洋也会变得面容灰暗憔悴。此时的灰色是暗蓝光和白光的混合物，暗蓝光是水面以下散射而来，白光来自天上的乌云。当太阳落山时，海洋反射了黄昏时分的天空，因此会泛着红色和橙色。当海水深度超过一米时，海底就无法对海洋颜色起到直接的影响了。

水中含有的细小颗粒也会影响水的颜色。即便是完全没被污染的山区湖泊，其中也悬浮着沉积颗粒，这些颗粒包含的矿物质具有特殊性质，能够散射特定颜色的光，为水增加一种特别的颜色。因此，源于冰川的悬浮淤泥赋予了山区湖泊漂亮的绿松石色。这一颜色是水本身的蓝色和淤泥散射的泛白的太阳光的混合。

有一个问题：如果水本身的颜色是蓝色，为什么海水的泡沫，也就是波涛汹涌的大海中的"慕斯"，它的颜色却是白色呢？因为泡沫并不仅仅由水构成。不同于我们天真的想法，泡沫是由水包裹的气泡。这些气泡散射光线。它们的直径各不相同，从几百纳米到几毫米不等。大小不同，气泡反射的光线颜色也不同，然而，当所有气泡反射的不同颜色混合在一起后，就变成了白色。

Éclipse lunaire

∽ 月　食

月满时分，当太阳、地球以及月亮位于同一直线上，且月亮运行到地球的阴影部分时，可能会出现月食。地球在短暂时

d'après Granville

间内阻挡了太阳光线，使得月亮陷入了黑暗之中。我们看到地球阴影一点点蚕食着月球表面。整个月全食能够持续一个半小时——指的是月亮进入并离开地球阴影所花费的时间，而日全食通常只持续几分钟。

月亮不会完全消失不见：此时的月亮表面呈暗红色，这是一部分红色太阳光经过大气层时发生偏折（或称为"折射"），映到了月球表面。太阳光线的红色是由大气层中悬浮的细小颗粒引起的（正是这些颗粒导致了夕阳的火红色）。

∾ 日　食

　　在新月阶段，有时太阳、月亮以及地球处于同一条直线上，形成了一种最为壮观、最令人赞叹不已的天文景观：日全食。当月亮运行到太阳前面时，挡住了太阳光盘，在几分钟内使白天变成黑夜。月球投影到地球上的阴影是一个宽 250 千米的区域，这块区域的人们看到黑暗入侵，气温降低，星星布满天空，鸟儿不再歌唱。此时看到的太阳只有"太阳光环"，某种环绕在圆盘周围的不规则的光晕，由几百万开的高温气体构成。由于月亮绕着地球运动，以及地球本身的自转，月亮投向地球的阴影不是固定的，而以 1700 千米 / 时的速度移动，使得阴暗中的观察者很快重见天日。因此，最长的日全食也只不过 7 分 30 秒。

　　关于日食的传说有很多，不同的文化有不同的传说。中国人认为，白天突然变成黑夜不符合完美世界的秩序，之所以发生日食，要归咎于皇帝放纵的行为。包括玛雅人在内的其他民族认为太阳消失是众神发怒的表现，需要举行祭祀以平复他们的怒火。阿拉斯加州的因纽特人认为日食代表着太阳的死亡，预示着灾难、战争以及流行病的到来。苏里南共和国的卡里纳人认为日食是太阳与月亮吵架的结果……

　　在遥远的未来，日全食还会继续为人类带来快乐吗？抱歉，答案是不会。由于地球对月球形成潮汐力，月球正在逐渐远离地球（详见：**月球远离地球**）。月球离我们越来越远，在我们眼中也变得越来越小。它的角直径与到地球的距离成反比。目前，太阳与月亮的角直径恰好几乎相等（大约 0.5°），因此

月亮可以完全挡住太阳。但是在未来，月球继续远离地球，月球的大小就不再能够遮住太阳了。因此，我们的后代只能看到稍显逊色的日偏食了。

Effet de serre

温室效应

　　地球上的生物需要能量来维持生命，太阳通过阳光来散播这个能量。太阳慷慨地散播能量，成了蓝色星球的所有生命之源。然而，地球表面（及其他所有物体）不能无限地吸收阳光与太阳热量，不能变得越来越热：如果这样，我们的星球就不适宜居住了。在地面逐渐升温的同时，辐射也越来越强。总之，地球向太空辐射的能量与它从太阳吸收的能量相同，因此建立了平衡。

如果地球没有大气层，平衡气温将会是冰冷的 -23℃，而我们的地球将变为一个不好客的冰球。幸运的是，地球刚好有一个大气层。大气层发挥温室效应使地球升至对生命有利的适宜温度。太阳可见光从温室的玻璃进入室内从而使植物升温。然而，一切温度高于绝对零度（0K 或 -273℃）的物体，无论是人体、手中的书本，还是你周围的物体，都会辐射能量。发生辐射的物体温度越高，其辐射越强，辐射的能量也越多。几十摄氏度的物体辐射的主要是红外线；几千摄氏度的物体（比如太阳表面）辐射的主要是可见光；而几十万摄氏度的物体（比如大质量恒星的表面）辐射的主要是紫外线。被太阳照射到几十摄氏度的植物因此辐射的是红外线。然而，可见光可以穿过温室的玻璃，红外线却不能。因此，太阳能量被困在室内，温室内的温度高于室外，即便是在严寒的冬季，水果、植物以及花朵同样能够享受到温暖的气温。同理，地球大气层中含有一种"温室"气体，其分子结构使得它们像温室的玻璃一样，可见光可穿过，却吸收大量的红外光。这些气体中最主要的是二氧化碳、水蒸气以及甲烷（在牛以及其他反刍类动物胃中发酵产生）。

地球大气层的温室效应十分有利，大约为地球温度增加了 40℃，使得生命得以在此发展。地球的平均温度不是寒冷的 -23℃，而是温暖宜人的 17℃。因此，地球不是一个覆盖着冰层、没有生命的球体，它的 3/4 覆盖着液态海洋，因而获得"蓝色星球"这个美丽的名字。我们眼中不是一望无际的荒漠以及冰，而是草原、森林以及漫山遍野的鲜花。

因此，大气层的温室效应一定对我们的地球起到了有益的作用。然而，就像胆固醇有好有坏一样，温室效应也有好有坏。量小时有益的东西在量大时就变成有害的了。人类应该注意不要让温室效应突然急剧增强，不要扰乱了生态圈用漫长的几十亿年耐心建立起来的平衡。目前，地球大气层中含有的主要温室气体——二氧化碳的含量还比较低，大约只有 0.03%。然而，温室气体含量的增加可能对地球的生态平衡造成灾难性的后果，使其变得无法居住。从南极洲取回的冰样是货真价实的历史活字典，我们从中可以看出工业革命到来之前地球大气层的二氧化碳含量几乎是相同的，在接近 1850 年时，也就是工业时代开始后，其含量陡然增加。自那时起，二氧化碳含量增加了 30% 而且正继续以每年 0.5% 左右的速度增加。42 万年以来，二氧化碳的浓度从未如此之高。导致这一增长的无疑是人类轻率的活动，他们为了驾驶更多的汽车，为了在工厂里生产更多的产品，便无休止地燃烧了更多的石油和煤炭。

同时，气象统计表告诉我们，地球温度从工业革命以来一直不停地升高，前 100 年间升温缓慢，紧接着速度加快。大气中二氧化碳含量的增加以及全球温度的升高几乎是同步的，这一点不可能是偶然的。事实上，二氧化碳浓度的增加导致了全球变暖：测量数据显示，温度像影子一样跟着二氧化碳的含量变化。20 世纪，地球升温了 0.6℃ 左右。人类如果继续施行鸵鸟政策，不愿意改变自己的生活方式，继续向大气中排放成吨的二氧化碳，据我们预测，200 年后的全球平均气温将升高 2~5℃。升高的这几摄氏度足以导致海平面上升，这是因为海水受热膨胀，两极冰川融化；同时还会导致灾难性的沿海洪灾，将淹没整个岛屿（届时马尔代夫将消失在海水下面）。高温天气变得极端：热浪（比 2003 年夏天导致法国数万老年人死亡的酷暑还要可怕）、森林火灾、干旱、洪水、风暴以及飓风（例如 2005 年侵袭新奥尔良的卡特里娜飓风）变得越来越频繁，越来越猛烈，而且不停歇地交替发生。内陆的温度比靠近（或在）海洋的地方更灼热，高纬度地区变暖明显。当史无前例的干旱期肆虐地中海地区以及南非时，印度或印度尼西亚等其他地区将会遭受大暴雨以及洪灾的蹂躏。这些地区极端的湿润气候有利于无数种蚊子的生长，而它们正是疾病的媒介。疟疾、登革热以及其他出血热将威胁大部分人口。

　　温室效应一冲动，地球就会变成一个真正的大火炉。在我们身边刚好有一个例子为我们展示了这一过程，它就是我们的邻居——**金星**（详见词条）。金星大气层中二氧化碳的含量为 96.5%，因此这颗星球上的温室效应特别强。其表面平均气温为 457℃，也就是约 1 标准大气压下沸水的 4.5 倍！若把铅放在金星上，不到一会儿就会熔化。即使地球大气层的二氧化碳含量不会达到金星大气层那么高，我们仍然需要思考，人类是否有足够的智慧避免自己的星球遭受上述灾难呢？

阿尔伯特·爱因斯坦，一个矛盾的天才

　　美国《时代周刊》将他评为 20 世纪最伟大的人。在大众眼中，爱因斯坦（1879—1955）的经典形象是一位漫不经心、天马行空、头发散乱、穿着不同颜色袜子、满嘴德国口音的老师。和达尔文一样，其思想的影响力不仅仅局限于严格意义上的科学领域，同时对现代文明、绘画、诗歌以及电影等不同领域产生了深远影响。

　　在爱因斯坦去世后的半个多世纪里，人们仍然对其津津乐道。近期公开的一些书信以及早期资料（1999 年，希伯来大学的档案馆向公众开放）向我们展示了这位科学家真实的个性。爱因斯坦革新了 20 世纪的科学界，除了帮助小学生做作业、支持各种人道主义事业等广为人知的方面，这些资料让我们认识了一个更像平凡人的伟人。和做研究、观察宇宙时的平和安详不同，他的个人生活截然相反，充满了矛盾与曲折，以及偶尔的混乱。

　　他与家人的关系时好时坏，作为父亲，有时慈爱有时疏远；作为丈夫，时而殷勤时而刁蛮，还会见异思迁。爱因斯坦天性似乎更容易爱人类而非自己的亲人。他的个人生活有一些不太光彩的点。他的第一任妻子，米列娃·玛丽克，是他在苏黎世联邦理工学院学习物理时认识的塞尔维亚籍校友，她和爱因斯坦生了个私生女（被爱因斯坦遗弃），为了照顾家庭，米列娃放弃了自己的职业理想。爱因斯坦与米列娃的婚姻并没有一帆风顺，甚至可以说这是一段不幸的婚姻。两个儿子[1]出生后，爱因斯坦几乎没怎么参与抚养，在1919年，两人宣布离婚。离婚时，爱因斯坦将自己的诺贝尔奖金许诺给米列娃，当时他坚信自己会获得该奖（他是对的。在1921年，他荣获了诺贝尔物理学奖）。

之后，他又娶了艾尔莎。在爱因斯坦证明相对论的过程中，正是这位远房表妹在身边陪伴。相较于米列娃，艾尔莎给了爱因斯坦更多的自由以及私人空间。这里指的不仅仅是他的科研工作。我们知道爱因斯坦的一些绯闻，其中包括他在20世纪40年代与著名苏联女间谍的一段感情。

物理学家菲利普·弗兰克，同时也是爱因斯坦的朋友和传记作家，曾写道："爱因斯坦会充满热忱地关心一切陌生人舒适与否，可是一旦他们的关系变得亲密，他会立马躲回自己的壳子里。"爱因斯坦自己也写道："我对社会责任以及公平有着极大的热情，可是我却完全没有与他人交往的欲望。我真是一个'独行客'，我内心从未有过自己属于某个国家、一个房子、一群朋友以及我的家人的感觉；我总是感觉离这些情感很远，我需要孤独。"而且爱因斯坦非常强烈地表达了自己不局限于过好个人生活的意愿，他更乐意锤炼自己的思想："一个像我这样的人，重要的是想什么、怎么想，而不是做什么、经历了什么。"

1　汉斯·阿尔伯特·爱因斯坦，长子，日后成为杰出的水利工程学教授，任职于加州大学伯克利分校。次子在瑞士一所精神病院中去世。

爱因斯坦，奇迹般的 1905 年

　　爱因斯坦出生于德国南部的一个犹太人家庭，深受强势母亲的影响，他学习了音乐，并对小提琴产生了极大的兴趣。他的父亲是一位工程师，同时也是生意惨淡的企业家，对爱因斯坦的影响比较小。不过，正是他送给了年仅五岁的爱因斯坦一个指北针，这启蒙了爱因斯坦的第一次科学探索：为什么指北针的针永远指向北方？

Albert Einstein
au Violon

爱因斯坦小时候发育得很慢（直到两岁才开始学说话），很喜欢挑战权威，他的一位高中老师曾说过他以后是个废物。小爱因斯坦"用心"地反驳他："为什么要记住明明可以直接从书上找到的东西？"离经叛道的精神不仅让爱因斯坦成了调皮学生中的孩子王，可能也成了他科学天分的源泉。他蔑视权威，怀疑一切定论。"大人通常不再思考时间和空间的特点，而这些问题曾经困扰了他们的童年。我发育得很慢，直到成年我才开始思考时空问题。因此我比普通人对这些问题有更深入的研究。"

这些行为在苏黎世联邦理工学院得到了证实。他翘掉了自己认为因循守旧、枯燥乏味的老师的课，利用这些时间阅读了科学杂志上最新的物理学文章。同时，他抛弃了标准的实验方法，坚持自己珍贵的思想实验，其中最有名的一个是：如果人骑到光线上，那么他看到的光是什么样子的呢？这引导他在日后得出了相对论。1900年的夏天，他完成了物理学学业，却没能获得母校的一个助教岗位，因为当时大学的老师都不欣赏他的离经叛道。1902年，在朋友父亲的帮助下，他被伯尔尼的瑞士专利局聘为"三级技术员"。

在专利局工作，脱离了学术环境，与学术圈流行理论身隔十万八千里，爱因斯坦这个叛逆者、革命家的天分却得到了充分迸发。1905年，他的四篇论文彻底改变了宇宙的面貌，其中单独任何一篇都能把他推向物理学的万神殿，推向荣誉的最高峰。为什么众多经验丰富的物理学家失败了，而这位年轻的研究者却成功了？爱因斯坦为了建立自己的理论，不相信任何经验，甚至毫不犹豫地审视物理学的根基本身。大多数研究人员在地上匍匐前进，只能看到一些散落各处独立的事实，而爱因斯坦像鹰一样高飞，能俯视物理学的全貌。

爱因斯坦有自己的哲学信仰，甚至是精神信仰，他认为，判断原理真实性的第一标准是美学范畴的：真理应该是美丽的。因为原理只是基础材料，实验事实只是构建理论的起点。爱因斯坦不仅排斥实验与观察结果，他甚至都不从那儿入手。相对于事实，他更注重想法；相较于实验，他更注重理论。特性不是被观察到的，而是被爱因斯坦想出来的。抛弃了传统的实验室实验，而进行了"思想实验"。因此，为了思考重力，他想象自己置身于一个在真空中自由下落的电梯中。

自 1666 年，年轻的牛顿发现了万有引力，创造了微积分并革新了光学后，物理学领域已经很久没有经历过像 1905 年一样的奇迹之年了。在第一篇文章中，爱因斯坦计算出原子的大小，确认了它们的存在，并且证明了它们的相撞导致了"布朗运动"，该运动得名于苏格兰植物学家罗伯特·布朗（1773—1858），他发现水中漂浮的花粉微粒做不规则的无序运动。第二篇文章研究的是"光电效应"，紫外线是如何去掉金属表面的电子的。爱因斯坦认为，这些光电效应的实验若想成立，光就得是颗粒状的，而不是波状的。尽管德国物理学家马克斯·普朗克（1858—1947）已经提出了能量子的概念，但他认为它只是一个现实中并不存在的数学单位。爱因斯坦摆脱了这些含糊其辞，揭开了量子力学的序幕。再一次，他依靠自己的自然和谐之美的标准：从不连贯的过程中（一个电子在同一原子的两个不同能量级中跃迁）诞生的连续的波状的光这一观点不符合对称、和谐以及统一的标准。因此它不可能是真的。

当然，爱因斯坦更有名的是第三篇文章中提到的关于时间和空间的理论——只适用于匀速运动的"狭义"相对论。在这篇文章中，他打破了牛顿的绝对时空概念，时间和空间变得灵活可变。和牛顿的宇宙模型不同，时空不再分离，时空是一个统一的整体。宇宙有四维：除了时间，还有空间的三个维度。为了确定你在宇宙中的坐标，不仅需要指示位置，还要指示这个位置所处的时间。

在奇迹之年发表的第四篇文章中，爱因斯坦统一了能量与物质。借助狭义相对论，他证明了这两个概念是同一物体的两个面，二者之间的关系可以通过物理学历史上最有名的公式来表示：$E=mc^2$（一个物体的能量等于质量与光速的平方之积）。因此，一个重 75 千克的人的能量可能是一颗威力十足的氢弹的 30 倍。通过这个公式，我们就可以理解太阳是如何普照，施与人类能量以及热量（太阳将自己 0.07% 的质量转化为能量）的了。这个公式也帮助人类制造了毁灭广岛和长崎的原子弹。

质量与能量的关系也为我们解释了为什么一个物体的速度永远无法达到光速：因为动能转化成了质量，随着速度不断接近光速，物体的质量不断变大，当达到光速时，质量变得无限大。移动一个无限重的物体需要提供无限多的碳氢燃料，这一点是不可能的。

爱因斯坦在 1905 年提出了狭义相对论后，意识到这一理论在两个方面是有局限性的。首先，它与牛顿的理论相矛盾，牛顿认为引力是两个物体瞬间的作用力；换句话讲，引力的速度应该是无限的，这就与狭义相对论相矛盾了，后者认为任何物质的运动速度都不可能超过光速。此外，狭义相对论只适用于匀速运动。在接下来的十年时间里，爱因斯坦将致力于扩大该理论的应用范围，直到 1915 年，他提出了广义相对论，这一理论对加速运动（详见：**相对论**）同样有效。

扩展阅读：阿尔伯特·爱因斯坦著，《我的世界观》，中国社会科学出版社，2011；艾萨克森著，张卜天译，《爱因斯坦传》，湖南科技出版社，2014。

Énergie noire: un univers en accélération

暗能量：宇宙加速膨胀

今天，天体物理学家认为宇宙充满了一种神秘的"暗能量"，它约占宇宙质量能量总内容的 68.3%。在宇宙加速膨胀这一重大发现之后，暗能量进入了天文学家的视野。

在 20 世纪 90 年代，国际上有两个天文学团队已经开始测量宇宙膨胀的加速度了：一个由劳伦斯伯克利国家实验室的美国物理学家索尔·珀尔马特带领，另一个由澳大利亚国立大学的天文学家布莱恩·施密特带领。暗能量尚未引起他们的注意。

如何测量宇宙的加速度呢？如果我们要测量踩油门时汽车的加速度，只需要测量两个不同时刻的速度即可。加速度等于两个速度之差除以两个时刻的时间间隔。同理，要想测量宇宙膨胀的加速度，天体物理学家需要测量在不同时间宇宙膨胀的速度。然而，人类约百年的寿命，人类约几万年的文明，甚至是人类首次出现在非洲以来的三四百万年，相较于宇宙的漫长岁月，都不足以测量出宇宙的加速度。因此，我们需要尽可能远地追溯到宇宙的过去。

那么如何旅行到过去呢？我们借助了天文望远镜等仪器来追溯时间，同时还利用了口诀："看得远，就是看得早。"为了获得不同时刻的宇宙膨胀速度，我们只需测量出位于地球不同距离的天体的退行速度即可。距离我们遥远的天体的退行速度给出了宇宙年轻时期的膨胀速度，而靠近我们的天体能告知我们宇宙目前的膨胀速度。如果宇宙在做减速运动，那么后者要比前者数值小。

那么，我们要选择哪些天体作为信标呢？这些物体必须向我们提供两个信息：退行速度以及距离。第一个量，退行速度，也就是宇宙膨胀速度。这一数值的获得相对容易。**多普勒效应**（详见词条）给出了答案。第二个量，物体的距离，就没那么简单了！这是一个关键数值，因为用这一距离除以光速就可以得到宇宙中我们可追溯到的时间。计算出宇宙膨胀速度后，我们也就得到了相对应的宇宙年龄。

测量信标距离并不是一件容易的事情（详见：**宇宙的距离：宇宙深度**）。天文学家通过不懈的努力，成功找到了一些宇宙灯塔。目前最流行的是恒星的一种特殊爆发现象，被称作"Ia型超新星"。他们是白矮星发生的爆发事件，是低质量恒星的尸骸在巨大的热核反应中发生的自我毁灭。

这两个天文工作组开始追捕 Ia 型超新星，把它们当作宇宙灯塔，测量宇宙的加速度。他们一致认为宇宙在减速膨胀，因为宇宙万物的引力减弱了最初的动力。然而，捕捉到一个正在爆炸的白矮星是个低概率事件——平均每几百年才能在特定的星系中发生一次。这样一来，几位天文学家的生命加在一起也不足以完成这项工作。幸运的是，天体物理学家找到了一种方法来弥补职业生涯短暂这一缺陷。借助大视场望远镜和电子探测器，这些设备的尺寸和技术不断进步（这些技术同样应用到了数码相机上，只是型号变小了），能够同时拍摄到不同距离的空间中分散的数千个不同星系，因此，天文学家只需一晚就可以探测到好几颗超新星。这项技术借助强大的计算机，能够将不同时刻拍摄的同一片星系进行比较。一个星系中若有一个新的亮点出现，说明有一颗超新星诞生于此：不同寻常的是，天空中出现的一个新亮点标志着一颗恒星的死亡！这个亮点持续的时间有限：在其亮度突增的十天以后，这颗超新星的亮度达到了顶点，然后慢慢变暗。六个月后，它的亮度减小了 1000倍：此时它只是一片阴影。

经过了数年紧锣密鼓的工作后，这两个团队分别搜集了五十多颗超新星。1998 年，在测量出每个超新星的距离以及相对应的宇宙膨胀速度后，两个独立工作的团队得出了同一个惊人的结论：宇宙确实减速膨胀过，但是只发生在宇宙形成最初的 70 亿年间。从第 70 亿年开始，宇宙不再减速膨胀，而是加速膨胀。减速膨胀宇宙变成了加速膨胀宇宙！宇宙的膨胀运动与红灯时停下的汽车类似。你踩了刹车，车速降低，然后到信号灯时车停止运动；当信号灯变绿时，你踩下油门，重新启动汽车。宇宙也是一样的，减速运动后紧跟着加速运动。

宇宙是如何改变膨胀速度的呢？如果宇宙中只包含物质，无论是可见的还是不可见的，这些物质都会不可避免地产生引力，因此宇宙只能减速运动。不可能出现加速运动。我们不得不提出，宇宙中存在物质（或者光）以外的东西。这种东西可能是个神秘的能量场，包裹着整个宇宙，能够产生比物质的引力更大的斥力。若想重现大爆炸后从第 70 亿年开始观测到的宇宙膨胀加速，斥力或者"暗能量"（之所以这样称呼，是因为如同暗物质一样，人们对它的性质一无所知）必须占宇宙成分的 68.3% 左右。宇宙大部分的物质是黑色的，这个言论已经是最令人震惊的发现了。然而，整个宇宙被一种性质未知的暗能量包裹，这个观点比前者更惊人，可能对基础物理学产生更深远的意义。

当这一发现在 1998 年被公之于众时，有些天体物理学家持怀疑态度，他们质疑 Ia 型超新星作为宇宙历史信标的可靠性。然而，威尔金森微波各向异性探测器（WMAP）传回了意想不到的证据，这颗人造卫星的目的是绘制宇宙微波背景辐射图，也就是大爆炸后残留的辐射热。宇宙微波背景辐射产生于宇宙 38 万岁时，充满整个宇宙，而且呈不规则性分布。这些孕育星系的不规则，在宇宙微波背景辐射图上表现为细微的温度波动（约是 2.725K 的宇宙微波背景辐射温度的百万分之一）影响的区域。然而，这些波动的大小与宇宙几何相关。如果宇宙曲度像球面一样是凸面，温度浮动的区域面积会更大一些。如果宇宙曲度像马鞍一样是个凹面，这个区域面积更小一些。如果宇宙是平坦的，没有曲度的，那么情况就介于两者之间。2003 年，WMAP 精确地测量了宇宙微波背景辐射温度波动的大小。判决结果如下：宇宙是平坦的！如果宇宙中存在另外一种构成成分，也就是占宇宙质量能量总内容 68.3% 的神秘的暗能量，宇宙是平坦的这一点才能成立！

　　然而，还有一个问题：为什么宇宙加速膨胀发生在大爆炸后的第 70 亿年左右？为什么暗能量没能早点儿引起人们的注意？事实上，暗能量的斥力一直都存在，只不过一直藏在暗处，在大爆炸后的头 70 亿年内，它太弱了以至于无法对抗宇宙中物质（普通的以及暗物质）以及能量形成的引力。然后，几十亿年过去了，宇宙变大，星系间的距离增大，引力强度变弱。相反，斥力的强度一直没变，相对引力而言斥力变得越来越强。在 70 亿年的宇宙钟声敲响的那一刻，两者交接了指挥棒。从此以后，斥力成为王者，宇宙因此加速膨胀。

　　无论暗能量是什么，它都注定是存在的。理论学家马不停蹄地研究它的神秘起源。天文观测者已经制作了一架直径为 2.4 米的天文望远镜（与哈勃空间望远镜一样大），这架望远镜可观测到 2000 多颗超新星，因此可以计算出大爆炸后第 20 亿年的宇宙膨胀率，可以证明暗能量的存在……

∽ 恒星能量

　　包括太阳在内的恒星通过内部的无数次核反应为自己供给能量并且散发光芒，核心温度可高达 1000 万开，每次核反应将四个质子（或者氢原子核）聚合为一个氦原子核（同时释放两个正电子以及两个中微子）。当恒星烧尽了所有储备氢时，就没有足够的辐射去对抗自身的引力了：它的核心慢慢坍缩，中心温度攀升到 1 亿开。此时氦原子核开始聚变成碳原子核，这一过程重新给予恒星能量。恒星通过聚变成越来越重的原子核以及制造越来越复杂的元素而继续生成能量。但是，一旦储存的氢耗尽，恒星的寿命就要见底了，接下来的每一个阶段会变得越来越短：氦以及重元素的燃烧只能维持一颗恒星不到 1% 的寿命。

　　详见：**恒星**。

∽ 爱因斯坦–波多尔斯基–罗森悖论（EPR 悖论）

　　1935 年，阿尔伯特·爱因斯坦及其两位普林斯顿的同事，鲍里斯·波多尔斯基和纳森·罗森（EPR 是三位物理学家姓氏的首字母缩写）提出了一个十分有名的实验，这一实验改变了人们对亚原子空间惯有的认识。

我来简单介绍一下这次实验。首先，假设你拥有一个可以观测"光子"运动的仪器。现在我们观察一个自发蜕变为两个光子 A、B 的粒子。在对称法则的作用下，这两个光子总是朝相反的方向运动。如果 A 向北方运动，那么我们在南方可以测到 B。目前为止，表面上没什么异常之处。然而，我们忘记了量子力学的奇怪之处，它告诉我们一个粒子有对偶性：这颗粒子既是波又是粒子，它的外表取决于测量仪器是否激活，也就是取决于观测行为。在观测仪器工作之前，光子 A 不呈现粒子的外形，而是波状外形。这个波没有固定位置，A 可能存在于任意方向。只有当测量仪器被激活，然后捕捉到 A 后，A 才变形为粒子，而且"告诉"别人自己朝北方运动。但是，如果在被捕捉到之前，A 提前不"知道"自己将去的方向，B 又如何提前"猜到"A 的行为，然后调整自己的行为使得自己在被捕捉的同一时刻是朝相反方向运动的呢？这讲不通，除非承认 A 能够瞬间告诉 B 自己选择的方向。然而，相对论认为任何信号的传播速度都不会超过光速。

爱因斯坦基于这个思想实验，否认了量子力学关于随机性的描述。在他看来，A 应该知道自己将要选择的方向，并且在与 B 分离时就告知了它这一信息。A 的属性因此是客观事实，与观测行为无关。爱因斯坦认为量子不确定性背后应该藏着一个固有的、确定的事实。他认为，描述粒子运动轨迹的速度和位置早已在粒子上定位了，与观测行为无关。他赞同人们所称的"定域实在论"。在爱因斯坦眼中，量子力学无法预测一颗粒子的准确运动轨迹，因为它没有考虑到其他"隐变量"。因此量子力学是不全面的。

然而，爱因斯坦错了。量子力学——以及它对现实概率性的解释——自20世纪20年代问世后，从未出过差错。

在很长一段时间内，EPR只停留在思想实验状态。物理学家不知道如何操作这一实验。1964年，任职于欧洲核子研究组织（CERN）的爱尔兰物理学家约翰·贝尔（1928—1990），提出了"贝尔不等式"数学定理，如果隐变量真的存在，那么此定理就能够通过实验被证实。该定理把空想的辩论变为了具体的实验。1982年，在巴黎大学工作的法国物理学家阿兰·阿斯佩及其团队进行了一系列针对成对光子（物理学家将它们称为"纠缠"的光子）的实验，以期验证EPR空想实验。最终结果如下：违背了贝尔不等式。爱因斯坦出错了，量子力学是正确的。在阿斯佩的实验中，光子A和光子B相距12米，然而B永远即刻"知道"A的行为。

当两个光子之间的距离增大时，结果不变。1998年，瑞士物理学家尼古拉·吉森及其日内瓦的团队进行了实验，光子相距10千米，但A与B的行为总是完美相关。这些结果嘲讽了我们的常识。传统物理学告诉我们，A与B的行为应该是相互独立的，因为它们之间无法沟通。那么如何解释B永远能瞬间"知道"A要做什么呢？只有当我们像爱因斯坦一样，假设事实已经分模块定位在每一个光子中，这个问题才会出现。然而，如果我们承认A和B是一个事实整体，无论它们分开的距离有多远，即使它们位于宇宙的两端，这个悖论都不存在了。A 不需要向 B 发出信号，因为它俩是同一个事实。两个光子靠某种神秘的互动保持持久联系。EPR 空想实验排斥一切局域性的观点，它认为空间具有全体论的特性。"这儿"和"那儿"等概念是没有意义的，因为"这儿"和"那儿"是同一个地方。物理学家称之为空间的"不可分割"性。空间不仅在亚原子范畴内是不可分割的，在宇宙整体层面上也是不可分割的。另外一个很有名的物理学实验，**傅科摆实验**（详见词条），证明了这一点。

成对纠缠光子无论相距多远，它们总是相互关联的，物理学家已经思考如何利用它们的奇怪特性了。其中一个神奇的应用就是**量子隐形传态**（详见词条）。20 世纪 60 年代，美国电视剧《星际迷航》将量子遥传概念引入了大众想象之中。

纠缠光子同时可应用于量子密码学，也就是将加密信息传输给目的地。在传统密码学中，人们利用数学技术阻止入侵者获得加密信息；在量子密码学中，保护信息的是物理学定律本身：如果成对光子中任意一个光子遭受了入侵，它与另一个的关联性就会不可逆地遭到破坏，因此暴露了间谍的出现。

扩展阅读：郑春顺，《光的路径》，法亚尔出版社，2007（Trinh Xuan Thuan, *Les Voies de la lumière*, Fayard, 2007）。

◎ 空间的整体性

详见：**傅科摆实验**

◎ 时空：不可分离的伴侣

20 世纪彻底颠覆了有关宇宙的一些常识。牛顿及其继承者认为，宇宙沉浸在一种被称作以太的神秘物质之中，它起到了绝对空间的作用。**阿尔伯特·爱因斯坦**（详见：**阿尔伯特·爱因斯坦，一个矛盾的天才**）提出了相对论，扫除了一切绝对静止参考系的概念。由于不可能存在绝对参考系，爱因斯坦宣告了**以太**（详见词条）的死亡。以太只存在于人们的幻想之中。1887 年，美国物理学家阿尔伯特·迈克耳孙（1852—1931）以及爱德华·莫雷（1828—1923）进行了验证以太的存在的实验，却以惨烈的失败告终。然而，爱因斯坦的狭义相对论并不是在这次实验的基础上提出的，他从简洁明了的基本原理出发，是其本人杰出的物理学直觉帮助他获得了这一发现。

爱因斯坦假设，无论观测者的运动如何，光速不变。这一公设将彻底改变时空常识。说到底，速度是什么？是一个空间值（所走的距离）与时间值（旅程所花时间）的比值。假设光速是个不变值，也就意味着时间和空间得根据观测者的运动改变，从而保证二者比值是不变的。

在爱因斯坦看来，"运动"一词具有了新含义。当我们谈到一个物体或者一个人的运动时，我们联想到的是空间上的移动。爱因斯坦通过提出狭义相对论，提醒我们大家同样是时间旅行者。每流逝一秒钟，我们就离摇篮更远一些，离坟墓更近一些。过去，牛顿认为时间运动与空间运动是完全分离的，二者在宇宙舞台上是毫不相干的演员。然而，爱因斯坦告诉我们，这种观点是错误的。相反，空间和时间是亲密无间、不可分离的伴侣。此后，一切运动都发生在一个四维宇宙中，包括时间维度以及其他三个空间维度。时间和空间丧失了普遍性，它们是灵活的，根据测量者的运动变长或变短。相较于一个静止的人，一个运动中的人发现自己的时间变长了（时间走得更慢了），空间变小了。

时间和空间组成了一对行动一致的伴侣。当速度变大时，时间的延长以及空间的缩小会变得更加明显。当你以 99% 的光速旅行时，你变老的速度减缓了 7 倍，而你乘坐的火箭收缩的倍数也是 7。当把速度提到光速的 99.9% 时，变老的速度减缓了 22.4 倍。

运动带来的青春之泉让我们来到未来旅行。假设你的太空之旅持续了 10 年，当你返回时，地球上已经过了 224 年了！

你看不到自己的朋友了，因为他已去世很久了，不过，你能见到他的曾曾曾孙儿们。因此，你旅行到了你朋友的未来里。

✆ 以　太

1864 年，苏格兰物理学家詹姆斯·克拉克·麦克斯韦（1831—1879）把当时流行的关于电和磁的不同观点以四个方程做了个总结，这是物理学历史上举足轻重的一步。

麦克斯韦的方程揭露了一个惊人的事实：电磁波不是别的，就是光波。具体解释如下：在时间中发生改变的电场生成了一个磁场，接着，这个磁场发生了改变，又生成了一个可变的电场，这个新电场又生成一个新磁场，接着，又生成一个新电场，如此循环。电和磁因此成了密不可分的伴侣。电和磁是电磁波的两个元件，电磁波在空间中传播，就像沿着波动的琴弦传播的波一样。在牛顿统一了天与地之后，麦克斯韦是物理学第二个伟大的统一者：他不仅统一了电和磁，还统一了光学！

一个根本性的问题依然存在：如果电磁波在空间中就像波浪在海面一样传播，那么麦克斯韦的光波的"海洋"是什么呢？这些波传播的物质载体是什么？麦克斯韦认为光波在一个被称为"以太"的环境中传播。

援引"以太"一词，证明了麦克斯韦继承了许多科学家的学术观点。亚里士多德认为恒星以及行星所在的天空沉浸在以太之中，因为恒星之间不能是真空，而恒星本身就是以太的聚集，放射着万丈光芒。笛卡尔把宇宙描述成物质实体，以太的存在是一种必然。而牛顿需要以太。首先，因为他不承认引力或者电力的超距作用，因此以太成了这些力的传播介质。其次，他还需要一个参考系来描述物体的运动：当物体是静止或者移动的，那么是相较于什么呢？"一个我们全部置身于其中的透明的环境"，牛顿回答。牛顿称其为"绝对空间"。但是这个绝对空间具体是什么？在他看来，绝对空间就是以太。

当麦克斯韦的方程显示电磁（或者光）波在空间中以30万千米/秒的速度传播时，他遇到了同样的参考系问题。这个速度是依照什么测量出来的呢？麦克斯韦的方程没有给出答案。就等于有人告诉你，你们约会的地点在10千米的地方，然而没有明确参照什么地方。顺着牛顿的思路，麦克斯韦很自然地认为光速30万千米/秒的参照物是包围整个宇宙的静态以太。

然而以太是什么？它从哪里来？它有什么特点？

以太的性质应该符合某些观察结果。首先，不言而喻，以太应该是透明的，因为我们可以毫不费劲地看到恒星与行星的光芒。其次，我们需要解释为什么当地球以30千米/秒的速度划破太空绕着太阳公转时，我们却感受不到来自以太的任何气流。事实上，地球自己在以太中开辟了道路，一个世纪接着一个世纪，一直保持这个速度，人们没有观察到任何减慢的现象。

牛顿计算了行星的运动，计算得出唯一可行的解释是，行星之所以没有变慢，是因为以太不对行星产生任何作用力。否则，如果所有的行星减速了，它们可能在很早以前就以螺旋状撞向太阳了。

此外，法国物理学家奥古斯汀·菲涅尔（1788—1827）发现光是极化、横向的（光波的振动与传播方向垂直），而声音是纵向的（声波的振动与传播方向相同），这一发现进一步限定了神秘以太的性质：它应该是坚固的！如果横波能够像海洋的波浪一样在液体表面传播，那么它就不能穿透液体。因此，传播介质内部应该有一定硬度。但是，地球是如何在这样坚硬的环境中开辟出道路却没有减速也没有落向太阳的呢？一面是可变的固体，一面是精细的液体，以太怎么可以二者兼顾呢？或者其实它根本不存在？

德国物理学家海因里希·赫兹（1857—1894）在1889年的一次科学年会上就以太问题做了如下总结："自然界中最大的问题是充满宇宙的以太的特性：它的结构如何？它是静止的还是运动的？它是有限的还是无限的？"

1887年，美国物理学家阿尔伯特·迈克耳孙（1852—1931）及其同事爱德华·莫雷（1838—1923）精心组织了一次验证以太是否存在的巧妙实验。和其他伟大的实验一样，这场实验的出发点也十分简单：如果地球在以太中移动的方向与一个光波的方向相同，那么光波的速度应该等于光速加上地球的速度。相反，如果地球在光垂直的方向上移动，那么我们应该能精确地测出光的速度。地球约以30千米/秒的速度完成绕太阳的公转，其速度等于光速的万分之一。因此，如果以太真的存在，迈克耳孙以及莫雷应该能够测出 30 千米／秒的速度差，即与地球同方向传播的光以及垂直方向传播的光之间的差。

结果令阿尔伯特·迈克耳孙和爱德华·莫雷大为失望，也令他们十分震惊，因为他们深信以太存在，在两个方向上却没有测得任何差别。二者失望至极，他们测量了地球绕太阳运动的其他所有方向上的数值。然而光速没有任何变化：无论朝哪个方向传播，光速都是不变的。

需要澄清事实了：光速不变意味着地球没有在以太中运动。以太只存在于人们的想象中。它纯属幻想，和水晶星球以及麒麟一样，都是不真实的。

事情就停滞在那儿了，直到一个工作于伯尔尼专利局的名叫**阿尔伯特·爱因斯坦**（详见：**阿尔伯特·爱因斯坦，一个矛盾的天才**）的无名小卒走出幕后，来到台前赞美现代物理学，驱走阻挡人们视线的乌云。在 1905 年发表的一篇文章中，年仅 26 岁的爱因斯坦提出了狭义相对论，从此彻底改变了人们的时空观、物质与能量观，同时敲响了以太的丧钟。这位年轻的物理学家给出了确凿的结论：实验和理论同时告诉我们光波与其他波不同，不需要任何载体。光可以完美地在真空中传播。以太只是人类精神的产物。

恒 星

恒星是我们的祖先。正是它们依靠复杂的核炼金术制造了构成人类的所有元素。

每颗恒星都是被引力塑造的巨大的球状气体，它们放射的全部光芒都来自于其核心的核反应生成的能量以及光。自然界所有的化学元素都是通过核反应以及大质量恒星爆炸灭亡（超新星）生成的。和人类一样，恒星诞生、生活然后死亡，整个过程不是百年时间，而是几百万年，甚至是几十亿年。

一颗恒星的诞生

宇宙日新月异。每一刻，宇宙的每个地方都会有新星诞生。如果我们漫步在银河上，能够碰到许多像太阳一样的大约出生于 45.5 亿年前的成年恒星。当然，我们还会看到许多星际托儿所，那儿住着几百万年前刚出生的新星，因为几百万年只是宇宙历史长河中的一瞬间。

分子云（详见词条）是宇宙的多产地。在自身引力的作用下，这些气体云发生坍缩，从而导致新恒星的诞生。事实上，分子云的平衡极不稳定：为了对抗压缩自己的引力，分子云靠的是气体分子非常缓慢的运动（温度达到 −263℃冷冻值的气体所做的运动）、垂直于磁力线的气体云旋转运动（后者形成一种与引力相反的离心力与之对抗)。引力几乎不需要怎么努力，就能轻松胜出，使得分子云发生坍缩。

在一点儿冲击波的帮助下，引力就能占上风，气体分子云坍缩。分子云不是均匀的，其内部某些地方比其他地方密度大。引力更偏爱密度大的地方，在施加影响的同时能够吸引更多的物质汇集到此处，将它们压缩并增大此处的密度。气体分子云最初只宽几百万亿千米，其密度约为 1000 个氢原子每立方厘米，温度为 –263℃，质量是太阳的几千倍。它在引力作用下坍缩，碎裂成几十个、几百个，甚至是几千个几百亿千米宽的小云，这些小云以更快的速度坍缩，并变成了引力喜欢的形状——球形气体。这一分裂过程将持续几百万年。

D'après
Emile
Reiber

引力形成的球形气体云碎片继续收缩。碎片核心的原子在一个越来越狭小的空间里相互碰撞，发热然后释放电子、质子（氢原子核）以及氦原子核。粒子的大杂烩幽居在一个密度越来越大、温度越来越高的空间里，这让我们联想到宇宙初生状态，很快，1000 万开——这一发生氢核聚变所需的最低温度的标准线便被突破了。在大爆炸发生的三分钟以后就消失在舞台上的核反应，再次登台。每四个质子聚合成一个氦原子核，将 0.7% 的质量转换成能量。每一个球形气体分子云的核心都会释放大量辐射，辐射的作用力使气体膨胀，而引力要继续压缩它。直到坍缩彻底停止，两种压力相互抵消，形成了一种平衡：球形气体云就变成了一颗恒星。

一颗质量达到几十个太阳质量的恒星需要 100 万年的时间才能诞生；一颗与太阳等质量的恒星需要 5000 万年诞生；一颗只有太阳质量十分之几的恒星需要 10 亿年诞生。恒星质量越小，其引力越小，因此需要更多的时间完成坍缩以及达到 1000 万开这个氢原子核聚变所需的标准温度。

一片分子云能够生成几十个比太阳质量大很多的恒星，或者生成几百个与太阳等质量或者小于太阳质量的恒星，它通常被称作"星团"（详见词条）。因此，恒星不是单独诞生的，而是成群诞生的。太阳这样独居的天体，应该是被另一颗恒星或者另一片分子云的引力踢出了原生母体。

一颗恒星的生活

一颗恒星的寿命有多长？寿命长短取决于其质量。因为，和人类一样，恒星可胖可瘦。最瘦小的恒星只有太阳质量的 1/10，因此储存了很少的氢燃料。最臃肿的却可以是太阳质量的 100 倍，因此氢储量很大。我们可能很天真地认为后者能够活得时间更长。大错特错！越富有的越爱挥霍，越贫穷的越会精打细算。因此，重60个太阳质量的恒星毫不客气地绽放光芒。为了维持巨大的亮度，它愉快地消耗着自己的氢储量。就像两端都点亮了的蜡烛，这么一来，不到几百万年后，氢储量被挥霍一空。相较于宇宙的137亿年，几百万年简直是星星之火！和太阳一样质量的恒星已经算比较节制了。它们的氢储量能够维持90亿年（太阳出生于45亿年前，也就是说，它现在正处于中年期）。然而，最会过日子的肯定是只有太阳质量1/10的恒星。它们的光很弱，因此节约了氢储量。它们能维持200亿年，比宇宙年龄还长。

当恒星的储备燃料全部耗尽，氢核变为氦核时，会发生什么呢？它核心向外的辐射压会变弱，无法抵抗引力，使得恒星向内收缩，核心的密度和温度攀升，从而使得恒星可以靠其他燃料继续维持生命。当超过1亿开时，氦核心会被点燃。每三个氦原子核会生成一个碳原子核，后者是树皮，或者我们这本书的纸张的构成元素。恒星通过制造比氢原子以及氦原子更复杂的化学元素，引领宇宙走向复杂世界，为生命、意识的到来做好准备，宇宙不再是死气沉沉的了。燃烧继续，氦核心变成了碳核心。恒星的结构像"洋葱皮"一样，离核心越远，所含的重元素越少。中心区域是碳构成的，随之包围着一层氦，然后是一层氢。

经过短暂的休息——休息时长取决于恒星质量——一颗与太阳等质量的恒星依靠氦的燃烧能够继续存活5000万年左右，等于靠氢存活时间的千分之五，与宇宙时间相比只是一瞬间。当整个氦核心变成碳时，恒星核心重新坍缩，然后中心密度与温度继续升高。碳能作为核燃料吗？答案是不能，因为碳的最低燃点是6亿开。然而，像太阳一样的恒星，它们的质量无法保证核心继续压缩，也无法使其温度升高到3亿开以上。由于缺乏燃料供给，核心的火焰将会熄灭，辐射压无法抵抗引力，恒星将会向内坍缩直至死亡。

因此，与太阳等质量（或小于太阳质量）的恒星无法生成比碳更复杂、更重的化学元素。如果没有这些元素，生命与意识就可能无法出现在地球上，而我们也不能在这儿讨论这个话题了。幸运的是，大质量恒星（太阳质量的8倍以上）出手相助了。它们的存在保证自然实现了越来越复杂的蓝图。在氦燃烧成碳的末期，全部质量以及引力压缩核心，使气体达到最高温度。6亿开这个数值很轻松就达到了。碳开始燃烧，与氦组合生成氧。当碳储量被耗尽时，恒星收缩，中心温度升高，这次轮到氧气做燃料，与氦组合生成氖。同一模式又进行了很多次：当一种燃料耗尽时，核心坍缩，密度变大，温度升高。一种新的燃料出现，生成更重的新元素。事情加速运行，每个周期所需的时间越来越短。因此，一个有 20 个太阳质量的恒星会燃烧 1000 万年的氢，燃烧 100 万年的氦，燃烧 1000 年的碳，但只燃烧 1 年的氧，以及 1 周的硅！至于铁构成的核心，不到一天就可以形成……恒星绝望地想要获得更多的时间，期望通过燃烧越来越重的元素推迟死期的到来，但是，平静的日子越来越短暂，死亡是不可避免的。

在几百万年间，二十多种新的化学元素出现。其中包括我们熟悉的重要元素，比如钠、镁、铝、硅、硫或者钙。恒星已经具有氢、碳、铝以及氧，它们占据了我们身体原子的 90%。它们的结构像"洋葱皮"：每一同心层上存在一种元素，离中心越远，含有的元素越轻。因此，在生命的末期，恒星的核心由铁构成。再外层，由内向外分别排列着硅、镁以及氖；更外面，氧、碳、氦以及氢。宇宙在大爆炸的第三分钟后暂停了生成复杂元素的飞翔，而大质量恒星核的一系列炼金术使得它继续向复杂化翱翔。宇宙无法直接生成比氦更复杂的元素——氦原子核由两个质子以及两个中子构成，而大质量恒星却能够生成像铁一样包含 26 个质子以及 30 个中子的重原子核。

然而，尽管核炼金术如此神奇，大质量恒星却不能生成所有的化学元素。它不能生成的元素中包括金。为什么？因为铁给它们设置了障碍！在之前的所有燃烧中，最终的原子核（燃烧灰烬的原子核）永远比聚变的原子核的质量总和低：氦原子核的质量低于四个质子的质量，碳的质量低于三个氦原子核的质量，等等。这个质量差转变成了能量，使得恒星发光，而且不会在引力作用下坍缩。铁改变了一切。从铁开始，局势发生了转变：铁核聚变最终生成的原子核比参与聚变的原子核的质量总和高。也就是说，铁若想参与核反应需要其他物体供给能量。在生命尽头的大质量恒星，由于缺少能量，无法满足这一需求。核反应停止。铁好像扑灭一场大火的灭火器。大质量恒星将不再发光，在引力作用下坍缩。剧终。

一颗恒星的死亡

恒星的死亡根据质量不同，或平静或猛烈。瘦弱的恒星，也就是暮年恒星最终质量小于太阳质量1.4倍（白矮星的最高质量）的，会相对祥和地死去。由于燃料短缺，恒星被引力压缩到地球大小（半径约为6000千米），变为矮星。其表面温度约为6000℃。热量辐射到太空中，这些电磁辐射呈白色，与太阳光类似，因此得名"**白矮星**"（详见词条）。当核心坍缩时，外层脱离恒星。在白矮星的照耀下，它们的外观是黄红混杂的气状光环，被称作"**行星状星云**"（详见词条）。白矮星会存活几十亿年。最后变为**黑矮星**（详见词条），消失在浩瀚的银河中。太阳将经历这种平静的死亡。

然而，超过太阳质量1.4倍的恒星，其死亡过程要猛烈得多。但是，根据恒星核大于或者小于三个太阳质量，死亡情况还是有所不同的。首先我们来看一下核心质量在1.4~3倍太阳质量之间的恒星的命运。在核燃烧的尽头，在不到一秒的时间内，恒星坍缩成一个半径为10千米的球体。此时，所有的物质都转化为中子。最后，一个中子星，像天上的一个巨大陀螺，绕着自己旋转。中子星并非整个表面都亮，它只有两束光。因此，每当其中一束光扫过地球时，人们感觉它亮了一下接着又灭了。因此它又得名"**脉冲星**"（详见词条）。脉冲星充当了好几百万年的天空灯塔。随着在坍缩过程中储备的能量逐渐耗尽，它转得越来越慢，最终不再发光。死亡静悄悄地来临，我们再也看不到也听不到这颗星的遗体。银河系中千分之一的恒星最后变成了脉冲星。

当恒星核心破裂，变成一颗中子星时，它的外部如闪电般爆发，变为一颗"**超新星**"（详见词条）。洋葱皮中富含重元素的皮层以每秒几千千米的速度被抛向太空。星际空间中洒满了恒星炼金术生成的重元素，自然将利用它们组建复杂的世界，迎接生命与意识的到来。

现在我们来看一下那些最终走向"黑洞"的恒星的灭亡。这是核心超过 3 个太阳质量且总质量大于 25 个太阳质量的恒星的命运。其质量如此之大，无论是电子还是中子，都无法对抗引力的压缩作用。引力将恒星核心塞进一个极小的体积内，在这里，引力变得无比巨大，甚至可以将空间折叠在一起。光，当然包括全部物质——因为其他物质比光移动得慢，光在宇宙中速度最快（30万千米/秒），都不能逃脱被死星捕获的命运——因而得名"黑洞"。在前面的情况中，猛烈的坍缩造成巨大的爆炸：一颗超新星的爆炸也会生成黑洞。在银河系中，黑洞的数量远少于白矮星以及脉冲星的数量：银河居民中大质量恒星是少数派。

Étoile à neutrons

中子星

详见：**脉冲星**

Europe

欧罗巴

木卫二，详见：**木星**

宇宙演化

详见：**物种起源**

太阳系外行星

1991 年时，人们只发现了九颗行星：它们是太阳系中的行星。先人早已对前六颗十分熟悉。1781 年，英国人威廉·赫歇尔发现天王星；1846 年，法国人奥本·勒维耶以及英国人约翰·亚当斯通过计算确定了海王星的位置；1930 年，美国人克莱德·汤博发现了冥王星。然而，最后一个是个特例——它不是一颗"真正"的行星——行星数目不增反减了！

然而，天文学家相信物理学定律是通用的，因此在其他恒星系统里一定存在其他大量的行星。在数千亿个星系中，每个星系都有数千亿颗恒星，很难想象太阳是宇宙中唯一一颗有行星相伴的恒星。多元世界的想法并不新颖：1600 年，多名我会修道士乔尔丹诺·布鲁诺因为高声表达了这一观点，在火堆上付出了生命的代价。

从 20 世纪 40 年代开始，人类真正开始了探索之旅，在离太阳最近的恒星附近探索太阳系外行星。之后，人们宣告了多次"发现"，然而经过验证却无一不是假的。直到 1991 年：有一天，两位美国无线电天文学者宣布发现了两颗质量为地球三倍的行星，它们与本系恒星的距离按照日地距离来算（在天文上把这个长度确定为 1AU，即一个天文单位），第一个是 0.4AU，相距本系恒星的距离较太阳与水星的距离稍近，第二个是 0.5AU，稍微远一些。较近的行星绕本系恒星一圈需要 67 天，而另一颗需要 98 天（作为参照，水星绕太阳一圈需要 88 天）。1994 年，更精确的观测结果证明了第三颗行星的存在，它大约是水星质量的 1/3，离恒星的距离更近（0.2AU），绕其一圈只需要 25 天。乍一看，这两位无线电天文学者好像找到了太阳系几乎完美的复制品。

到此为止，似乎没什么特别之处。但有一个症结，还是个不小的症结！新发现的行星所围绕的恒星不是一颗活着的恒星，它和太阳不一样，它是一颗死星！它其实是一颗脉冲星〔它的名字很奇怪，是 PSR B1257+12，其中 PSR 就是"**脉冲星**"（详见词条）的意思，数字是它的天体坐标〕，距离地球 1300 光年，位于室女座。

天体物理学家对此十分震惊。脉冲星的诞生伴随着巨大的爆炸，而这些行星是如何做到继续存活，而没被抛走或者毁灭的呢？这颗恒星的行星肯定是在爆炸后形成的。脉冲星每 6.2 毫秒自转一周的高速旋转给我们提供了一个线索。如此快速的旋转使我们确信脉冲星有一颗伴星，后者将自己的物质倾倒给同伴的脉冲星吸积，脉冲星也就有了极快的自转速度。过程可能如下：脉冲星用强烈的辐射摧毁了伴星（就像交尾后吃掉雄性的雌蜘蛛一样，这类脉冲星由此得名"黑寡妇"脉冲星），被摧毁的伴星碎片呈盘状围绕着脉冲星排列，就像45.5亿年前的太阳星云一样，碎片汇聚形成了行星。

因此，人们首次在太阳系以外发现了与地球类似的行星。那儿可能没有生命存在。脉冲星，和太阳不一样，不施与生命所需的阳光和温暖，而向行星发射大量的伽马射线、电子以及其他能量粒子。在这些行星上生存应该像在核电站中进行生命演化一样困难。

尽管有了重大突破，人们仍然没有在和太阳一样的普通恒星周围探测到行星。1995年，转机突然出现。两位瑞士天文学家宣布发现了一颗不小于木星质量一半的行星，绕着一颗名叫飞马座51的恒星旋转，这颗恒星约距离太阳40光年。这一次，这颗星球不再是异种，不再是脉冲星，而是一颗像太阳姊妹一样的有生命的恒星。先人一直追逐着在太阳系外发现一颗围绕普通恒星旋转的行星的梦想终于实现了。然而，万物都不是完美无缺的：这颗行星仍有缺陷存在，它几乎是一颗与木星等质量的行星，却仅需4.2天就能绕飞马座51旋转一圈，而且导致恒星运动速度出现了50米/秒的波动，然而木星绕太阳公转一周需要12年，而且只对太阳运动速度造成12米/秒的波动。这也就是说，这颗被观测到的行星与飞马座51的距离小于木星到太阳的距离——

甚至比水星到太阳的距离还要近，因为水星需要 88 天绕太阳一圈。事实上，这颗行星到飞马座 51 的距离只有水星到太阳距离的 1/8。这颗行星距离恒星如此之近，其温度高达 1000℃，也就是说，它比太阳系所有行星的温度都高。

在瑞士科学家的发现之前，我们以往的观点全部建立在太阳系的研究之上，而这一情况使得我们对行星的形成产生了新的疑问。实际上，在星子聚合成行星的方案中，巨大的气体行星不会形成于恒星附近，而会形成于原行星盘的外侧，位于日地距离的五倍，甚至是五倍以上的地方。原因有二：首先，构成大行星的石质核心所需的材料在圆盘外围更为丰富；其次，大行星为了形成巨大的氢、氦气体外套，需要远离能够加热轻气体、并把它吹向外围的太阳风。

那么，一颗大行星是如何在离恒星如此之近的位置存活下来的呢？如果只有飞马座 51 一个案例，我们可能就把它当作自然怪事，然后忽视它了。但此事绝非仅有。像滚雪球一样，人们在发现了飞马座 51 行星后又发现了很多其他系外行星。天文学家兢兢业业，几乎每不到一个月时间就可以宣布又发现了一颗行星。到 2014 年 4 月，这份名单上已有将近 1800 颗行星。然而，大多数新的行星系统都和太阳系不一样。尽管大多数新行星的质量与木星相仿（或者有些与土星相仿），而且几乎所有的行星因强烈的离心圆周运动而离自己的恒星很近（大多数情况下它们比日地距离小得多），因而温度十分高。因此，它们比木星更不可能维系生命存活。人们为了区别于太阳系的木星，将它们称作"热木星"，而木星的大气层已经高达 150℃了。

依据所知的行星系统形成理论，我们如何解释"热木星"如此靠近自己的恒星呢？天文学家永远不缺点子，他们做出了如下解释：热木星最初诞生于原行星盘的偏远之处，行星与星盘气体间的相互作用使得它呈螺旋状奔向恒星，然后在非常靠近恒星的轨道上稳定下来。换句话讲，行星从出生地迁移到了现在的位置。在这一解释中，像地球一样轻质量、出生在恒星附近的行星，情况就不一样了。它们与热木星之间连续的引力相互作用将它们抛出了行星系。在太阳系中，人们认为土星的存在对木星起到了稳定作用，使它无法靠近太阳，同时也没将宝贵的地球抛出去。只有一颗大行星的行星系对生命不利：热木星会无休止地把宜居的行星踢出去。

人们加强了太阳系外行星的搜寻工作。为了探测到与地球类似的行星，人们还借助了其他技术。与地球等质量的行星对自己恒星造成的运动扰动太弱了，人们无法精确测量。天文学家使用了其他方法。为了直接看到行星并拍摄它们，他们利用"日冕仪"（之所以这么称呼，是因为人们为了观测到日冕，利用了同样的技术阻挡了太阳盘面的光）挡住恒星耀眼的光。他们还利用了另外一项技术——"自适应光学"，这项技术旨在每秒钟多次改变望远镜镜头的表面，解决了大气湍流导致的天体图像模糊这一问题。2008年11月，人类首次获得了两个太阳系外行星的图像。人们同样使用了凌星法：行星在运行到恒星前面时，会挡住恒星一小部分光线，因此恒星的亮度有了微小的减弱。然而，要想看到行星凌星，地球、行星以及恒星需位于同一平面，这种情况出现的概率是1%。2009年，美国航天局发射的开普勒卫星，利用凌星方法已经发现并确认了将近1000颗行星，以及300颗尚未确认的行星。另一种方法叫作"微引力透镜"。在这种情况下，位于前面的恒星的引力场像透镜一样发生作用（恒星级引力透镜被称作"微引力透镜"，因为相较于星系，它们的体积很小），能够放大位于靠后位置的恒星的亮度。如果前面的恒星有一颗行星相伴，行星的引力场能够增加靠后恒星的亮度，因此行星就被探测出来。但是，同样地，这项技术需要地球与这两颗恒星位于同一条线上，而这几乎是不可能的。然而，利用这项技术我们可以在与太阳类似的恒星周围探测到与地球质量相同的行星。

除了测量恒星速度的变化，人们还可以尝试测量行星引力作用导致的恒星位移。天文学家打算在太空中使用干涉仪：这些仪器汇集了许多独立望远镜的光，能够测量出极其微小的位移，精确度高达1微角秒，这是1°除以3 600 000 000所对应的角度大小！利用这些仪器，你可以看到3500千米以外的一根头发丝。一颗与木星等质量的行星绕一颗与太阳等质量的恒星旋转，两者距离为 10 光年，那么，恒星位移是 1600 微角秒；若与海王星质量相等，位移是 510 微角秒；若与地球等质量，1 微角秒。太空干涉仪的视力十分出色，借助它们，人们能够把行星的光与其恒星耀眼的光区别开来，因此可以直接观察到行星。对于那些从侧面观察的行星系统，人们使用凌星法：当行星凌星时，恒星的光亮会暂时减弱，但效果很微小（当与地球等质量的行星凌星时，与太阳等质量的恒星的亮度只减少了万分之一），但是仍可以被测量到。用不了几年，人们就可以通过采集受地球等质量的行星凌星带来的光亮变化，观察到成千上万颗与太阳类似的恒星。

目前，我们早已知道太阳系不是宇宙中的唯一。借助开普勒卫星的数据，天文学家推断，仅银河系中，就不止有 110 亿颗与地球相仿的行星，它们各自绕着与太阳同类型的恒星旋转。

Extraterrestres

天外来客

详见：**外星生命**

极端条件下生存的物种

时至今日，我们仍不知道 38 亿年前生命是如何出现在地球上的，也不知道由星际介质聚合而成的死气沉沉的恒星是如何孕育出生命的。难道像物种演化理论之父达尔文（1809—1882）所说，生命是突然出现在地球上的吗？达尔文描述了出现过程："我们假设在某个热池沼中存在多种氨以及磷酸盐、阳光、温度、电荷等，蛋白质混合物通过化学反应出现，为经历更复杂的变化做好了准备。"在这一过程中，阳光起到了关键的作用。

然而，人们又发现了"极端条件下生存的物种"，这些有机物能够在高温环境（嗜热物种）、极酸环境（嗜酸物种）或者含盐环境（喜盐物种）下繁殖，这一发现挑战了人们的想象力，因此人们对达尔文的"热池沼"过程产生了怀疑。在 20 世纪 70 年代末，一个海洋生物专家组在太平洋底部、厄瓜多尔加拉帕戈斯群岛的裂缝处，也就是在距海面约 2.5 千米的位置发现了由蟹、巨大的蠕形动物及细菌等组成的一个非同寻常的物种群，它们在巨大的火山管附近繁殖，此处完全没有一点儿阳光。能够在 170℃高温环境下繁殖的嗜热物种肯定和我们平常熟悉的生命形态不同。某些沙漠动物能够承受 50℃的焦灼气温，如果超过这个温度，人类、动物以及植物绝对要开始变熟了。极端高温会导致蛋白质变性，同时导致酶不再发挥作用。

就像把一颗鸡蛋扔到沸腾的水中时的情况：鸡蛋变硬了。

除了火山管附近地狱般的温度，海洋底部一片漆黑。在发现嗜热物种之前，生物学家一直认为太阳光对所有生命的诞生都是不可缺少的。但是这种观点不适用于嗜热物种。人们认为它们不是靠太阳光吸取生命能量，而是直接从海底火山管喷出的高温火山液体中获得。

接下来的几年里，石油开采证明了嗜热物种不仅存在于火山管附近，还在海洋底部，或者在坚硬陆地的地底下（0.5~3千米处），这些地方同样没有任何阳光照射。另一方面，研究表明，嗜热物种的基因和生命树上最原始的有机物——古菌——的基因像两滴水一样相似。因此，人们认为地球上的生命可能起源于海洋底部，在一个极端高温、无光的环境下诞生后又浮出水面。

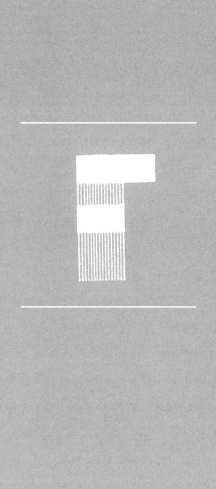

基本力

　　四种基本力统治着宇宙：强核力、弱核力、电磁力和引力。

　　引力和电磁力的影响范围很大，它们的强度根据距离的平方减弱。相反，强核力和弱核力的影响范围很小：强核力的只有 10^{-13} 厘米，也就等于一颗原子核的大小，而弱核力只有 10^{-15} 厘米，属于亚原子的范畴了。

　　此外，这些力作用在物质上的方法也不同。引力不是一种歧视主义的力，它作用在所有质量上。电磁力只作用在带电荷的粒子上，它对中性粒子不起作用。强核力作用在构成原子核的粒子上，包括质子和中子，但是不作用于电子以及中微子，后者是质量特别小或者几乎没有质量的且与重子物质几乎不相互影响的中性粒子。而弱核力，它只在某些核反应中表现出来，导致了某些原子的辐射衰变。

　　这四种力的强度也不一样。它们有等级森严的排列顺序，排头的是强核力。物如其名，它的力最强。接下来是电磁力、弱核力，它们的强度分别是强核力的 1/138 以及 1/100 000。最弱的是引力：它十分弱，其强度是强核力的 10^{-39}。引力的强度到底有多弱呢？一块小小的磁铁（就和冰箱门上帮你固定备忘录的磁铁那般大小）就可以吸起掉在地上的一颗钉子。也就是说，一块磁铁形成的电磁力远大于质量为 6×10^{24} 千克的地球对一颗钉子形成的引力！由于两个物体间的引力与二者质量的乘积成正比，只有天文上很大质量的物体，例如行星、恒星以及星系，引力才明显。引力主要在宏观领域里产生作用。

在当下的宇宙中，四种基本力的强度相互不同。但是它们的强度都受宇宙温度的影响。经过 137 亿年的演化，宇宙冷却到 3K（约 -270℃）的低温。这一数值是在星际太空中测量到的。在宇宙诞生的最初时刻，也就是 10^{-43} 秒时，情况完全不同。当时的温度高达 10^{32}K。物理学家认为在比但丁想象中的地狱还要炽热的温度下，四种基本力的强度相同，而且被统一为一种单独的"超级力"（详见：**统一理论**）。

Force électromagnétique

电磁力

详见：**基本力**

Force de gravité

引 力

详见：**基本力**

Forces nucléaires forte et faible

强核力与弱核力

详见：**基本力**

傅科摆实验

一个神奇的实验证明了整个宇宙具有一个秩序，一种神秘的影响无处不在，使得每个部分都受整体的影响，而整体反映着每个部分。这就是傅科摆实验。

法国物理学家莱昂·傅科（1819—1868）当时的目的并不是证明宇宙是不可分割的，而想证明地球是自转的。1851年，傅科进行了一场著名的实验，这场实验迄今仍被展列在全球众多博物馆中，当时，傅科在巴黎先贤祠的拱顶悬挂了一个钟摆。我们都了解钟摆的运动：一旦启动，它有显著的运动特点。摆动平面随着时间流逝而旋转。如果启动钟摆时是南北方向，几个小时后，钟摆朝东西方向摆动。如果我们位于两极，钟摆每 24 小时会绕一整圈。在巴黎，受维度的影响，钟摆一天只能运转一圈中的一小段。为什么钟摆的方向会改变呢？傅科给出了正确答案，钟摆运动只是表象：钟摆的摆动平面并没有变，转动的是地球本身。通过这场实验，傅科证明了地球的自转。

然而，傅科的答案并不全面，因为描述一个物体的运动需要参照另外一个静止的物体。这是由伽利略发现并由爱因斯坦进一步发展完善的相对论：绝对运动并不存在。伽利略已经意识到"运动就像空无一样"。运动本身并不存在，而是相较于一个静止的参考物而存在的。钟摆摆动的平面是静止

PORTRAIT
OF PHYSICIST
JEAN BERNARD LÉON
FOUCAULT

的，那它参考了什么而言是静止的呢？什么物体决定了它的运动呢？

我们按由近及远的顺序，检验一下已知的天体。将钟摆摆动面朝向太阳。在太阳每天的运行过程中（由地球自转导致的视运动），钟摆的摆动平面好像为了跟随太阳运动而转动。这样说来，是不是太阳决定了钟摆的摆动平面？不是，因为几周过后太阳就不在摆动平面内了。距离几光年处的最近的恒星，同样在几年后离开了摆动平面。位于230万光年处的仙女星系，虽然偏离的角度变小，但最终还是离开了摆动平面。被检测的天体距离越远，偏离的角度越趋向于零，在摆动平面里待的时间就越久。只有将钟摆指向最远的位于已知宇宙的边缘，在数十亿光年之远的地方的星系团，才会一直位于摆动平面内。

从这些实验中我们得出了一个惊人的结论：傅科摆并不是根据所处的小范围的环境调整自己的运动的，而是根据遥远的星系，更确切地说是整个宇宙，因为可视宇宙的几乎全部质量并不在近距离的恒星中，而在遥远的星系中。换句话说，我们周围所发生的一切都由浩瀚的宇宙决定。在地球这颗小小星球上发生的万事都取决于宇宙的整个体系！

傅科的钟摆为什么会如此运动呢？答案目前仍然未知。物理学家恩斯特·马赫（1838—1916，声速单位因他得名）从中看到了物质的无处不在及其影响。他认为，一个物体的质量——测量它惯性的量，也就是它对运动的抵抗力——是整个宇宙作用于这个物体的结果。这就是19世纪末提出的马赫原理。当你费尽力气去推一辆出了故障的汽车时，汽车给你的阻力来源于整个宇宙施加的一种与引力截然不同的神秘作用。此处，我们又联系到了佛教中的相互依存。部分承载整体，整体依赖部分。马赫并没有详细构思这一神秘的宇宙作用，其后也无人可知。无论如何，傅科摆向我们证明了宇宙中存在一种与当下物理学描述的完全不同性质的另外一种相互作用：这是一种既不需要力也不需要能量转换的相互作用，却联系了整个宇宙。部分承载整体，整体依赖部分。

不仅空间在宇宙范围内是不可分割的，在亚原子范围内也是不可分割的。这一观点在另一个同样著名的实验中得到了证明：**爱因斯坦－波多尔斯基－罗森悖论（EPR悖论）**（详见词条）。

雷 电

　　闪电，转瞬即逝，常常伴随着轰轰雷鸣。在听到雷鸣前，我们先看到闪电，这是因为光速远大于声速。闪电的光到达我们视线的速度略小于 30 万千米 / 秒（在海平面纯净空气中的光比其在真空中的速度低 0.03%），然而雷鸣传播的速度只有 340 米 / 秒。因此，如果我们能够记录下闪电和雷鸣两者的时间差，就能够推算出距离（以千米为单位）。只需要用这个时间（以秒为单位）乘以 0.34。通常情况下，时间不会超过一分钟，因为在二十千米以外的地方就听不到雷声了。

　　闪电的光不是固定的，它发生了迅速的浮动。光的闪烁证明了闪电并不是唯一事件，而是由一系列十分短促、时间相隔很近的雷电造成的。一道闪电可能是由二十五个不同的雷电构成的，每一次雷电约持续 1/10 微秒。当狂风袭来，如果雷电的轨迹被吹偏，可能形成一系列闪电。

　　人们从太空中的人造卫星观察到，地球上某些区域在夜晚有连续的暴风雨。大部分暴风雨发生在陆地上。雷电以 100 次 / 秒的频率打击着地球某处。仅在美洲板块，雷电每年会击死一百余人，伤害两百余人。躲到轿车内是一个很好的办法，因为金属车身形成了一种绝缘"外壳"，能够抵挡电流。

　　以前的神话都将雷电解释为天神发怒。希腊人想象出宙斯，他是奥林匹斯山的主神，手中握着雷电，为了维持地球上的秩序与公平，他将雷电扔向自己想惩罚的人。罗马人认为雷电是朱庇特生气的表现，而印度人认为是因陀罗生气了。

罗马无神论以及唯物主义哲学家卢克莱修（约前99—前55）是第一个质疑雷电是众神发怒观点的人，他尝试用科学来解释这一现象。他提出了一个理论，认为雷电是由相撞的云造成的。他认为，雷电是像柴火一样炙热的炭火——当我们联想到雷电引发的森林火灾时，这种观点就容易理解了。在很久以后，人们才明白雷电的闪光很可能是某些火灾的起因。

直到1750年，有关雷电的实验才真正开始，实验者是美国物理学家、政治家本杰明·富兰克林（1706—1790）。他想验证雷电是带电的这一假设。

这一假设由牛顿等数位科学家提出，建立在暴风雨中观察到的闪电很像电光这一基础之上。在寄往伦敦皇家学会（英国君主资助的科学学院）的一封信中，这位美国物理学家提出了以下实验：在一个高耸的塔尖，通过一根金属长杆将风暴云中的电引向大地。富兰克林本人无法完成这项实验，因为他所在的城市不具有足够高的塔。

法国迎接了挑战，富兰克林的科学实验在此得到了继承与追随。法国人托马斯·弗朗索瓦·狄阿里巴借助在巴黎附近的马利花园中竖起的高达12米的铁杆，成功将天上的电光引了过来。一时间，有关风暴云中带电的实验成了各大报纸的头条新闻，被赞扬为"继牛顿先生后的第二大发现"。

此时，富兰克林想到了另外一个巧妙的方法来完成实验：除了将金属杆立在高塔顶端，还可以在风筝上拴一把金属钥匙，这样就可以吸引风暴云中的电了！他利用这一方法，也成功获取了天上的雷电。

富兰克林是杰出的实用主义者，他立马意识到自己的发现能够保护房屋免受雷击——只需在建筑物顶部立一根金属杆，金属杆能够吸引天上的电荷，将电荷传向地面就可丧失破坏力。这就是避雷针的发明过程，这一发明进一步发扬光大了富兰克林的功绩。1752 年底，不仅富兰克林家的房顶装上了避雷针，美国殖民地的许多公众场所以及教堂也都安装了避雷针。

和许多重大发明一样，富兰克林的发明历经了几个世纪：今天建筑物上安装的避雷针与最初的发明几乎一模一样，只有一点不同：现代避雷针系统由很多端构成，不再只有一个端，能够覆盖受保护的建筑物的整个房顶以及屋脊。

然而，富兰克林提出的有关电的理论并没有那么长寿。他认为电是流动的。这一观点在当时那个年代十分流行，我们今天使用的一些电领域的词汇反映了这一点，比如，电流。现在人们明确知道了电不是流动的，而是大量被称作"电子"的相同粒子流，每个粒子都带有基本负电荷。然而富兰克林预言性地描述了电的特性："电由极其微小的粒子构成，因为它们能够穿过普通物质，甚至是密度最大的金属，整个过程轻松自由，没有任何阻力。"但是这个观点太超前了，因此，被当时流行的电流观点打败了。

今天，人们认为，当自然尝试中和暴风雨在云中形成的电势差，或者中和云及地面的电势差时，闪电就会出现。过程是这样的：雨在降落到地面的过程中，雨滴分裂并电极化。分裂时，雨滴的下部，更大的那部分，带正电荷，同时它的上部，更小的那部分，带负电荷。如果强劲的垂直风将小雨滴吹向云的高处，更大的雨滴会受重力作用向下降落，因而形成极性差：上方的云带负电荷，下方的云却带正电荷。在这样一片云下方的地面带负电荷。这些极性差导致电势差（衡量电场所做功的量值）。自然痛恨电势差，通过放电将其取消，因而形成雷电。云与地面的放电形成了"地面闪电"。在同一片云内或者两片云内出现的放电形成了"云内闪电"。雷鸣，形成于放电时大气层中形成的冲击波。

时至今日，我们仍然不清楚为什么闪电来到地面时，走了一条完全出乎意料的曲折路线。在这条路上，有许多的小分支和小分叉。在靠近地面时，有些放电能够偏离原路线，形成一些长柄叉或者树杈状闪电。我们看到的闪电光，不是一个单一现象，而是一系列闪电个体的组合。这些不同的闪电，尽管选择了同一路线，但由于放电特点不同，仍呈现出许多细微的不同。借助能够捕捉闪电连续进程的摄影镜头，人们发现第一道闪电中出现的许多分支在接下来的闪电中消失了。闪电外观独特、不规则，人们称其为"分形物体"，也就是说，这个物体的维度个数不能用整数表达，而用分数表达。它的维度既不是1，像直线那样，也不是2，像面那样，而是介于二者之间。

连接云与地面的闪电好像有不同的颜色。这是由大气的散射与吸收造成的：它们染红了遥远的闪电。

某些火山喷发也能够形成闪电。同样地，这也是放电导致的：火山喷发生成的灰烬相互摩擦，释放了正电荷和负电荷，在火山云内也形成了电势差。因而涌现出许多闪电来中和这些电势差。

F

盖亚：大地之母

　　在地球历史上，导致许多物种消失的大灭绝，通常都是环境变化。灭绝可以从内部开始也可以从外部开始，可以是循序渐进的也可以是突然的。海洋藻类导致地球大气层中的氧气逐渐增多了，致使环境发生变化，这都是内部发生的逐渐的改变。在外部突然的变化中，我们可以列举出太阳向地球喷发能量粒子，地质构造运动，火山喷发或者小行星杀手。每次变化，都像是一次鞭打，催促演化进程加快；相反，如果环境没有给予足够强刺激的挑战，演化仍会原地踏步。美国生物学家史蒂芬·杰伊·古尔德（1941—2002）以及尼尔斯·埃尔德雷奇（1943— ）甚至提出演化不是连续的，不是小碎步前进的。和达尔文所想不同，他们认为演化是"间断平衡"进行的。活着的物种在很长一段时间保持不变，然后，在一个相对短暂的时间里，它们发生了巨大的改变，也就是人们所说的"剧变"。在许多重要物种种群之间缺失了过渡物种的化石，这成了他们的证据。因为如果演化是连续的，这些化石应该是存在的。

　　为了解释生命面对如此巨变时的回弹能力，面对猛烈袭击后的复苏能力，英国物理学家詹姆斯·洛夫洛克（1919 —2022）提出了盖亚假说。盖亚是古希腊神话中的大地之母，宇宙之母。洛夫洛克认为，生命之所以能够顽强抵抗袭击，是因为大地本身是个有生命的有机体，帮助了生命。盖亚自动调节环境以提供最佳的生存条件。生命与大地是相连的：它们相互作用，自动调节，治愈彼此所受的伤害。它们相互依存。

扩展阅读：詹姆斯·洛夫洛克，《盖亚的岁月》，罗伯特-拉封出版社，1990（James Lovelock, *Les Âges de Gaia*, Robert Laffont, 1990）。

Galaxies (Amas et superamas de)

∽ 星系团与超星系团

　　星系在太空中不是随意布局的。在使万物相互吸引的引力的刺激下，星系倾向于聚集成团。最容易找到一个星系的地方，一定是另一个星系的旁边。银河系所在的星系群叫作"本星系群"，成员星系除了我们所在的银河系，还有仙女星系以及其他三十几个体积更小、质量也小的矮星系（这些矮星系包含 10 亿个恒星，而正常星系中有 1000 亿个），其中包括大麦哲伦星云和小麦哲伦星云，它们分别在距离约为 17 万光年和 20 万光年的地方环绕着银河系旋转。本星系群的直径约为 1000 万光年，大约是一个星系直径的 100 倍。

　　如果星系是恒星的住所，那么星系群就是天体村落。然而，太空中还有更大的人口聚集区。星系团聚集了数千个这样的"宇宙岛"（康德所用的术语），直径约为 6000 万光年。星系团是宇宙中的省会城市。城镇化进程尚未结束。星系团五六成群组成超星系团，每个超星系团中约含有上万个星系（详见：**宇宙结构，宇宙网**）。超星系团的外观是最有特色的。从正面看，它像一个压扁的鸡蛋饼，直径约为 2 亿光年。从侧面看，它是又细又长的丝状物，厚度约为 4000 万光年，是直径的 1/5。超星系团是宇宙中的人口大城市。我们的本星系群属于本超星系团，后者还包含十几个其他星系群以及星系团，其中包括室女星系团（因位于室女座方向而得名）。

Galaxies (Formation des)

星系的形成

　　宇宙现在的大型结构都诞生于宇宙诞生后远不到一秒的时间内发生的最细微的扰动。无穷小孕育了无穷大。微小的量子扰动作为种子（详见：**星系的种子**）孕育了雄壮的星系。然而，宇宙园丁是如何推动星系种子生长的呢？

　　天体物理学家认为，首批星系形成于大爆炸的 20 亿年后。我们对这一时期的认知还被浓厚的迷雾所笼罩。目前的天文望远镜还没有能力追溯到星系中早期恒星诞生的时候。然而，望远镜技术不断完善，看得越来越暗，也越来越远，越来越早，浓雾慢慢消散。尤其是哈勃望远镜的接班人，詹姆斯·韦伯空间望远镜（详见：**哈勃空间望远镜**），其镜片直径为 6.5 米（哈勃望远镜的直径为 2.4 米），于 2021 年发射，它将帮助我们直接观察到早期星系以及恒星的诞生。

在大爆炸后的第 38 万年，从这个时期的宇宙微波背景辐射可以看出宇宙几乎是完美一致的，历经了 140 亿年后，宇宙网络变得十分复杂。要实现这样的变化，星系种子就不可能像你我一样由重子物质构成（这里的重子物质通常指的是质子和中子）。原因很简单：如果它们是由重子物质构成的，就不可能长成我们今天观测到的如此壮观的星系。实际上，这些种子靠引力"成长"为恒星和星系：种子多余的引力吸引物质，物质增加种子的分量。然而，在大爆炸后的前 38 万年，宇宙是不透明的，完全沉浸在辐射与物质的混合物中。光子无法在电子和质子丛林中传播，电子也被困在自己的环境中，经常与数量更多的光子相撞。质子比电子多 1836 倍，更难在数量庞大的光子中开辟出自己的道路。重子物质无法自由运动，这一束缚阻止了引力发挥作用，因而无法吸引物质来增大星系种子。直到第 38 万年，事态一直如此。这一年是历史性的一年，当时，电子被困在原子中，无法继续阻挡物质移动了。"宇宙背景探测者"（Cosmic Backgroud Explorer, COBE）卫星在 1992 年的观测结果证实了重子物质的种子在 38 万年间几乎没有增大，一直很小：这一时期的微波背景辐射几乎是均匀一致的。

然而，如此微小的种子可能无法度过宇宙的第一个 10 亿年，"成长"为我们今天看到的如此巨大的星系。否则给它成长的时间就太短了。这就好比要求一个小婴儿在几天内长成一个大人，这不现实。

宇宙是如何解决成长问题的呢？它如何延长了星系种子的成长时间呢？它并没有等到第 38 万年的到来才成长——在宇宙诞生后不到一秒时就启动了成长进程。然而，我们已经观测到这一时期的重子物质像瘫痪了一样，困在光子丛林中无法运动，无法聚集，种子无法成长。因此，它需要另外一种没有陷入瘫痪的物质的介入。

暗物质（详见词条）提供了帮助。天文学家发现，重子物质只占宇宙质量能量总内容的 4.9%（其中约只有 1/10 发射可见光），而暗物质却占了总内容的 26.8%。虽然我们完全不清楚这种异常物质是什么，它却具有星系成长所需的重要特性：它几乎不与重子物质以及光发生反应。异常物质作为星系的种子，能够在光子、质子和中子的丛林中穿行，引力能够瞬间发挥作用，将异常物质吸引到种子上，使其增大，因而它们充分利用了最初的 38 万年，而不像重子物质一样无谓地等待，浪费珍贵的时间。因此，异常物质构成的星系宝宝拥有足够的时间成长为大人。而且，由于异常物质不与构成宇宙微波背景辐射的光发生相互作用，后者中就没有留下异常物质种子的痕迹，因而，从外表看来几乎是完全均质的。

在星系诞生中起到关键作用的暗物质是由什么构成的呢？试图在宇宙最初时刻将自然界四种基本力中的三个（电磁力、强核力以及弱核力）融合为一的**统一理论**（详见词条），预言了大量光怪陆离的粒子，它们都有质量。物质粒子的质量不同，移动的速度也不同。肥大的粒子移动得比瘦弱的慢。粒子的运动不同，显示的温度不同（速度越快，温度越高），异常物质的粒子因此可以分为两大类：一类是质量轻的，运动速度快，物理学家将这类称为"热暗物质"；另一类是质量大的，运动迟缓，被称为"冷暗物质"。**中微子**（详见词条）就是一种轻热粒子，质量只有电子质量的百万分之一。我们仍不知道冷暗物质是什么，因为尽管科学家不懈搜索，目前仍没有捕捉到其中任何一种。冷暗物质的名字都起得比较有诗意：轴子、光微子、引力微子以及其他超中性子，物理学家幽默地称呼它们为**WIMPs**（**弱相互作用大质量粒子**，详见词条），意思是"瘦弱的人"。

目前，冷暗物质大行其道。因为，在电脑构建的**虚拟宇宙**（详见词条）中，天体物理学家发现了一个宇宙模型，大质量粒子构成的种子散布其中，粒子几乎不与重子物质以及光发生相互作用，似乎最有可能解释我们观察到的宇宙结构：星系、星系团以及超星系团、连缀星系巨洞的星系长城。

Galaxies (L'inné et l'acquis des)

星系的天赋和经验

与人类相同，星系也有天赋和经验。天赋指的是所有出生时就有的，像父母的基因储备刻录到我们 DNA 错综复杂的螺旋线上；经验指的是塑造我们心理以及世界观的所有影响，是我们与周围环境的相互作用。同样地，对于星系，天赋是形成过程中获得的属性，而经验是它们与环境的相互作用中的收获。

每个星系的天赋取决于它们将储备气体转化为恒星的效率。对于密度很大的星系胚胎，引力可以毫不费力地压缩气体，气体升温到 1000 万开以上，核反应开始，氢聚变为氦。球状气体燃烧，变成恒星。效率不同，气体转变为恒星的时间长短不同，从几亿年到几十亿年不等，原星系变成一个椭圆星系。此后，不再有气体能构成圆盘或者生成其他恒星。而其他密度更低的胚胎，气体转化为恒星的效率变低。它们只转化了自己 4/5 的气体。剩下的 1/5 在未来的几十亿年里继续逐渐转变为恒星。原星系变为一个螺旋状星系。银河系就属于这类星系。最后，质量最小、密度最低的胚胎只将一小部分（一半或更少）的气体转化为恒星。银河居民中数量最多的是不规则的矮星系。因此，星系天生的属性取决于其最初的密度。

一旦形成后，星系能够通过与环境的相互作用发生彻底的改变：这就是它们的"经验"。实际上，受引力刺激，它们天生爱好群居，喜欢聚集成群或成团。在星系团密度大的地方，每两个相邻星系的平均距离只有 100 万光年，也就是一个星系直径的十倍。在密度小的星系群中，星系的平均距离约为 500 万光年。相反，在同一星系中（几万光年），两颗恒星之间的距离是它们大小的几百万倍。因此，同一星系中恒星的相对距离要远大于星系群或星系团中两个星系间的距离。星系不是静止的，拥挤使得交通事故在所难免，星系相撞无法避免。在一个星系团中，这样的天体事故每 1 亿年到 10 亿年发生一次。在多数情况下，事故损失涉及的只有恒星、气体以及尘埃的消损。这些恒星、气体以及尘埃被强烈的引力从碰撞星系的外围撕裂并吸走，扔到星系之间的空间中，形成了长达上亿光年的恒星、气体以及尘埃尾迹。随着时间的推移，恒星将分散到太空中，形成一个星系团沉浸其中的星系际恒星海洋。

在小星系群中，星系移动的速度很慢（速度为几百千米/秒，星系团中的星系速度可达几千千米/秒），因此，当宇宙事故发生时，强大的引力会成功减弱两个星系的冲力，将它们融为一体。因此，在本星系群中，银河系与仙女星系可能会在三十亿年后发生类似的撞击。如果这两个主角都是旋涡星系（仙女星系就是一个旋涡星系），撞击的威力会将它们的气体圆盘抛到星系际太空中。新生星系就几乎不再具有气体，而变成一个椭圆星系。这次彻底的改变就像人类变性一样！

根据以上分析，我们很自然地得出结论，星系形态不同，所处的环境不同。椭圆星系喜欢生活在星系密度大的环境中，比如星系团的中心。相反，旋涡星系喜欢远离密集星系，它们更愿意生活在比星系团中心密度小很多的星系团外围区域，或者生活在稀疏的星系群中。

星系碰撞在宇宙史中起到了另外一个十分重要的作用：它是气体转化为恒星的一个重要机制。我们今天观察到的将近一半的恒星是通过这种剧烈运动生成的。事实上，在一次太空事故中，这两个星系中由气体与尘埃分子构成的星际云〔这些**分子云**（详见词条）的质量是太阳质量的几千到几百万倍，直径为几十光年〕正面撞击，生成剧烈的冲击波，冲击波传播，使气体坍缩并升温到一千多万开。核反应因此发生，形成了众多恒星。因此，两个星系相撞会伴随着众多新星的形成。几千万年内，大部分的储备气体被消耗殆尽。携带大量新星的星系是星系居民中的重要组成部分，大型天文望远镜发现了越来越多此类星系。因此，星系永不停歇地演化，不仅因为构成星系的恒星不停地诞生、生活然后死亡，而且它们不断地受周围环境的影响发生改变。它们的"天赋"在"经验"下不断重塑。

Galaxie (Semence de)

星系的种子

宇宙最初是均质的。美国航天局的两颗人造卫星（1992 年的 COBE 和 2003 年的 WMAP）以及欧洲空间局（ESA）发射的"普朗克号"（Planck）人造卫星传回的宇宙微波背景辐射图证明了这一点。这幅图向我们展示了大爆炸以后的第 38 万年的真实宇宙景象。通过观测整个宇宙的微波背景辐射，我们发现无论在哪个方向上，宇宙温度的改变量都不超过平均温度 –270.3℃的亿分之几。也就是说，在第 38 万年时，宇宙中两个不同地方的性质改变不超过 0.001%。然而，在 137 亿年的演化之后，这个宇宙不再是均质的了，而具有了一个复杂的结构，从巨大的超星系团"墙"到恒星以及行星。今天的可观测宇宙中包含了几千亿个星系，每个星系中又包含几千亿颗恒星，因此编织出一张巨大的发光宇宙网，其中超星系团（饼状的、丝状的，或者是长达数亿光年的墙状的）构成了"纬纱"，大密度的星系团构成了"结"，而没有星系的巨大星系巨洞构成了"网眼"。

在这 137 亿年间，宇宙是如何从一个均质的存在变成一个结构复杂的存在的呢？简单是如何生成复杂的呢？

如果宇宙一直是均质的，那么我们也就不会在这里讨论这个问题了。一个没有结构的宇宙，就像一个没有绿洲的沙漠：生命无法繁衍，沙漠将永远是一片不毛之地。星系就像太空沙漠中的绿洲。星系在内部数千亿颗恒星的辐射下升温，因此摆脱了宇宙膨胀带来的星际太空持续的降温。作为宇宙港湾，星系能够提供一个环境，使得恒星能够放射有益的能量与温度，因此有利于生命的孕育。

令天体物理学家高兴的是，COBE 在太空中发现了两处细微的微波背景辐射的温度浮动，约为亿分之几开。这个温度浮动表示物质密度的浮动，物质由质子、中子以及其他不可见的大质量粒子构成。在密度略大的地方，引力也略大，微波背景辐射的光子就需要消耗略多的能量来摆脱引力，温度也就相对略低。相反，在密度略低的地方，引力略小，光子消耗略少的能量，温度也就略高。物质密度的浮动行为就像星系的种子。

在未来的几十亿年中，受质量的引力作用，这些种子通过吸引周围的物质，体积逐渐变大，开始萌芽，然后孕育宇宙中数千亿个星系，这些星系又靠引力聚集了数千亿颗恒星，装扮了今天的苍穹。在其中一个星系中，一颗叫作太阳的恒星附近，有一颗叫作地球的行星，生命与意识将在那里出现。

这些物质浮动是如何产生的呢？宇宙在初期急速膨胀（详见：**宇宙暴胀**），由于能量的不确定性以及宇宙的膨胀，原始宇宙中**量子真空**（详见词条）的细微波动被无限放大。这次无限放大使得原始真空的量子波动进入了肉眼可见的世界。

海森堡不确定性原理证明了初期量子波动的存在。这一原理统治着量子领域，也就是无穷小世界。它告诉我们，人类在原子世界以及亚原子物理领域存在认知的局限性，我们得放弃追寻绝对知识的旧梦。因此，我们无法同时测量出一颗基本粒子的准确位置及其速度（位移除以时间）。我们只能二选一：或者确定粒子的准确位置，放弃测量它的准确速度；或者准确测量其速度，而放弃得到它的准确位置。这就是人们所称的"量子的不确定性"。

量子不确定性同时作用于原始真空的能量上，导致无数虚粒子随着超短的生死轮回（约 10^{-43} 秒）出现或消失在你读书时的周围空间里。只不过，你对此全然不知，因为这个发热行为发生在无限小的范围内，只有 10^{-33} 厘米。此时暴胀要起作用了。暴胀使得空间膨胀了 10^{50} 倍或更多，因而使得这些微小的量子波动扩大到了 10^{12} 千米，也就是太阳系大小的 100 倍。因此，暴胀使得量子波动离开了亚原子世界，进入了肉眼可见世界。这个情况很像在还没鼓起的气球表面画的一道几乎看不到的线，当气球鼓起来的时候，这道线就变得十分明显了。

在面对一个美丽的旋涡结构的星系时，我们知道它诞生于宇宙初期能量场的细微波动，是无穷小与无穷大结合的产物，是量子的不确定性与宇宙暴胀组合的果实。

Galaxies (Types de)

∽ 星系的种类

星系有不同的形状与特性。主要有三类。

第一类是旋涡星系，因具有美丽的旋臂而得名。我们的银河系就是一个旋涡星系。旋涡星系中居住着各个年龄层的恒星，有的年轻（小于 100 亿年），有的年老（几乎与宇宙同岁，大约在 130 亿到 140 亿年间）。年轻恒星与老年恒星不会同居。它们的离散情况十分明显。年轻恒星（比如太阳）居住在一个直径约为 10 万光年的扁平圆盘中，同居其中的还有气体云以及灰尘。在这个圆盘中，气体转化成恒星，恒星转化为气体，两个过程循环往复。在这个循环中，气体分子云受引力影响发生坍缩。因此，星际气体云受引力影响发生坍缩。它们的核心升温直至发生核反应，然后生成恒星。恒星靠消耗核燃料维持生命，燃料耗尽时恒星去世。质量大的恒星在生命结束时发生的剧烈爆炸被称作"超新星"，爆发的同时将自己的一大部分气体抛向星际空间，这些气体中富含重元素——恒星以及超新星的核反应的产物。恒星的这些废料以及碎片在引力的作用下聚合成新一代恒星。崭新的宇宙间物质轮回再度启动。旋涡星系的命运照此继续，伴随着恒星的生死循环。在银河系中，太阳是第三代恒星。

在旋臂上的恒星"托儿所"中，我们可以发现最年轻、质量最大的恒星，因此旋臂呈现出年轻恒星所特有的蓝色调。在托儿所附近的离子化氢气球（氢原子已经没有电子了）使得托儿所像一颗颗串在项链上的珍珠。在靠近中间的位置，恒星密度增大，星系盘变厚，形成像摊鸡蛋的蛋黄部分一样的"核球"外观。在某些旋涡星系中，位于中心的恒星不是"核球"状外观，而像巧克力棒一样排列。这类旋涡星系被称作"棒旋星系"。我们所在的银河系就是这类星系。

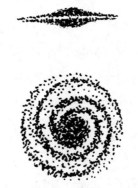

老年恒星居住在星系盘周围的椭圆星系晕中，包括年轻的以及年老的全部恒星的总数，高达几千亿。这些恒星的运动方

式不同。第一类出生于星系盘内的恒星，会一直安稳地待在圆盘内围绕星系中心旋转，然而星系晕中的恒星，出生于圆盘以外，它们不像第一类那么规则有序地运动，在星系晕中由上到下、由下到上，并穿过圆盘做运动。在可见的星系晕周围还有一个巨大的不可见的暗物质晕（很可能呈椭圆状），其大小是可见晕（可见晕的半径约为 50 万光年）的十倍，其质量约是 1 万亿个太阳质量，也就是可见星系质量的十倍。构成不可见晕的物质性质至今仍是个谜（详见：**暗物质**）。

第二类是椭圆星系。它们一般不具有星系盘、年轻恒星的托儿所、气体或者尘埃。它们唯一的居民是一群与宇宙差不多年纪的老年恒星，在有点儿扁平的椭圆（由此得名）中，恒星运动轨道多少有一点儿规则（很像旋涡星系晕中恒星的运动轨道）。星系大小不一，有大型的，也有小型的。大型椭圆星系可达几百万光年，能够容纳 1 万亿颗恒星。而小型椭圆星系不超过 3000 光年，只容纳几百万颗恒星。大型星系靠质量取胜，而小型星系靠数量取胜，后者的数量是前者的十倍之多。然而，所有的星系都有一个不可见的星系晕，其质量是可见星系晕的十倍。

最后一类是大杂烩。既不属于椭圆星系也不属于旋涡星系的其他全部星系都属于这一类，人们称其为"不规则星系"。不规则星系像旋涡星系盘一样，既富含灰尘、气体以及年轻恒星（几百万年），而且是蓝色的。但是，与旋涡星系不同的是，它们不具有规则结构，没有圆盘、核球或者螺旋臂。它们之中同时还居住着老年恒星（几十亿年），但这些老年恒星不像椭圆星系中的那么老。它们不仅体积小，质量也小，直径为 1.5 万到 3 万光年，容纳 1 亿到 100 亿颗恒星。它们的不可见星系晕是可见星系晕的十倍。装饰南天星空的大小麦哲伦云是离我们最近的小型不规则星系，得名于首位环球航行时发现它们的葡萄牙探险家麦哲伦。这两个小型星系绕着银河系旋转，距离分别为约 17 万光年和约 20 万光年。虽然小型星系很小，对整个宇宙的质量贡献不大，它们却是数量众多的星系居民。例如，在本星系群中，银河系以及仙女旋涡星系是主宰者，而其他大部分星系（大约 30 个）是小型星系。

Galaxies à noyaux actifs

活动星系

类星体（详见词条）是宇宙中自身最亮的天体，紧随其后的是活动星系，或称为活动星系核。为了纪念于 1943 年发现它的美国天文学家卡尔·赛弗特（1911—1960），它又被称作"赛弗特星系"。与类星体一样，它们释放的能量包括可见光、无线电波以及红外线等形式，这些巨大的能量聚集在一个被称作"核"的紧密中心区域。活动星系的核比星系的其他部分都要亮，它的亮度是银河系中心亮度的 10 000 倍。最活跃的活动星系核释放的能量等于十个银河系的能量之和。

一个如此小的体积可以释放如此巨大的能量，我们需要求助于黑洞来解释这一现象。和类星体一样，导致这些活动星系核发亮的是超大质量黑洞的贪得无厌。当然，维持活动星系核的亮度所需的供给远比类星体的亮度所需的少：每年一到十个太阳质量的星际气体或者恒星碎片就够了。导致活动星系核亮度变弱可能有两个原因：或者活动星系核中的黑洞质量较小（1000 万到 1 亿个太阳质量，而类星体中心的黑洞有 10 亿个太阳质量），饭量也较小；或者这些活动星系核是类星体演化的后期，当黑洞已经吞噬了宿主星系中许多的恒星，它的供给快要枯竭。在这种情况下，活动星系核的黑洞与类星体内的黑洞质量相当，不过此时已经食不果腹了。

Galaxies cannibales

∽ 同类相食的星系

星系团的中心正在上演着一场惊悚剧。某些星系消失了，它们被端坐在星系团中央的超巨椭圆星系吞噬掉了。吞噬同类的这种星系是星系团中最亮的，亮度是其他星系的十倍。其发光物质周围巨大的暗物质晕产生强烈的引力，使得其附近较小质量的星系减速运动。减速的星系逐渐以螺旋状落向超巨椭圆星系，最终被后者"吞噬"。最大的星系靠吞噬小质量的同伴变得越来越大，因此变得越来越亮。"每餐"之间平均间隔10亿年。一个近距离星系团的平均年龄为40亿年，因此，从星系团形成以来，应该有四个星系受害者。星系的同类相食解释了为什么几乎所有的巨星系都居住在人口密集的星系团中央区域。

　　然而，星系的同类相食并不只发生在星系团的超巨椭圆星系身上。普通的旋涡星系也有这一天性，例如银河系。在过去，银河系已经吞噬了绕着它旋转的几个不幸的矮星系了。今天还剩下两个：大麦哲伦云以及小麦哲伦云，它们分别距离银河系约17万光年和约20万光年。再过20亿到30亿年，它们也会落入银河系的血盆巨口之中，与银河系融为一体，消失在天际。银河系的杀人名单上将会再增加两个受害者。我们在银河系的星系晕中可以看到一些与绝大多数恒星运动不同的恒星群，这就是银河系吃过饭后留下的没有完全消化的残骸。

⟳ 伽利略

天文学家、物理学家、哲学家，意大利人伽利略（1564—1642）是文艺复兴时期科学革命的关键人物。他是利用望远镜探索天空奥秘的第一人，被誉为现代科学的奠基人之一。在其职业生涯的前 18 年里（1591—1609），他专心研究了物体是怎么落到地上的。他相信从中能够解开天体运动的秘密。亚里士多德认为支配地球的法则与支配宇宙的法则不同，伽利略否认了这一观点，他提出了实验科学原理：宇宙万物应该受共同的自然法则支配，这些法则只有通过重复准确的实验或者观察才能得到。

亚里士多德认为，重的物体比轻的物体降落得快。伽利略通过一个精密的推理，证明了事实并非如此。他说，假设我们有一个重的物体以及一个轻的物体，用一根绳子把两者系在一起，把它们从一个高塔上扔下。问题来了：系在重物上的轻的物体比前者早落地还是晚落地呢？如果亚里士多德的说法正确，轻的物体，比重的物体速度慢，拉着绳子，会比重的物体晚落地。但是我们同时可以认为两个系在一起的物体构成了一个更重的新的整体，会降落得更快。因此，如果亚里士多德对了，轻的物体同时加速以及拖延了重的物体的降落，很明显这不合逻辑！避免荒谬的唯一方法是以下结论：轻的物体在任何情况下都不会影响重物的降落，也就是说，轻的物体与重的物体的降落速度相等。20世纪70年代，在阿波罗登月计划中，美国宇航员在月球表面实现了伽利略的实验，他将一个高尔夫球以及一把铁锤从同一个高度松手，两者同时落到月球表面，证实了伽利略的观点。

1609年，伽利略听说一个荷兰光学仪器商刚刚制造了望远镜。他立马定制了一个镜头直径为几厘米的小型天文望远镜，与我们今天在商店购买的大小相似。他将望远镜对向天空，从中看到了各种光怪陆离的现象：一系列新景象以及未知的物体进一步否认了关于宇宙已有的描述。天空中新出现的不完美与亚里士多德宣称的完美宇宙背道而驰。月球上有山。太阳表面呈现暗斑（今天人们称其为"太阳黑子"，它们之所以颜色较暗，是因为其温度比太阳圆盘5800K的平均温度低1000K）。

1572 年的超新星和 1577 年的彗星，是**第谷·布拉赫**（详见词条）的两项重大发现，在此之后，月球山脉以及太阳黑子为亚里士多德的宇宙理论的棺材钉上了最后的钉子。伽利略在观察木星时，发现有四颗卫星绕着它旋转，这四颗卫星今天被命名为"伽利略卫星"。和月球一样，金星也有相位变化，分别是满星、弦星、蛾眉星以及新星。

这一观察结果证实了**哥白尼**（详见：**尼古拉·哥白尼**）提出的宇宙系统。在木星周围发现的卫星推翻了地球是宇宙中心的观点，万物并不都绕着地球旋转。金星的相位是太阳在行星照明变化的结果，唯一合理的解释是金星绕着太阳旋转。伽利略撰写了《关于托勒密和哥白尼两大世界体系的对话》一书，于 1632 年出版，在书中，他捍卫了日心说宇宙，将捍卫地心说者嘲讽为"弱智"。教会对此无法容忍。伽利略的发现可能在虔诚的教徒心中播下怀疑的种子，动摇了教义的权威。伽利略被传到宗教裁判所，受到了惩罚，被迫在 1633 年公开否认自己的科学信条（"然而地球还是绕着太阳转"，这是伽利略的诉讼结束语，后来成了他的一句名言）。伽利略被软禁起来，直到 1642 年去世，而他的这本书一直到 1835 年都被列为教会禁书！科学与宗教从此一直不合。350 年后的 1992 年，教会以教皇约翰·保罗二世的名义，终于公开承认了自己在伽利略事件中所犯的错误。

红巨星

　　红巨星是一颗恒星的老年期。在其青壮年时期，恒星靠其核心产生的能量发光：恒星通过核反应将氢原子核（质子）聚合为氦原子核，核聚变将物质转化为能量辐射逸散。生成的核能使恒星保持平衡、稳定。事实上，一颗恒星的气体球受制于两种力：一种是引力，引力使其坍缩，另一种是其核心的辐射，辐射使其膨胀。在你来我往的持久战中，这两种力永远相互抵消，因此恒星一直保持着平衡状态：它既不会坍缩也不会膨胀。当一种力发生了细微的改变，另一种力总能够略微调整自己来抵消前者的改变。

　　然而，一切终有结局。当恒星核心储存的氢燃料被耗尽时，当几乎所有的氢都转化成氦时，中心区域发射的辐射变弱，此时引力会在持久战中胜出。太阳在 45 亿年后就会发生此事，太阳现在已经活了 45 亿年：现在它正处于中年期。引力将使太阳核心收缩，增大包围在氦核心外面的氢气层的密度，使其温度升至 1000 万开，核内将燃起熊熊烈火。再生的能量使太阳外层剧烈膨胀，大小约是现在的 100 倍。太阳变成一颗红巨星，灼热的表面会吞噬掉水星和金星。由于辐射分布在大了 10 000 倍的表面上（名字中的"巨"由此而来），温度降到了 2000 ℃。太阳由白色变为红色。从地球上看，3/4 的天空会变成红色。地球上的温度将升高到生物无法忍受。海水蒸发，森林燃烧。为了躲避红巨星炽热的高温，我们的子孙的子孙的子孙的……子孙不得不迁徙到太阳系外侧的冥王星居住！

红巨星是个矛盾体：它的表面密度很小——只有水密度的百万分之一，而其氦核心的密度是水密度的 1000 亿倍。当最终日期来临时，太阳完成向红巨星的转变还需要 1 亿年。

很快，红巨星氦核心周围的氢燃料也要耗尽了。辐射变弱，引力重新发挥作用，压缩恒星，增加其中心温度。当温度达到 1 亿开时，氦核心燃烧。此时的红巨星已是穷途末路了。新燃料约可以继续维持 5000 万年，是氢燃料所维持时间的千分之五，只是宇宙时间中的一瞬间。短暂的风平浪静隐藏着末日的到来。当全部的氦核心变为碳时，恒星继续坍缩，中心的密度和温度继续升高。碳可以作为一种核燃料，不过碳核聚变所需要的温度是 6 亿开。然而，即便碳核心的密度十分巨大，太阳的中心温度也不可能超过 3 亿开。太阳质量不够大，无法继续压缩核心，使其温度继续升高。失去燃料的核心之火熄灭，辐射的力量再也抵抗不过引力，恒星坍缩，生命结束。

Gödel (Théorème de)

∽ 哥德尔定理

详见：**科学与宗教**

引 力

引力统治着宏观世界。它是宇宙的"胶水",使万物"粘"在一起。引力使我们留在地球上,使月球绕着地球旋转,使行星绕着恒星转,使恒星留在星系中,使星系留在星系团中。如果没有了引力,我们都会飘向太空。月球、行星、恒星会分散在浩瀚的宇宙中。

直到 17 世纪,牛顿才提出了作用于宇宙万物的引力概念:控制果园中苹果掉落的力与控制月球围绕地球旋转的力是同一个力。

奇怪的是,这个无处不在的力却在小范围内异常弱。引力是自然界四种**基本力**(详见词条)中最弱的一个。在基本粒子范畴中,引力几乎不起作用,然而其他三种力——强核力和弱核力、电磁力却是领舞者。因此,一个电子与一个质子之间的引力是它们之间电磁相互作用的 10^{-40} 倍。

引力的强度与相关物体质量的乘积成正比。电子与质子的质量十分小(电子约为 10^{-27} 克,质子约是电子的 2000 倍),因此二者之间的引力十分弱。即使到了生命物体范畴内,引力的作用仍不明显。巨大质量的地球($6×10^{24}$ 千克)作用在地上一颗钉子的全部引力都抵不过一块磁铁的电磁力:磁铁可以轻而易举地吸起地上的钉子。当你路过一幢重达几百吨的建筑物时,引力不会将你吸到墙上。要想测得一个建筑物的引力,物理学家需要发明十分精密的仪器。

然而，当物体的质量大于或等于地球的质量时，引力就明显了：是它把我们留在了地球上，阻止我们像太空舱中的宇航员一样飘在空中。同样是它让行星无休止地绕着太阳旋转。仍然是它让恒星留在了银河系中，让星系待在星系团中。同样是它，支配着宇宙的膨胀。因此，引力作用的范围是无限大的。既然引力在小质量物体中的作用显现不出来，那它就要充分践行"团结就是力量"的名言了。此处指的是粒子的团结：引力在包含了无数粒子的巨大质量的物体上起作用。天体巨大的质量使得引力成了宇宙中的主导力。

引力塑造了太空的外观。事实上，爱因斯坦相对论中最重要的一个结论就是所有的物质使其周围的空间弯曲。因此，由一颗大质量恒星演化而来的**黑洞**（详见词条）的引力十分巨大，其周围的空间全部向其弯曲，光被关在其中，使得这个"洞"是黑色的。星系团的引力使其周围的空间弯曲，使得遥远天体的光发生弯曲，形成了引力幻象。这些生产宇宙幻象的星团被称作"**引力透镜**"（详见词条）。

引力决定了宇宙的曲度。宇宙的曲度是两种反作用力剧烈争斗的结果：一种是原始爆炸以及"**暗能量**"（详见：**暗能量：宇宙加速膨胀**）生成的力，它使宇宙膨胀，另一种是万物生成的与宇宙膨胀相对抗的引力。如果前者胜出，膨胀将是永恒的，而且宇宙是"开放的"。其空间的曲率是负的，像山口或者马鞍一样。相反，如果引力占上风，宇宙是"封闭"的：宇宙膨胀到一定的半径后，开始自我坍缩（星系不再相互远离，而是相互靠近），然后在一次大挤压（big crunch）带来的地狱般的炎热与密集中死去。此时，宇宙的曲率是"正"的，像球一样。介于开放宇宙与封闭宇宙之间的是一个"平的"宇宙，没有曲率。它是永恒膨胀的。

最后，引力向我们揭露了"暗物质"的存在，暗物质占宇宙质量能量总内容的25%，而且不放射任何的电磁辐射。如果没有这种暗物质的引力，星系以及星系团就不会存在。它们可能很早以前就解体了：恒星会离开星系，星系离开自己的星系团。引力，通过自己的影响，让人们"看到"了不可见的事物。

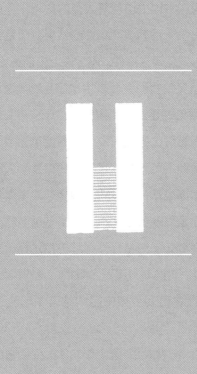

偶然性和必然性

　　宇宙是有历史的。宇宙史诗就是人类的史诗。我们的出现是宇宙 140 亿年历史中一系列偶然事件的结果，还是宇宙演化的必然结果呢？一切只是偶然事件，还是像上帝创造论者所言，是生命演化的必然结果？我们在此借用法国生物学家雅克·莫诺的话："这是偶然结果，还是必然结果？"

　　毫无疑问，在生命演化的过程中，偶然性起到了十分重要的作用，我们是一系列不可预知的偶然事件以及不大可能的分支的产物。所有证据都显示，我们的出现是一连串偶然事件的结果。最初，偶然性是许多独立个体的细小基因差异，因此我们之间各不相同。无穷无尽的多样性导致自然选择了对环境有更强适应能力的物种，它们获得了更多繁衍后代的机会。因此，在性行为中，偶然性在男女生殖细胞的结合中起到了决定性作用。

　　早在 20 亿年前，标志着原核细胞迈向真核细胞的细胞核可能不会出现。10 亿年前，单细胞演化为多细胞可能也不是必然的。6500 万年前，当小行星杀手撞击地球时，我们的祖先——哺乳类动物——可能并不会存活下来。

　　在一些古生物学家看来，如果自然重新演化一次，我们或许并不会出现。美国人史蒂芬·杰伊·古尔德（1941—2002）说过："如果我们倒着播放进化史的胶卷，重回到伯吉斯页岩时期，从同一个起点出发重新演化，我们没有十足的把握一定可以找到人类智慧。"在第二遍生命演化过程中，只要一件事情没有发生，或者一个细小的不同分支出现了，或者一个物种没有出现，我们可能都不会出现在这里讨论问题了。

这样看来，偶然性是否绝对控制了一切，难道我们的出现没有一点逻辑可寻，我们的存在没有任何道理？难道我们要承认雅克·莫诺的消极观点：偶然性是唯一的主宰者，"人类最终意识到自己在冷漠的浩瀚宇宙中形单影只，自己的出现只是个偶然"，"人类的命运、任务找不到任何根据"，"宇宙既没有孕育生命，也没有孕育人类的生物圈"[1]？

我不赞同这一观点。古生物学研究不可驳斥地告诉我们，在地球生命过去的38亿年间，生命演化总是从简单走向复杂，从毫无秩序走向十分精密。这一过程在某些种群的某些时期表现得十分明显。例如，对于脊椎类动物，一些重要的革新接连发生，从而演化成越来越复杂的有机体，直至人类的出现：头颅、四肢、羊膜、胎盘相继出现；骨骼发生改变，使得机体从水平姿势转变为垂直姿势，然后变为两足行走。然而，所有种群并不以同一速度演化：有的前进了，有的停滞不前，还有一些退步了。

虽然说偶然、随机、意外在生命演化过程中确实起到了重要的作用，它们并不能为所欲为。受内部与外部的约束，生命的革新倾向于某些选择，同时抛弃了其他选择，走向了某些道

1　雅克·莫诺，《偶然性与必然性》，上海人民出版社，1977。

路，同时封锁了其他道路。演化并不是有无限种可能性的。因此，偶然性受物理与化学的限制：原子之间化学联系的属性限制了构成生命基础的大分子的属性。基因改变并不只是偶然性的产物：我们所说的偶然性，是指我们无法预知基因突变何时或者如何发生，它们的发生却并不完全没有规律。基因组的某些部位对外部影响更为敏感，正是这些部位受到了影响，而且受影响的频率也是可知的。此外，如果每次分支带来了新的可能性，带来了意想不到的发展，它同时也可以永远关闭所有的可能道路。换句话讲，一旦选择了一个方向，可能性的范围就变小了，未来基因突变的范围就变得更小了。

相互影响以及条件反射使得偶然性在生命之树的每次分叉口，都推动生命选择了新的道路，然而路却越来越窄。因此，既定的基因突变只能影响既定有机体中事情的进程。但是，如果已经发生了基因突变的有机体的物理性能与新的基因突变不兼容，什么都不会发生。除了这些内部制约，还有来自环境的外部制约。某些基因突变不是有益的，因此，只有在气候以及环境条件的帮助下，它们才会被自然选择阻拦住。可能性范围逐渐变小，这些派系演化的速度才变快：因为可选择的空间变小了，探索变少了，无谓的试验变少了，因此失败变少了。[1]

受限制的偶然性制造了一棵生命之树，其树干顺着垂直方向演化，向高处生长，变得越来越复杂。同时还有水平方向的演化：生成了生命之树数百万个细枝与枝杈。有一些树枝因环

1　克里斯蒂安·德迪夫，《生机勃勃的尘埃：地球生命的起源与进化》，上海科技教育出版社，1999。

境变化而被修剪。比如，人类演化的派别中只保存了一个枝杈：就是出现智人的那个。

如果说偶然性在基因以及生命演化层面受到了制约，在整个宇宙层面受到的制约就更大。现代宇宙学发现宇宙为了生命以及意识的出现做出了精确的调整。在宇宙之初，就蕴含着人类以及意识出现的所需条件。这就是人们所称的"**人择宇宙学原理**"（详见词条），希腊语中的 anthropos，意思是"人"。此处"人择"一词选得不好，因为它暗含着宇宙的调整只为了人类的出现这层意思。事实上，宇宙是为了所有生命以及意识的出现而调整的，无论是地球人还是外星人。尽管如此，现代宇宙学仍告诉我们，宇宙之初就孕育着生命与意识，这与雅克·莫诺的观点相反。

面对如此精确的调整，我们的态度应该如何呢？摆在我们面前的仍然是偶然性与必然性两个选择。偶然性的支持者提出了"**多重宇宙**"（详见词条）观点，此观点认为原始时间－空间中无数量子波动中的任何一个都会生成一个宇宙。我们所在的世界可能只是多重宇宙中的一个。这些宇宙中的任何一个都是特有基本常数以及原始条件的组合；在这些宇宙之中，除了我们所在的宇宙，都不适宜有意识的生命的出现，因为它们都没有合适的组合，而我们的宇宙却组合得恰到好处。相反，必然性的支持者认为没有必要假设无穷多个宇宙，我们的宇宙是唯一的，它为了人类的出现做出了精确的调整，这件事不纯粹是偶然的，而是一个巧妙的组织原则在自然界中的精湛表现。

目前，科学尚没有办法在两种假设中做出选择。因为根据我们对宇宙的了解，二者均有合理之处。

宇宙的历史

这是我们今天所知的宇宙历史。随着观测手段不断完善，理论日臻成熟，日后，许多篇章将被重新书写。然而，大爆炸理论却不再深受天文学界质疑（详见：**大爆炸**）。如果有一天，大爆炸理论被一种更先进的理论所取代，这个新理论一定涵盖了大爆炸理论的全部内容，同样地，爱因斯坦物理学也一定吸收了牛顿物理学的全部内容。

宇宙在不断演化。宇宙的历史像上升的电梯一样，一刻不停地走向复杂。宇宙诞生于真空。这个真空不是平静的、没有任何物质或活动的真空，而是一个活跃着能量的**量子真空**（详见词条），充满了像幽灵一样出现又消失的粒子与反粒子，这些粒子的生死在短短的 10^{-43} 秒内就循环一次。

我们的历史从宇宙出现后的第 10^{-43} 秒（普朗克时间）开始，此时宇宙尺寸极小（10^{-33} 厘米，普朗克长度）、温度极高（$10^{32}°C$）、密度极大（是水密度的 10^{96} 倍）。从 10^{-35} 到 10^{-32} 秒，真空的能量推动了宇宙急速疯狂膨胀（详见：**宇宙暴胀**）。宇

宙从直径为 10^{-24} 厘米，呈指数级急速膨胀到一个直径为 10^{21} 千米的超星系团尺寸。同时，宇宙密度变小、温度骤降，从而能够向复杂演化，因为降温是结构出现的重要条件。温度是运动的近义词，当宇宙太热时，形成的结构会高速相撞，无情地摧毁彼此。

在暴胀阶段结束时，即 10^{-32} 秒，宇宙恢复了正常的膨胀速度。此后，它不再超速运行了。

真空能量还起到了另外一个重要的作用。是它孕育了宇宙全部的物质。爱因斯坦通过一个方程式向我们解释了这一机制——毫无疑问，就是科学史上最著名的方程式—— $E=mc^2$ 。能量可以转化为物质粒子（其中质量 m 等于能量 E 除以光速 c 的平方）。基本粒子（夸克、电子以及中微子）以及它们的反粒子从原始真空中突然出现。在最初的大杂烩中，各种活动频繁发生。粒子与反粒子相撞湮灭形成光。光又消失、变形为成对粒子/反粒子。物质、**反物质**（详见词条）以及辐射在无序运动以及大量的动荡中无休止地相互作用。

最初，宇宙由等量的粒子和反粒子混合而成。如果在整个宇宙史上，粒子与反粒子的数量一直保持相同，那么物质会和反物质相抵消，将只剩下光子。这些光子，在宇宙膨胀过程中被削弱，无法再生成成对的粒子/反粒子。于是宇宙中只剩下光子，包括你我在内的所有物质都不会存在。

然而，我们今天生活的宇宙并不由光主宰，而由物质主宰。我们没有遇到反你和反我，也没有和他们牵手蜕变为光。为什么反物质消失了呢？因为自然对物质稍微多偏爱了一点点儿。

因此，真空中每出现十亿个反夸克，只需要十亿零一个夸克就能使前者消失。同样地，每出现十亿个反电子，就会有十亿零一个电子诞生。正是这十亿分之一微小的不平衡使得我们出现在这个世界上。微小的不对称是创造力之源，而完美的对称却是一片不毛之地。

当宇宙钟表指向一百万分之一秒时，宇宙降温，但仍然是10万亿开的高温。在此温度下，强核力（详见：**基本力**）足以发生作用，使每三个夸克聚集在一起，形成了重子物质的基本构成单位——质子和中子。当宇宙钟表指向万分之一秒时，宇宙降温至1万亿开。大部分质子和中子转变为光。但是，相较于反物质，自然更偏爱物质的十亿分之一，每当有十亿对粒子/反粒子相抵消变为光子时，就有一个质子或者中子从大屠杀中幸免。在第一秒结束的时候，宇宙温度降至60亿开，成对电子/反电子会重复这一过程。在此温度下，光子无法再转变为成对电子/反电子。新一轮大毁灭开始，最后，每十亿对电子/反电子变成光，就会有一个电子存活下来。

由于宇宙对物质有十亿分之一的偏爱，世界上就只有你我，而没有反你反我。同时，在今天的宇宙中，每十亿个光子就对应着一个重子物质粒子。自然界对正电荷载体（质子）以及负电荷载体（电子）的偏爱是一样的，因此我们所在的宇宙是中性的。

宇宙钟表指向百分之一秒。宇宙温度降到足够低，此时，质子和中子开始聚集（再次受强核力的影响）形成自然中最轻的化学元素的核：氢（它的核只有一个质子）、氦（它的核由两个质子和两个中子构成）以及少量的氚（它的核由一个质子和一个中子构成）、锂（每个核包含了三个质子以及三个中子）以及铍（四个质子以及三个中子）。基本元素的生成阶段一直延续到第三分钟，此时宇宙温度已降至 10 亿开。生成更重、更复杂元素的过程戛然而止，因为膨胀导致宇宙密度变小，质子与中子相距较远，不再有机会相遇、黏合并形成更复杂的核。

在接下来的 38 万年中，宇宙继续膨胀，体积变得越来越大，密度越来越小，温度也不断下降。这一阶段没有重大事件发生。宇宙好像暂停，喘了口气。但是，当第 38 万年的宇宙钟声敲响时，一系列载入史册的事情相继发生。

电磁力（使得相反的电荷相互吸引）发生作用，推动氢与氦的核（正电荷）与电子（负电荷）相结合形成原子。电中性的原子物质发生作用。由于宇宙温度约降至 3000K，约等于太阳表面的温度，周围的光子不再有足够的能量来打破原子，释放电子。电子被监禁在原子中，结果是：宇宙掀开了面纱。没有自由的电子继续阻拦它的运动，光能够随心所欲，到达自己想到的地方，从此，宇宙不再昏暗，变得透明。

另外一个结果：在这一标志性时期生成的光子构成了著名的宇宙微波背景辐射（详见：**化石光**），它与宇宙膨胀一起，共同构成了大爆炸理论的两块重要基石。如果我们出现在宇宙的第 38 万年，我们看到的天空可能与太阳表面一样亮。在接下来的 140 亿年间，微波背景辐射的温度随着宇宙膨胀不可避免地降低。微波背景辐射经历了各种颜色，从黄色变成橙色，然后从红色变成深红，最后到达我们眼睛时变成了无色。今天，我们需要借助无线电接收器才能看到它！

约 10 亿年后，宇宙明显抑制住了怒火。它继续膨胀，降温，向复杂演化。早期恒星出现，数千亿颗恒星相聚形成巨大的星系。今天，经过 140 亿年的演化，可观测宇宙中包含了数千亿个这类星系，它们共同编织了一张巨大的宇宙网（详见：**宇宙结构，宇宙网**）。无限小中孕育了无限大。在一个叫作"**银河系**"（详见：**银河系的现代解读**）的星系中，在一颗叫作"**太阳**"（详见：**太阳，光之源**）的恒星旁边，在 45.5 亿年前，在一片星际云引力坍缩下诞生了一颗叫作"**地球**"（详见：**地球，一颗蓝色的星球**）的行星，约在 38 亿年前，地球上的分子聚合成 DNA 长链，日后，它们形成了生命，然后形成了能够思索宇宙问题的人类。

Hubble (Edwin), l'explorateur des nébuleuses
爱德文·哈勃，星云探测者

他最为人们熟知的是自 1990 年以来以他名字命名的太空望远镜向人类不断传送的神奇宇宙图像。然而最重要的是，美国天文学家爱德文·哈勃（1889—1953）是现代观测宇宙学的创始人。依靠 20 世纪 20 年代的两项重要发现，他彻底颠覆了我们的宇宙观。哈勃首次用观测证据支持了宇宙膨胀以及大爆炸，他所掀起的观点革命可能与哥白尼的革命有着同等深广的意义。

1910 年毕业于芝加哥大学科学系后，他继续攻读了法律学位。但他还是更喜欢宇宙学，1914 年决定前往美国威斯康星州的叶凯士天文台研究天文。1917 年，在哈勃取得天文学博士学位后，洛杉矶附近的威尔逊山天文台向其抛出了橄榄枝，邀请他来做天文学者，可以使用最新款的望远镜——这架望远镜的直径为 2.5 米，是当时世界上最大的望远镜。这架望远镜受美国"钢铁大王"安德鲁·卡内基赞助，于 1919 年制成。才华横溢的哈勃得到了命运女神的眷顾：正可谓天时地利人和。

哈勃接触天文学的时候，正值宇宙大小以及界限大辩论如火如荼开展的时期。在 20 世纪初期，人们仍未弄清银河系的边界，当然也不知道宇宙的边界。恒星好像消失在无穷无尽之中，挑战着人们测量距离以及绘制宇宙图像的能力。

幸运的是，1912 年发现的宇宙信标，也就是**"造父变星"**（详见词条），前来拯救了天文学家。哈勃最强劲的对手，同样在威尔逊山天文台工作的美国天文学家哈罗·沙普利，借助这些宇宙信标，成功确定了银河系是个很薄的圆盘，直径约为 30 万光年[1]，这比之前测得的所有数值都大很多！他取得了不可思议的成就，因为从我们小小的地球上去测银河系的面积，这件

1　现代准确数值是 10 万到 18 万光年。

事情的难度几乎等同于一个阿米巴（一种古老的变形虫）去测太平洋面积的难度！

然而还有一个关键的问题：宇宙仅限于银河系还是远不止于此？在银河系以外，还有没有与我们的星系类似的其他星系？就像德国哲学家康德在1775年提出的，还有没有其他"宇宙岛"存在？新建的大型望远镜发现天上存在许多被称为"星云"（得名于拉丁语nebula，"云"）的模糊的暗斑，但没有确定它的性质。各种争论呼啸而起。沙普利认为宇宙就局限于银河系，这些星云是含于其中的：它们只是恒星附近的气体云，因恒星而发亮。哈勃却不以为然。1924年，他利用造父变星作为宇宙信标，开始测量仙女座星云的距离。造父变星为哈勃打开了通往银河系外世界的大门。他测得仙女座星云的距离是90万光年[1]。即使是参照沙普利测量的银河系的错误数值，这个星云都远在银河系之外。仙女座成了星系，变成了我们银河系的姊妹星系。一瞬间，宇宙中汇集了许多星系。康德的"宇宙岛"成为现实。今天，我们知道银河系（1000亿颗恒星在引力作用下的集合体）只是可观测宇宙中1000亿个星系成员之一。

哈勃没有停止探索的脚步。他致力于将星系分类，将它们分为旋涡星系、椭圆星系以及不规则星系（详见：**星系的种类**）。此外，他还试图解决困扰了天文学家多年的一个问题。早在弄清它们的性质之前，观测者就发现星云发生了红移。红移是退行运动〔人们将其称为**多普勒效应**（详见词条）〕造成

1　现代准确数值是230万光年。

的。星系的退行运动越强，红移越强。也就是说，只需要测量出星系的红移，就可以推算出它的退行速度。继仙女座以后，哈勃尝试通过造父变星以及它们的红移测出其他星系的距离以及退行速度。功夫不负有心人。1929 年，他宣布了第二个重大发现：退行运动不是偶然发生的。今天的天文学家称其为"哈勃定律"：星系的退行速度与其距离成正比。尽管结论不可思议，却是不容置疑的：宇宙在膨胀。

Télescope
HUBBLE

　　星系退行速度与其到地球的距离成正比，从中还能得到另外一个重要的结论：宇宙有一个开端。由于距离与速度之间存在一个比例，每一个星系都花费了同样的时间从初始位置到了现在的位置。如果回放故事情节，所有的星系曾在同一时刻相聚于同一地点。因此出现了大爆炸的观点，大爆炸导致了现在的宇宙膨胀。哈勃为大爆炸理论奠定了第一块实实在在的基石。

　　爱因斯坦在得知哈勃的发现后，表现出了极大的兴趣。1931 年，他前往威尔逊山天文台，亲自观看了望远镜并祝贺哈勃取得的成绩。

受到当时科学界"巨星"如此厚待后，哈勃本人也成了美国大众心中的一颗"明星"。荣誉的光环接踵而至。哈勃唯一没有获得的是诺贝尔奖，这也是他一生的遗憾。当时的诺贝尔奖并不包括天文学（传说是由于阿尔弗雷德·诺贝尔的妻子与一个天文学家有绯闻），1953 年，当诺贝尔委员会决定将天文学列入物理学分支时（此后，许多诺贝尔物理学奖颁给了天文学家），哈勃却已去世。日后，为了纪念他对宇宙学所做的巨大贡献，人们将不断提供浩瀚宇宙神奇景象的空间望远镜命名为**哈勃空间望远镜**（详见词条）。

扩展阅读：盖尔·E. 克里斯琴森，《星云世界的水手——哈勃传》，上海科技教育出版社，2000。

宇宙暴胀

　　"暴胀"一词指的是在宇宙出现之初远不到一秒的时间内，一种惊人的斥力使宇宙各部分相互推开，宇宙发生了急速的膨胀。宇宙暴胀〔这一术语由美国物理学家阿兰·古斯（1947— ）提出〕使得宇宙在极短的时间内体积变得极大。

　　从 10^{-35} 秒到 10^{-32} 秒这段无穷小的时间内，每 10^{-34} 秒，宇宙尺寸会增至三倍。在宇宙暴胀时期，也就是到达 10^{-32} 秒这段时间内，一共有 100 段 10^{-34} 秒，宇宙的每个区域的大小都连续增至三倍 100 次。$3×3×3×\cdots$ 乘以 100 次，结果是宇宙大小增加了 10^{50} 倍。宇宙体积与半径的立方成正比，因此体积增加了 10^{150} 倍！换句话讲，宇宙大小随着时间呈指数级增长。在短短的 10^{-32} 秒的膨胀阶段，宇宙大小是原来的 10^{50} 倍。在这神奇的暴胀阶段，宇宙膨胀的速度轻松超过了光速！这触犯了相对论中万物禁止超过光速的命令了？很明显没有。在大爆炸中，空间不是静止的，而是活跃的。这是一个连续自发膨胀的空间。在一个已有空间内，任何东西的传播速度都不超过光速，但相对论没有禁止空间本身的成长速度不得超过光速……

　　数据显示，宇宙从极小的空间出发，当时直径约为 10^{-24} 厘米，也就是一个质子大小的一千亿分之一，通过暴胀以及日后"平静"的膨胀，成长为一个比我们今天可观测到的宇宙还大的空间。

实际上，当宇宙膨胀成直径为 10^{26} 厘米大小的超星系团时，我们来看一下，在 10^{-32} 秒的暴胀期结束后到底发生了什么。宇宙继续膨胀，密度继续变小，温度继续降低，以一个更冷静的节奏持续进行。宇宙的膨胀速度是正常的。在前 38 万年中，宇宙膨胀与时间的平方根成正比，在此之后，宇宙不再随着时间呈指数级膨胀，宇宙的膨胀只是时间的 2/3 次方。

在 1981 年古斯提出宇宙暴胀这一概念以前，大爆炸笼罩着许多疑团。最大的疑团是通过微波背景辐射发现的宇宙异常的均匀性。无论我们从上面或者从下面，从左边或者从右边测量微波背景辐射的温度，其温度变化都不会超过 $-270℃$ 的 0.001%。这一均匀性确实给大爆炸的"标准"流程制造了一个问题，因为大爆炸并没有假设这个暴胀阶段。在有暴胀阶段的大爆炸中，宇宙最初极小，全部区域都能够通过光相互沟通，使各处的温度相同。在暴胀阶段结束后，宇宙各区域之间不再保持联系，它们靠过去相互联系，而且记得这个联系。

第二个疑团是**宇宙的形状**（详见词条）。广义相对论认为物质与能量使空间弯曲，空间的形状取决于宇宙所包含的物质与能量。

观测结果如何呢？宇宙的密度等于质量与体积之比，为了得到这一数值，只需要测出巨大体积内的全部物质与能量的量。天文学家借助巧妙的工具，得出宇宙在经过了 140 亿年的膨胀后，物质与能量的密度几乎等于临界密度，并没有比临界密度高或低几百万或几十亿倍。宇宙如何拥有如杂技演员般精湛的平衡技巧的？它是如何调整自己的初始密度，使得它如此精确地等同于临界密度呢？标准的大爆炸理论并没有给出解释。这就是人们所称的"平坦性问题"，因为完全等于临界密度的宇宙图形是平的。

宇宙暴胀再次神奇地解开了这一疑团。在暴胀阶段，宇宙空间变平。球形物体的曲度随着球半径变大而变小。暴胀使得宇宙尺寸增加了 10^{50} 倍（甚至更多），无论最初的曲度如何，最终外形都变平了。

第三个疑团与宇宙均匀性的问题相对应。这一次，天体物理学家不再疑惑宇宙为什么会如此规则，而疑惑宇宙为什么结构如此严密（详见：**宇宙结构，宇宙网**）。通过测量宇宙，我们发现宇宙是一张巨大的太空地毯，由方圆数亿光年的星系"墙"构成，围起了同样巨大的星系巨洞。这些星系"墙"由数十个直径为 1000 万光年的星系团构成，后者又由数千个直径为数十万光年的星系构成。这些星系又由数千亿颗直径为几百万千米的恒星构成。宇宙在大范围内是完美的均匀状态，而在小范围内却有如此丰富的结构，它是怎么做到的呢？再一次，标准的大爆炸理论无力给出答案。同样还是宇宙暴胀解决了问题。暴胀无限放大了原始真空中的量子波动，将它们转化为星系的种子。在引力作用下，这些种子成长为点缀今日宇宙的壮观星系（详见：**星系的种子**）。

暴胀同时给出了大爆炸宇宙模型中的爆炸机制，这一原始爆炸生成了时间和空间。此外，它还解释了第一道光与最早的物质是如何同时出现在宇宙中的（详见：**大爆炸**）。它给了我们许多好处。因此，大部分天体物理学家都认为宇宙经历了暴胀阶段。当然，万物都不可能是完美的，还有很多重要问题没有得到答案。如果宇宙早在暴胀阶段之前就存在，那么它的物理状态如何？能量场从何而来？由于缺乏一个量子引力理论，一连串的问题尚未得到回答。但是，伴随着暴胀阶段的大爆炸理论是目前能够解释已知宇宙特性最好的理论。

Interstellaire (Milieu)

∽ 星际空间

所谓的星际空间，就是在同一星系中的不同星体之间的空间。它不是真空的，空间中有许多肉眼看不到的星际物质。星际空间的平均温度很低：约为 –173℃。它的平均密度极低，只有恒星或行星密度的兆亿分之一。平均每四立方米的空间中含有一个氢原子，或者每一立方厘米内有 10^{-29} 克物质，星际空间比地球上最完美的真空还要空数万倍。

然而，这个近似真空在星系的生态系统中扮演了十分重要的角色。一方面，由于星际空间很广阔（一个星系方圆数万光年），星体之间的物质总重很大，几乎是星系中恒星本身质量的 10% ～ 50%。另一方面，星际空间是恒星新旧物质更替循环的所在地。因此，大质量恒星将演化及死亡爆炸时生成的富含化学元素的废旧物排放到星系空间中。同样地，蜕变的恒星碎片在星际空间中重新聚合，在引力的作用下，生成新一代恒星。

　　像银河系这样的星系，其星际空间有两个组成部分，气体以及尘埃，它们在空间中紧紧地混杂在一起。气体不仅包含着氢原子以及氦原子，还包含更重、更复杂的化学元素，它们是恒星核反应的产物，例如碳、氧以及氮。事实上，自然界中81种稳定（不发生衰变的）元素都存在于此。至于尘埃（详见：**星际尘埃**），它们是几十亿个硅原子、镁原子、铁原子、碳原子以及氧原子结合而成的颗粒。

Io

伊　奥

　　木卫一，详见：**木星**

木 星

　　木星是太阳系行星中的大佬。它是所有行星中体积最大、质量最大的：其质量是地球的 318 倍，是其他所有行星以及卫星质量总和的 2.5 倍。木星的直径比地球大 11 倍，其巨大的体积大约能够吞噬 1330 个地球。它是天空中第四亮的天体，排在太阳、月球以及金星之后。尽管体积庞大，它却是太阳系中转速最快的行星：自转一周仅需不到 10 小时，也就是说，它的旋转速度是地球的 26 倍。

　　木星的 98% 由氢气以及氦气构成，因此它没有实体表面。

　　如果你站到半径为 7 万千米的木星上，你得深入 6 万千米后才能到达它的岩石核心。此处的温度与压强急速上升，你很难存活下来。在 100 千米的深处，光线无法穿透这么厚的气体外壳，在此处你将无法再看到太阳，身处一片黑暗之中。然而，木星内部是热的。人们观测到其内部向外释放的能量是从太阳所获能量的两倍。木星具有一个介于恒星与行星之间的特殊身份：它不像恒星一样，无法自身核聚变产生能量，因为它的质量不够大，其核心的温度无法升至 1000 万开——氢核开始聚变并释放能量所必需的温度。人们认为，行星在 45 亿年前的压缩形成的过程中已经将一部分引力能量转化为热量，而这一能量仍在释放。

　　1995 年 12 月，"伽利略号"航天器向木星投放了一个探测器，通过执行此次自杀式任务，我们获得了有关木星大气层的第一手探测资料。探测器在 150 千米的深处生存了将近一个小时，然后被外层巨大的压力压碎，在此之前它向我们传回了宝贵的资料。木星大气层顶层密布着由氨构成的白云。由于木星到太阳的距离是地球到太阳距离的五倍，这儿十分寒冷（-148℃）。如果没有其他能量源的话，此处的温度可以达到 -168℃。随着深度增加，大气层的温度迅速升高，在几十千米深的地方，温度达到了 -73℃。从此炼金术开始：硫与氨结合，硫化物为木星准备了一场颜色盛宴——红、棕、黄、淡紫、褐——它的大气层呈现出这些颜色。磷也为木星的绚丽色彩做出了贡献。

1979 年的"旅行者"1 号以及 2 号探测器、1995 年的"伽利略号"探测器、2001 年的"卡西尼号"探测器共同向我们展示了一个不断运动的木星高层大气，风起云涌、气流剧烈地翻腾。太阳系中最大的风暴在此焦躁不安（也就是大红斑），此外，狂风四起，在赤道平行的地方形成了云带，明纹与暗纹相互交替。

木星是太阳系中转速最快的行星。自转一周仅需不到半天的地球时间（9 小时 55 分钟），是地球自转速度的 26 倍！如此迅速的自转速度在赤道处形成了巨大的离心力。此处的风速可达 400 千米 / 时，几乎与地球高空中的急流速度相同。

我们不断地向木星深处探索，首先看到的是一层厚达 2 万千米的液态氢层，然后是一层厚达 4 万千米的金属氢，其具有导电的特性。

当到达木星的金属核心时，在 6 万千米深处，气压是地表气压的 1200 万倍。人们认为木星中心的气压是地球表面气压的 5000 万倍，是地球中心气压的 10 倍！此处温度为 40 000℃。所有证据都显示，木星不适合生命存活！

木星大红斑

大红斑是一个巨大的湍流的旋转气流，颜色是印象派油画中的棕色以及橙色调。其庞大的身形（长 4 万千米，宽 1.4 万千米的椭圆形）能够独吞三个地球。困在云带中央的巨大旋涡已经在木星上存在了至少四个世纪。1609 年，当伽利略将第一架望远镜指向天空时，就发现它了。其景象让人联想到地球上的超级飓风。

是什么点燃了大红斑的怒火呢？混沌理论（详见：**混沌：确定性的终点**）给出了答案。这个存在了几个世纪的旋涡好像一个自我组织的系统，是由导致周围一切紊乱活动的混沌现象所生成并维护的一个稳定区域。也就是说，大红斑像身处危机四伏的大洋中的一个平静孤岛，是许多杂乱无序之中的有序港湾。[1]

1　有关这一观点的详细介绍，请阅读我的另一部作品，《混沌与和谐》，马世元译，商务印书馆，2002。

木星的卫星

在 1610 年寒冬的一个夜晚，工作于帕多瓦大学的年轻天文学教师**伽利略**（详见词条）将他的天文望远镜瞄向了木星，然后发现了绕着这颗巨大行星旋转的四颗卫星（今天被人们统称为"伽利略卫星"）。

随着地面望远镜变得越来越大，它们能够看到的东西"越来越暗"。随着几个访木太空探测器的成功拜访（包括"旅行者"1 号、2 号以及"伽利略号"），木星的卫星数量不断增加：到 2007 年初已达 63 个。卫星普查工作远没有结束，好多体积很小、质量很小以及不太亮的卫星还没被发现：木星及其卫星构成了一个货真价实的微型太阳系！

木星的卫星（以及其他三个气体行星的卫星）分两类。第一类是"规则"卫星，它们不仅体积大（半径超过 500 千米），而且质量大，足够大的引力将其外形塑造成球状。这些规则卫星绕着木星旋转，与木星自转的方向相同，在木星的赤道面内，运行轨道几乎是个圆形。卫星很可能与巨行星同时诞生于星子（详见：**星子与太阳系的形成**）的聚合。另一类是"不规则"卫星。它们的体积很小（半径小于 150 千米），质量也小，引力不够强大，无法将其塑造成球形。因此，它们是椭圆状的，这是小行星的特征之一。它们的运行轨道偏离了木星的赤道面，是离心的，有时逆行（它们的旋转方向与木星的旋转方向相反）。它们很可能是在木星及其较大的卫星诞生很久后，被木星强烈的引力场吸引过来的小行星。它们微弱的引力无法留住大气与海洋，因此它们的表面坑坑洼洼。生命在此出现并存活的可能性几乎为零。

木星的规则卫星只包括四颗伽利略卫星（其他所有卫星都是不规则的）。离木星由近及远分别是伊奥（木卫一）、欧罗巴（木卫二）、盖尼米得（木卫三）以及卡里斯托（木卫四）。四颗伽利略卫星的表面异彩纷呈。它们呈现的世界一个比一个精彩。其中卫星欧罗巴十分出名，因为人们认为它可能适宜人类生存。

伊奥是太阳系中地质最活跃的天体，它是唯一一个和地球一样表面有火山喷发的天体。人们在伊奥上发现了 150 座活火山。这颗卫星在确定光速的历史上起到了十分重要的作用。在很长一段时间里，人们认为光的传播是瞬时的。1676 年，工作于巴黎天文台的丹麦天文学家奥勒·罗默（1644—1710）在观察伊奥绕木星的旋转轨道时，发现了一个奇怪的现象：伊奥绕木星一周所花的平均时间是 42.5 小时，不是一个固定值，而根据地球绕太阳公转的位置不同呈现了周期性变化。当地球离木星最远时，这个时间大约会增加 20 分钟，离木星最近时恰好相反。根据罗默的解释，伊奥绕木星一圈所花时间的明显变化证明了伊奥的光需要一段时间才到达地球，而这 20 分钟正是光从伊奥传播到距伊奥最远位置的地球所多需要花费的时间。1678 年，荷兰物理学家克里斯蒂安·惠更斯（1629—1695）在罗默观测结果的基础上，确定了真空中的光速接近 30 万千米/秒，这正是我们今天所知的数值。

几乎没有陨击坑——这一点说明欧罗巴这颗卫星新形成不久，只有几百万年的历史。欧罗巴表面洁白、明亮，被冰覆盖着，冰面布满了许多纵横交错、密如蛛网的明暗条纹。天文学家认为在冰层下面，在深几千米的地方有一个厚度为 100 千米的海洋。因此，欧罗巴的储水量超过了地球上所有海洋的储水量！"伽利略号"探测器传回的数据确证了这一结论：它在欧罗巴的表面看到了许多移动的巨大冰山。有些巨大浮冰分离，有些却相聚。冰层下面的这层咸水同样可以解释欧罗巴微弱的磁场。水是生命出现并发展的关键要素，因此有些心急的人认为欧罗巴上可能存在微生物。然而这一点需要探测器传回更多的数据来证实。

峡谷与陨击坑在盖尼米得和卡里斯托的表面纵横交错，很像月球的表面，但是覆盖着冰和雪。

1979 年，"旅行者号"发现木星的赤道面上围绕着一个不太亮的环。这个环很薄：宽几千千米，厚几十千米。"旅行者号"同时在天王星和海王星上也发现了这种星环，证明了星环是巨行星的一个共同特征，并不是我们之前认为的星环是土星所特有的。

约翰尼斯·开普勒

开普勒（1571—1630）发现了行星运动的秘密，并首次给出了时至今日我们仍在使用的数学公式。他的行星定律为日后牛顿提出万有引力定律奠定了重要的基础。开普勒在光学领域同样做出了贡献。而且他还是提出外部世界在视网膜成像，大脑在视觉中起到重要作用的第一人。

1571 年 12 月 27 日，开普勒出生于德国西南部盛产葡萄的威尔小镇的一个新教家庭。他的成长环境并不优渥。他描述自己的父亲是个"怪脾气、固执、爱吵架"的男人，作为雇佣兵加入了奥地利军队，1589 年去世，身后留下了贫困潦倒的家人。他的母亲，"矮小、瘦弱、凄惨、郁郁寡欢"。他由姨妈抚养长大，姨妈后来因巫术罪被施火刑而亡，而他自己也同样获此罪指控。

然而，他的父母正是他天文学的启蒙者。他的母亲带他观看了**第谷·布拉赫**（详见词条）在 1577 年研究的那颗著名的彗星。他的父亲让他观看了 1580 年 1 月 31 日的月食，开普勒欣赏到了整个过程中被地球阴影掩遮的暗红色的月亮圆盘。

1589 年，开普勒就读于图宾根大学，学习神学以及哲学，还学习数学、物理以及天文学。他本人是哥白尼日心说的狂热追随者。1594 年，一所位于施蒂利亚州（现在的奥地利）格拉茨的新教中学邀请开普勒来做数学老师，他接受了。他的职责还包括占星。当时，天文学与占星术还没有明确的区分，许多人通过研究天体运动来预测人类的命运。开普勒在 1595 年成功预言了两件事情：严寒的冬季以及土耳其入侵奥地利，这为他赢得了声誉与名望，当然，还有更多的俸禄。他毕生都希望能够在严谨的经验基础之上建立一种新的星相学，使其成为一种科学，一个能够与物理学以及数学相提并论的学科。

1596 年，他公开发表了第一部著作《神秘的宇宙》，文中他明确支持了哥白尼的日心说。

作为虔诚的神秘主义者，开普勒深信上帝是位几何学家，宇宙被数学统治着。然而，希腊数学家毕达哥拉斯证明了，在三维空间中，只有五种完美的立体，被称作"柏拉图"立体，也就是每个面都相同的正多面体：由四个三角形构成的正四面体，由六个正方形构成的正六面体，由八个三角形构成的正八面体，由十二个五边形构成的正十二面体，由二十个三角形构成的正二十面体。已知六颗行星，其中有五个间隔。有五个完美的立体，行星之间同样有五个间隔：开普勒认为这不可能只是个巧合。他建立了一个太阳系模型，五个完美的立体按照以下方式嵌套在六个行星球面中：水星——正八面体——金星——正二十面体——地球——正十二面体——火星——正四面体——木星——正六面体——土星。今天，我们知道一共有八颗行星〔**冥王星**（详见词条）已从行星名单中剔除〕以及七个间隔，因此开普勒的解释不可能是正确的。

虽然开普勒错误地联系了太阳系以及五个完美的立体，却引起了天文学的革命，同时为物理学奠定了基础。在开普勒之前的天文学是纯粹描述性的。开普勒对行星运动的问题产生了兴趣：为什么离太阳越远的行星，运动得越慢？在《神秘的宇宙》第一版中，开普勒提出了神秘的"神灵"概念，它推动着行星运动。但在 1621 年发行的第二版中，他修正了自己的观点："这些神灵并不存在……如果我们把'神灵'这个词用'力'来替换，就能获得支配我的天空物理学的原则……过去，我以为行星的推动力是一个神灵……但是当我观察到行星与太阳的距离与其运动动力成反比，和阳光的强度一样，距离越远，强度越小，我得出了一个结论，这种力应该是一种'实质'的东西——'实质'并不是字面的意思，而是……就像我们说光是实质的，意思是这一非实质的东西来源于一个实体。"

这正是现代概念"力"的初期探索，既是物质的又是非物质的，在此基础上，牛顿将其发展到了更高的层次。我们见证了牛顿缓慢地将泛灵论宇宙模型逐渐转变为力学宇宙模型的过程。

开普勒坚信，钥匙藏在第谷·布拉赫在乌拉尼亚天文台（丹麦）20 年间所观察和收集的宝贵天文资料中："以下是我对第谷的看法：他富可敌国，却不懂好好利用自己的财富，大多数富人都是这样的。因此我们得把他的财富抢走。"一系列重大事件帮助他实现了这一梦想。1598 年，年轻的哈布斯堡王朝的费迪南大公想要根除奥地利各省的路德教，决定关闭所有的新教中学，包括格拉茨的那所中学。开普勒拒绝皈依天主教。第谷·布拉赫读过开普勒寄给他的《神秘的宇宙》，邀请他来布拉格做自己的助理，效力于鲁道夫二世。1600 年，开普勒抵达布拉格。二人相处得不太亲密，因为布拉赫并不情愿与年轻的潜在对手分享自己宝贵的观测资料。然而，他还是把自己的火星观测资料给了开普勒，火星的运行轨道是太阳系所有行星中最不圆的，因此可以检验行星运动的所有理论。

其他重大事件接踵而来。翌年（1601 年 10 月 24 日），第谷突然去世。鲁道夫二世就委任开普勒接替第谷担任了皇家数学家。这位天文学家的任务是编制新的行星位置表（为了向皇帝致敬，日后公开出版时以《鲁道夫星表》为名）。然而一直占据他心头的是行星运动的秘密。尽管第谷的家人十分不舍，他还是急忙将丹麦天文学家的珍贵观测资料占为己有。

开普勒认为上帝是几何学家，因此很自然地假设了行星运行的轨迹都是完美的形状，也就是圆形轨道，而且它们的运动也都是完美的，也就是说，运动是一致的。通过验证第谷·布拉赫所积累的火星资料，他发现了真相：行星的运行轨道不是圆形的，它们的运动也不是一致的。在 1609 年发表的《新天文学》一书中，他提出了有关行星运动的前两个定律（一共有三个）。第一定律认为行星的轨道是椭圆形的，太阳位于这个椭圆轨道的一个焦点上。换句话讲，在整个过程中，这颗行星距离太阳远近交替。第二定律认为行星靠近太阳时运行得快，远离太阳时运行得慢。也就是说，行星离太阳越近速度越快，离太阳越远速度越慢。

第三定律发表于 1618 年的另一本著作《和谐的宇宙》中。开普勒为行星绕太阳公转一周所需的时间以及它与太阳之间的距离建立了一个准确的数学关系。这个时间并不直接随着距离变化，而与距离的 1.5 次方成正比。因此，如果地球公转一圈需要的时间是定义上的一年，那么距离是地球 5.2 倍的木星，公转一圈需要的时间不是 5.2 年，而是 $5.2^{1.5}=11.9$ 年。

这些定律宣告了现代物理学的诞生。虽然未被迅速认可，这些理论却帮助牛顿建立了自己的万有引力定律。美国航天局至今仍然利用这些定律将太空探测器发射到太阳系的天体上。

在《和谐的宇宙》中，开普勒试图综述几何学、天文学、占星术以及音乐之间的联系。他认为，事实上存在一种"球体的音乐"。他相信宇宙与音乐之间存在一种紧密的联系，每颗行星的运动是一个音符："天体运动就是一首几个声部的合唱，是一首乐曲……表现出无法测得的时间流的律动。"

开普勒在研究行星运动的同时，还钟爱研究光学。在 1604 年发表的《天文学中的光学》中，他描述了许多光学新成果：他研究了暗室针孔成像，从集合光学的角度加以解释，平面镜与曲面镜的反射原理，光的强度与光源距离的平方成反比。

同时他还研究了视觉成像的问题。他认为光线汇聚并成像的地方不是眼睛的晶状体，而是视网膜。此观点否认了流行了两千多年的晶状体成像的观点。为了解释外部世界在视网膜上倒立成像，开普勒认为大脑确定了物体真正的方向，使得我们看到的是正立的物体。《天文学中的光学》通常被认为是现代光学的奠基之作。

1604 年，开普勒幸运地观测到了一颗超新星，这是银河系中一颗大质量恒星的爆炸。今天，我们将这颗超新星命名为开普勒。1610 年，他得知伽利略通过天文望远镜发现了围绕木星旋转的四颗卫星。这一发现为哥白尼的日心说提供了证据，因为卫星没有绕着地球转，而是绕着木星转。开普勒曾多次请求伽利略支持自己的《新天文学》，伽利略都充耳不闻，但此次开普勒还是立马给伽利略写信表达了自己的支持。这封信日后被发表为《与星际使者的对话》（《星际使者》是伽利略著作的名称，在书中，他宣布发现了木星的四颗卫星）。望远镜的发明使开普勒喜出望外，他于 1611 年撰写了第二部光学作品《折光学》，在书中，他解释了透镜与望远镜的工作原理。

他将生命的最后几年用于编制鲁道夫星表，这个星表综合了第谷·布拉赫的观测结果以及他自己多年来获得的有关行星运动的成果。1627 年，开普勒自费公开发行了此星表。

尽管命运多舛，开普勒仍坚持投身于科研工作。时代的狭隘、紧张的宗教关系、政治环境导致了开普勒一生的苦难。天主教与新教之间持续了 30 年的战争（1618—1648）导致了中欧 1/3 的人口死亡与迁徙，开普勒也因此数次搬家，失去了工作，导致负债累累。

1630 年 11 月 15 日，贫困潦倒的开普勒在德国巴伐利亚州的雷根斯堡去世，享年 58 岁。

科学史没有忘记开普勒，他使哥白尼的学说与牛顿的思想相连。同时，他还是行星运动秘密的发现者，为牛顿的万有引力定律奠定了基础。在我们眼中，开普勒是一个离奇、威严的有产者，像双面神雅努斯一样有两副面孔：一副朝向古老的神秘主义，一副朝向未来的现代科学，他的确是现代科学的创始人之一。

扩展阅读：亚瑟·凯斯特勒，《梦游者》，卡尔曼－勒韦出版社，1960（Arthur Koestler, *Les Somnambules*, Calmann-Lévy, 1960）。

皮埃尔 - 西蒙·拉普拉斯

拉普拉斯（1749—1827）出生于诺曼底的一个农场上。他很早就显示出了超人的数学才能。在卡昂大学出色完成学业后，20 岁的他前往巴黎，结识了许多社会名流。他思想新颖，同时熟知天体力学知识，不久就被聘为巴黎军事学院的数学老师。拉普拉斯不仅是一个伟大的科学家，而且还具有敏锐的政治敏感度。在政权更迭频繁的法国，无论是从大革命到第一帝国，还是复辟时期，他从来没有失去当权者的垂怜。当时身为第一执政官的拿破仑甚至在 1799 年任命他为法国内政部长。但是，宝贵的科学天赋——准确、细致、刨根问底——阻碍了他的政客生涯。

拉普拉斯在政界短暂的涉足并不是特别成功，他的科学职业生涯却异常出色。他为天文学和数学做出了许多重大的贡献。在 1796 年发表的《宇宙体系论》中，他是首批讨论"黑洞"概念的科学家之一，在书中，他将"黑洞"称作"闭合天体"。拉普拉斯准确地提出，要逃离引力场需要一定的速度。

假设有一个引力很强的物质，逃离它所需的速度要超过光速。此时，光就无法逃离这个物质，这个物质就变成了黑色。这一观点在一个世纪内都没有被更高级、更准确的理论替代。这一观点在当时十分前卫。

拉普拉斯从 1773 年开始研究太阳系的稳定问题。这是个庞大的问题，因为科学家需要同时考虑太阳与已知的六颗行星（天王星、海王星以及冥王星日后才被发现）相互的引力作用。观察显示，土星以及木星等行星的运行轨道不符合牛顿的万有引力定律，它们的运动是不规则的。拉

普拉斯证明它们不会无限大地偏移，这个偏移是有限的。偏移不会大到使太阳系瓦解。在开普勒看来，太阳系是一个神奇的宇宙钟表，是个运行顺畅的机械，唯一的动力来自万有引力。

他的巨著《天体力学》出版于19世纪初，在书中，他致力于证明数学如何支配宇宙，以及证明牛顿发现的重大自然定律能够十分精确地解释多种多样的运动。和牛顿一样，拉普拉斯也认为宇宙是一个由惰性物质粒子构成的庞大机器，绝对的力控制着这些粒子。拉普拉斯是无可辩驳地赞美决定论的人。

宇宙钟表的油上得很好，因此可以自行运转。神灵没有必要介入其中。当拉普拉斯把自己的《天体力学》呈给拿破仑时，拿破仑还指责他在书中完全没有提到造物主。对此，他斩钉截铁地回应道："陛下，我不需要上帝这个假设。"至高理性主宰着一切，信仰应被束之高阁。

排他、刻板、约束性、非人性化的决定论一直盛行到19世纪末。20世纪，它被混沌理论以及量子物理开放、激动人心

的观点所取代。在统治了欧洲思想 300 年后，牛顿以及拉普拉斯机械论的、决定论的、碎片化的宇宙让位于一个非决定论的、富有创造力的、整体的宇宙。

引力透镜

引力透镜是一个能够使周围空间弯曲的大质量物体，可以改变远处发光物体的光线路径，从而形成引力幻象。

爱因斯坦的相对论中有一个不同寻常的结论，那就是物质使空间弯曲。爱因斯坦从 1936 年就意识到，恒星或者星系等物体的引力场导致了空间的曲度，如果光沿着这些曲度传播，"引力幻象"就一定存在。物理学家证明了如果两颗恒星与地球排成一线，最远处的恒星之光若想抵达地球，必须穿过较近的恒星的引力场，也就是这颗恒星周围的弯曲空间。因此，光径发生了偏移。这一偏移导致远处恒星的图像发生了变形：除了正常情况下的光点图像，应该还有一个围绕着这个光点的发光圆环图像。第二个图像应该是第一个"真实"图像的幻象，这如同荒漠中饥渴难耐的旅行者看到的可以解渴，实际上却令他大为失望的美丽绿洲，因为他看到的只是远在几百千米外的一个真实绿洲的幻象。事实上，光环并不存在。荒漠里的海市蜃楼是沙漠上方的高温大气层导致真实绿洲的光线发生了偏移而成，同样地，光环是远处恒星的光线由近处恒星的引力场导致的偏移而成：因而得名"引力幻象"。近处的恒星是一个"引力透镜"：和我们眼镜的透镜一样，它能折射并聚焦光。

爱因斯坦认为两颗恒星与地球排成一线的概率太小，因而引力幻象只存在于丰富的想象之中，它们只是理论成果。爱因斯坦太小看自然的创造力了。1937 年，瑞士天文学家弗里茨·兹威基（暗物质的发现者）意识到星系与星系团是比恒星更好的引力透镜，有两个原因：由于星系面积大得多（星系的直径约为 10 万光年，而星系团的约为 3000 万光年），远处物体的光线更有可能被这些物体拦截，发生偏移。另外，由于它们的质量更重，引力场比一颗恒星的引力场强很多。因此，空间弯曲得更厉害，光线扭曲得更严重。

兹威基当时前进的方向是正确的。今天，天文学家已经在太空中发现了许多不同物体的宇宙幻象，星系或者星系团在其中扮演了引力透镜的角色。首先是**类星体**（详见词条），这些核心居住着质量为十亿个太阳质量的超大质量黑洞的星系，释放的能量等于 1000 个星系在比太阳系略大一点的体积内释放的能量。当一个星系位于地球与类星体之间时，这个星系就会发挥引力透镜效应，形成许多类星体的图像。这些图像成倍、成三倍，甚至多倍增加。正是增加的图像使得天文学家产生了怀疑，从而发现了第一个引力透镜。1979 年，一对属性十分相似的类星体问世了：其中一个类星体会不会是另一个的幻象呢？如果真是如此，那么在这两个类星体的观测线上应该存在

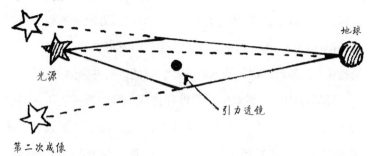

第一次成像

光源

引力透镜

地球

第二次成像

一个起到引力透镜作用的星系。经过搜索，天文学家终于找到了扮演这个角色的星系。

爱因斯坦的直觉是正确的。今天，引力透镜已经成了天体物理学界的热门研究对象。天文学家已经发现了 50 多个类星体的幻象。他们发现，如果星系－透镜的形状是球形的，类星体的光不会形成多个图像，而在类星体图像的外侧重新形成了一个"光环"，与爱因斯坦想象的一模一样[1]。

能够起到引力透镜作用的不仅包括星系。星系团，这个在引力作用下相连的成千上万个星系的集合，也非等闲之辈。它们并不会将远处天体分解为多个图像，而是形成了一个由光弧组成的万花筒。通过研究星系团中围绕在每个星系周围的光弧的外形、位置、亮度以及大小，天文学家能够推算出星系团的总质量（无论是发光的还是不发光的）。

引力透镜的发现沉重打击了在大范围内对**暗物质**（详见词条）的搜捕工作。这是因为遥远天体之光的传播路径不仅受到

1　为了向爱因斯坦致敬，这些光环被称作"爱因斯坦环"。

透镜引力场的影响，还受到天体与透镜之间可能存在的看不见的全部星际物质的引力场的影响，而且这只是一半路程的影响，还有另一半路程，那就是透镜到地球之间的影响。如果距离尺度比星系团的范围还要大（超过一亿光年），物质的分布变得更均匀，聚团的现象变少，透镜效应就会变弱。即便如此，仍然足以使遥远星系发生微小的外形扭曲。

天体物理学家利用统计学方法分析了数万个遥远星系的外形，确认了宇宙中的可见物质与不可见物质分布在一个巨大的宇宙网中，这个网具有许多结构：巨大的饼状、丝状或者是长达数亿光年的包围着同样巨大星系巨洞的墙状。引力透镜因此成了追捕暗物质的强大"望远镜"，这些暗物质不发射任何辐射，只能通过其引力影响才被探测到，却是宇宙总物质质量的主要构成（98%）。

引力透镜不仅帮着人们追捕暗物质。它们还是研究恒星以及星系中的发光物质的非凡"望远镜"。事实上，它们能够将和地球处于同一视线上的天体的亮度放大数十倍，甚至几百倍，人们因此可以看到宇宙中更遥远的物体，从而能够回溯宇宙更古老的过去。

因此，宇宙像一个由无数幻象组成的大型宇宙幻觉游戏，不断挑战着我们的想象力。奇怪的是，研究宇宙幻象，在某种程度上却帮助我们更准确地认识了现实！

宇宙之光与天体物理学

宇宙之光是天体物理学家的女伴。在工作中，他要一直与她打交道。她是他和宇宙对话最好的沟通手段。我们获取遥远宇宙的信息可以通过许多途径，比如大质量恒星爆发末期形成的能量粒子，被叫作"宇宙射线"；以及**引力波**（详见词条），这些空间曲度中的涟漪——或者形成于大质量恒星的核心坍缩变成黑洞这个光的监狱时，或者形成于一对互相旋转的黑洞狂热的华尔兹中。然而无论是宇宙射线还是引力波，它们都不是宇宙的主要信使。挑起这一重担的是光。

事实上，多亏了光忠实可靠的服务，我们才能获得关于宇宙的大部分信息。它是出色的宇宙信使。光使得我们能够与宇宙沟通，并与宇宙相连。光承载着宇宙神秘旋律散落的音符以及音乐片段，帮助不懈努力的人类重塑旋律的美妙与辉煌。

在光出生时，仙女赋予了它三个基本特性，这使得它有能力担任宇宙信使的职位：（1）它的传播不是瞬时的，它需要花费一定的时间才能抵达我们身边；（2）它与物质发生相互作用；（3）当它被一个相对于观测者而言运动着的光源发射出来时，它的颜色改变了。

由于光的传播不是瞬时的，我们看到的宇宙都有滞后性，正是这种滞后性使得我们可以回溯过去，探索宇宙的过去，重现宇宙迄今为止长达 140 亿年辉煌灿烂的史诗。即使光在宇宙中以十分迅速的速度移动——30 万千米/秒：嘀嗒一下，光已经绕地球旋转了 7 圈！当我们把它放到全宇宙范围内，它移动的速度就和乌龟一样慢了。由于看得远，就是看得早——我们看到月球时，滞后了 1 秒多钟，太阳滞后了 8 分钟，最近的恒星滞后了 4 年多一点儿，看到与银河系相似也距离最近的星系——仙女星系——滞后了 230 万年。我们现在所看到的仙女星系的大部分光，是在第一个人行走在地球上时从仙女星系发出的，而最遥远的类星体则滞后了 100 亿年左右。望远镜，这些收集远方之光的现代教堂，是真正可以回溯过去的机器。为了收集到更多的光，看得更暗，也就是看得更远，看得更早，约回溯到 130 亿年前，直至大爆炸后的第 10 亿年左右，天文学家期待可以直接观察到早期恒星以及星系的诞生，已经忙着去建造更精良的望远镜了。天体物理学通过探索宇宙的过去，能够认识它的现在，并且预言它的未来。

光之所以能让我们回溯过去，这是因为它需要花费时间才能到达我们身边，它藏有一个宇宙密码，一旦被破译，我们就能解开有关恒星以及星系化学组成的秘密，同时揭开它们运动的神秘面纱。这一切，都是因为光与构成宇宙可见物质的原子之间的相互作用。事实上，光只有在与物体发生作用的情况下才是可感知的；它本身是不可见的。为了让它现身，我们需要用一个物体拦截它的路线，这个物体可以是玫瑰花瓣、画家调色板上五颜六色的颜料、望远镜的镜头，或者是我们眼睛的视网膜。根据与之接触的物质的原子结构不同，光会被不同的某些能量吸收。因此，如果我们拥有一颗恒星或者一个星系的光谱——也就是说，如果我们用一个棱镜将其分解为不同的能量组合或者颜色组合，就会发现这个光谱不是连续的，而是被切为与原子所吸收的能量相对应的许多垂直的吸收线谱。这些线谱的排列不是随机的，而是电子在物质原子中旋转顺序的忠实反映。每个元素的排列顺序都是唯一的。排列顺序构成了一种数字指纹，一种化学元素的身份证，天体物理学家依靠它，可以明确辨别它的身份。

因此，光可以告诉我们宇宙的化学组成。实证主义哲学家奥古斯特·孔德（1798—1857）在《大众天文学的哲学论述》中写道："我们只能用眼睛抵达天体，从这一角度看，很明显，它们的存在比其他任何物体对我们而言都更无法认知，因此我们只能对最简单、最普遍的、唯一能通过远距离探索还原的现象做出决定性的评价。这一限制不但阻止了我们对所有的大型物体做出有条理的思考，而且阻止了一切与它们的化学或者物理属性相关的最卓越的突发奇想。"这位法国哲学家真是大错特错。当时的他并不知道，就在他写下这几行字后约50年，不连续性就暴露在物质中心以及天体之光中。当时的他更没有想到，正是在不连续性的帮助下，恒星之光中包含了宇宙密码，天文学家只需要拦截这个光，将其分解为不同的能量组合，就能够破译密码，从光谱中读出这些无法亲身到达的天体的化学性质。

光还能帮助天文学家研究天体的运动。因为天空中万物皆运动。宇宙中万物都不是永恒的，一切都在变化之中。引力使得宇宙的所有结构——恒星、星系、星系团——相互吸引，"落向"彼此。这些降落运动伴随着宇宙膨胀这一整体运动。实际上，地球参加了一场精彩的**宇宙芭蕾**（详见词条）。

我们之所以观察不到这个疯狂的躁动，是因为天体太遥远了，而人类的寿命太短了。再一次，光向我们揭露了宇宙的非永恒性。当光源相较于观察者发生了位移时，光会改变颜色。如果物体远离了，光会移向红端（吸收线波谷移向了能量较小的一端）；如果物体靠近了，光会移向蓝端（吸收线波谷移向了能量更大的一端）。通过测量朝红端或者蓝端发生的位移，天文学家可以重现宇宙的运动。

Lumière et ténèbres

✑ 光明与黑暗

夜晚，当你飞行在地球上空，从飞机舷窗朝外看，你会看到地面上四处散布着城市以及大都市的灯光。其他万物都淹没在如墨的黑色之中，逃出了你的视线。你既看不到陆地的轮廓，也看不到郁郁葱葱的平原、山峦积雪的顶峰，或不毛的荒漠：你看到的地球景色带有很强的欺骗性。然而，这正是天文学家的处境。恒星以及星系中发光的物质只占宇宙质量与能量总内容的0.5%。构成我们的物质只占总内容的4.9%。对于其他的一切我们都一无所知。人类认为应该存在一种**暗物质**（详见词条），因为它们对恒星以及星系的运动产生了影响，还认为在宇宙膨胀一直加速而不减速的情况下，整个宇宙空间都沉浸在一种神秘的**暗能量**（详见：**暗能量：宇宙加速膨胀**）中。然而，天文学家既不能直接看到围绕星系的暗物质晕圈，也看不到勾勒出宇宙质量大尺度分布情况的长约数千亿光年的暗物质长城。因此，编织出巨型宇宙网的星系只向我们展现了部分现实。

我们在宇宙中看到的发光物质就像冰山浮出水面的一角。然而冰山与宇宙之间千差万别：我们知道冰山淹没在水面之下的部分还是冰做的，然而暗物质的性质以及暗能量的性质至今仍是一个谜团，是人类智慧的巨大挑战。

阴影与黑暗是光的背面。阴影还是光形影不离的伴侣。阴影与光就好像中国传统宇宙观中的两极，阴和阳。阴影是阴，阴暗、寒冷且潮湿；光是阳，光明、温暖且干燥。如果我们无法知道阴影的性质，就不可能真正认识发光物体。

阴影研究经常是科学史上飞速进步的关键所在。它经常为认识万物的性质带来……新的光明！最出名的一个例子是希腊数学家、天文学家厄拉多塞（前276—前196）测量地球大小的事情。他注意到在埃及的塞伊尼（阿斯旺的旧称），中午时分，太阳的光线是垂直的，物体不会投出影子，然而在距离约780千米的北部城市亚历山大，物体会投出一个偏离垂直线7.2°的影子，由此，他得出了一个结论：地球不是平的，而是圆的。他通过简单的三角法计算，算出了地球的半径。他在

20 多个世纪以前得出的数值与现代人通过绕地旋转的卫星所测得的数值——6378 千米——只相差 1%：这真是一次非凡的计算！

厄拉多塞在地球上一个小小区域内通过简单的阴影计算就测得了地球的直径，同样地，天体物理学家需要认识黑暗的性质，才能破译星系形成的历史，才能预言宇宙的未来。

Lumière fossile

化石光

"化石光"，也就是宇宙微波背景辐射，来自于远古时代，浸润着整个宇宙。它的存在告诉我们，宇宙开始于一个极热极密的状态。宇宙膨胀以及宇宙微波背景辐射构成了大爆炸理论的两大基石。它的发现为大爆炸理论赢得了大多数科学家的支持。同时，它也是大部分竞争理论触碰的暗礁。

20 世纪 40 年代，美籍苏联天体物理学家乔治·伽莫夫（1904—1968）及其同事拉尔夫·阿尔菲（1921—2007）和罗伯特·赫尔曼（1914—1997）宣布发现了这种古老的辐射。他们三人利用了数学家、天文学家亚历山大·弗里德曼（1888—1925）以及比利时议事司铎、天文学家乔治·勒梅特（1894—1966）过去的科研成果，使用了爱因斯坦于 1915 年宣布的广义相对论的方程，如同逆行前往尼罗河源头的探险家一样，试图回溯到宇宙的过去。他们预言了一种来源于宇宙诞生之初的射电辐射。得益于"二战"期间雷达的发展，射电天文学在"二战"结束后取得了巨大的飞跃，而且科学家做出了许多努力，尽管如此，当时却无人费心研究宇宙微波背景辐射。大爆炸具有太浓重的宗教意味，因为它试图将科学基础赋予创世的宗教色彩。因此，科学家不自觉地"遗忘了"伽莫夫及其同事的成果。

直到 20 世纪 60 年代，美国物理学家罗伯特·迪克（1916—1997）领导的工作小组在新泽西州的普林斯顿大学重新提出了极热极密的宇宙之初以及宇宙微波背景辐射浸润着整个宇宙的观点。出乎意料的是，迪克和他的同事当时并不知道伽莫夫、阿尔菲和赫尔曼的先锋成果，只能自己从头开始。1965 年，他们决定建造一个捕捉宇宙微波背景辐射的辐射仪，就在动工好几个月后的某一天，迪克接到了美国射电天文学家彭齐亚斯（1933— ）的来电，这位天文学家在距离普林斯顿 100 千米的霍姆德尔的贝尔实验室工作。彭齐亚斯告诉迪克自己和同事罗伯特·威尔逊（1936— ）发现了一种神秘的辐射，这种辐射十分均匀，无论从哪儿观察它，它的温度都相同，是冰冷的 3 K（−270℃ [1]）。电话这头的迪克差点儿晕倒了：科学史（以及诺贝尔物理学奖）上极为重大的宇宙学发现之一刚刚从他的手中溜走了，就差短短的几个月！就是他建造自己的辐射仪的这段

1　WMAP 卫星测得的现代数值为 2.725 K。

时间……

　　幸运女神眷顾了彭齐亚斯和威尔逊。然而，我们的这两位射电天文学家并非宇宙学家，宇宙起源问题远不在他们日常的关心范畴内。工作于一家电话公司的他们，出于改善美国人通话质量的目的，而非研究宇宙的目的，给望远镜安装了一个十分敏锐的辐射仪。为了确认并排除可能干扰通信卫星良好运行的干扰源，他们开始研究银河系的微波辐射，认为这可能是一种干扰源。在观察过程中，他们发现除了银河系的射电辐射，还存在一种隐藏的"干扰"，这种干扰如同你在听广播时，有时出现在播音员声音旁的背景噪声。无论望远镜指向哪个方向，这种背景辐射永远具有相同的属性。无论在一天中的哪个时刻，无论是一年中的哪一天，它都是存在的。

　　这两位文天文学家对这一神秘背景辐射的形成原因一无所知。他们研究了很多线索，都以失败告终。有一对鸽子在望远镜上安了家：鸟粪会不会是这个背景杂音的元凶？他们赶走了这对不速之客，然后彻底打扫了望远镜——白费了力气：背景辐射仍然存在。随后，他们先后在纽约的广播电台（纽约并不是特别远）、在地球大气层的暴风雨中、大地的射电辐射以及电子设备的短路中进行了仔细的搜索。能想到的都试过了！然而，他们仍然无法解开背景辐射的秘密。

　　有一天，百思不得其解的彭齐亚斯找到了麻省理工学院的一名教授，在谈话中，这位教授提到了迪克，并告诉了他迪克的宇宙诞生之初生成了宇宙微波背景辐射的观点。就在这时，彭齐亚斯和威尔逊才意识到他们发现了宇宙创造时的残余热量。

由于发现了宇宙微波背景辐射，彭齐亚斯以及威尔逊在1978被授予诺贝尔物理学奖。没能在他们之前发现远古之光的迪克及其同事，在建成自己的辐射仪后，只能再次证实它的存在了。

宇宙微波背景辐射的发现史映射了重大科学发现的许多方面。它们经常偶然出现，这是因为研究者通常只研究大问题的一个小方面。他们脚踏实地，深知重大问题的解决不是一蹴而就，而是小步前进的。因此，彭齐亚斯和威尔逊最初想研究的是银河系，而不是宇宙微波背景辐射。然而，十分重要的一个事实是，这两位研究者配有一个当时高精尖的仪器。他们建造了当时最敏感的辐射仪。幸运之神喜欢眷顾有所准备之人。然而，天文学确实是一门以观察为首要基础的学科。随着科技的进步，天文学家每次利用更先进的设备探索不同领域时，都会得到新的发现。

最后，彭齐亚斯和威尔逊、迪克及其同事，这两组科学家几乎同时找到了问题的答案，迪克小组离成功只有一步之遥，这类情况在科学领域并不少见。我们借用一下卡尔·荣格（1875—1961）的术语，"共时性"使得某种观点在某一时期，在地球的不同地方自发地成熟（在宇宙微波背景辐射案例中，两组科学家只相距100千米左右），或者几个实验室中的技术同时达到了某种精密的程度，然后几乎同时得到了一些发现。

宇宙微波背景辐射是原始光的直系后代，诞生于宇宙之初的第 10^{-32} 秒时，也就是暴胀期结束后。诞生之初的宇宙温度太高了，原子无法生存。事实上，原始光是以能量十足的光子的形式存在的，光子打破了刚刚形成的氢原子以及氦原子，释放了原子核以及电子。光子无法在自由行走的电子密丛中传播，因此整个宇宙是不透明的。好像深陷浓雾之中，什么都看不到了。需要等待宇宙变成透明的，因为随着宇宙的膨胀，它的密度不断变小，温度不断降低。当第38万年的宇宙时钟敲响时，宇宙此时足够冷了（约为3000℃，约等于太阳表面的温度），光子不再具有足够的能量来打破原子了。受电磁力的推动，电子与原子核结合形成原子，这些原子终于能够持久地存在于宇宙舞台上了。由于电子被困在了原子牢笼中，光子的自由流通不再有阻碍了：浓雾消散，宇宙变得透光了。光和物质，在此之前紧紧地混交在一起，从此以后分道扬镳，过上了独居的生活。光子从宇宙诞生之初直接抵达我们身边，与物质的最后一次相互影响发生在38万年，构成了彭齐亚斯以及威尔逊发现的著名的"化石辐射"。化石能够帮助古生物学家回溯到过去，重现地球的生命历程，同样地，宇宙微波背景辐射能帮助天文学家重现宇宙初期的历史。

因此，宇宙微波背景辐射图是我们能够获得的宇宙最古老的图像：它让我们欣赏到了年轻宇宙在第38万年的模样。随着时间的推移，初期能量很强的宇宙微波背景辐射，由于宇宙膨胀以及宇宙温度降低，逐渐变弱了。它在摆脱了伽马射线的形式后，变为了X射线、紫外线，然后在第38万年变为了可见光。今天，约经历了140亿年的膨胀后，宇宙微波背景辐射的温度降低到了冰冷的 3 K，也就是 –270℃ [1]，它的性质与微波炉放射的微波性质相同。它再次变得肉眼不可见了，只能被捕捉微波的仪器探测到，例如射电望远镜或者……你的电视机！当你在电视节目播放结束时打开电视机：你会看到电视屏上跳跃着许多雪花点。约有 1% 的干扰是由宇宙微波背景辐射的光子导致的！因此，你可以从电视屏上看到目前为止地球上捕捉到的最古老的光子。当你看到它们的时候，已经向过去穿越了137 亿年左右了！

美国航天局没有搞错：为了研究宇宙初期之光，他们建造了射电望远镜，并将其发射到太空中，因为地球大气层会吸收宇宙微波背景辐射中大部分的光子。挂在气球上的望远镜执行了初期的观测任务，然而，在彭齐亚斯以及威尔逊的重大发现后，我们还需要耐心等待 25 年，直到 1990 年，载着一个微波射电望远镜的 COBE 卫星，才制作了一张从远古时期拜访我们的光的完整详情图。

COBE 在 1992 年的观测结果告诉我们，宇宙微波背景辐射的能量分布正是宇宙的能量分布，宇宙最初是极热、极密的。无论从哪个地方观察，它的温度都是惊人地一致，即约 2.7K。每立方米的空间中约含有 4 亿个原始光子。这种宇宙微波背景辐射在每立方米中具有 5×10^{-31} 千克的总能量（利用爱因斯坦的方程式 $E=mc^2$，将能量转化为质量）。这是宇宙中最大的光能源。尽管宇宙微波背景辐射的大量光子在宇宙膨胀的过程中

1　开尔文转化为摄氏度的方法是用开尔文减去 273。

被耗尽了，它们昔日的能量也减少了，宇宙微波背景辐射今天的总能量仍然是可观测宇宙中全部恒星以及星系发射的总光能的十倍！原因是宇宙微波背景辐射浸润着整个宇宙，然而恒星与星系只占了宇宙的一小部分。光子同时还是宇宙的粒子居民中数量最多的一种。宇宙中的每一个质子，都对应着宇宙微波背景辐射中的十亿个光子——人口失衡缘于宇宙在初期对物质比对**反物质**（详见词条）多了十亿分之一的疼爱。

我们已经看到，宇宙微波背景辐射是十分均匀的。然而这种均匀不是完美无缺的。这是我们的幸运，因为如果宇宙是完美的均质，我们可能就不会在这里讨论宇宙问题了。没有结构的宇宙，如同没有绿洲的荒漠：生命无法在此发展。一个完美均质的宇宙将是没有生机的。COBE 给天文学家带来了好消息，它在天空不同处的宇宙微波背景辐射中发现了细小的波动——十万分之几开。这些温度的浮动与物质的密度浮动一致，这些物质由质子、中子以及其他隐形的大质量粒子构成。在密度略微更大的地方，引力也略微更强，宇宙微波背景辐射的光子为了逃脱这个引力会消耗略微更多的能量，温度也会略微降低。相反，在密度略微更小的地方，为了逃离引力，光子消耗的能量会略少，而温度也会略高。这些密度波动像种子一样，在引力园丁的照料下，随着时间流逝将会成长，并孕育出美丽的星系、恒星以及行星，其中至少有一颗上将会出现生命。

COBE 的观测结果是宇宙研究的一个关键转折点。在它之前，我们用一只手就能数过来原始宇宙的观测结果，而且都十分不准确。理论学家费尽心机发挥自己贫乏的想象力，提出了许多惊世骇俗的宇宙剧情（一般都在大爆炸理论的范畴内）。然而，由于缺乏观测结果，这些不同的理论无法得到证实，物理学家无法区分良莠。由于当时原始宇宙的天文数据既不多也不太准确，不具有很强的排除能力，因此，一切没有明显违背这些数据的理论都被认可了。然而 COBE（以及继它之后的全部气球和卫星）推翻了当时的局面。它给我们传播了更为清晰准确的原始宇宙观，从而设置了更高的标准，开启了一个新纪元，宇宙学变为了真正的科学，多种假设能够经受严苛的检验。COBE 团队的领导者于 2006 年获得了诺贝尔物理学奖。

2001 年，美国航天局向太空发送了 COBE 的继任者WMAP。这颗卫星研究宇宙微波背景辐射温度波动的精密程度和敏感度是 COBE 的 40 倍。它的任务是对宇宙微波背景辐射的温度波动做一个详细的普查，制作一个区域清单，明确标明温度超过或低于平均温度（约 2.7 K）的辐射区域。WMAP 给我们带来了许多惊喜。它告诉我们原始光的冷热区域的大小明显不同。天体物理学家通过研究温度如何根据这些区域的大小而变，确定了宇宙的能量与质量总内容，同时确定了宇宙的形状。这是因为，在宇宙诞生的前 38 万年，重子声波振荡贯穿了整个原始宇宙。事实上，光与物质在分离以前，是紧密相连的，光子在穿行中总会碰到电子被弹回来，就如同步枪的子弹碰到墙壁再弹回来一样，哪儿都去不了。我们的嗓子发出声波，声波在空气中传播，将我们的话语传递到对话者的耳朵里，同样地，在宇宙诞生的前 38 万年前，宇宙原始汤物质密度的微小浮动伴随其中的压缩声波以及稀释声波四散传播。压缩声波将原始汤压缩、加热，而稀释声波将原始汤稀释、降温，因此形成了一个温度浮动永恒变化的大杂烩。原始宇宙的声波，包括原始声音以及它们的和声（频率是 2、3、4……乘以原始声音频率的声音）同步了。因此，原始宇宙像一把用美妙音符安抚着我们的精致的斯特拉迪瓦里提琴。技艺精湛的音乐家能够通过聆听乐器的声音就可以判断它是否制作精良，资深的乐迷能够通过和声的丰富度以及音色的质量来区别一把斯特拉迪瓦里提琴以及一把普通小提琴，同样地，天体物理学家能够通过研究原始宇宙的原始声音以及和声来确定宇宙的性质、形状及其质量与能量组成。

然而，天体物理学家并不满足于现状。他们希望能够不断提高宇宙微波背景辐射的研究准确度以及敏感度。COBE 以及 WMAP 的继任者登上了舞台。2009 年，欧洲空间局发射了"普朗克号"卫星（详见词条：**普朗克墙**）。"普朗克号"卫星将能探测到只有百万分之五开的微弱的温度浮动，而且可以侦察到天空中角直径仅为 0.1°（是满月角直径的 1/5）的区域，比 WMAP 测得的细节多 10 倍。

不断提高的准确度以及敏感度将帮助天体物理学家获得原始宇宙声音以及和声的全集。因此，我们可以在市面上众多富有想象力的膨胀剧情名字（古老膨胀、新膨胀、永恒膨胀、混沌膨胀、超级膨胀、混合膨胀、辅助膨胀等）中做出选择了。原始交响曲不断带给我们喜悦，向我们展露自己的秘密。

宇宙辐射机制

　　宇宙中充满了光。首先是源于远古时期（从大爆炸后第38万年开始）浸润着整个宇宙的微波背景辐射（详见：**化石光**）的扩散光。它是目前宇宙所有光线中能量最大的一种（然而其能量在宇宙中远小于物质的：我们仍生活在一个以物质为主导的世界中）。除了宇宙微波背景辐射，还有恒星以及星系产生的局部的辐射，这些辐射在无月的晴朗夜空带给我们双眼无限的愉悦。

　　这些恒星与星系还是宇宙中其他扩散辐射的源泉。根据能量递减的顺序排列，在宇宙微波背景辐射之后的是红外线辐射：它是**星际尘埃**（详见词条）在旋涡星系以及不规则矮星系中形成的高温、大质量以及发亮恒星的紫外线辐射的作用下升温生成的。尘埃粒子吸收了这个紫外线，然后释放了红外线。接下来是恒星以及星系整体发射的可见光以及紫外线；X射线，由**类星体**以及**活动星系**（分别详见词条）核心的超大质量黑洞周围的吸积盘内的高温气体形成；伽马射线，由大质量恒星剧烈的爆发衰亡形成。排在队伍最后的是射电辐射，星系全体，特别是银河系都产生这一辐射；射电辐射大部分是由在星系磁感线周围旋转的速度接近于光速的自由电子产生的。

∽ 不可见光

自从人类抬头仰望天空，数千年来，可见光一直都是地球与宇宙之间的主要纽带。然而，这种能被眼睛看到的光只是物理学家所称的"电磁波谱"所包含的全部光线中的一小部分。不同的光有不同的能量。根据能量递减的顺序排列，首先是伽马射线和 X 射线，二者可以在我们全然不知的情况下穿过人体；紫外线，烧伤我们皮肤，可能引起癌症；我们熟悉的可见光；我们身体不断释放的红外线，它帮助狗在夜晚看到我们，因为它们的眼睛能捕捉到这种光；无线电，向我们的收音机传播电台节目。令人惊奇的是，自然界手握着如此丰富的调色板，却只让可见光显现出来！孕育我们生命的恒星——太阳，它主要发射可见光，自然选择为了方便我们的演化进程，让我们具备了可以捕捉到可见光的眼睛。然而宇宙并不局限于此，在使用所有光线方面，它具有无限的创造力：伽马射线揭露了大质量恒星的爆发死亡，黑洞周围释放大量的 X 射线，红外线揭开了埋在尘埃茧中的恒星托儿所的面纱。

天文学家为了观测到宇宙全部的繁茂景象以及无限的创造力，他们充分发挥能动性制造了能够捕捉不同光线的望远镜，每种光线都需要不同的技术来实现。然而人们还需要考虑到地球大气层，它只让可见光以及无线电穿过，阻挡了其他所有的光线。这是地球生命的幸运，因为源于太阳、宇宙中过量的伽马射线、X 射线或紫外线对生命的发展都是有害的！这就迫使天文学家"将视线安置到轨道上"，1957 年发射"斯普特尼克号"人造卫星揭开了太空竞赛的序幕，从此以后，人们不断向太空中发送装在气球或者卫星上的可以捕捉 X 射线或红外线的望远镜。毋庸置疑，**哈勃空间望远镜**（详见词条）是绕着地球旋转的全部"卫星眼"中最出名的那个。

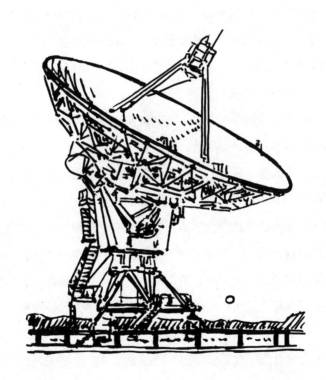

Lune (La face cachée de la)

月球隐藏的面孔

月球喜欢故弄玄虚。它一直用同一面示人，藏起了另一半面孔。从地球上看月球，我们永远只能看到它的一半面容。然而，月球并不是静止的：在自转的同时，它几乎每月绕着地球公转一圈。因此，它理应能向我们露出整张脸呀？它是如何完成这个把戏，如何做到永远以半面示人的呢？它的自转运动以及绕地球的公转运动是同步进行的：月球花费了同样的时间（约 29.5 天）完成了这两件事情。

同步是这里的关键点。如果你不信，可以尝试以下试验：让一个朋友坐在椅子上，然后你绕着他旋转一圈，同时保证他的目光是固定不变的，不要让他转身。同时你自转一圈，自转完一圈时刚好绕椅子旋转一圈，此时你会发现坐着的朋友只能看到你的一面。

月球两种运动的完美同步并非偶然事件。它是由地球作用在月球上的引力导致的。大家知道，月球的引力导致了地球上的潮汐。当然，地球也非等闲之辈，它以牙还牙，下手更狠，因为引力会随着质量发生改变，而地球约比月球重 80 倍。虽然干旱的月球表面上没有海洋让地球掀起，地球却可以掀起月球的岩石表面，因此，月球并不完全是圆的。它的赤道直径比平均直径（3476 千米）长 2~3 千米。地球作用在月球上的引力除了改造月球的表面，还限制了月球的运动（早在数十亿年前，月球自转的速度要比现在快很多），迫使月球同步了自转与公转运动。这就是为什么月球永远只能露出半面，引发地球人的无限遐想。

直到 20 世纪 60 年代，第一批"月球探测器"揭开了月球掩藏的秘密后，我们才看到月球隐藏的另一面。结果令观测者十分惊喜：他们看到的景观与面向地球的那一面并不完全相同。然而，人们原本期待着在环形山周围发现大片冷却的熔岩，事实却是，隐藏面只呈现出众多杂乱的环形山，静默地待在那儿，见证了 45 亿年前太阳系形成过程中小行星疯狂的轰炸行为。为什么隐藏面上并没有大片凝固的熔岩呢？天文学家认为，月球隐藏的那一面的外壳更厚，岩石杀手撞上后并没有穿透外壳，因此阻止了年轻月球内部的熔岩涌到表面。

Lune, enfant de la Terre (La)

月球，地球的孩子

地球孕育了月球。人们认为小行星疯狂猛烈地撞击地球时，将它从地球上撞了下来。

事实上，地月组合很特别。对于地球而言，月球太大了。在所有类地行星中，只有地球拥有一个如此巨大的卫星：月球的直径（约 3400 千米）约是地球直径（约 12 700 千米）

的 1/4。水星和金星没有卫星。火星有两个很小的卫星，火卫一和火卫二，它俩其实就是两颗大了一点的小行星（直径分别为 28 千米和 16 千米）。当然，木星、土星、天王星和海王星的卫星的质量都与月球相仿，然而这几个巨行星的质量分别是地球的 318、95、15 和 17 倍。还有另外一个令人不安的事实：月球的平均密度小于地球的平均密度（前者是水的密度的 3.3 倍，后者是 5.5 倍）。之所以有差别，是因为我们的行星具有一个铁质核心，然而月球没有。不过，有一个十分有趣的巧合，那就是月球的密度与地壳中的花岗岩石的密度相同。地壳与月球之间有什么联系呢？

1969～1972 年，阿姆斯特朗（1930—2012）以及阿波罗计划中的 11 名在月球表面行走过的宇航员分别在月球的六个不同地方采集并带回了重达 382 千克的月球岩石。这些岩石告诉我们，月球表面的物质十分干燥。没有任何水分子存在的痕迹。然而，地球上的岩石，即便采自最干旱的荒漠中，都有水分子。

地球与月球还有一个重要的区别：与地球上的碎石相比，月球岩石缺乏例如钾、钠这样的挥发性（在相对较低的温度下就能挥发）元素，却包含了很多难熔（在极高的温度下才熔化、挥发）元素，例如钙和铝。这些成分说明月球在诞生时是由比地球材料温度更高（超过 1000℃）的材料构成的。挥发性元素扩散到太空中，只给月球留下了丰富的难熔元素。

夏洛克·福尔摩斯为了找到凶手，将案件中最重要的线索贯穿为一个统一的案情。同样地，天文学家也需要建立一种能够分析所观察到的全部特征的理论，来解释月球是如何形成的。

目前最流行的一种理论是"撞击分裂说"。这个理论认为，月球出现于 45.5 亿年前，是在太阳出现后太阳系经历疯狂撞击时期从地球上分离而出的。经过如下。星子（详见：**星子与太阳系的形成**）聚集，行星形成。接下来的数亿年间，被称作小行星的巨大火流星在太阳系中横冲直撞，以每秒数十千米的速度划破太空。行星与小行星之间随时发生着异常激烈的撞击，向太空中射出物质簇。例如，正是这样一个疯狂的小行星猛烈撞击了地球，使其倾斜，倾斜的自转轴导致了地球上的季节交替。同样地，一次惨烈的撞击让月球脱离地壳。一个体积和火星相同、质量约为地球 1/10 的巨大小行星撞击了地球。在猛烈的撞击下，地球以及巨大撞击者中的物质簇在太空中迸发。撞击形成的一部分巨大能量转化为热量，使迸发的物质熔化并挥发。水以及易挥发元素蒸发了，消失在太空中。迸发物质中没有蒸发的那部分主要由难熔元素构成。这些元素聚集在一起形成多难熔元素、少挥发元素的月球。

这个猛烈撞击理论同时很好地解释了其他现象。月球的密度与地壳密度类似，因为它是从地壳上撞下来的。月球的核心缺铁，是因为撞过来的小行星中富含铁的中心部分已经融入地球了。

强大的现代计算机可以验证这个故事情节的可靠性。从这个角度看，人们知道地球是四颗内侧行星中唯一一颗具有巨大卫星的行星，偶然性使得地球成了唯一一颗经历了如此巨大小行星猛烈撞击的行星。如果这颗小行星的质量再大那么一点点，我们亲爱的地球就可能被撞成千万块碎片了。如果偶然性让这颗小行星再大那么一点点，地球就不可能存在，我们就更不可能在这里讨论此事了！因此，偶然事件不仅带来了诗人的灵光乍现，带来花前月下情侣之间的浪漫，它同时还是海洋涨潮和落潮的成因。正是月球，通过作用于地球的引力，卷起了海浪，引起了潮汐。

不过，月球还扮演着另一个更重要的角色：它固定了地球的自转轴，帮助我们的蓝色星球孕育生命。事实上，如果月球不存在，这个自转轴将到处乱动，一会儿与黄道面垂直，一会儿直接躺在黄道面上（倾斜角度为 85°）。这就可能导致极端气候毫无征兆地出现在地球上，无法预知的混沌行为随时有可能发生，生命可能很难生存下去。再一次，偶然性在塑造现实中扮演了关键角色。一颗小行星偶然撞击了地球，使它孕育出月球，帮助生命在地球上出现！

月球和地球自转轴

地球自转轴与黄道面的夹角为 23.5°。这个倾斜角度导致了地球上的季节变化。如果地球的自转轴是垂直的，我们就无法欣赏到春天的繁花似锦和秋日的金色盛典了。地球上的季节相对恒定，这证明了在过去的 100 万年中，地球自转轴的改变量不超过 1.3°。然而，乍一看，这个稳定性并不明显。我们只需对比一下邻居——火星上的情况。它现在的倾斜角度是 25.2°，比地球多不到 2°。然而，人们认为它的自转轴在过去的运动并不规则，与过去相比约已经改变了 10°，因此导致了极端季节的出现。约 20 亿年前，这颗红色星球的表面曾流淌着许多河水，很可能已在酷热的高温下蒸发殆尽，只留下了干枯的河床，提醒着人们它昔日的辉煌。

为什么火星自转的表现如此反复无常，而地球的自转轴却出奇地乖巧呢？这很可能与两颗行星的卫星身材差异相关。在太阳系所有的类地行星（所有具有坚硬表面的行星）中，唯有地球有一颗巨大的天然卫星。水星和金星都没有卫星。火星有两颗体积很小的卫星火卫一和火卫二，直径分别为二十几千米以及十几千米。它们的质量十分小，微弱的引力不足以将外观塑造为圆球形，所以形状都是犬牙交错不规则的。我们亲爱的月球——情人以及诗人的缪斯——比它们大得多。它的半径为 1738 千米，质量是地球质量的 1.2%，重力是地球的 1/6（如果你的体重是 72 千克，在月球上你只重 12 千克）。我们的天然卫星在引力的作用下被塑造成能反射太阳光的球状，为沉睡的乡村洒下皎洁的月光。月球不仅仅导致了海洋的涨潮与落潮，同时还稳定了地球的自转轴。

天体物理学家是如何发现这一点的呢？当然，他们能够扮演创世者，可以将月球除掉后观察会发生什么。当然，他们也借助了计算机。计算机的结果显示，如果月球不存在了，地球的自转轴会混乱运动。它的行为无法被预知，可能在短暂的数百万年时间内，倾斜角度突然从 0°（地球垂直运动）变为 85°（地球几乎要躺倒在黄道面上了）。倾斜角度的改变也许会导致气候的重大改变，对地球生命构成巨大的威胁。如果地球是直立的，那么地球每个角落全年接收的太阳热量和光都是相同的（此处忽略地球绕太阳公转轨道是一个椭圆而非正圆造成的微小改变）。相反，如果地球躺在黄道面上（如同天王星），一半的地球区域将有六个月的时间深陷于黑暗寒冷的冬季，与此同时，另一半区域将曝露在夏季炎热的骄阳之下——六个月后局势反转。这些极端气候会毫无征兆地出现（由于地球自转轴行为混乱，我们无法预测它下一步的计划），生命可能没有任何机会繁衍下去。

月球作为地球的"女儿"，稳定了地球自转轴反复无常的性格，因此说到底，它是生命出现在世上的成因之一。

Lune et les marées (La)

月球和潮汐

　　潮汐，海洋的涨潮和落潮，是月球的引力作用于地球的结果。事实上，我们的天然卫星虽然在夜幕中看起来很脆弱，但却可以使大量的海水升高，淹没海岸，冲垮孩子们堆砌的沙子城堡。因此，地球上距离月球最近的地方会出现潮汐，因为在月球的引力作用下，距离越近，引力越强。那儿的海洋因此被月球"卷起来"了。然而，奇怪的是，在地球完全相反的另一侧，也就是地球上距离月球最远的地方，同样会出现潮汐。这是因为在这个遥远的地方，月球对此处海洋的引力弱于整个地球对其产生的引力。因此，在地球上的任何一个地方，两次连续的潮汐之间不会相隔 24 小时，而只隔了大约 12 小时。第一次潮汐出现在距离月球最近时；第二次潮汐出现在地球自转了半周，将这个地点转到完全相反的方向时，也就是离月球最远时。事实上，两次潮汐的时间间隔并不是严格意义上的 12 个小时，而是 12.5 个小时，因为月球不是静止的，它在这段时间内也绕着地球公转了一小段路程。

　　月球可以卷起海洋，太阳也没闲着。牛顿告诉我们，一个天体形成的潮汐力与自己的质量成正比，与距离的立方成反比。太阳肯定比月球重很多：太阳质量约是月球的 2700 万倍。然而太阳距离我们更加遥远：地日距离（8 光分）比地月距离（1 光秒多一点儿）大 389 倍。因此最后，太阳引发潮汐的能力只有月球能力的一半左右。根据太阳、月球与地球之间不同的组合位置，太阳可能支援或者阻碍月球的行动。然而，不同的位置组合决定了不同的月相，因此，潮汐的幅度是与月亮的面貌相关的。在新月以及满月时，太阳、月球与地球是排成一线的；它们引起潮汐的能力叠加，形成大潮。相反，在上弦月和下弦月时，太阳、月球与地球之间形成了一个直角，太阳分散了月球一半的潮汐力，因而形成小潮。

Lune freine la rotation de la Terre (La)

月球制约了地球自转的速度

45.5 亿年前，我们美丽的地球诞生了，从此以后，地球自转的速度不断变慢，一天的长度不断延长。这是月球捣的鬼。月球通过引起潮汐发挥了自己的束缚作用。潮涨潮落使得海水与地壳摩擦。不过，摩擦也就意味着能量的释放与消耗。你要想明白这个道理，只需要摸一摸在紧急情况下刹车后发烫的自行车车闸。地球失去了自转的能量，因此自转的速度变慢。既然一天的定义是地球自转一圈所需的时间，这也就意味着一天变长了。

然而，那些抱怨一天时间太短，无法完成所有任务的工作狂不用开心得太早！一天在变长，这是肯定的，但是是像乌龟一样缓慢地变长。一个寿命为 100 岁的人会发现在自己去世时，一天的长度只比自己出生时多了 0.002 秒。然而，在数百年，或者是数亿年的地质年代中，地球减速的累积效果就很明显了。因此，在 3.5 亿年前，一天还只有 22 个小时。几十亿年前，地球自转的速度是现在的四倍。太阳每天在天空中风风火火地奔跑，从日出到日落，只需要 3 小时！

我们的子孙后代，他们经历的一天会变得越来越长。他们的一个月也同样变得越来越长，因为月球离地球越来越远。月球的公转轨道越来越大，它要花费越来越多的时间才能绕地球旋转一圈，这正是月的定义。一天变长的速度比一个月变长得快，因此约在 100 亿年后，也就是太阳消耗掉所有的氢燃料以及氢燃料变成白矮星的 45 亿年后，一天的长度与一个月的长度变得一样。那时候，一天和一个月的长度将是现在一天的 47 倍！月球到那时也将停止远离地球。地球自转的时间将与月球围绕地球公转的时间完全相同。未来的情况与目前月球自转的时间等于绕地球公转的时间的情况十分相似。今天的月球永远以同一面朝向地球人，未来的地球也将永远将一面朝向月球的环形山。

Lune s'éloigne de la Terre (La)

月球远离地球

　　月球通过作用于地球的潮汐力导致了我们星球上的海洋潮起潮落，地球当然也不甘示弱。同样地，地球也在月球的岩石表面上施加潮汐力，借此限制月球围绕自己旋转的速度。"鹦鹉螺"这个美丽的名字是一种海洋生物，这种软体动物因几乎完美的螺旋状外壳而出名。曾有一种猜想认为，这种"活化石"见证了月球的运行速度随着时间的推移在减慢。其外壳中有许多腔室，各腔室之间由隔膜隔开。和每天新垒出一排砖的砌石工一样，鹦鹉螺几乎每天都会给自己的外壳添加一层，具体表现就是长出一个新的隔膜，然后它会离开旧腔室搬到新腔室中。一个月结束时，即月球绕地球旋转了完整的一圈，鹦鹉螺中就形成了 30 个腔室，因此，鹦鹉螺的外壳本身就是一种岁月流逝的见证，帮助我们记录月球绕地球公转运动的演化历程。

　　在研究当代鹦鹉螺祖先的化石时，一些学者注意到惊人的现象：化石的年代越久远，隔膜数量越少。人们目前在南太平洋深海中发现的鹦鹉螺平均有 30 个隔膜，然而在 28 亿年前的化石上平均只发现了 17 个。昔日的鹦鹉螺可能在告诉我们，过去的月球以更快的速度绕地球旋转一圈：不是现在的 29.5 天，在 4500 万年前只需要 29.1 天，早在 28 亿年前只需要 17 天！也就说，随着时间的推移，一个月的时长不断在变长。不过，以上也只是极富想象力的猜想。

事实上，月球围绕地球的公转速度不断变慢是表现在其公转轨道不断变大：月球正在一点一点地远离我们。人们从地球上发射激光束，通过宇航员特意安放在月球表面的镜子发生的折射帮我们确认了这一点。实际上，这些激光束帮助我们十分准确地测量出了地月距离：只需要将激光束来回路途花费的时间乘以光速然后除以 2 就可以了。这些光束告诉我们：月球以螺旋状路径远离地球，每年约远离 3.5 厘米，约等于我们指甲生长的速度。如果我们回顾过去，月球在刚诞生时，也就是大约 45 亿年以前，它离地球是十分近的。

晕族大质量致密天体和普通不发光物质

　　我们知道，日常生活中由质子、中子和电子构成的重子物质只占宇宙总内容物的 4.9%。然而，恒星以及星系中的发光物质只占其中的 0.5%。那么剩下的 4.4% 在哪儿？

　　天体物理学家曾经猜测普通不发光物质可能以恒星的形式隐藏在星系晕中，然而它们的辐射太弱，他们无法将其分辨：红矮星（这些微小质量恒星的表面温度十分低，因此呈现红色）、**白矮星**（这些恒星尸体的辐射十分微弱）或者**褐矮星**（分别详见词条）——总而言之，就是那些几乎不辐射可见光的物体。褐矮星是"失败"的恒星。它们的质量不够大（其质量小于太阳质量的 8%，或者是木星质量的 80 倍），它们的核心不够紧密，中心温度无法达到核反应发生所需的 1000 万开，无法将一个气团转变为恒星。天体物理学家十分幽默地为这些红矮星、白矮星以及褐矮星起了一个总称，叫作晕族大质量致密天体（MACHO），与弱相互作用大质量粒子（WIMP）的命名方式相同，都是乍一看很像某个英文单词。

　　然而，如果它们几乎不发光，那又是如何探测到它们的呢？**引力透镜**（详见词条）效应做出了贡献：MACHO 本身是不可见的，然而，当它经过星系晕中的一颗恒星前面时，透镜作用（由于 MACHO 的身材十分小，物理学家将其称作"微引力透镜效应”）会使恒星在很短时间内亮度增加。根据 MACHO 质量、距离以及速度的不同，恒星的亮度可能在短短几周内增加 2～5 倍。在任何时刻，这种排成一线的概率只有百万分之一。然而，如果人们同时观测几百万颗恒星，就有可能观测到这个事件了。天文学家极有耐心，他们利用自动望远镜以及十分高端的计算机，花费了整整七年时间在大麦哲伦云——银河系中的一个矮星系——中观测数百万颗恒星的亮度。然而，结果令他们大为失望，他们的辛勤劳动换来的果实却寥寥无几，只捕捉到了二十多次微引力透镜事件。如此微小的数量并不能让科学家确定 MACHO 是星系暗物质的主要组成部分。

天体物理学家的目光同时还转向了星系际空间。他们发现星系际空间并没有人们所想的那样空。因此，他们在地球大气层上空的 X 射线望远镜的帮助下，能在聚集成群的星系（宇宙村庄）空间中探测到温度约为 100 万开的高温气体，这些气体能辐射丰富的 X 射线。星系团（宇宙中的省会城市）也不甘落后。星系际空间充满了更热的气体，它们的温度高达 1000 万到 1 亿开，争先恐后地释放着 X 光。人们认为这些气体是从星系上掉下来的，是星系在相对拥挤的星系群以及星系团中游走时发生撞击掉下来的，猛烈撞击产生的冲击波使这些气体的温度升到如此之高。

在星系际空间中，除了星系群以及星系团，还有许多温度更低（约 -270℃）的氢与氦组成的云。它们通过吸收遥远类星体的光来证明自己的存在。

星系群以及星系团中的高温气体，以及星系际空间中的低温气体，共同占据了宇宙物质总量的百分之几，似乎补齐了缺失的 3.5% 不发光重子物质总量。因此，不发光重子物质的主要构成并非 MACHO，而是星系际气体。

Mars

火　星

火星是太阳系中由内向外数的第四颗行星。它火红的面貌让人联想到血，因而英语中以罗马神话中战神的名字为它命名。它呈红色的原因与血液类似：铁元素和氧元素结合后呈现出红色。在其表面，铁氧结合形成氧化铁。氧化铁更通俗的叫法是"铁锈"。

火星的特征介于水星与地球之间：它的质量是水星的 2 倍，半径是水星的 2.8 倍；质量约是地球的 1/9，半径约是地球的 1/2。因此人们认为，在丧失原始热量（生成于小行星碰撞时期）方面，火星的速度小于水星。而且火星过去曾出现过火山活动，然而它丧失原始热量的速度要超过地球和金星，因此火星表面没有地质板块。

众多太空探测器——其中包括 20 世纪 60 年代末的"水手号"（Mariner）探测器、70 年代的"海盗号"（Viking）探测器以及 2000 年发射的"火星全球探勘者号"（Mars Global

Surveyor）探测器——已经拜访过火星，并对其进行了全方位的拍摄（火星全球探勘者的精确度可达到几米），向我们传递回了迷人的景象。火星肯定经历过剧烈的火山活动。北半球是由冷却的熔岩填平的平原，满是一望无际的沙丘和丘陵，偶尔点缀的几个陨石坑打破了这乏味的景象。一条约和美国一样辽阔的巨大"峡谷"名叫水手号峡谷，在火星的赤道附近绵延了约 4000 千米，约是火星周长的 1/5。这条峡谷很大，人们从地球上就可以观察到它。与之相较，美国亚利桑那州的大峡谷简直是小巫见大巫！与美国大峡谷不同的是，水手号峡谷不是由河流冲击形成的，而是由地壳断裂形成的。

南半球的面貌截然不同：不同于北部的熔岩平原，南部耸立着高达数千米的山地，而且布满了陨石坑。南部没有熔岩平原。人们认为南部地形形成于约 30 亿年前，北部的地形约比南部年轻 10 亿年。在这 10 亿年间，火山流出的熔岩重新覆盖了北部的陨击坑。

为什么南北差异会如此之大？这仍是个谜团。北半球密布数百座火山，甚至太阳系中已知的最大火山也位于火星上。这些火山通常分布在赤道隆起处附近。火星上的火山巨大，释放着体内熊熊的热量，就像在自由地释放着情绪。之所以呈现出这种景象，有两个关键因素。

第一个因素，是它微弱的引力。如果你能到达火星，此时你的体重只会比地球上重量的 1/3 多一些。当熔岩运移、溢出，形成火山时，火山最终的高度取决于它承受自己重量的能力。一座很高的火山意味着很重，它会以增加山体基底的面积、陷入地下的方式让高度降低。引力越弱，重量越小，因而火山越高。金星（麦克斯韦山脉）以及地球（夏威夷岛上的冒纳罗亚火山）上自身高度最高的山体结构的高度很相似：从基底往上约 10 千米——这绝非偶然——这两颗行星的引力实际上几乎相同。相反，火星的引力只有地球引力的 38%，所以最高的山峰可以比地球上的高 2 倍左右。

第二个因素，是岩浆管上方没有板块构造运动。从火星内部向上运移的熔岩在数亿年，甚至数十亿年间，有充分的时间从同一个地方向上运移，这逐渐增加了火山的高度。

火星上最高的火山是奥林波斯山。它的坑口直径约为 80 千米。火山基底直径约为 700 千米，它以 25 千米的高度傲视着火星平原，约是珠穆朗玛峰高度的 3 倍。这样看来，夏威夷岛上的冒纳罗亚火山简直就是一个侏儒，它的基底直径为 120 千米，只在太平洋板块上隆起了 9000 米的高度。火星上其他三个大型火山的海拔均为 18 千米。与金星一样，这些火山的形成与地球上不同，与板块构造运动无关。因为火星上没有地质板块。

火星还会有火山活动吗？从未有人观察到其上喷发中的火山。然而，某些火山的斜坡上几乎没有陨击坑，这说明此地地形约形成于 1 亿年前。或许火星上的火山喷发是间歇发生的，休眠期长达数百万年，甚至数亿年。

∾ 暗物质

　　天体物理学家已经确认，重子物质——由质子和中子构成——总共只占宇宙质量和能量总内容的 4.9%。这个结论导致了一个问题。事实上，星系团内的星系运动告诉我们，可见物质以及不可见物质占宇宙总内容的 31.7%，而不是 4.9%！如何调解这两个明显矛盾的观测结果呢？我们不得不求助于一个关键的结论：必须假设宇宙总内容中的 26.8% 不是由重子物质构成的，不是由现有工具所观测到的物质构成的，而是一种新型的"异常"物质——从未被这些仪器观测到的物质构成的。这种异常物质可能既不在我身上，也不在你身上，不在花盆中，不在你手捧的书中，也不在任何生命体中。它不参与氦和氚的生成，因而不会影响它们的原始数量。

　　目前，我们对这种暗物质的确切性质一无所知。然而，天文学家并不是毫无线索的。他们经过不懈的努力，确定了这一神秘物质的某些属性。当然，这些成果要归功于计算机，他们利用计算机模拟了一些虚拟宇宙。天文学家意识到，要想复制宇宙结构——绵延数亿光年、限定了同样巨大的星系巨洞边界的宏伟星系墙，虚拟宇宙中需要含有大质量亚原子粒子形式的异常物质。它们行动缓慢（人们称其为"冷暗物质"），几乎不与重子物质发生反应，也不与光发生反应。这些粒子的名字一个比一个奇怪：轴子、标量夸克、光微子、中性子等。它们的总称可缩写为 WIMP（详见：**弱相互作用大质量粒子**），意为"瘦弱的人"。试图统一自然界四种基本力的理论认为，这些粒子可能出现于大爆炸发生后远不到一秒的极短时间内。不幸的是，尽管人们费尽心思地去追踪这些粒子，却从来没有探测到它们。目前，它们只存在于物理学家天马行空的想象之中。

然而，一个根本问题却一直存在：如果可见以及不可见的质量只占宇宙总内容的 31.7%，那剩下的 68.3% 是什么？物理学家认为，剩下的 68.3% 由他们所称的"**暗能量**"（详见：**暗能量：宇宙加速膨胀**）构成，因缺少更多的信息而得此名。**哥白尼的幽灵**（详见词条）算恪尽职守了：它不仅将我们从宇宙中心的宝座上赶了下来，还告诉我们组成我们的物质只是宇宙质量和能量总量内容的一小部分（4.9%）！

Masse (ou matière) noire ordinaire

宇宙中的不发光组分

在一个美丽又晴朗的夜晚，你躺在乡下柔软的草地上，远离了城市的喧嚣与光污染，眼睛望着天空。璀璨美妙的夜空令人赏心悦目。成千上万颗亮点散布在漆黑的苍穹之上，放射着万丈光芒。你可能认为宇宙中充满了发光物质。然而，这只是个错觉！在研究了恒星以及星系之光后，天体物理学家发现了光的反面：黑暗。他们意识到发光物质只占宇宙质量与能量总内容的一小部分，我们生活在一个由黑暗统治的宇宙之中。他们还发现我们生活在一个"宇宙冰山"之中，浮出水面的那部分只占总量的一小部分。

我们来清点一下宇宙中的物质。首先是恒星和星系，它们的构成成分与你我一样，都是由重子物质（质子、中子和电子）构成的。我们可以轻松地完成这部分的统计工作，因为我们可以通过肉眼或者望远镜看到它们。然而它们只是少数，只占宇宙总内容的 0.5%。我们看到的物质远小于物质总量。1933 年，瑞士天文学家弗里茨·兹威基（1898—1974）在研究后发座星系团——数千个星系由引力相连组成的整体——中的星系运动时，首次意识到这一点。星系在这个星系团中以 1 千米 / 秒的速度移动，兹威基意识到除了星系中的发光物质，如果没有不发光的性质未知暗物质施加一些其他引力帮助星系聚集在星系团中，这种快速的运动将很快让星系分散到星系际空间中，星系团也早在很久以前就分崩离析了。

暗物质被发现后，在宇宙已知的结构中不断地显露出来。它不仅出现在银河系孱弱的矮星系中，也出现在星系团中。它无处不在，纠缠着天体物理学家。它存在的原因永远是相同的：它的存在是为了阻止宇宙大型结构（比如星系或者星系团）解散。因此，在旋涡星系中，恒星与气体在星系盘上旋转的速度很快（超过 200 千米 / 秒），离心力本应该将它们甩出去使星系瓦解，然而旋涡星系仍然装点着苍穹，绽放的光彩继续愉悦着我们的双眼。因此，星系需要只产生引力而没有任何辐射的暗物质，才有足够的引力留住恒星。星系和星系团若不想解体，暗物质约需要占宇宙总内容的 25.5%，也就是说，暗物质得是发光物质的 51（25.5/0.5）倍！

一阵眩晕过后，我们需要恢复镇静，去了解更多的关于宇宙中占量最多的神秘暗物质的信息。确定这种物质的性质肯定不是一件轻而易举之事。没有任何光，天文学家真是……陷入了一片黑暗之中！幸运的是，自然赐予了他们一种完全不同于测量宇宙重子物质质量的方法，也就是测量那些由质子和中子构成的物质，构成人类、玫瑰花瓣、莫奈画作的物质的方法。在宇宙存在的前三分钟内，宇宙利用中子与质子等基本单位构成了宇宙中最轻的三种化学元素的核：氢核，只由一个质子构成；氘核，由一个质子和一个中子构成；氦核（氦气就是孩子手中拿着的飘在天上的气球中的气体，如果你将这种气体吸入了体内，声音会变麤），由两个质子和两个中子构成。他们只需测得氘和氦的总量，以及对应的氢的总量，就可以知道宇宙所含的重子物质总量。这就好比要想知道建造某个居民区时所使用的砖块总量，你只需要数出这个小区的房子数量，然后用这个数乘以建一个房子所需的砖块数量。通过测量宇宙诞生之初的几分钟内诞生的元素总量，我们得知重子物质——由质子和中子构成的——总共就占宇宙总内容的 4.9%。然而，我们看到星系以及恒星中的发光物质只占了其中的 0.5%。那么剩下的 4.4% 是什么呢？

天体物理学家发现，组成星系群的几十个星系或者组成星系团的几千个星系之间的空间中充满了温度高达 100 万开的高温气体，释放着丰富的 X 射线。除了这些星系群以及星系团，星系际空间中还存在许多氢气和氦气云，温度十分低，低至寒冷的 –170℃。将星系群和星系团中全部的高温气体和星系际空间中的低温气体相加，我们就得到了重子物质剩下的 4.4%。

详见：**光明与黑暗**

Mathématiques et Nature

∽ 数学与自然

自然隐藏的规律可以用数学公式表示出来，这一信仰正是科学方法的基础。某些大学问家甚至夸张地说，任何无法通过数学语言表达的学科都不能被称作"科学"。物理世界和其他东西一样，只是数学秩序的反映，这样的观点在古希腊萌生，希腊数学家毕达哥拉斯（约前 580—前 500）说："数字是万物的根本和来源。"文艺复兴时期，开普勒、伽利略、牛顿以及笛卡尔等人的成果使得世界遵循数学秩序的观点在欧洲大放异彩。这些科学家利用数学定律表示自然规律。"自然之书是用数学语言书写的"，2200 年后，伽利略高声重复了毕达哥拉斯的观点。

数学异常成功地描述了世界，这成了一个大疑团，因为事情好像并非如此。美籍匈牙利物理学家尤金·维格纳（1902—

1995）在讨论"数学以不可思议的高效描述了现实"时表达了自己的吃惊之情。数学具有非凡的预见性，这样的例子在科学史上比比皆是。每当一个新的物理现象将物理学家引到一个未知的领域，他们几乎都会发现数学家早已在纯粹思维，而非自然的指引下捷足先登了。因此，当爱因斯坦在 1915 年发现引力使空间发生弯曲时，他无法再利用仅适用于平面空间的欧几里得几何了。他很开心地发现德国数学家波恩哈德·黎曼（1826—1866）从 19 世纪开始就发展了曲面几何理论。在 20 世纪 70 年代，法国数学家本华·曼德博（1924—2010）寻找一种描述不规则几何的新概念。欧氏几何能够完美地描述直线、立方体或者球形，然而，如果我们要描述不规则、弯曲、散开、间断或者凹凸不平的物体时，欧氏几何就乱了阵脚。然而，现实世界中更多的是不规则。欧几里得的概念，例如直线或者圆圈，是现实世界中重要的抽象概念，能够促使我们在研究自然的过程中取得巨大进步，却具有自身的局限性。"云不是球体，山不是圆锥，闪电传播的路径也不是直线。"曼德博抱怨道。为了描述不规则的几何，他只能求助于"分维"的概念：不规则物体的维数不是由 1、2、3 这样的整数表示，而是由分数表示的。这些是"分形物体"。在这个例子中，曼德博发现，早在 1919 年，德国数学家费利克斯·豪斯多夫（1868—1942）就提出分维概念了。

　　为什么数学家头脑中出现的且在日常生活中通常没有任何实际意义的抽象概念能够与自然现象相吻合？为什么纯粹的思维能够与具体事物相契合？为什么数学与世界之间惊人地一

致，以至于当一个新理论出现时，例如超弦理论，如果物理学家没有立马获得所需的数学工具，就变得张皇失措呢？某些人提出，数学家成功地描述世界只是一种文化现象：我们探索以及整理世界观的方法肯定与我们的数学观是一致的，因为我们的认知与观念是精神的两个产物。也就是说，数学性质并非世界本身固有的，而是人类赋予它的。达尔文的进化论塑造了人脑，使脑喜欢数学，并促使它只去寻找自然中能够被数学语言描述的方面。经历了不同演化并具有与我们不同大脑的外星人，可能就不认为自然是数学的了。

人们为了理解自然与数学之间惊人的一致性，提出了两种截然不同的观点。对于构成主义者而言，数学并不真实存在。英国哲学家大卫·休谟（1711—1776）认为："所有的观念只是印象的复制品。"几何图形只在自然形态中存在。唯实论者位于反方阵营，他们认为数学是和我们的思想截然不同的事实。数学是一个广大的集合，如同探索者发现亚马孙雨林一样，需要我们利用理性来探索和发现。无论我们是否意识到，数学就在那儿。许多著名的数学家都是支持这个观点的。笛卡尔是这样谈论几何图形的："当我想象一个三角形时，哪怕这样一个形状也许并不实存，并且从未出现于我思想之外的任何地方，但是它仍然有一个确定的本性或本质或形式，这是不变的、永恒的，不是由我创造的，也不取决于我的心灵。"当代英国数学家罗杰·彭罗斯（1931— ）写道："数学概念似乎具有一种深刻的真实性，这种真实性超越了某位数学家的言论。就好像人类思想被引向某个事实，这个事实本身就是真实的，我们每个人只看到了它的一部分。"数学看起来越与自己的创造者之间不相关，数学的真实性独立于我们思想的感觉就会越强烈，仿佛数学不可抗拒地引导着研究者走向了真相："我们不由自主地认为数学公式有自己的生命，它们比自己的发现者更了解自己的生命，它们给予我们的远比我们给予它的多。"德国物理学家海因里希·鲁道夫·赫兹（1857—1894）提到。

我不认为世界的数学特征是一种纯粹的文化现象，也不认为它仅仅缘于人类对数学的偏爱。原因如下：大部分数学都是以完全抽象的方式发展的，没有考虑在自然世界的实际应用。我倾向于支持柏拉图及他纯粹的数学世界。与数学概念构成的柏拉图世界的接触解释了数学直觉迸发的方法，它突然、出乎意料，完全自发，没有刻意准备。与数学世界稍纵即逝的接触可能突然出现在最意想不到的地方，就像阿基米德在浴缸中喊的那句："我找到了！"亨利·庞加莱（1854—1912）讲述了自己如何灵光一现解答了一个困扰他几周的数学问题。答案是在他最意想不到、始料未及的时刻出现的：

"那时，我离开了居住的卡昂，去参加矿业大学组织的一次地质勘查。旅途的奔波让我将数学难题抛于脑后；到达库唐斯后，我们登上了一辆不知去哪儿的慢车；就在脚踩上车踏板的那一刻，灵感来了，在我完全没有准备的情况下出现了，让我措手不及，我并没有验证；我没时间验证，刚坐上车，就有人和我聊天了；不过很快我就十分坚信了。回到卡昂后，为了问心无愧，我从容不迫地验证了结果。"

突然、短暂、即刻的确信是数学直觉的特征。对我而言，这些自发的直觉支持了我的观点——当头脑中有了一些数学发现，它就接触了柏拉图的数学世界。罗杰·彭罗斯毫不含糊地说道：

"我认为，当头脑感知了某个数学观点时，它就接触了柏拉图的数学世界……数学家之间是可以交流的，因为他们中的每个人都可以直接获得真相，都可以与永恒观点构成的同一个世界接触……这些永恒的真相好像先于以太世界存在。"

Mécanique quantique

量子力学

20 世纪初，丹麦人尼尔斯·玻尔（1885—1962）、德国人沃纳·海森堡（1901—1976）、法国人路易·德布罗意（1892—1987）、奥地利人埃尔温·薛定谔（1887—1961）和沃尔夫冈·泡利（1900—1958）以及英国人保罗·狄拉克（1902—1984）等一批欧洲物理学家推动了量子力学的发展，量子力学与相对论成了当代物理学的两大支柱。量子力学是描述无限小的物理理论（然而相对论是研究无限大的理论）。它解释了原子的结构以及运动，还有它们与光之间的相互作用。

19 世纪留给了我们一个决定论的宇宙，这个宇宙排除了一切偶然性，万物都可以用数学以及物理定律精确地描述。一切事情都有一个原因。因果定律支配了牛顿和拉普拉斯的决定论宇宙的运行机制。量子力学的出现使得决定论刻板的精神枷锁灰飞烟灭。偶然与反复无常将强行进入一个万事都被精心支配的世界。振奋人心的不确定性将要取代枯燥乏味的确定性。量子的不确定性将取代决定论的刻板与严谨。海森堡发现，自然遵循了一种"不确定性原理"：你从一颗粒子上获得的信息永远不可能全面；你能十分准确地测得一个电子的位置，这就意味着你放弃了获得其准确速度的机会，或者你能测得它的速度，并接受一个不准确的位置，但你却永远无法同时获得它的准确速度和位置。这种不确定性并非是计算的问题，也不是设备不够精良的原因。这是自然的一个根本属性。由于你能获得的某个粒子的信息永远不全面，也就永远无法知道它准确的未来，因为未来是由这些信息决定的。拉普拉斯（详见：**皮埃尔－西蒙·拉普拉斯**）构想的那个具有完美机制的宇宙，那个过去、现在和未来都能够被人类智力了解的宇宙破灭了。原子的命运中永远都包含着一部分的偶然性。自然要求我们学会宽容，要求我们放弃人类无所不知的古老梦想。

这次失败的原因是观测行为本身。光是我们与电子交流所具有的唯一工具，能够帮助我们确定电子在哪儿，要去哪儿。为了观察电子，我需要向它传送光粒子，也就是光子。然而，每一个光子都有一定的能量，能量大小与它的波长有关。波长决定了光确定现实以及电子位置的准确度。能量越小，波长越长，事实越不准确。相反，如果能量增加，波长就会变短，事实就越准确。我们为了揭开电子位置的秘密，向其进行了光子轰炸，这样就干扰了电子。光子将自己的能量传送给电子，电子的运动从而发生改变。我们因此陷入了两难之中：为了进一步减少电子位置的不准确性，用了能量更大的光子照亮它，却给它带来了更多的干扰，增加了其运动的不确定性。确定行为本身引发了不确定性。

因此，观测改变了现实，并制造了一个新的现实。讨论一个粒子的"客观"现实，也就是牛顿构思的那个不被观测的存在现实，是没有任何意义的，因为我们永远无法理解它。一切针对客观现实的尝试都以惨痛的失败告终。客观现实都不可避免地被改变了，变为一种依赖观察者及其测量工具的"主观"现实。原子世界以及亚原子世界只有观察者在场时才有意义。在原子世界的闹剧面前，我们不再是被动的观众。我们的出现改变了剧情的发展。原子的行为会因为我们的观察而改变。亚原子世界的外观也和我们的出现有着错综复杂的关联，描述这个世界的方程式必须包含观察行为本身。

由于粒子永远无法同时向我们揭示自己位置和动量的秘密，我们就永远无法像讨论月球绕着地球的旋转轨道那样讨论一颗粒子的运动轨道。在一个原子中，电子并不满足于乖乖地沿着一个轨道运动，它可能同时在很多地方。电子是如何实现这一奇迹的呢？因为它的另一张"脸"。电子、光子以及其他所有的粒子都具有两面性：同时是粒子，也是波。粒子，当它是波时，就像石头扔进池塘泛起的涟漪，能够传播并占据原子的整个真空空间。粒子的波就像海浪一样，波峰的幅度很大，波谷的幅度比前者小很多。我在波峰遇到电子的可能性远大于在波谷遇到，然而即便在波峰处，我也没有百分之百的把握能遇到电子。电子存在的概率，可能是 2/3（66% 的可能性），也可能是 4/5（80% 的可能性），但这种可能性永远不可能是 100%。确定性被赶出了原子以及亚原子的世界，偶然性强行进入其中。**阿尔伯特·爱因斯坦**（详见：**阿尔伯特·爱因斯坦，一个矛盾的天才**）是顽固的决定论者，因而很难接受偶然性是原子世界的主角这个事实。他说"上帝不会掷骰子"，然而在这一领域中，他错了。上帝玩骰子！量子力学——为偶然性赋予了重要角色——的预言已经获得了许多实验的证实。多亏在量子力学领域研究的成功，你的笔记本电脑以及立体声设备才得以运行。

然而需要注意的是，"偶然性"并不意味着"完全混乱"或者"无法预测"，预测是一个正确科学理论的标志，只不过量子力学不是用来预测宏观世界中的独立事件，例如苹果的降落，抛向空中的皮球的运动轨迹，或者火星绕着太阳旋转的轨道，这些都是牛顿或者拉普拉斯经典力学研究的对象，量子力学用统计学方法描述原子世界中许多事件的平均行为。量子力学无法告诉我们单个碳 -14 原子衰变的具体时间，然而，它能告诉我们大量的碳 - 14 原子中，平均有多少个会在 1 年、100 年或者 10 万年后开始衰变。在量子力学中，因果关系对个体不再具有意义，只对集体有意义。

当观察者启动测量仪器观测时，光子或电子会脱下波的外衣，呈现出粒子的状态。这个粒子具有一定的能量。神奇的是，此能量不能像在经典力学中那样取任何值，而只能是某些确定的值，即"普朗克常数"的倍数。普朗克（1858—1947）

是德国物理学家，他提出了这一概念。就如同有人规定我们走路的步幅只能是 20、40、60……厘米，或者我们只能用 12、24、36……厘升（1 厘升 =10 毫升）的杯子喝水。其他任何数值——25 厘米的步幅或 38 厘升的杯子——都是被严令禁止的。也就是说，能被"量化"，每一个粒子都具有一个"定量"的能，因而有了"量子力学"这个名字。

如何确定原子内部的能量呢？我们需要光的帮助：一个原子释放了光，我们可以通过获得光谱，把光分解为不同的能量组成（和牛顿一样，让光穿过一个棱镜，白光就被分解为从紫到红的一系列不同的颜色）来研究它。原子的光呈现出十分奇怪的一面：它的光谱不是连续的，而是断断续续的许多垂直谱线。

我们拿氢原子的可见光来举例说明。氢是最简单的化学元素（仅由一个质子和一个绕其旋转的电子组成），也是宇宙中最轻、最多的化学元素。其光谱是三条颜色鲜艳的谱线：一条蓝色的，一条蓝绿色的，还有一条红色的。事实上，它们每一条都是一次能量释放的结果。每当氢原子从一种能量状态"跃迁"到另一种能量状态时，就会释放一个光粒子：人们将这种现象称为"量子跃迁"。释放的光粒子能量十分接近氢原子两种能量状态之差。光谱中谱线之间的距离正是原子能量等级分布情况的忠实反映。每个原子的分布情况都是独一无二的。它是每种化学元素的指纹。正如警察可以根据犯罪现场无意留下的指纹辨认罪犯一样，经验丰富的天文学家也可以通过光谱中谱线的分布情况辨认出遥远天体的化学元素。

因此，天文学家正是通过研究恒星以及星系的光谱（这被称作"光谱学"），才能够分析出它们的化学成分，并重现宇宙演化过程中元素的历史进程。天文学家通过研究光谱中谱线的红移或者蓝移情况，参照**多普勒效应**（详见词条），破译了天体运动的密码。我们可以说，在量子力学的帮助下，天文学家在 20 世纪初期成功转型为天体物理学家：他们不再只局限于观察天体，而是利用物理学定律去了解天体。

同时详见：**宇宙之光与天体物理学**

Mercure

水 星

水星作为距离太阳最近的行星（约是地日距离的 1/3），在天空中从未离太阳很远（二者之间的距角从未超过 28°）。由于只在太阳的耀眼光芒不构成干扰时水星才是可见的，所以只有太阳处于地平线以下时，我们才能用肉眼观察到水星：清晨，在太阳升起之前，或者在傍晚，太阳刚刚下山之后。古代的天文学家认为自己看到了两个不同的天体，分别给它们起了名字，早上的叫阿波罗，傍晚的叫赫尔墨斯。再后来，希腊天文学家意识到它们其实是同一个物体。在这两种情况下，行星出现的位置只比地平线稍微高一点点。由于地球每小时自转转过的角度是 15°，这就意味着，人们看到水星的时间，在最好的情况下，每晚不超过（28/15≈）2个小时；水星升起以及落下的速度很快，然而其他行星——火星、木星、土星——则是连续几个月，因此整晚都能被看到。推翻地球在太阳系中心地位的波兰天文学家**尼古拉·哥白尼**（详见词条）曾抱怨说观察水星太不容易了："这颗行星折磨着我们，不仅仅是因为它藏着许多秘密，还因为观察它的运动需要付出十分辛勤的劳动。"

水星同时还是绕太阳旋转速度最快的行星：它只需要将近三个月（88天）的时间就可以绕太阳公转一圈。正是敏捷的特点为它赢得了英文中意为"墨丘利"的名字：在罗马神话中，墨丘利是众神的信使，是冥界与生灵世界之间的沟通者，引导着亡灵抵达最终休憩的港湾。

水星与太阳之间的距离很近，这一点在极大程度上决定了水星所有的物理属性。它完全没有大气层：它的原始大气层被年轻的太阳加热到极高的温度，无法被自身微弱的引力（只有地球引力的38%）留住，早在很久以前就消散到了太阳系外围。没有大气层就意味着没有抵抗小型小行星的防护盾（在地球上，这些小型小行星在进入地球大气层时，巨大的摩擦会使其升到很高的温度，因而被燃尽了），也就是没有消除各种撞击痕迹的侵蚀。"水手10号"是美国航天局在1974～1975年发射到水星执行任务的探测器，它展现的水星景观中有许多小行星的陨击坑，这些小行星是在40亿年前，也就是太阳系形成的末期，撞击到该行星表面的。在这一时期，大部分星子已经在引力的作用下聚集形成行星。然而，在行星之间的空间中，仍然游荡着许多形状不规则的石质天体，每秒钟的速度为数十千米，它们就是"**小行星**"（详见词条）。这些星子（详见：**星子与太阳系的形成**）聚集游戏中剩下的残骸随时与刚刚诞生的行星以及卫星撞击，把它们的表面撞出巨大的坑。水星的麻子脸（和也没有大气层的月球一样）就是这段混乱期的见证。

最猛烈的撞击肯定来自一个直径超过 100 千米的小行星，它在水星表面留下了一条直径约为 1550 千米的巨大伤口，这条大裂口被称作"卡路里盆地"。卡路里撞击后形成的冲击波穿过水星紧密的金属内部，引发的地震使远处的地壳隆起、破裂。巨大混乱期之后的火山活动喷出了熔岩，熔岩凝固成平原，众多陨击坑散布其中。绵延了数百千米、高达数千米的众多裂缝和峭壁在水星表面纵横交错，静默地见证了水星的半径减少了 1 ～ 2 千米。

40 亿年以来，水星在地质上已经死亡了：与地球不同，水星上没有火山活动，也没有大陆漂移。同时，它还是一个没有生命的世界：没有大气层、水，以及极端温度都不利于生命的孕育与发展。温度可以从夜晚冰冷的 −180℃变为白天灼热的 430℃：铅在水星上可以瞬间熔化。水星是太阳系中温度变化最极端的。金星表面的温度虽然比水星略高，实际上温差却不会很大，冥王星的温度比水星的低很多，但其变化也远比水星的小。白天与夜晚巨大的温差，弥补了水星上没有季节变化的遗憾：水星自转时是笔直的，而不像地球那样倾斜着，因此，水星上每个地方接收的太阳热量在公转过程中是不变的。

在太阳系的混乱期，水星与小行星相撞的巨大影响深刻地改变了其内部结构。水星其实是排在地球之后密度第二大的行星（地球的密度是 5.52 克每立方厘米，水星是 5.43 克每立方厘米）。较高的平均密度以及较弱的磁场（不到地球磁场的 1%）说明水星内部的铁质核心在比例上比地球的核心大很多，这个核心的半径约为 1800 千米，约占其体积的 40%，占其质量的 60%。人们认为，水星之所以具有一个相对较大的核心，是因为小行星的撞击带走了水星内部大量的物质，只给铁质核心上面留下了一层薄薄的硅酸盐地幔以及地表。我们可以看出，小行星是塑造现实的强大偶然因子。

水星与太阳之间存在着明显的"共振效应"：水星每绕太阳公转两圈（公转周期是 88 天），恰巧自转三圈（自转周期是 59 天）。也就是说，水星上的一年等于水星上的一天半。水星距离太阳很近，因此太阳对水星形成了很强的引力。引力导致了水星绕着太阳快速地旋转（水星的一年很短），同时使得水星的自转速度十分缓慢（它的一天十分漫长）。然而，直到 20 世纪 60 年代，人们一直以为水星与太阳的关系完全雷同月球与地球的关系。月球自转所需的时间与绕着地球公转的时间（一个月）完全相同。这种"共振效应"使得月球永远只以同一面朝向地球人（详见：**月球隐藏的面孔**）。这是地球作用于月球上的潮汐力导致的。同理，人们很自然地认为水星的一天可能与水星的一年相等，水星也可能永远以同一面朝向太阳：水星的一侧是永恒的"白天"，另一侧则是永恒的"黑夜"。大错特错！1965 年，人类进行了更准确的测量，水星表面反射的无线电波证明了水星在绕着太阳公转的过程中，并没有一直以同一面朝向太阳，而是交替着以不同面朝向太阳完成一次公转。然而，二者的成因是相同的：太阳作用在水星上的潮汐力导致了这一"共振效应"。从潮汐力的角度来看，3：2的共振比例与1：1的共振比例是相同的，因为潮汐力不仅在水星离太阳最近的地方影响最强，对完全相反的另一侧同样影响最强。

"水手10号"最后一次拜访水星30年以后，即2008年，美国航天局发射了新的"信使号"探测器，详细绘制了"白天"与"黑夜"的景象。"信使号"探测器在水星上空飞行了三次，绘制了其三年的外表景象后，于2011年进入了绕水星的旋转轨道，在水星漫长的几天内（为期地球时间的一年）对其进行了探测。"信使号"探测器解开了地球人心中数个水星谜团。

水星作为太阳最近的邻居，在科学史上扮演了重要的角色：科学界通过观察水星的近日点（就是在水星椭圆形的公转轨道上距离太阳最近的地点，距离是4600万千米），认可了爱因斯坦的广义相对论。1859年，工作于巴黎天文台的法国天文学家奥本·勒维耶（1811—1877，海王星发现者）宣布水星存在一个严重的问题：随着时间的推移，水星近日点的位置发生了微小的变化，而不是牛顿经典力学所推测的那样，一圈一圈后位置仍保持不变。勒维耶联想到海王星的情况，认为这个奇怪的行为应该是由太阳与水星之间存在的另外一个行星导致的，他将这个行星称为"伏尔甘"，得名于神话中掌管火与冶炼之神。然而，人们历经各种搜索，仍不见伏尔甘的踪影。天文学家弗拉马利翁（1842—1925）幽默地说："水星绝对是盗者的保护神。它的伴侣因此逍遥法外了！"事情一直没有进展，直到 1915 年，爱因斯坦在普鲁士的科学院中宣布，牛顿的理论在引力场十分强烈的情况下是无效的。这正是水星的情况。爱因斯坦解释说，太阳利用自身引力使得周围的空间弯曲，每当水星来此冒险，它的运动就会超出牛顿理论的标准速度一点儿。加速运动使得水星的近日点在每次公转后都会改变一点点。我们观测到的改变幅度刚好与广义相对论预测的一样。爱因斯坦高兴地和同事们说："水星近日点运动的方程得到了证实，你们知道我有多开心吗？我都激动得好几天说不出话来了。"观测水星的近日点，1919 年为了观测太阳后方恒星的位置改变而观测到的日食，二者从宏观领域验证了广义相对论预言的空间曲度。爱因斯坦从此走上了职业巅峰。

Météores

流 星

目前，我们已经认识了 200 颗有规律地相隔穿过地球轨道的彗星。同时，我们还至少确定了 1200 颗运行轨道与地球轨道相交的**小行星**（详见词条）。在这些"大地巡洋舰"中，至少有 300 颗的直径大于 150 米，它们构成了真正的威胁。因此，地球与彗星或小行星相撞的风险一直存在。会不会像过去的占卜者所预示的那样，某些彗星会带来世界末日的毁灭呢？

当然，地球已经数次被这些火流星击中了。事实上，我们的地球每天都会经历从天而降重达 300 吨的石头和灰尘雨的洗礼。幸运的是，地球大气层构成了保护我们身体健康的盾牌，让我们免受重量小于 10 万吨、直径小于几十米的石质火流星的伤害。实际上，大气层中的空气摩擦使得火流星急速刹车，大部分火流星瓦解为许多小碎块。石体与空气分子的摩擦使得后者发光。同时，石质粒子达到白热状态后开始燃烧、耗尽，因此在星空中留下了火红的线条，呈现出壮观的"流星"景象。

流星大多是老年彗星碎片的终极燃烧。其实，彗星每经过一次太阳，都会因蒸发丧失一点儿质量。从彗星母体上掉下来的碎片随着母体在同一轨道上运动。最初聚在一起的碎片随着时间的推移会散布在母体彗星的整个运行轨道上。因此，如果地球的轨道与彗星的轨道相交，人们会在每年的同一日期欣赏到彗星碎片与地球大气层摩擦形成的流星雨。人们根据"流星雨"出现方向所在的星座为其命名，因而有了双子座流星雨或者狮子座流星雨等诗意的名字。因此，在 8 月第二个星期的美丽夜晚，你通常能够欣赏到来自英仙座方向炫目的英仙座流星雨。燃烧的美景会连续出现几晚，于 8 月 12 日的拂晓达到顶峰，此时，地球遇到了蜂拥而来的古老彗星（斯威夫特·塔特尔彗星，发现于 1862 年）的碎片，50 颗流星在短短一个小时内将描绘出美妙的光迹图。

Météorite

M

∽ 陨　星

　　没有完全燃烧殆尽掉到了地球表面的**流星**（详见词条）叫作陨星（又称：陨石）。过去，地球曾数次被这些天外来客撞击。很长一段时间，科学界认为石头从天而降的观点荒唐可笑。到 18 世纪末，巴黎科学院仍不承认它的存在。19 世纪初，法国物理学家让 - 巴普蒂斯特·比奥（1774 — 1862）成功证明了这些燃烧的石头来自地球之外。1803 年，有消息称奥恩省的艾格村下了一场石头雨。比奥被巴黎科学院派去勘探现场。他检查了散落在方圆几十平方千米内的数百块石头碎片，采访了农民，印证了他们的证词，简言之，他用最严谨的科学方法研究了这一现象，成功扭转了同事们的怀疑态度，说服他们接受了"石头从天而降"的事实。

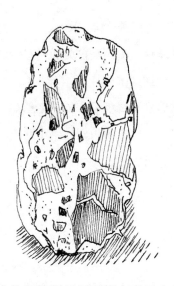

　　尽管大部分大体积的陨星很可能来自于小行星带，但其中一部分也可能来自于月球或者火星。实际上，天体物理学家认为，有些岩石碎片可能是小行星与月球或火星撞击后进入太空中，然后抵达地球表面的（详见：**泛种论**）。1996 年夏天，时任美国总统的比尔·克林顿高调宣布了科学家在南极洲荒芜的冰川平原上采集到了一块暗绿色的陨星，被命名为 ALH84001（ALH 指这块陨星在南极洲的采集地点阿兰山，84001 意为 1984 年收集的陨星中的第一个），其中含有火星微生物的化石。

　　人们认为这块陨星来自火星，因为其内部气体的化学组成与地球大气层大相径庭，却与火星大气层十分相似。人们通过放射性来推断日期，确定了这块陨星形成于 45 亿年前，而且是在 1600 万年前被火星抛出的。它在约 13 000 年前落到了南极洲，然后自公元前 11 000 年开始就一直安静地待在冰下，直到 1984 年才被科研队发现。这块陨星中所谓的火星化石由成千上万个类似迷你香肠的长形结构构成，这些结构嵌在碳酸盐颗粒中，让人很容易就联想到地球上的细菌。然而，将这些结构归入细菌类并不符合我们所认识的微生物：这些所谓的化石的长度只有 25 纳米，体积不到我们已知的最小细菌的 1/10。身材如此迷你的有机物中不可能含有足够多形成独立生命的 DNA 分子。地球细菌中区区一个细胞的细胞膜厚度就有 25 纳米。因此，目前，科学界仍然对陨星 ALH84001 中存在火星化石持怀疑态度。尽管如此，这块陨星产自火星是毫无疑问的。

已知的月球陨星至少有 12 个：人们认为它们都是在小行星撞击月球时被撞下来的，因为它们的化学组成与阿波罗计划中宇航员从月球上采集并带回地球的岩石样本一样。

突然从天而降的石头似乎从未伤害过人类。我们尚未听说过陨星砸伤或者砸死人的事情。当然，还是发生过一些稀少的案例——停在街上的轿车车顶被打穿，车库库顶被砸坏，信箱被砸碎。不过，陨星确实连只猫都未曾伤害过！大部分从天而降的石头的直径都小于 10 米，在地球大气层中就被耗尽了，很少能够抵达地面。即便抵达地面了，它们的撞击能量也是非常有限的，造成的损失并不严重。

引力幻象

Mirages gravitationnels

详见：**引力透镜**

星际分子

Molécules interstellaires

分子的形成，或称原子聚集体的形成，是制造现实世界关键且必需的一步。氢原子核与氦原子核诞生于宇宙的前三分钟内，然而像碳、氧、氮等更重、更复杂的化学元素的核，诞生得更晚，由恒星的核炼金术产生。这些原子居住在旋涡星系广阔的星际空间的星际云中。自然为了攀上复杂金字塔的顶尖，利用这些原子作为基本物质单位，从分子开始，构建了更高级的结构。

然而，如何促进原子相遇从而推动分子的形成呢？即便是密度高达 100 万个原子每立方厘米的星际云，也不是原子相遇的理想环境，因为它们仍和我们在地球实验室中模拟的最佳状态的真空一样空。因此，宇宙发明了星际尘埃粒子。这些粒子成了化学元素原子的"相亲俱乐部"。原子核在星际粒子的表面，纵享配对与组合的盛宴，电磁力作为"胶水"将原子黏合在一起。如此，含有两个、三个、四个，甚至十几个原子的分子就出现了。

由于氢原子大量存在（星际空间内 9/10 是氢原子），由两个氢原子构成的氢分子（H_2）是包括银河系在内的旋涡星系的星际空间分子居民的主体。它们的数量是我们熟知的其他分子〔例如一氧化碳（CO）、氰化氢（HCN）、氨气（NH_3）、水（H_2O）、乙醇（CH_3CH_2OH）、甲醛（CH_2O）、甲酸（CH_2O_2）〕的百万倍，甚至是几十亿倍。除了氢分子只发射和吸收紫外光——这种光被大气层阻挡，只能被太空望远镜捕捉到，每个分子还发射一种无线电信号，人们可以通过地面的射电望远镜探测到这个信号，然后辨认它的身份。射电天文学家大约已经探测到了 120 种。万变不离其宗，它们都是星际空间中数量最多的四种基本原子的不同组合：氢（H）、碳（C）、氮（N）和氧（O）。人们好像还探测到了复杂的氨基己酸（NH_2CH_2COOH）分子，这是一种构成活细胞蛋白质的基本氨基酸。然而，我们离 DNA 错综复杂的双螺旋结构以及生命的萌芽还很远，不过，我们需要在自然面前保持谦卑的姿态，因为自然能在几乎为真空的冰冷星际空间中孕育出如此复杂的分子结构！

我们需要知道的是，**星际空间**（详见词条）并不宜居，其中充满了不利于分子生存的各种威胁：年轻大质量恒星的高强紫外线以及宇宙辐射、超新星（恒星的爆发物）高速（每秒几千千米）抛出的大量质子和电子，它们在星际空间中纵横交错，全力打击着分子，将它们瓦解、摧毁，并释放出原子。

　　幸运的是，在广阔的星际空间中，分子并不是随地驻营的。它们更喜欢住在密度大的地方。星际空间中有些云的密度能达到每立方厘米几百万个氢原子。它们比普通星际云的密度大几百亿倍（尽管它们的密度仍然与我们在地球上能够模拟出的最完美的真空相似）。我们将这些云称为"**分子云**"（详见词条）。分子云中有大量的**星际尘埃**（详见词条）。尘埃有两个作用：一方面，它们为原子提供了宜居的表面，促进了原子的结合；另一方面，它们保护着新生分子。尘埃不仅是中间人，还是脆弱分子的保护盾，能够吸收摧毁有害紫外线以及其他宇宙射线。由于星际尘埃能够吸收可见光，分子云被埋藏其中的恒星照亮，呈现出外形不规则的阴暗区域，它们只不过是尘埃云的轮廓。

　　分子云不喜独居。它们天性喜爱群居，聚集为方圆 150 光年左右的巨大复合体，其中包含的气体足以生成 100 万颗恒星。据我们所知，银河系中散落了 1000 个这样的分子复合体。正是这些分子云孕育了新恒星（详见：**星云或恒星托儿所**）。

∽ 多重宇宙

　　某些理论认为，我们的宇宙不是唯一的，它是众多属性各不相同的宇宙中的一员，每一个宇宙都有自己的初始条件和物理常数的组合。这些几乎无穷多的宇宙，同时存在于时间中，形成了人们所称的"多重宇宙"，也称"平行宇宙"。

　　因此，美籍俄裔物理学家安德烈·林德提出了一个理论，认为原始量子泡沫无数次波动中的任何一次都能形成一个宇宙，因此我们的宇宙可能只是一个由无数气泡组成的多重宇宙中的一个小气泡。美国物理学家休·埃弗莱特提出了一个更神奇的理论：宇宙每遇到一次选择或者决定就会分成两个。这样持续分裂下去，无数个平行宇宙就出现了。**弦理论**（详见词条）也承认无穷个不同宇宙的存在，因此它假设的众多其他宇宙维度能够形成几乎无数多种宇宙形状。弦理论最简单的版本中有六个维度空间，物理学家大约计算出了 10^{500}（1 后面有 500 个 0）多个宇宙！

　　由于某些具有影响力的物理学家表明了对强人择原理的支持态度，多重宇宙观现在十分流行。这个原理认为，为了生命以及意识的出现，我们的宇宙从大爆炸后紧接着做出了精确的调整。如何解释这个如此精准的调整呢？我们可以把赌注押在一个从一开始就规定了宇宙物理常数和初始条件具有"创造性原理"的单一宇宙上，也可以押在多重宇宙上。在多重宇宙中，绝大多数宇宙的物理常数以及初始条件的组合失败了，纯粹偶然，唯独我们的宇宙成功了，成功组合出现了，我们中了头彩！"多重宇宙"的概念使得我们排除了具有宗教意味的"创造""调整"等观点，这两个词映射了某些物理学家过于浓重的宗教倾向。

因此，为了解释宇宙真空的能量值接近零，美国物理学家史蒂文·温伯格（1933 — ）提出了弱人择原理的论据。这个版本几乎是强人择原理的同语重复。它认为宇宙的属性应该适合我们的出现，而不是强人择原理中假设的宇宙演化到某个阶段，意识形态（专指人类）一定会出现。弱人择原理排除了"必须"的概念，而是求助于"偶然"。我们是偶然出现的，由于我们的宇宙偶然具有了获胜的组合。其他所有宇宙的组合都是失败的，没有生机，不会出现生命以及意识。人类无法出现在水星以及金星滚烫的表面上，也不会出现在木星以及土星的气体表面上。同样地，人类也不会出现在真空能量太高的宇宙中：巨大的斥力可能会导致猛烈的膨胀，其猛烈程度使得任何物质都无法聚集形成能够提供生命与意识所必需的重元素的恒星。同样地，恒星也无法出现在真空能量过低的宇宙中：巨大的引力可能导致宇宙坍缩，在相对短暂的时间内——比如1、10、100、100 万年后——大挤压也阻止了恒星、重元素、生命与意识的形成。只有当真空能量刚好在 0 之上，也就是我们的宇宙的情况时，宇宙才能孕育出生命与意识。在弦理论预言的 10^{500} 多个宇宙中，只有我们的宇宙满足条件。这就是为什么我们能在此讨论宇宙的原因了。

多重宇宙的观点能让人放弃"调整"（因此放弃了"方向"）等概念，却要承受科学领域最大的一个缺陷：它无法通过实验得到检验。我们的望远镜只能观测到我们自己的宇宙，它们永远无法看到别的宇宙。如果物理无法通过实验得到验证，就只能是一种空想。

白矮星

白矮星是质量小于钱德拉塞卡极限——也就是小于太阳质量 1.4 倍——的恒星耗尽了氢和氦燃料后的尸体。[1] 因此，太阳约在 50 亿年后停止辐射，停止向地球人提供能量。没有辐射继续与不断压缩恒星的引力抗衡后，太阳自己会坍缩成一颗半径为 1 万千米的矮星。大约一半的太阳质量（10^{33} 千克）将被压缩到与地球相同的体积内，这颗矮星的密度将是 1 吨每立方厘米[2]。一勺矮星就能重 1 吨，和一头大象一样重！人们之所以称其为"白矮星"，是因为死亡恒星的核心温度仍然非常高（高达 30 000℃，由于缺乏燃料，核反应不再发生，这个温度并非由此而来，而是恒星死亡前把氦聚变为碳时储存的能量），释放的电磁辐射为白光。

什么阻挡了白矮星继续坍缩呢？是电子在内部组织了顽强的抵抗，对抗起压缩作用的引力。彼此已经碰在一起的电子，拒绝被进一步压缩，相互之间开始排斥，这就是量子力学的奠基人之一，美籍奥地利物理学家沃尔夫冈·泡利提出的"泡利

1　钱德拉塞卡极限约是太阳质量的 1.4 倍，因印度裔美籍天体物理学家苏布拉马尼扬·钱德拉塞卡（1910—1995）而得名，这位科学家因发现这一现象而获得了 1983 年的诺贝尔物理学奖。年仅 20 岁的钱德拉塞卡当时希望到英国的剑桥大学跟着皇家天文学家亚瑟·艾丁顿（1882—1944）学习，在一艘从印度启程前往英国的邮轮上完成了这个工作。——译者注

2　构成太阳外层的另一半质量，将被赶到星际空间中，形成人们所称的"**行星状星云**"（详见词条）。人们也经常在行星状星云中发现白矮星。

不相容原理"。

如果白矮星是独居的,它将在几十亿年内持续向太空释放其储存的能量。最后不再发光时,它就变成了一具埋葬于星际土壤中的恒星尸体。这是一种温和的死亡方式。如果白矮星与一颗活着的恒星结伴而居,死亡就变得十分凶猛了。受白矮星引力的吸引,有生命恒星的外层会弯曲并聚集于白矮星表面;白矮星的质量因此增加,直到超过了太阳质量的 1.4 倍——钱德拉塞卡极限;电子无法继续抵抗引力了,白矮星坍缩;压缩物质升温,主要由碳构成的白矮星核心的温度升至 6 亿开,这个温度是一个碳核与一个氦核聚合所需的最低温度。碳开始燃烧,温度继续上升,进一步加快了核反应的速度;核反应启动,整个白矮星在巨大的爆发中崩裂,爆发的最大亮度能够达到 100 亿颗恒星的亮度,也就是银河系亮度的 1/10。这种死亡爆发被称作"Ia 型超新星",每当质量超过钱德拉塞卡极限都会爆发,而且它们的物理属性呈现出明显的稳定性,尤其是其最大亮度,因而,这些爆发还是最理想的宇宙灯塔。

某些天文学家认为另一种解释更合乎情理,位于一个双星系统中的两颗白矮星分别落向彼此,形成一个质量大于太阳质量 1.4 倍的物体,导致这个物体发生引力坍缩。这个物体的结局与第一种解释里的相同:碳燃烧引起了剧烈的爆发。这些 Ia 型超新星的亮度非常璀璨,在宇宙十分遥远的地方都能看到。因此,它们是出色的信标,能帮助我们追溯到宇宙遥远的过去,测量出遥远过去的宇宙膨胀率。正是在它们的帮助下,我们才发现了宇宙加速膨胀。

褐矮星，失败的恒星

星际云由 98% 的氢和氦以及少许（2%）的碳、氮以及氧等更重的元素构成。恒星诞生于星际云的坍缩和碎裂，然而，某些云碎片永远变不成恒星：因为质量太小了，引力的压缩能力不足，中心温度无法达到核反应所需的临界值 1000 万开。它们没有开启光荣的恒星生涯，而是停留在了紧密、黑暗的状态，由一种永远无法点燃氢核聚变的物质构成，迷失在广阔无垠的漆黑太空中。这些失败的恒星被叫作"褐矮星"，它们的质量约为太阳质量的 8%，也就在木星质量 13~80 倍范围内。然而，它们的核心温度足够高，能够聚变氢生成一种被称作氘的化学元素；这次核聚变使得褐矮星在熄灭并彻底消失在黑暗之前能够短暂地发光。与恒星相比较，它们的光十分微弱，所以褐矮星很难被探测到，然而天文学家还是利用红外线望远镜成功捕捉到了几十颗。

相反，质量约低于 13 个木星质量的天体永远都不会发光了。木星就是这样一种行星。它的气体质量在引力作用下收缩，然而，它的总质量太低了，核因此无法发生反应。然而，行星引力收缩产生的能量仍在释放：木星释放的热量是它从太阳获得的热量的两倍多。如果木星从原始恒星星云中再多积累十几倍的气体，它肯定也能成为一颗和太阳同等地位的恒星——那么我们的系统内就会有两颗恒星，不过可能不利于地球生命……

详见：**宇宙遥远的未来**

Naine noire

❧ 黑矮星

它是在太空中释放完全部热量的**白矮星**（详见词条）的最终状态。白矮星因为不可见而变成"黑矮星"，从而加入了广阔星际土壤中无数恒星尸体的大军。

Nébuleuse ou pouponnière stellaire

❧ 星云或恒星托儿所

恒星托儿所是年轻恒星的庞大综合体。恒星胚胎诞生于大质量恒星的爆发，即超新星（详见：**恒星**）引起的冲击波所导致的**分子云**（详见词条）引力坍缩。一旦降临于世间，年轻恒星就开始释放高能量的紫外线，这些射线使电子从构成星际云母体的原子中分离出来：这叫作电离气体。这些电子与原子核重组，产生的辐射使得星际云呈现出五颜六色的光芒，陈列出形状各异、美妙绝伦的气体结构（被称作"星云"），尘埃带与电离气体混合在一起描绘出精美绝伦、多姿多彩的各式图案。恒星托儿所，宇宙的多产沃土，散布在星际土壤中，是宇宙中最为壮观的天体，它们诗意的名字反映了自己在人类眼中的模样：三叶星云、马头星云、天鹰星云……

在这些恒星托儿所中，恒星胚胎的显著特征是包围着胚胎的气体及尘埃圆盘（太阳系的行星以及年轻的太阳就诞生于这样的圆盘中）垂直射出的物质流。物质朝着两个相反的方向喷射——圆盘的上面及下面，速度接近 100 千米 / 秒，形成了人们所称的双极喷流。吹拂我们脸颊的风是空气流动的结果，同样地，这些物质流也是恒星胚胎的"风"。

Nébuleuse planétaire

行星状星云

两件事情标志着低于 1.4 个太阳质量的恒星（太阳属于这类恒星）的死亡。一方面，碳核心在引力作用下收缩为**白矮星**（详见词条）；另一方面，其外层气体在几百万年内被抛射到太空中。外层气体很容易脱离恒星，以每秒几十千米的速度远

离核心，最后，其体积与太阳系的大小相同。恒星过去的辐射将表层加温至 3000 ℃，因而光芒四射，呈现出红黄两色交杂的气体结构。人们将其称作"行星状星云"——这是个迷惑人的表达方式，因为它实际上与行星没有任何关联。过去，人们（错误地）认为行星状星云是正在形成的恒星系统。

人们已在银河系中发现了大约 1000 个行星状星云。它们种类繁多的外形、多姿多彩的结构，为人类呈现出精妙绝伦的视觉盛宴。在以白矮星为中心的发光气体球形的基础外观上，大自然雕刻出喷柱、凝结气体以及气圈，构成了一幅幅美妙无比的宇宙画卷。

大自然同时还利用行星状星云与恒星的核反应产物（此处涉及的元素是碳）在星际空间中播种。因此，散布在空间中的重元素与在引力作用下坍缩的氢氦星际云混合，诞下新一代恒星。某些恒星肯定会伴随着一个行星系统，在其中一颗行星上可能会出现由恒星尘埃构成的生命。

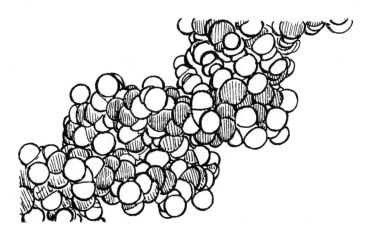

中微子

中微子是一种质量很小、不带电荷且很少与物质发生反应的基本粒子。1931 年，奥地利物理学家沃尔夫冈·泡利为了解释放射现象预言了它的存在，也就是某些原子核在放射某些粒子（其中包括中微子）或者电磁辐射时自发地失去了质量。由于这个粒子与中子一样，都不带电荷，同时又为了区别于质量大很多的中子，意大利物理学家恩利克·费米（1901—1954）将其命名为"中微子"（在意大利语中的意思是"小中子"）。

在自然界的四种**基本力**（详见词条）中，引力、电磁力以及强核力对中微子没有任何影响，只有弱核力才作用于它。这就是中微子几乎不与重子物质发生反应的原因，因为它们主要由质子、中子以及电子构成，这几种粒子只与电磁力以及强核力发生反应。正是缺少反应，我们才难以证明它的存在，因为探测器是由重子物质构成的。泡利一直认为自己犯了物理学家最大的错误：提出了一个可能永远无法证明的粒子。然而，他错了。尽管一个中微子与一个原子核发生反应的概率很低，却不完全为零。因此，如果我们在中微子的前进道路上放置尽可能多的原子，例如一个巨大的液体容器，发生反应以及被探测到的概率就会增加。之后就需要科学家有十足的耐心，因为等待中微子与物质原子发生反应的时间可能是几个月，甚至是几年。经过不懈的努力，美国物理学家弗雷德里克·莱因斯

（1918—1998）和克莱德·考恩（1919—1974）最终于1955年，也就是在泡利做出天才预言的二十多年后，证明了中微子的存在。现在，包括日内瓦的欧洲核子研究组织的粒子加速器在内的众多加速器每天都能产生许多中微子束。莱因斯凭着中微子的发现获得了1995年的诺贝尔物理学奖。

此外，中微子还在宇宙演化过程中扮演了重要的角色。大爆炸理论告诉我们，大部分中微子在原始爆炸发生后紧接着就诞生了（还有一小部分出现于大质量高温恒星发生核反应时）。原始中微子的数量很大，几乎与构成宇宙微波背景辐射（原始火光的遗留热量——详见：**化石光**）的光粒子数量相同。目前宇宙中每立方米的空间中大约有5500万个中微子（相较于5个氢原子）。就在你阅读这段文字时，每秒钟会有几千亿个中微子神不知鬼不觉地穿过整个地球，从土壤中钻出来，然后穿过你的身体。美国小说家约翰·厄普代克（1932—2009）被这些隐形粒子的神奇特性征服，甚至为中微子写了一首诗：

> 它们蔑视厚重的墙壁，
>
> 不在意坚硬的钢和回声响亮的铜，
>
> 它们挑衅牲口棚里的公马，
>
> 没有等级区分地
>
> 侵袭你我。
>
> 如同巨大的无痛断头台，
>
> 它们从我们的头顶直接落到脚边的草地上。
>
> 夜晚，它们来到尼泊尔

原始中微子很少与重子物质发生反应，这个庞大数量的群体从未被我们的望远镜或者探测器捕捉到，因为这些器材刚好就是重子物质做成的。目前，我们仍然无法逮住它们。

与原子数量相较，中微子数量庞大，因此，一个中微子的质量只需要大于或等于一个质子的亿分之一，它就可以构成全部的宇宙**暗物质**（详见词条）。某些天文观测结果显示，中微子确实是有质量的。1987 年，地球人在大麦哲伦云——距离我们 17 万光年处绕着银河系运行的矮星系——中看到了一颗恒星爆发为超新星。一股巨大的能量主要以中微子的形式（总共 10^{58} 个）被释放出来。日本的一个探测器捕捉到了其中的 11 个：这是一个位于日本神冈村锌矿深处 5 万立方米的蒸馏水池。如果中微子的质量不为零，它的运动速度应该略微低于光速（只有像光子等没有质量的粒子才能以光速运动），而且比光略晚到达地球。然而，中微子经过 17 万年的漫长旅行，才相继到达地球。这也就是说，它们的质量不大。它的质量好像只有整个暗物质质量所需的 1%（甚至更小）。

艾萨克·牛顿

　　像阿尔伯特·爱因斯坦一样，艾萨克·牛顿（1643—1727）也是人类精神史上少有的仅利用自己思想和天赋的力量就彻底改变了世界模样的个人。牛顿是统一天地的魔术师，他彻底推翻了亚里士多德的宇宙观。亚里士多德曾认为，天地受不同的自然定律统治，天上的运动是循环的，地上的运动是不变的。牛顿还解开了彩虹的秘密。

　　冥冥之中像是某种新老接替，牛顿是在伽利略（1564—1642）去世的第二年诞生的。他们二人用生命书写了一场贡献巨大的重要科学革命。1664 年和 1665 年，年轻的牛顿在剑桥大学求学，深受笛卡尔、伽利略和开普勒思想的影响。1665年，为了躲避大肆流行的鼠疫，他躲到了母亲位于林肯郡乡下的别墅里。接下来的两年，就是年轻的物理学家靠自己学术能力改变世界面貌的这两年，很是神奇。在 24 岁的时候，他发明了流数术（如今的微积分），发现了光的基本性质，最重要的是提出了万有引力定律。传说年轻的物理学家在母亲的果园里玩耍时，看到一个苹果掉到自己脚边，灵光一现，认为相同且唯一的引力导致了苹果掉落以及月球绕着地球旋转。而**阿尔伯特·爱因斯坦**（详见：**阿尔伯特·爱因斯坦，一个矛盾的天才**）在 1905 年发现了狭义相对论、光电效应以及原子运动。除此以外，世界再也没有在如此短暂的时间内发生如此巨大的变化了。

牛顿在 27 岁时就在闻名遐迩的剑桥大学评上了教授。然而，除了寥寥无几的同事知道他的发现，牛顿的天赋并不为人所知。独自工作的他写下了数百页的草稿，最终都被他束之高阁了。牛顿没有发表自己的成果，可能是因为他认为这些成果并不完整，不过更有可能是他生性多疑且性格偏执导致的。实际上，这位年轻的教授当时认为自己发表后可能会招致各种反对攻击，而且自己的思想可能会遭到某些不知羞耻的同事剽窃。

1684 年，在他发现了万有引力 20 年后，牛顿在与皇家天文学家埃德蒙·哈雷（1656—1742）会晤后，迎来了人生的一个关键转折点。这位皇家天文学家在一次交谈时偶然间得知牛顿已经解开了行星运动的问题——行星为什么遵循开普勒定律？这个问题已经提出了约 200 年。利用了一个数学技巧：他自己创造的流数术！

哈雷焦急地等待着牛顿公开他的理论。牛顿听取了皇家天文学家的劝说，经过两年坚持不懈的撰写，终于在 1687 年，在哈雷的经费赞助下发表了自己的代表作《自然哲学的数学原理》（*Principia mathematica*）。他出色地阐述了自己的万有引力定律理论。该书时至今日仍然是最有影响力的物理学著作。哈雷利用牛顿的万有引力定律，计算出后来以自己名字命名彗星的运行轨道，这颗彗星每隔 76 年左右都会拜访地球一次，宽慰了他的后人。

这部作品是人类精神史上和谐的学术丰碑之一，牛顿综合了**开普勒**（详见：**约翰尼斯·开普勒**）以及**伽利略**（详见词条）

取得的成果，回答了前人留下的许多尚未解决的问题。正如**第谷·布拉赫**（详见词条）正确预言的那样，在其表面固定着行星的水晶球只不过是人类想象的产物，那么是什么将行星固定在自己的椭圆形轨道上的呢？它们为什么没有落向太阳？如果和基督教宇宙中托马斯·阿奎那（约 1225 — 1274）所言情况不同，并不是由天使推动，那么是什么使它们移动的呢？为什么在靠近太阳时它们做加速运动，远离太阳时做减速运动？

牛顿实现的巨大飞跃是将果园中苹果的掉落与绕着地球旋转的月球运动联系在了一起。在他看来，月球和苹果一样，只受制于唯一一种引力。二者都"落向"地球。然而，为什么一个抛向空中的苹果一会儿就摔碎在地上，而月球却继续沉着冷静地绕着地球旋转呢？这是因为，苹果在被抛出的那一刻，手掌没有给

予足够强的推动力。如果扔苹果的力量越来越大，它在空中停留的时间就会越来越长，落地的距离也会越来越远。如若苹果的初始降落高度超过了地球的直径，这时它就会像月球一样，绕着地球在椭圆形轨道上无休止地旋转。和行星一样，苹果完全不需要固定在一个靠天使推动才旋转的水晶球上就可以实现运动！万有引力使得所有物体对其他物体的引力与二者质量的乘积成正比，与二者之间距离的平方成反比。靠近太阳的行星受到了更强的太阳引力，所以它的运动速度加快。反之，远离

太阳时，它受到的太阳引力变弱，会做减速运动。牛顿借助万有引力定律，不仅解释了开普勒定律，还解释了月球如何导致了地球上的海洋潮汐、彗星的运动轨迹、木星卫星的运动轨迹、月球的运动以及许多其他的自然现象。

牛顿改变了认知世界的方式。过去由乔尔丹诺·布鲁诺靠哲学以及神学论据构思出的无穷宇宙如今得到了科学印证。宇宙不能有边界，因为如果有，就得存在一个特殊的中心位置。引力就会吸引万物，使得宇宙各个部分朝这个中心坍缩，因而形成一个巨大的中心质量，这一点与目前观测到的宇宙并不相符。

因此，决定论强势出场。严谨准确的数学定律已经确定好了地球和天体的运动。一旦启动，这些运动就不需要天意或者其他东西的介入了。一切早已提前确定好了。牛顿的宇宙就像一个上足了油的完美仪器一样运行着。从此，上帝有了很多自己可支配的时间。上帝不再需要亚里士多德的宇宙中的常备不懈，长期监视着天使部队，保证行星和其他天体的良好运行。在牛顿的宇宙中，上帝只需要在最开始时轻轻一弹指，接下来，宇宙就能够自行演化。

牛顿彻底改变了世界观。17 世纪末期，人类意识到自己迷失在一个均匀地布满恒星的无穷宇宙中，而自己不再是宇宙的中心。人类栖息在一个毫不起眼的地球上，生活在一个决定论的机械宇宙中，这个宇宙中充满了毫无生机的物体，这些物体的行为由一些定律严格地确定了，而自己可以用理性发现这些定律。上帝存在，却十分冷淡。上帝创造了宇宙，然后上好"发条"，之后他就站在远处观看宇宙的演化，从此不再参与人间事务。无限性让某些人心生恐慌。布莱士·帕斯卡（1623—1662）发出了著名的肺腑之言："无限空间的永恒寂静让我畏惧！"然而，对于大部分学者而言，人类的理性能够解开上帝的秘密，能够理解统治宇宙的定律，这一点令他们兴奋。

牛顿的思想传遍了整个欧洲大陆，使他从此闻名遐迩。这份盛誉离不开天资聪颖的科普工作者，他们使得牛顿的科学和哲学能被欧洲知识分子所理解。在这些人中，最杰出、最著名的当属伏尔泰（1694—1778），这位启蒙时代的哲学家是牛顿的热忱追随者。伏尔泰于1738年发表了《牛顿哲学原理》。在这部献给自己的情妇

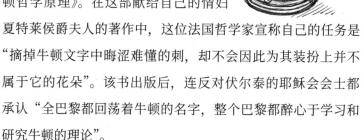

夏特莱侯爵夫人的著作中，这位法国哲学家宣称自己的任务是"摘掉牛顿文字中晦涩难懂的刺，却不会因此为其装扮上并不属于它的花朵"。该书出版后，连反对伏尔泰的耶稣会会士都承认"全巴黎都回荡着牛顿的名字，整个巴黎都醉心于学习和研究牛顿的理论"。

牛顿巨大的影响力贯穿了整个18世纪，即启蒙时代。理性逐渐将信仰排挤到次要的位置。上帝越来越遥远，因此天文学家**皮埃尔－西蒙·拉普拉斯**（详见词条），这位决定论的颂扬者，决定抛弃上帝。当拿破仑·波拿巴斥责他在作品《天体力学》中完全没有提及造物主时，他骄傲地回答："陛下，我不需要上帝这个假设！"对人类理性的信仰渗透到了人类活动的

方方面面。"自然能够归顺人类的利益，人类能够不停地进步完善，社会和政治机构能够服务于人类"等进步观点从此出现。18 世纪末，不仅开始了工业革命，美国也于 1775 年拉开了独立战争的序幕，接着还有 1789 年的法国大革命。19 世纪出现的浪漫主义标志着对牛顿过于冰冷的决定论机械宇宙观的反抗，然而却阻止不了他在物理学继续占据着重要的位置。海王星并不是在探索太空时被发现的，而是法国天文学家奥本·勒维耶（1811—1877）以及英国天文学家约翰·柯西·亚当斯（1819—1892）根据万有引力定律通过计算发现的——再次证明了宇宙机器在完美地运行。

就在《自然哲学的数学原理》发表几年后，神经性抑郁症结束了牛顿的科学创造力。他离开剑桥来到伦敦，当了造币厂的厂长，管理了好多年英国的外汇。正是在这段时期，牛顿撰写了另一部著作《光学》，出版于 1704 年。他在书中详述了自己约在 40 年前取得的光学研究成果。牛顿的天资不仅表现在他挚爱的数学与理论研究方面，他还是一位举世无双的实验家。《光学》中描述的光的分解实验（借助一个玻璃棱镜，将光分解为彩虹的七种基本颜色）是物理学上一个十分重要也十分巧妙的实验。忠实于自己的宇宙机械论哲学，牛顿宣扬光的微粒观。他认为，一道可见光是在这条直线上鱼贯而行的连续微粒。为了解释彩虹的七种颜色——红、橙、黄、绿、蓝、靛、紫，牛顿借鉴了万有引力定律内含的概念。他提出了七种大小不同的粒子，并使引力以及斥力介入其中推动或者拉扯这些光粒子，如若没有这两种力，粒子会沿直线传播。因此，棱镜使蓝光比红光折射得强，因为它作用于前者的引力要大于后者。牛顿的光学观点势不可当地主宰了整个 18 世纪的光与颜色的研究，当时宣称光具有波的属性的对立观点几乎没有容身之地，直到 20 世纪，物理学界才承认光具有波粒二象性。

　　表面看来，牛顿是开启理性时代的鼻祖。然而，经济学家约翰·梅纳德·凯恩斯（1883 — 1946）并不这样认为。在他看来，"牛顿并非理性时代的第一人，而是最后一位魔法师，是最后的巴比伦人和苏美尔人，是和数万年前就开始建立人类精神遗产的伟人用相同的眼光审视这个有形世界和智力世界的最后一个伟大灵魂"。凯恩斯之所以这样说，是因为他于 1936 年在苏富比拍卖会上得到了封存了两个多世纪从未公开过的牛顿手稿。凯恩斯在这些手稿中惊讶地发现，科学研究只占了牛顿一生中很少一部分时间。他大部分时间用来研究炼金术以及神学，并将自己独特的发现洋洋洒洒写了数千页手稿。科学以外的涉足或许说明，牛顿对于纯粹的机械世界观，以及宇宙是上足了油后完美运行的钟表这一观点感到了不适。他还是认为金属变为金子是一种精神净化的行为。就在其同事局限于日常的科学观察与实验时，牛顿大胆地去平行宇宙中冒险，在这个宇宙中，天体不再用物理术语描述，而是天意预言的，这个宇宙不再是机械的，而是由一种神秘的隐形力量支配着，对他而言，这种力量恰巧与引力重合了。宇宙是一个具有灵魂的有机体。它充满了以太，这是一种无边无际的神奇精神物质，其中穿梭着许多隐形的生命、植物以及性的力量。上帝主宰着物质世界，创造了复杂的组织结构。

这是牛顿身上的第一个矛盾点：牛顿表面上是一位物理学家，却从未是纯粹的牛顿学说拥护者！他是现代科学的天才创始人，却富有中世纪精神。牛顿是货真价实的前牛顿世界之人！在他眼中，炼金术、神学与物理学地位一样，都具有共同且唯一的追求，就是寻找上帝。

以上并不是牛顿身上唯一的矛盾点。另外一个矛盾点同样令人惊愕：牛顿的智慧与宇宙一样宽广，他的思维涵盖了整个宇宙，其科学成就的高度超越了最高的山峰，然而他的性格却十分狭隘小气。他过着病态的独居生活，这与敏感的童年密不可分。他的父亲是一名没有文化的农民，在他出生前就去世了，母亲为了改嫁把他留给了祖母。母亲的遗弃使得牛顿的童年十分凄惨，造成了他沉默寡言的性格，之后，他超群的智慧得到认可，考入了剑桥大学。取得学位后，他留校任教。在学校里，冷漠、高傲、孤僻的他形单影只，蔑视同事们的陪伴，只待在自己的房间里潜心研究。虽然他的精神在探索浩瀚宇宙时没有局限，但他的身体却从未离开过房间的四面墙壁前往冒险。因此，虽然万有引力定律出色地解释了受月球以及太阳引力作用形成的海水潮汐现象，但牛顿本人很可能从未亲眼见过大海！他喜欢沉默与思考，不喜欢交谈，喜欢独居，不喜欢社交关系，因此他没有朋友，也几乎没有社交生活。离开剑桥大学到伦敦的造币厂任职时，他甚至懒得提笔和自己的熟人道个别。

牛顿一辈子都没和女性发生过肉体关系。作为极端的清教徒，他虽然在日记里倾诉自己臣服于"女人的外貌及形体"，却斥责给他介绍女人的英国哲学家约翰·洛克（1632—1704），说他想扰乱自己的思想。他热忱地捍卫着升华理论。"为了保持纯洁,"他写道,"不应该直接对抗自己纵欲的念想,而应该试着阅读或者思考其他问题来转移注意力。"

在对待自己的同事方面,牛顿的行为同样古怪到病态。他十分多疑,妄想狂般地害怕别人剽窃自己的观点,因而过了数十年才发表自己早在 1665 ~ 1666 年就取得的成果。就在他的作品公开发行后,某些观点不可避免地遭到了攻击。牛顿对自己的反对者表现得心胸狭隘且残酷无情。他错误地批判德国学者戈特弗里德·莱布尼茨(1646—1716)窃取了自己的流数术成果,然而现在多数观点认为,后者确确实实是独立完成了这一发明。他像暴君一样统治着英国皇家学会,即英国的科学院,以十分无耻的手段对待自己的竞争者,譬如物理学家罗伯特·胡克(1635—1703)以及首位皇家天文学家约翰·弗兰斯蒂德(1646—1719)。在信誓旦旦地高呼宇宙和谐、相互依存时,牛顿的脑海中从未闪过和谐以及相互依存同样适用于人间事务的想法。他的品格证明了一个人的科学天资与其道德品质并没有必然的关联。

科学家、魔法师、新教徒、异教徒(他抛弃了三位一体的教义)、人类、魔鬼——牛顿的个性充满了矛盾。然而不可否认的是,他的天资改变了世界。我们所认识的世界基本上是由牛顿定义的。无论我们向空中扔球还是打网球,或者乘飞机、向月球输送宇航员或者太空探测器进入绕地运行轨道,所有的运动都受牛顿的万有引力定律支配。当然,爱因斯坦在 20 世纪提出了相对论,告诉人们时间和空间不是牛顿所认为的那样绝对（全世界都是一样的）——它们取决于观察者的速度以及他所处位置的引力场强度。然而相较于光速，我们在车、飞机或者轮船上达到的速度都十分微小，而相较于黑洞的引力场，地球的引力更是微不足道，因而我们日常生活中时间和空间的改变都可以忽略不计。目前，牛顿的定律能十分准确地描述人类的现实，同样可以描述十分遥远的未来。我们在牛顿的世界里行进着。两个多世纪以后，爱因斯坦这样致敬自己的这位前辈："牛顿既是实验员、理论家，也是艺术家。对他而言，自然是一本打开的书。他立在我们面前，强势、自信又孤独：字里行间都洋溢着创造以及严谨的快乐。"

扩展阅读：詹姆斯·格雷克，《牛顿传》，高等教育出版社，2004。

Nuages (Histoires de)

云的故事

我们的地球飘浮在黑暗的太空里，迷失在浩瀚的宇宙中，这简直是 20 世纪最美丽、最动人的画作。这画面不仅强调了地球的珍稀与脆弱，还凸显了它美丽以及宜居的环境：地球上有海洋和大气——白云在蓝色的水面以及褐色的陆地上空舞蹈——保护生命免受宇宙辐射以及其他太阳有害辐射的侵袭，地球是生命的港湾。

　　洁白如棉絮般的云彩飘浮在无边无际的天空上，无论是从太空还是从我们古老的陆地上看，它们都呈现出光怪陆离、千变万化的形态。它们打破了**蓝天**（详见词条）漫无边界的枯燥乏味感，用千奇百怪的曼妙身姿装扮了天空。然而，云彩究竟是什么呢？

　　云是依靠空气垂直运动而悬浮在大气层（详见词条：**地球大气**）中的许多十分微小粒子的集合，通常由大小为 1 ～ 100 微米（一微米等于百万分之一米）的小水滴或冰晶构成。在重力的作用下，所有的粒子都缓慢向下运动。最大的粒子（100 微米）约以 30 厘米 / 秒的速度降落。当水滴超过 100 微米时，由于太重而无法悬浮在空气中，它们会以雾或雨的形式降落。至于最小的水滴，也就是那些约 1 微米的水滴，它们的质量太小而无法降落到地面，降落速度只有 1 毫米 / 秒，因而只能在空气中永不停歇地随风摇晃。当空气中"饱含"水汽，也就是大气中水汽含量超过空气容量时，就会形成云。热气能比冷气容纳更多的水汽。因此，在海平面，每立方米 23℃的空气中含有 23 克水蒸气，然而 0℃的空气中水蒸气的含量只有前者的 1/5（每立方米不到 5 克）。

虽然云在天空中是可见的，但它们实际上却是十分微小的存在。根据形成方式以及高度的不同，人类将其分为十种不同的类型：高积云、高层云、卷积云、卷层云、卷云、积雨云、积云、雨层云、层积云和层云。每立方厘米的积云可以容纳 1000 个水滴，然而这些水滴相距甚远，因此，积云（和相似的其他云）的体积很大。不过，如果我们将积云中所有水滴汇集在一起，它们只占积云体积的十亿分之一：其他全部是空气。人们不禁疑惑，为什么奇形怪状的云，边界会如此分明？既然云形成于气流的垂直运动，那么答案就在空气上升的途中。云之所以轮廓分明，是因为空气不是以连续气流上升的，而是以断断续续的"气团"上升。

大自然中很少有物体是纯白色的，云却将这个颜色表现得淋漓尽致。它与**水**（详见词条）的泡沫的颜色相同，本质上是同一个原因：小球体对太阳光的散射。事实上，云是泡沫的对立面：云是被空气包围的水滴的集合，泡沫则是被水包围的气泡。气泡和水泡在扩散阳光方面的行为十分相似。如果不同尺寸的水滴（或气泡）散射不同的颜色，一个云中的全部水滴尺寸各异，散射后呈现出各种颜色，不同的颜色汇集在一起就成了白色。厚云更是如此：射入云内的阳光遇到无数水滴，发生多次折射（这就是"多次扩散"）后离开。冰晶对阳光的散射更复杂，因为冰晶不是球形的，而是不规则的；然而，最后的结果是相同的：冰晶形成的云也是白色的。

抬头仰望天空，凝视一群积云。某些积云很亮，洁白无瑕；其他较暗，呈现灰蒙蒙的白色。不要就此推断形成暗色积云的水滴比形成白云的水滴脏！云阴暗的颜色与脏不脏没有任何关系，更多的是与光线相关。它们之所以看起来暗，是因为与周围的同类相比光线更差。一朵光线差的云可能是位于相邻云的阴影之中，或者比其他云的水滴更微小。事实上，除了光线，另外一个决定云亮度的因素是厚度，它决定了云的透明度。一朵厚度大的云，阳光在其中会发生更多次散射。如果云的后方没有任何光源照亮它，它的亮度就主要由前方照过来然后散射到我们眼中的阳光决定。在阳光充足的情况下，云是洁白无瑕的。

我们再看一下厚度较小的云的情况。它传播了自己背后蓝天的一部分光线，大部分从前面直射过来的阳光会直接穿过云，而不会返回我们眼中。因此云传播的来自天空的光线很苍白、稀少，与周边光彩夺目的耀眼白色形成了鲜明的对比，因此厚度小的云看起来灰蒙蒙的。

同样地，多次散射导致了风暴云阴暗可怕的外表。聚集水滴且持续变大的过程中，风暴云是亮的。然而当积云"成熟"后，也就是说，它停止长大、不再继续升空时，它的上部（叫作"铁砧"，因为外观相对扁平）变暗。人随着年纪的增长会长皱纹，积云则会变暗。这是因为随着时间的推移，它们的水滴变大，数量减少，降低了阳光多次散射的效率。

让我们一起看一下这个过程。

一朵"年轻"云的水滴很小。然后，随着时间的推移，水滴相撞，与其他水滴聚集成更大的水滴。随着身材的变大，与过去的小水滴相比，大水滴因蒸发丧失的水变少，因此保存了自己的体积。然而，在聚集的过程中，它们的数量也会变少。例如，我们对比两朵年龄不同却在每立方厘米中含有相同水量的云。"老年"云中的水滴直径为 50 微米，而"年轻"云中水滴的直径是前者的 1/10，即 5 微米。因此，老年云中球形水滴的体积比年轻云中的大 1000 倍。既然两朵云在每立方厘米中具有完全相同的水量，也就是说，老年云中每立方厘米中含有水滴的数量是年轻云中的千分之一。然而，水滴散射阳光的能力与表面积，也就是直径的平方成正比。年轻云中一个小水滴散射阳光的能力是老年云中一个大水滴的 1%。然而，尽管效率降低了，年轻云 1 克水中的小水滴扩散阳光的能力却比老年云中大水滴的强 10 倍，因为前者胜在了数量多！就像世界竞赛中，人口起到了十分重要的作用：即便一些国家劳动力水平较低，最后也会因人口众多而获胜。云随着年龄的增长，多次散射的效率降低了，因此变得越来越暗。因而充满了大水滴的风暴云看起来阴沉沉的。

扩展阅读: D. 蓝什，W. 利文斯顿，《晨曦、幻景、蚀》，杜诺出版社，2002（D.Lynch et W.Livingston, *Aurores, Mirages, Éclipses*, Dunod, 2002）。

∽ 分子云

　　自然为了攀登复杂的阶梯，使出了浑身解数。它不仅制造了促进原子结合的尘埃表面环境（详见：**星际尘埃**），还创造了一个保护**星际分子**（详见词条）结合的有利环境。由于星际环境不宜居，还充满了不利于这些分子生存的各种威胁：年轻大质量恒星强劲的紫外线、**宇宙射线**（详见词条）、**超新星**（详见词条）高速（每秒数千千米）抛射的质子和电子流在星际空间中纵横交错，一心想着全力打击分子，将其瓦解摧毁，释放原子。

　　事实上，在银河系这样的旋涡星系的广阔星际空间中，这些分子不是随处居住的。它们偏爱居住在密度大的区域。其中有些云的密度可达每立方厘米数百万氢原子。尽管它们的密度几乎等同于我们在地球上所能模拟的最完美真空，这些云仍然比普通星际云的密度大几百亿倍，被称作"分子云"。和气体分子一样，此处的尘埃数量也很大。尘埃起到了两种作用：一方面，它们宜居的表面促进了原子的结合；另一方面，它们保护在此生成的分子。因此，尘埃不仅仅是中间人，还是脆弱分子的保护盾，吸收并摧毁对分子有害的紫外线及其他宇宙辐射。由于尘埃吸收可见光，分子云被藏于其中的恒星照亮时会呈现出边界不规则的阴暗区域，其实这就是尘埃云的轮廓。

　　分子云不喜独居。它们天性喜好群居，喜欢聚集成方圆约

150 光年的庞大复合体，其中含有的气体足以生成 100 万颗恒星。我们已经在银河系中发现了大约 1000 个类似的分子综合体。分子云是宇宙中的高产之地。正是它们在引力的作用下坍缩、分裂，才诞生新的恒星（详见：**恒星**）。

Nuit noire, ou paradoxe d'Olbers

黑夜，或奥伯斯佯谬

大爆炸理论使宇宙有了历史。因为，和空间一样，时间也是在大爆炸时突然出现的，宇宙有起源、过去、现在和未来。宇宙的起源包含了黑夜的秘密。

我们已经习惯了地球自转带来的日夜交替，习惯了它们区分着我们的日常活动以及睡眠。然而，黑色的夜晚引发了问题，困扰了许多伟大的灵魂。开普勒在 1610 年，牛顿在 1687 年都强调，在一个拥有无限恒星的无穷宇宙中，这些恒星都和太阳一样明亮，我们的视线无论朝向天空的哪个方向，应该都能遇上一颗恒星，就像身处广阔的森林中，你的视线势必会被一棵树挡住。夜晚的天空理应和白天一样明亮。然而事实并非如此。

奥伯斯佯谬〔得名于德国天文学家奥伯斯（1758—1840），他于 1823 年公开提出此佯谬〕，直到大爆炸理论出现后才得到了解答。夜晚是黑的，因为宇宙有一个开端，因此，其能被我们看到光线的可见恒星与星系的数量并不是无限的，而是有限的。宇宙的年龄约 140 亿年，我们只能看到半径约为 470 亿光年范围内的恒星。你可能会问为什么**可观测宇宙**（详见词条）的半径不是 140 亿光年？对于一个近距离的天体而言，用光年表达的距离实际上与它的光抵达我们所需的时间的数字相同。因此，我们今天看到的来自于 2000 万光年处的星系之光早在 2000 万年前就从星系启程了。受宇宙膨胀拉开的距离是微不足道的，2000 万年的时间与宇宙年龄相比十分短暂。然而，对于距离超过 2 亿光年的物体，宇宙膨胀导致的距离偏差就必须考虑在内了。因此，一个当下位于 470 亿光年处的星系之光是该星系 140 亿年前发射出来的，这是光在宇宙年龄范围内所能经历的最远距离。更遥远距离的恒星以及星系之光还没有时间进入我们的眼睛。

　　还有另外两个不太重要的因素导致了黑色的夜晚。首先，恒星的数量是有限的，因为它们不是长生不老的：经历了几百万年，甚至是几十亿年后，当它们核心储备的碳燃料被耗尽时，就会熄灭。其次，由于宇宙膨胀，星系离我们越来越远，它们的光在抵达我们的过程中会消耗越来越多的能量，使得星系的亮度变弱。

　　下次，当你享受着黑夜的静谧时，就会想到夜晚其实藏匿着宇宙的开端。

古代天文台

　　想要读懂天空的愿景使古人在很早以前就建造了"天文台"，这些天文台遍布世界各地，也出现在不同的文化中。

　　北美洲印第安人崇拜太阳，热衷于观察太阳，建造了一些表示季节变化的庙宇。在美国新墨西哥州的查科峡谷，阿那萨吉人在 11 世纪建造了一个没有屋顶的建筑物，被称作"基瓦"（Kivas）。在每年 6 月 21 日拂晓，阳光都能从一扇方向定位独特的窗户缝隙进入，照射到一个特别的神龛或者对面墙上的一幅壁画，而且阳光在白天沿着神龛移动。这些印第安人同样对月球运动十分感兴趣。在同一基瓦内，我们可以在更高的地方看到一套神龛，总共 28 个，这与月球运行到星座中同一位置所需的天数相同。建于 11 世纪的卡萨格兰德遗址也与天文现象相吻合。像美国怀俄明州比格霍恩山脉的"药轮"，也同样有类似的意义，它的缺口指向恒星升起的方向。天文日历告诉游牧民族何时开始季节迁移，去寻找更绿的牧场。

　　在中美洲以及南美洲，中美洲最有名的天文台是玛雅人建的奇琴伊察天文台，位于墨西哥的尤卡坦半岛。这座建筑物展示了许多太阳、月球以及金星的排列。玛雅人对天体的周期规律很感兴趣，从他们著名的历法——根据金星周期变化编制的《德勒斯登抄本》中可以看出这一点。秘鲁南部刻在地上的神秘纳斯卡巨画可能也与天空有关，而且似乎也具有某种天文意义。这些巨画可能是纳斯卡的天文日历，它们的轮廓可能象征着银河系。

其他文明也建造了与太阳或月亮运行规律相吻合的建筑物。最令人印象深刻的一个例子是建于史前的英国南部**巨石阵**（详见词条），可能建造于公元前 2000 年。通天的愿景同样表现在世界上最复杂、最大的宗教建筑上，即由高棉人 7 ～ 8 世纪末建造的位于柬埔寨西部的吴哥窟。二至点在这些复杂寺庙的朝向上起到了关键的作用：6 月 21 日，如果站在主路上，恰好能够看到太阳从主塔正上方升起。

埃及人也不例外。二至点同样在某些庙宇以及建筑物的朝向上起到了关键的作用，比如位于凯尔奈克的阿蒙神庙，在夏至日以及冬至日时太阳刚好从神庙中央升起。位于吉萨的胡夫金字塔塔尖与北极星方位对应，还能够通过其阴影的位置读出季节。

几个世纪后的中世纪，在哥特式的天主教堂中，人们又萌生了根据天体运动确定建筑物朝向以使之神圣化的愿望。因此，在圣米歇尔山，人们为了纪念圣米歇尔与恶势力之间史诗般的战争，歌颂他战胜魔王，于是建了一座教堂，这座教堂的中轴线指向圣米歇尔节日[1]当天太阳从地平线升起的方向。

1　法国日历上每一天都对应着一个圣人的名字，这一天就是该圣人的节日。——译者注

引力波

　　我们往池塘里扔一颗石子，水面会泛起涟漪。黑洞是时空里的深洞，形成的波也能向外传播。这些波与我们在池塘里看到的类似，不过，这不是水面的涟漪，而是时空弯曲中的涟漪，它们由黑洞中的引力形成。这些时空弯曲中的波被称作"引力波"。

　　爱因斯坦计算出空间中引力波的传播速度：刚好与光速一致！换句话讲，如果一只巨型手一下把月球从宇宙中摘走，我们会看到地球海洋因不再受月球引力影响而出现巨大的潮汐，约持续 1.3 秒后消失。1.3 秒是月球引起的太空几何变形历经 38.4 万千米（地月距离）抵达地球所需的时间。也就是说，当我们发现月球不在天上了时，潮汐就消失了，这一点是符合逻辑的。

　　通常情况下，一个加速运动的物体可能产生引力波。

　　美国物理学家约瑟夫·泰勒（1941 － ）以及拉塞尔·赫尔斯（1950 － ）利用阿雷西博大型射电望远镜，观察了数十载两颗**脉冲星**（详见词条）的相互旋绕。他们证明了这对脉冲星运行产生的引力波的强度恰巧等于广义相对论计算的数值——他们因此获得了 1993 年的诺贝尔物理学奖。

　　引力波的另一个来源是原初宇宙。广义相对论认为，在大爆炸的初始时刻，大量引力波笼罩了整个宇宙。探测到它们可以帮助我们追溯宇宙诞生的时刻。

2014 年，一个美国团队宣布自己在**宇宙微波背景辐射**（详见词条）中发现了原始引力波，然而他们的发现有待证实。

引力波不与星际物质发生相互作用，所以它们既没被吸收也没有变形，如果有一天能捕捉到它们，就可以帮助我们了解黑洞未被探索的新领域。它们将会告诉我们许多细节，包括黑洞的质量、旋转运动、运行轨道的形状，或者黑洞融合时的细枝末节以及由此引发的时空振动。

那么如何捕捉并解码引力波呢？这是一个极富挑战的问题，因为生成引力波的大质量物体并不位于我们的家门口，而在十分遥远的地方。因此，散布在银河系土壤中的数十个太阳质量的成对黑洞距离地球有数十甚至数千光年。而在类星射电源间游荡的高达数十亿太阳质量的超大质量黑洞，它们位于数百万甚至是数十亿光年的位置。

为了捕捉到引力波，物理学家试图制造出足够敏感的仪器。美国人约瑟夫·韦伯（1919—2000）是发明引力波探测器的首位科学家。他发明的探测器是一个高 2 米、直径为 0.5 米的圆柱形铝棒，总重 1 吨。原理如下：圆柱形铝棒本身有一个振动频率，这和香槟酒高脚杯一样。当敲击酒杯时，我们能听到清脆的声音。同样地，当引力波穿过探测器时，铝棒开始振动。此时只需测量圆柱体的振动就可以得到引力波的信息。然而，说话要比做事简单！因为铝棒只有 2 米长，也就是地球直径的六百万分之一，引力波导致的铝棒振动只有海水上升幅度的六百万分之一。即使是最近、最强的引力波源，振幅也只有 10^{-18} 厘米，只有一个质子直径的十万分之一！真是一个巨大的技术挑战!

　　另外一个问题继续增加了技术难度，那就是将铝棒与可能带来杂音的其他地面振动源隔开。韦伯利用自己的铝棒成功测量出幅度为 10^{-12} 厘米的振动，是一个质子直径的 10 倍。这是一次技术上的巨大进步，然而，若想探测出距离地球 10 亿光年、重 10 个太阳质量的两个黑洞融合时形成的引力波，这个数据得是现在的几十万分之一。

　　面对这一困难，物理学家转向了另外一种探测器：激光干涉仪。这种探测器两端相距几千米，也就是说，它能探测到的引力波是韦伯的铝棒幅度的几千分之一。

　　目前最先进的探测器是激光干涉引力波天文台（Laser Interferometer Gravitational-wave Observatory，LIGO）。LIGO 由三个激光干涉仪构成，一个位于美国路易斯安那州的利文斯顿，其他两个位于美国华盛顿州的汉福德。地域分离的干涉仪能够保证引力波都来源于太空。这样，三个干涉仪能够同时探测引力波。否则，如果只有一个干涉仪，火车经过也会使其受到干扰。

　　其他计划中或正在制造的探测器（VIRGO、GEO、TAMA）进一步突破了探测的极限，能够探测到幅度弱至目前技术 1% 的引力波。它们能够探测到幅度为 10^{-17} 厘米的变化，也就是一个质子直径的万分之一。

　　然而，地面探测器的观测结果还是会受到地震或车辆运动的干扰。为了克服这一障碍，科学家开始征战太空。美国航天局正在研究激光干涉空间天线（Laser Interferometer Space

Antenna，LISA）的空间干涉仪系统。然而，太空中也并非完全没有干扰源：还要十分留意宇宙辐射以及太阳风带来的干扰。

天体物理学家迫切地期待着首次直接探测到引力波那天的到来。它将为宇宙探索打开新纪元。天体物理学家将终于能够身临其境，见证黑洞、中子星的相撞与融合，见证吞噬类星射电源的超大质量黑洞的形成过程，甚至见证宇宙的诞生。[1]

Origines

⌇⌇ 物种起源

20 世纪的科学进步彻底改变了我们的物种起源观。今天，我们已经拥有了一幅巨型历史画卷。生命历史跨越了 140 亿年的漫长时间以及广阔的空间。这段历史又是如此地真实，因为所有的学科，从天文物理学到化学，从人类学到神经生物学，从灵长动物学到地质学，从物理学到生物学，都在不懈地构思并验证着它。

宇宙没有持久性，它一直在变。今天的人们认为宇宙诞生于一次惊人的爆炸，被称作"大爆炸"，当时的温度和密度都高得惊人。从此以后，它大幅度降温（星系之间的空间温度

1　首次引力波事件 GW150914 已在 2015 年 9 月 14 日被 LIGO 探测到。——审校者注

是 –270℃），密度变小（它的平均密度是几个氢原子每立方米）。它产生了几千亿个星系，每个星系又有几千亿颗恒星。其中有一个星系叫作银河系，在一颗叫作太阳的恒星附近，出现了由星尘构成的人类，它们能够思考孕育自己的宇宙。

我们的起源可以分为几个步骤。从一个充满能量的真空中，宇宙制造了最早的基本粒子。第三分钟时，宇宙汇集了这些物质单位，然后产生了最早的氢原子以及氦原子核。然而，由于宇宙密度变小，构成复杂物质以及日后的生命与意识所需的重元素无法形成。为了赋予宇宙生机，约在 10 亿年时，宇宙制造了最早的恒星与星系。星系是数千亿颗恒星、受引力相连的气体以及尘埃的集合体，周围围绕着巨大的星系晕，这些星系晕是由暗物质形成的，我们今天对其特性仍然一无所知。这些星系是巨大的生态系统，使得大爆炸中生成的氢氦气云不会因为宇宙膨胀而持续降温，而是在引力的作用下坍缩形成恒星。这些恒星将在宇宙演化过程中起到非常重要的作用。恒星通过神奇的炼金术生成了生命所需的重元素，给宇宙赋予了生机。超新星是大质量恒星的临终爆炸，给星际土壤中播下了重元素的种子，这些地方将会萌发新一代恒星，行星围绕着这些恒星出现。它们中有一些能提供宜居的环境——坚固的表面、液态海洋以及一个具有保护功能的大气层——这正是生命发展所需的。在 45.5 亿年前（也就是大爆炸发生后 91.5 亿年），在银河系中，距离银河系中心约 2.6 万光年的位置上，一片星际云在自身引力的作用下坍缩生成太阳及其八颗行星护卫队（冥王星——详见词条，不是一颗真正的行星）。

38 亿年前，在离太阳最近的第三颗行星地球上发生了一个惊人的大事件：简单生命出现了。首先出现的是一个奇怪的双螺旋结构的核酸分子 DNA，它能够在分裂的过程中完成自身复制。接下来，约在 35 亿年前，第一个细菌登场，它是包有一层细胞膜的无核单细胞，是所有生物共同的祖先。生命继续演化：这些细胞在 18 亿年前发现团结就是力量，因此结合形成了更复杂的细胞。基因突变以及自然选择开始发挥作用，形成了地球上丰富多彩的不同物种。接着在 7 亿到 6 亿年前首次出现了海藻类等多细胞植物，约在 5.8 亿年前出现了最早的多细胞动物。约在 5.7 亿年前发生了一次生物大爆发——寒武纪生命大爆发，它带来了生命物种多样化的井喷。蓝绿藻使得地球大气层中氧气增加了，这可能也是这次生物大爆发的诱因。生命富有极大的创造力，地球上出现了多种多样的新物种。

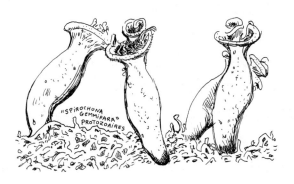

海洋中出现了许多动物。首先出现的是无脊椎动物。紧接着最早的海绵、水母、海葵、珊瑚以及其他多种海洋动物纷纷登场。然后大自然发现了分节原则，能够将身体的一部分复制为几乎相同的多个副本，再将它们组合在一起形成一个有机体。

这一发现引发了生物外形多样化的疯狂实验，于是出现了三叶虫（今天已经消失）、环节动物以及节肢昆虫。包括古软体动物在内的许多海洋动物，第一次有了一个坚硬的外壳。接下来出现了脊椎动物。鱼出现在 5 亿年前，它是第一种运用分节原则依靠脊保护在脑与身体之间输送信号的脆弱神经链的脊椎动物。今天大多数的动物——包括我们人类——的祖先都可追溯到这个时期。

在加拿大大不列颠哥伦比亚境内的落基山脉中，有一个石灰质采石场，"伯吉斯页岩"，那里保存了一些古生物的化石。伯吉斯页岩中的化石向我们展示了 5 亿年前左右地球上的生命。我们看到的动物一个比一个奇怪。其中有些动物数量兴旺，族谱一直延续至今，还有一部分，那些像科幻片里长了五只眼睛的生物却早就消失了。

4 亿年前，海洋生物开始征战陆地。新形成的臭氧层为生命在广阔的石头地面存活提供了可能。某些海藻类（蓝绿藻）离开温柔的水浪去迎接坚硬陆地的严峻挑战。为什么？很可能有些水体同海洋隔绝然后变干，原本生活在海中的植物只能适应环境存活下去。它们通过基因突变以及自然选择，生成了脉管，在茎秆中形成了各种通道，从根部将土壤中的水以及矿物质输往植物的其他部分；反过来，使植物光合作用的产物向下输送给根部。

从水中诞生的绿色大军在陆地上繁衍。土地上布满了沼泽，沼泽中长满了繁茂的植物。有些植物长得很高，长出了结实的躯干，有时变身为约十几米高、一米粗的大树。今天满足我们能量需求的煤以及石油都来源于这个时期植物化石的残留物。这些化石中富含碳元素，因此，开始于 3.6 亿年前、结束于 2.86 亿年前见证了植物泛滥的地质年代被称作石炭纪。

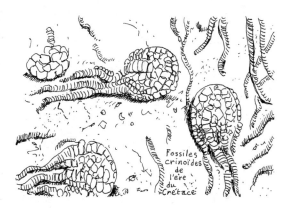

Fossiles
crinoïdes
de
l'ère
du
Crétacé

石炭纪之后是二叠纪——从 2.98 亿年前到 2.53 亿年前，这一时期发生了生命史上最惨绝人寰的物种灭绝，这次灾难被命名为"二叠纪大灭绝事件"。严寒、极端干旱向植物袭来，灭绝了大部分海洋生命以及大部分陆地植物。只有那些靠传播强抵抗力的种子而非靠脆弱孢子繁殖的植物才幸免于难。今天的针叶树类就是这场灾难幸存者的后代。

通过基因突变以及自然选择，大自然继续进行植物新外观以及新颜色的实验。花约在 1 亿年前出现了。有些花很快变成果实。

植物占领陆地的同时，细菌、真菌以及动物也在占领着陆地，成了陆地居民。动物为了生存，使用新的生物策略适应环境：能够对抗缺水环境，能呼吸氧气，能在坚硬的土地上移动，能在水以外的地方繁殖。因此，约在 1 亿年前，有些鱼通过偶然的基因突变成两栖动物，可以同时在水中以及陆地上生存。它们的鳍变形为足，同时具有了原始的肺，既能呼吸又保留了使用溶于血液的氧气的能力。青蛙以及蟾蜍的祖先此时出现了。

两栖动物和海洋动物在二叠纪的重大灾难中损失惨重。生命再次迎接挑战，适应严寒与干旱的新生存条件。一种幸免于大灾难的两栖类动物发展了一种新型的繁殖方式。和其他两栖类动物不同，它们不再将受精卵产在水中，而是产在陆地上。胚胎在多水的环境——羊水中孕育，不再暴露在外部环境中，而待在一个坚硬且多细孔的外壳中——蛋壳。于是充满液体的蛋出现了，这是陆地繁殖的开端，标志着爬行动物的出现。

蜥蜴、蛇、乌龟的祖先迅速繁殖，然而那个时期最著名的爬行动物当属恐龙。这些通常体形庞大、外观独特的生物大约出现在 2.45 亿年前，是三叠纪、侏罗纪以及白垩纪时期地球生命的统治者，比其他任何物种在地球上存在的时间都长。在6500 万年前，也就是白垩纪末期，一场生命"大屠杀"使得大部分恐龙突然从地球上消失了，随之消失的还有 3/4 的其他动植物种类（其中包括鱿鱼的亲戚——具有美丽螺旋外壳的菊石）。人们认为这场灾难是由一颗撞击地球的巨大的小行星（详见：**小行星**）导致的。

　　对我们人类的祖先哺乳类动物而言，恐龙退出舞台是一个从天而降的礼物。在 2 亿多年以前，哺乳类动物几乎同时与恐龙出现在地球上，从爬行动物演化而来。它们的身体覆盖着浓密的毛发，它们演化出分泌乳汁的乳腺，可以喂养后代。当时它们的体形很小（不超过兔子），为了躲避凶残的恐龙以及其他蜥蜴类动物，不得不很低调地隐居在茂密的植被中以及岩石的缝隙里。它们靠埋在地下的种子以及坚果维生，勉强躲过了那场浩劫。在摆脱了主要的掠夺者后，它们替补了恐龙留下的生态空缺，开始迅速繁殖，形成了许多不同的分支。基因突变以及自然选择帮助它们完善了自身的繁殖手段。雌性哺乳动物不再采用卵生，从此胚胎能够在母体里通过汲取母体血液中的氧气与营养而孵化成长。在几百万年的时间里（不到地球年龄的 0.1%），猫、狗、长颈鹿、羚羊、狮子以及大象都出现了。然而要强调的是，灵长类也在此时出现。在将近 600 万年前，灵长类演化出人科。

恐龙在彻底离去之前，给我们留下了一个很重要的礼物：鸟类。现在人们发现的最早的鸟出现在 1.5 亿年前，接近侏罗纪末期，它被叫作"始祖鸟"。1864 年，人们在德国巴伐利亚州的一个采石场发现了这种又像恐龙又像鸟的奇特动物的化石，与鸽子一般大小。化石显示，这种动物具有爬行类动物所有的特征（牙齿、爪子，以及带有脊椎的长尾巴），但是还有一个喙、翅膀以及长满羽毛的身体！和头发、角以及指甲一样，这些羽毛也由角蛋白构成，是从爬行动物的鳞片演化而来。接下来，基因突变制造出今天我们所见的绚丽多彩的羽毛。

恐龙是如何变成鸟[1]的呢？辩论仍在如火如荼地进行着。无论如何，在恐龙消失后，鸟类也像哺乳类一样重整旗鼓，占据了地球上几乎所有可以生存的生态环境。

飞行艺术并不是鸟类的特权。蜻蜓、苍蝇、蜜蜂、蝴蝶以及蚊子都可以在空中飞行。没人知道这些昆虫通过什么神奇手段获得的翅膀。与鸟类不同的是，它们的翅膀不是肢体分化而来的。

1　能在空中飞行的爬行类动物被称作"翼龙目"，它们之后的演化以及灭绝是单独进行的，与鸟类的演化没有任何关系。

植物、动物以真菌构成了多细胞世界中真核生物的三大类。在超市中，尽管真菌类和胡萝卜、茄子以及生菜摆在一个货区，它们的 DNA 结构却更像动物，而不像植物的。我们之所以错误地认为菌类是植物，是因为它和植物一样，固定在生长的地方，无法像动物一样为了觅食而移动。然而，真菌和动物一样，都不会自己制造食物（然而植物靠光合作用维生），而是消耗其他生物，它们很喜欢分解其他死亡植物的尸体。真菌喜食腐烂物。它们含有一种酶，这种酶可以摧毁赋予植物坚硬外表的纤维素，因此真菌在生物圈的物质循环过程中起到了重要的作用。它们能够导致疾病（受害者主要是植物），是贪食却不谨慎者的生命杀手，但同时也可以挽救生命。一个真菌孢子偶然落到了英国生物学家亚历山大·弗莱明（1881—1955）的细菌培养液中，于是人类发现了第一种抗生素：青霉素。

真菌进入地下王国，在那里编织方圆几千平方米的巨大菌丝网。生命中大部分时间它们都远离地面的喧嚣与危险，只有需要借风传播孢子繁殖的时候才钻出地面，当然，此时也正是人类视觉以及味蕾的幸运时刻。

接下来是宇宙演化过程中的关键阶段，即人类的发展以及意识的出现：约在 350 万年前，人类的祖先第一次在地球上行走；250 万年前，第一件工具问世；20 万年前，具有思考力、会使用符号的智人首次出现在非洲；10 万年前，人类首次从非洲向世界其他地区大量迁徙；约在 3 万年前，肖维岩洞出现了壁画；1 万年前，农业出现；5000 年前，文字出现，文明诞生；

最近 200 年来，抗生素被发现，汽车、飞机、潜艇、电话、留声机、计算机、传真、互联网、航天器先后问世。

　　生命进程在后期大大加速。整个过程就像法国音乐家莫里斯·拉威尔（1875—1937）的《波莱罗舞曲》一样。开端是缓慢轻柔的单细胞有机物，紧接着是几乎无法察觉的漫长且细微的同类变化。随着时间的推移，速度越来越快，寒武纪时期生物外形的多样化就像曲目中逐渐加入的多样演奏乐器。巅峰时刻，所有的乐器共同演奏，天空绽放着庆祝思想与意识诞生的绚烂礼花。

Ozone (Trou dans la couche d')

臭氧层空洞

　　1985 年，人们惊愕地发现南极上空的地球大气层"破了个口子"，今天的人们将其称为"臭氧层空洞"。臭氧是氧气的同素异形体，氧气由两个氧原子（O_2）构成，而臭氧由三个氧原子构成（O_3）。臭氧层大约位于地面 20 ～ 50 千米上空的平流层中。它大约形成于 4 亿年前，对于地球生命十分重要，因为它可以吸收紫外线，保护生命免受其害。如果没有臭氧层，我们可能都要患上皮肤癌了。这个"洞"并不完全是空的，而是此处的大气层中臭氧的浓度大幅度下降了。而且仍在不断地降低：1995 年，此处的臭氧浓度只有 1970 年的一半。

臭氧层为什么"破了个口子"呢？人类活动是罪魁祸首。人们发现当溴（灭火器使用的产品或者农业使用的杀虫产品的衍生物）以及氯（来自于气溶胶以及制冷器中的"氟利昂"）存在时，臭氧被破坏的速度高于修复的速度。因此，每当我们拿起"喷雾器"，朝头发上喷上发胶或者向植物洒下杀虫剂时，都对臭氧层增加了一分伤害。

臭氧每年约减少 3%。面对这一问题，经过政界、科学领域以及工业的多次艰难的会谈，终于在 1987 年通过了《蒙特利尔议定书》，该议定书规定签署国必须致力于逐渐减少使用氟利昂以及其他危害臭氧层的产品。

从 1995 年开始，人们测得地球大气层中这些有害产品的含量明显减少了。臭氧层的破坏好像止住了。然而，臭氧层空洞并没有因此消失。氟利昂是十分稳定的物质，能够在大气层中停留 100 ～ 200 年。因此，人们预计空洞得等到 21 世纪末才会消失。

"臭氧层空洞"问题很好地展示了人类意识的觉醒。在这一处境中，人类彻底意识到这是一个可能带来全球灾难的严重问题，必须在为时未晚前弥补错误。

不幸的是，威胁地球的全球性环境问题远不止此，其中还包括全球变暖。

泛种论

生命的种子可能存在于全宇宙中，彗星或者流星等天然星际飞船或者是外星文明制造的星际飞船将某些种子带到地球上播撒。这就是泛种论假说。

20 世纪初，瑞典科学家斯文特·阿伦尼斯（1859—1927）是泛种论的狂热支持者。他认为细菌在不同恒星光汇集而成的微弱推力的驱动下，穿梭于星系中。最近，弗雷德·霍伊尔及其同事斯里兰卡裔科学家钱德拉·维克拉玛辛赫（1939 — ）提出，病毒以及细菌不断伪装成彗星尾部的尘埃，当这些尘埃落下来时，它们就来到地球上了。DNA 双螺旋结构的发现者之一，十分著名的英国生物学家弗朗西斯·克里克（1916—2004）也提出了"定向泛种论"假说，他认为生命的种子可能是由一种先进的外星文明发射的太空飞船带来的……

尽管最后一种假设不太像科学而更像科幻片，生命种子乘着**陨星**（详见词条）抵达地球的说法多少还是有些说服力的。事实上，某些落到地球上的陨星含有有机物质，构成它们的氨基酸与地球生物体内的一样。然而，这些氨基酸并不一定拥有生物来源：它们可以产生于单纯的化学反应，与生物没有丝毫关系。其他人提出了反对意见，认为宇宙环境十分不好客，其中生成的种子没有机会在完成漫长的星际旅途抵达地球后仍然存活着：接近真空、极度寒冷、残暴的超新星释放的能量粒子以及大质量高温恒星形成的紫外线辐射，在这样的环境下，生存的希望不堪一击！

然而，近期的一些实验显示，如果将细菌放置到一个温度为 -263℃、几乎完全的真空中，让细菌接受强烈的紫外线辐射——其强度等于在恒星光照下曝露了 2500 年。在这样的环境下，99.9% 的细菌都死了，但还有 0.1% 活了下来！要想让生命繁衍，只需要保证所有旅行的细菌中有一个能活着抵达地球就可以了。如果细菌能在阻挡有害辐射的环境中完成星际旅行，那么它们抵抗强烈辐射的能力还能变得更强。例如，假设细菌乘着星际云旅行。尽管星际云密度极小（每立方厘米只有几十个氢原子），但这些云的体积足够大（直径为数十光年），能够阻挡大部分有害辐射。银河系各处分布着许多星际云。我们的太阳系每几千万年就会穿过一片星际云。我们可以想象如果微生物存在于大气层的高处，其中的某些可能突然被一片星际云（移动速度为 10 千米 / 秒）捕住，被其裹挟着旅行数百万年，到达下一颗恒星中。反之，来自于另一个恒星系统的细菌也很可能以同样的运输方式来到我们这边。

人们过去一直认为，能在极高温度以及极大压强的地下存活的生命形态只存在于科幻作家的想象中，直到人们在海底的火山口附近——此处的水温高达 170℃——发现了繁殖的菌群。这些喜欢高温的有机物（人们称其为"嗜热物种"）体内有特殊的蛋白质，其细胞具有耐高温的蜡膜，而不是普通的脂质细胞膜。接着，我们通过钻探工作将地下 0.5~3 千米处的岩石提取出来，发现里面富含活细菌。有些样本中容纳的细菌数居然可以达到 1000 万个每克！温度随着深度变大而升高，这些细菌必然也是嗜热物种。

嗜热物种的发现给泛种论假说带来了新的希望。如果生命能够在地球的岩石内部成长，那为什么这种情况不能发生在其他行星上呢？比如火星。如果确实如此，那么火星与小行星撞击后被扔到太空中的火星岩石碎片可能也容纳着微生物。如果其中有些碎片来到了地球上，有可能就是这些火星微生物在地球上播下了生命的种子。

如果微生物能够从火星旅行到地球，那么无人能阻止它们进行反向旅行。微生物在行星之间的交流使得生命起源问题变得更为复杂。事实上，存在好几种可能性：或者生命起源于火星然后迁徙到地球，我们都是火星生物的后代；或者生命起源于地球然后繁殖到了火星上；或者生命分别独立出现在火星与地球上，然后两个星球之间的微生物发生了交流；或者生命诞生于第三个地方然后迁徙到火星和地球上。

无论如何，有一件事情是肯定的：地球生命无论是从火星迁徙而来，还是从宇宙其他地方而来，又或者就是起源于地球，总之就是在 38 亿年前左右出现在我们的星球上的。它的出现是个谜团，需要一个解释。无生命是如何变成有生命的？生命奇迹是如何出现的？

扩展阅读：保罗·戴维斯，《第五项奇迹》，译林出版社，2004。

∽ 视　差

详见：**宇宙的距离：宇宙深度**

∽ 光合作用

　　绿色植物获得阳光后制造出维持我们生命所需的养料。它们向大气层释放大量的氧气供我们呼吸。绿色植物是如何发明并完善这个过程的呢？它通过光合作用，这是地球上生命存活最重要也最不可缺少的生物化学反应。

　　从 38 亿年前地球上出现生命以来发生了许多大事，其中光合作用的出现毋庸置疑是最引人注目的。它不仅将太阳能转化为化学能——所有有机物通过新陈代谢完成这一转化，还彻底改变了地球的面貌，绿色大军占领了大陆，在陆地上繁茂成长。它引发了一次深刻的变革，如今地球表面上所有的生物都依赖于阳光，或者直接，或者间接地通过光合作用的产物氧气来维持生命。如果没有阳光，地球表面不可能存在生命。

　　科学家艰难地解开了光合作用的谜团：他们花了四个世纪才

最终得到答案。迟迟得不到解答的原因是光合作用中涉及的一种气体——二氧化碳，它是无色的，而且在大气中含量很少。

350多年前，比利时医学家、化学家海尔蒙特（1579—1644）首次思考了植物的营养方式。他将一棵柳树苗栽到花盆里，观察柳树的成长情况，认真地记录了它的重量以及花盆中土壤的重量、浇灌的水的重量等。五年后，树的重量约增加了70千克，然而土壤的重量几乎没有变化。海尔蒙特得出了结论：柳树增加的重量源于水。命运的嘲讽：这位比利时化学家是"气体"（gaz，词根是希腊语 khaos，意为混乱的集合）这个词的首创者，却认为这些气体是没有活力的东西，对他那棵柳树的新陈代谢不产生任何影响。他完全没有想到植物可以依靠空气成长！

直到18世纪，法国化学家安托万-洛朗·拉瓦锡（1743—1794）以及英国化学家约瑟夫·普里斯特列（1733—1804）确认了空气的气体组成。普里斯特列在掌握这一知识后，证明了植物在新陈代谢过程中使用了大气层中的气体，但是与动物呼吸过程以及燃烧过程相反。呼吸以及燃烧过程消耗了氧气，而植物消耗了二氧化碳并释放氧气。普里斯特列简明扼要地概括道："一支蜡烛燃烧所需的空气可以由成长的植物补给。"

如今我们都知道，植物细胞为了实现光合作用，形成了一个十分先进的机制：它们利用光照，将二氧化碳（从周围空气中汲取）和水（浇灌的或者雨水）转化为糖（养育我们）和氧气（供我们呼吸）。植物发生光合作用的器官是最复杂的分子机器之一，十几个分子按照特定顺序排列以保证电子从一个分子进入另一个分子。光合作用发生在凸透镜状的极小结构内部，这些结构被称作"叶绿体"，作为细胞器存在于更大的植物细胞中。叶绿体中含有色素，主要是叶绿素〔来源于希腊语"绿"（chlôros）以及"叶子"（phylon）〕，它们与蛋白质紧密结合。叶绿素的原子结构使其吸收太阳光中的红光以及蓝光部分，而让其他部分自由地穿过。这就是为什么植物大多呈现出的是介于光谱可见光中的蓝色与黄色之间的绿色。

为了完成光合作用，全部植物消耗了太阳分配给地球总能量的0.06%，也就是$9.6×10^{14}$千瓦·时。这一数字看起来微不足道，却是人类满足自身需求所消耗能量的4倍。这些"绿色居民"通过消耗太阳能，养育了近80亿人口在内的整个生物圈。它们的数量是曾出现在地球上的所有动物物种的100多倍。我们已经消耗了14亿公顷可耕种土地上的绿色植物制造的40%的有机物质。地球上所有的植物，包括陆地上的以及海洋里的，通过光合作用产生的能量有40万亿瓦特，能够养活170多亿人口。然而，这里的前提是植物资源更平均地分布在地球上！我们能够想象，随着科技进步，我们除了能够利用光合作用生成的能量，还能利用石油资源或者核聚变的能量进一步加快植物的生长，养活更多的人口。然而，人类繁衍的能力超乎想象，日后可能"不受控制"，这些新进步可能只能带来短暂的喘息。

树木及其他植物吸收了地球大气层中的二氧化碳，利用阳光通过神奇的光合作用将二氧化碳转化为氧气，这些绿植像地球的"肺"，更准确地说，是"功能相反"的肺，因为与光合作用相反，我们的肺吸收的是氧气排出的却是二氧化碳。因此，森林补充了其他生物消耗的氧气，吸收了其他生物生成的二氧化碳。它们通过吸收空气中的二氧化碳，帮助我们对抗这种气体在大气层中聚集导致的地球升温现象，也就是"**温室效应**"（详见词条）。然而，人口在急速增加，人类不得不砍伐树木和森林以开垦更多的耕地。停止滥伐森林迫在眉睫，因为滥伐森林不仅会破坏地球的**生物多样性**（详见词条），还可能使地球变得不再适合人类居住。

Planck (mur de, ou mur de la connaissance)

普朗克墙

德国物理学家马克斯·普朗克（1858—1947）的名字与20世纪初提出的光的量子观点紧密相连，此观点试图解释升到一定温度的"黑"体辐射。因此，他是量子力学的创始人之一。在宇宙学中，他的名字与目前宇宙起源知识的局限相关，这是一种知识的"围墙"，被称作"普朗克墙"。

事实上，我们还无法从零点——时空诞生的时刻——开始讲述宇宙的历史。我们面前有一堵墙，它阻挡了我们对起源的了解，它出现于原始爆炸后第 10^{-43} 秒（被称作"普朗克时间"）。

此时，宇宙体积极小，只有 10^{-33} 厘米（"普朗克长度"），是一个氢原子的 $1/10^{25}$。

现代物理学遇到小于普朗克时间和普朗克长度的时间和长度时，就变得不知所措了。之所以如此，是因为我们还没有将当代物理学的基石，20 世纪的两大重要理论量子力学和相对论统一起来。前者描述无限小，解释了在引力不起决定作用的情况下原子以及光的行为。后者描述无限大，使我们理解了当引力领舞、两个核力以及**电磁力**（请回忆一下一共有四种**基本力**——详见词条）伴舞时，宇宙尺度上的宇宙及其结构。然而，问题就在这里，在普朗克时间，无限大与无限小混合，四种基本力势均力敌，我们却仍然没有一种"量子引力"理论将四种力统一成一个"万有理论"，不过物理学家也有些过于强调这点。

如何协调量子力学及相对论？**弦理论**（详见词条）认为，连接宇宙各元素、改变世界、传播力的物质粒子和光粒子，它们只是普朗克长度（ 10^{-33} 厘米）微小的绳端振动产物。值得注意，引力子这种能够传播引力且不满足于之前任何统一尝试过的粒子，却"出现在"弦理论的范畴里。然而，这一点目前还没有得到验证。它是否能够穿透知识围墙并为我们打开通往宇宙起源之路，这个疑问只能留给未来了。目前，大爆炸理论描述的是宇宙诞生后的演化，而没有提到它是如何开始的。

行星的逆向运动

由于地球自转，我们看到的所有天体——行星与恒星——在夜晚都从东向西飞过天空。然而，行星与恒星不同，行星会改变与恒星的相对位置，恒星却固执地待在固定位置上。事实上，这一差别是距离效应导致的：十分遥远的恒星运动不易察觉，近距离的行星运动却看起来幅度很大。

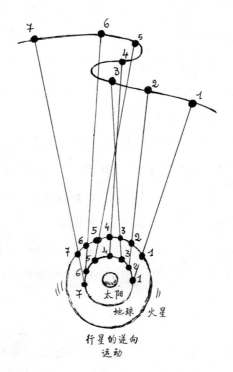

行星的逆向
运动

奇怪的是，行星有时候好像停止了之前的运动，然后绕着恒星做逆方向运动。此时行星在一段时间内从西向东运动，之后又恢复了从东向西的日常运动。逆向运动的成因很简单：行星运动的观察场所是地球，而地球本身也是运动的。每当绕太阳公转的地球超过一颗更远的行星（与太阳的距离超过地球与太阳的距离）或者被一颗更近的行星（比地球离太阳更近）超过时，行星的逆向运动就会出现。它们只是表象的。如果人们从太空飞船上观察行星运动，就不会看到它们做逆向运动。

Planètes telluriques et planètes géantes
∽ 类地行星和巨行星

行星主要分两类，首先是体形小的行星，因距离太阳近而被叫作"内侧"行星，同时也因具有重化学元素构成的岩石表面而被叫作"类地行星"。以太阳为中心，由近及远分别是水星、金星、地球和火星。接下来是一群"外侧"行星，离太阳更远，因巨大的体形和质量而被叫作"巨行星"，或者因没有坚硬的表面而被称作"气态行星"。以太阳为中心，由近及远分别是木星、土星、天王星以及海王星。原本被认为是太阳系第九颗行星的冥王星是个特例（详见：**冥王星**）。

内侧行星相对较小。其中最大的是地球，它的直径是 12 756 千米。金星几乎与它大小相同，火星只有它的一半，水星比它的

1/3 多一点。后面这三颗没有或者只有一点儿大气层，水星更是几乎可以看成完全没有。金星大气层的密度是地球的 90 倍。其中富含的二氧化碳（96%）导致了强烈的**"温室效应"**（详见词条），金星表面的平均温度高达 457℃。火星的大气层与金星的很像，密度却是后者的九千分之一，因此没有温室效应。

Le pont des planètes
d'après Granville

外侧行星不仅体积大而且质量大。木星的直径是地球的 11 倍，质量是其 318 倍；土星的直径是地球的 9.5 倍，质量是其 95 倍；天王星的直径是地球的 4 倍，质量是其 14.5 倍；海王星是地球直径的 3.9 倍，质量是其 17 倍。它们的大气层中有 99.9% 是由宇宙诞生后头三分钟内生成的两种元素构成的：氢（约占总质量的 74%）以及氦（约占 24%）。这两种元素是恒星与星系，以及巨行星的主要成分。除此之外，这些外侧行星的组成元素中还要加上一丢丢（2%）的碳、氧和氮等重元素。

如何解释两类行星之间截然不同的大小、质量以及化学成分？为什么体形小的行星大气层成分与巨行星的成分如此不同？

诞生于 45.5 亿年前的年轻太阳是其成因：它像一台大风扇一样将太阳系内侧的气体排向外侧。因此，太阳系约成长了 5 亿年后，太阳附近区域的轻元素（例如氢和氦）就被清空了。内侧行星也因此丧失了 98% 的原始材料。剩下的便是行星引力对其产生更强作用也更重的材料，例如氮或者碳、氧组合形成的碳酸气体，它们构成了金星以及火星的大气层；还有能够抵抗太阳光蒸发作用的耐高温材料，例如构成金星、地球以及火星表面的硅酸盐。而水星的表面主要由铁质材料构成，这种材料比硅酸盐更耐高温（水星最高气温可达 430℃）。

内侧行星丧失的材料被外侧行星利用，因此外侧行星拥有由氢与氦构成的厚厚大气层。丰富的材料使得外侧行星形成了迷你行星系统，它们周围有很多卫星随行。据不完全统计，木星有 80 颗已知卫星，而土星有 83 颗。

Planétésimals et formation du système solaire

星子与太阳系的形成

星子是行星的基本单元。

我们回顾一下事情的经过。在引力的作用下，星云坍缩，中心密度与温度急剧升高，核反应启动，太阳诞生。在坍缩的过程中，太阳星云自转加速，离心力使星云变成一个半径约为 5 光时的扁平圆盘，年轻太阳的气团庄严地端坐在中心。从**红巨星**（详见词条）大气中诞生的无数个微小——万分之一毫米——的尘埃颗粒散布在气态圆盘上。这些颗粒在引力的驱动下聚集。电磁力像水泥一样将它们黏在一起。

抱团的把戏仍在继续。几十年过后，这些颗粒变成了细小碎石。这些构成行星的基本单元又被称作"星子"；星子继续相聚，它们的大小超过了糖果、鸡蛋，然后又过了十年，超过了网球。很快，它们的大小超过了足球、体育馆、街区、城市、省、整个法国……直径不超过 100 千米的星子的外形都是不规则的，因为它们的质量不够大，引力无法将它们塑造成球形。超过这一分水岭后，引力开始有了发言权。因此，行星是球形的。大约过了几亿年，八颗行星（**冥王星**不再属于行星——详见词条）出现，开始绕着太阳旋转。

行星通过星子聚合构成行星的过程很好地解释了太阳系行星行为的规律性。事实上，行星并不是在随意运动，而是有其规律。因此，它们的公转轨道几乎在同一平面（黄道面——详见：**黄道十二宫**），此面同时是太阳的赤道面，行星的公转轨道几乎是圆形的。它们都自西向东旋转。行星绕太阳公转的方向大多数与自转方向相同，除了金星与天王星，它们自转的方向与太阳运动的方向相同。行星大部分卫星的公转方向与它们自转的方向相同。恒星云的初始旋转，以及行星旋转所在的黄道面正是离心力作用下星云坍缩形成的圆盘平面，二者共同解释了行星旋转的共性。

行星在黄道面上与太阳的位置关系既不随意也不相同。内侧行星相互之间的距离较近，外侧行星相互相隔较远。一般情况下，每颗行星与太阳的间距是前面那颗行星与太阳间距的两倍。因此，金星约是水星的两倍远，土星约是木星的两倍远，天王星约是土星的两倍远。[1] 星子聚合形成行星能够部分解释它们的间隔：每颗原行星自身吸引所有的星子，因此在自己的周围形成了空间。

虽然太阳系有其自身规律，但不遵循规律的情况同样存在。自然界中，规律与不规律相互作用，混沌与和谐相互影响，共同塑造了现实。现实是偶然性与必然性、个性与共性的组合。因此，星云的引力坍缩，内部核反应的开始，原行星的形成，星子聚合生成行星……所有这一切都属于一个整体。我们认为这些过程曾经重复发生，也将继续重复发生在银河系以及可观测宇宙数千亿个其他星系中。我们的银河系只是太空无数星系中的普通一员。然而，行星的某些特征——例如自转轴与赤道面之间的夹角，或者卫星的数量——都属于偶然性与个性。

1　提丢斯-波得定则用数学方法描述了行星的排列顺序；详见我的另一部作品《混沌与和谐》，马世元译，商务印书馆，2002。

Platon

柏拉图

当我们尝试理解世界时，会发现它是一个明显的二元体——短暂与持久，变化与存在，或者佛教用语里的瞬间与永恒。自然法则应用于一个永恒变化的宇宙中，同时自然法则又永恒不变。

古希腊哲学家柏拉图（前 427—前 347）是最早一批认真思考宇宙这一基本矛盾的学者之一。鉴于二元性的存在，他认为有两种不同层次的世界。第一种是我们可感知的现实世界，这个世界短暂、虚幻、不断变化。这个短暂、敏感的世界是"真实"世界的苍白"反映"。第二种理念世界则永恒不变，主导这个世界的是数学公式以及完美的几何结构。柏拉图认为，现实世界中所有的生物都只是理念世界中永恒物体的不完美复制品。因此，同一品种的狗相互间之所以长相相似，是因为它们都是狗这同一完美理念的现实表现。变化世界中的狗会变老、生病、死去，而狗的理念在无形中永恒不变。因此，同一品种的狗能够现实存在好几个世纪，因为它们都是同一永恒概念的现实化身。

为了解释现实世界与理念世界之间的二元性，柏拉图在《理想国》中提出了著名的洞穴之喻。假设洞穴中有一些囚徒。他们背向洞穴入口，面向洞穴的墙壁。洞穴外面是一个充满阳光、色彩以及物体的世界，然而洞穴里的人对此一无所知。他们能看到的只是外面世界事物投射到洞穴墙壁上的影子。在他们看来，影子世界就是唯一现实的世界，因为他们不认识其他世界。他们只知道影子是洞穴外面精彩世界的反映。如果他们中有一个人摆脱枷锁逃出洞穴来到外面，那么在太阳金色光芒的包裹下，外界事物的美丽与光彩会令他眩晕。影子惨淡的灰色以及模糊的轮廓将让位于"真实"世界绚丽的色彩以及清晰的轮廓。这个世界远比影子世界美丽、完美。

柏拉图认为，可感知世界很像洞穴里囚徒眼中的影子世界。它只是完美世界——理念世界、"被阳光照射"世界的不完美表现。

由于存在两种世界，柏拉图认为人类具有二元性。人类有一个肉身，会随着时间改变、衰老，人类可以通过肉身随着不完美、不永恒的现实世界演变并与之交流。同时人类还有一个不朽的灵魂，灵魂的理性可以使人类进入永恒完美的理念世界。灵魂先于肉体存在，然而，灵魂进入肉体后，它就忘记了自己曾经与理念世界有过联系。随着它发现了现实世界的自然形态——一朵虞美人、一只猫、一个孩子……有关理念世界的遥远模糊记忆又会重新涌来。人类意识到，当自己看到一朵玫瑰时，眼前的只是玫瑰花完美概念的表现形式。因此，灵魂期待完美，并产生了回归理念世界的强烈欲望，那儿才是灵魂真正的居所。

冥王星

19 世纪末，某些观测结果显示海王星与天王星的运动不规律，这意味着在海王星外侧可能存在一个未知的行星，通过引力作用干扰着它们的运动。波士顿商业大亨帕西瓦尔·罗威尔（1855—1916）对天文学充满激情，不惜一切代价希望能发现第九颗行星。1894 年，他在美国亚利桑那州的弗拉格斯塔夫建造了一个私人天文台。

罗威尔架设望远镜的目的是寻找假设的那颗行星。罗威尔聘用了年轻助手克莱德·汤博（1906—1997）帮他一起寻找。罗威尔在天文台度过了生命的最后十年，在 1916 年去世时仍一无所获。汤博继续完成他的遗愿，经过 14 年漫长而细致的工作，年仅 24 岁的汤博终于获得了成功：1930 年 3 月 13 日，当天也是罗威尔的生日，他宣布发现了一颗新行星，而这颗行星的位置只与罗威尔计算的位置相差 6°，这个发现成了全世界报纸的头条新闻。新行星被命名为冥王星，得名于罗马神话中掌管死亡以及阴暗世界的神普鲁托（Pluton），而且它的前两个字母与天文台创始人帕西瓦尔·罗威尔（Percival Lowell）的名字首字母相同。

19 世纪约翰·亚当斯（1819—1892）以及奥本·勒维耶（1811—1877）因发现了海王星而造成巨大的轰动，这次发现是天体力学的又一次巨大成功。

最大的望远镜指向了冥王星，试图探索它的秘密。这并不是一项简单的任务，因为冥王星距离我们十分遥远，而且体积小、亮度弱，在哈勃空间望远镜传回的最成功的照片上，我们也只看到了一个几乎没有任何结构细节的外观图！考虑到冥王星在当时是太阳系中唯一一颗没被太空探测器拜访过的行星，经过数次失败的计划后，一项新的太空任务克服了资金短缺的问题，终于实施了。美国航天局于2006年向冥王星发射了"新视野号"探测器，它于2015年抵达目的地。"新视野号"与地球之间的通信十分困难：如果在冥王星出现了一个问题，地球上的工程师要在5.5个小时后才能了解情况。

在"新视野号"探测器抵达目的地之前，地球上的观测结果已经显示冥王星与其他行星是不同的。首先，其他行星的运行轨道几乎是圆形的，而冥王星的离心率特别高。近日点距日44亿千米（约30天文单位，1天文单位＝地球与太阳之间的平均距离）。冥王星在1989～1999年位于海王星轨道内侧，当时冥王星比海王星更靠近太阳。由于冥王星需要248年才能绕太阳公转一圈，因此直到23世纪中叶它才能再次出现这种情况。远日点距日74亿千米（约为49天文单位）。如果冥王星的轨道与海王星的轨道相交，二者是否会在巨大的撞击中变成碎片？肯定不会，因为冥王星与海王星的运动是同步的：冥王星每绕太阳两圈（每248年一圈），海王星恰好绕太阳三圈（每165年一圈），因此它们在空中靠得最近时相互之间也不会超过17天文单位。

冥王星的另外一个特点：它的运行轨道偏离黄道面17.2°，

然而其他行星一直乖乖地待在黄道面内旋转。

最后，冥王星的物理特点与其他行星也很不同：它与其他外侧行星不同，不是一个巨大的氢、氦气团；它的质量特别小，是太阳系所有行星中质量最小的，只有地球质量的两千分之一，甚至比月球的质量还小（是其质量的17.5%）；它的体积也很小，半径只有1187千米，大约只有地球的1/5（18%）。

与其他八颗行星如此不同的轨道及物理特性显示冥王星与它们并不是同时形成的，也没有经历相同的物理过程，这里指的是星子（详见：**星子与太阳系的形成**）聚合。它很可能是一颗后来被太阳引力吸引过来新加入的外来天体。事实上，它坚硬的表面、微小的质量与半径、密度（2.1克每立方厘米，而气态行星的密度是1克每立方厘米）等物理特性都显示它更像一颗小行星而非行星。而且在比海王星更远的地方刚好有一个小行星以及彗星的收容所，这个被称作"柯伊伯带"的收容所位于距离太阳30天文单位到50天文单位之间。

现在的天文学家认为冥王星是柯伊伯带上比较大的代表星体之一，是被太阳的引力捉了过来。这就意味着冥王星没有资格称为"行星"，至少不能与其他八颗共享此称号。因此，2006年，国际天文学联合会决定将冥王星降格为"矮行星"。

和天王星一样，冥王星也向一侧倾斜，这很可能是过去小行星猛烈撞击的结果。就目前已知，它至少有一颗大型卫星冥卫一（以及四颗小卫星）。相对于冥王星，冥卫一很大：它的直径约是冥王星的一半，质量约是冥王星的1/6。二者的密度几乎相同，构成也基本相同。

冥卫一的旋转平面偏离冥王星旋转平面118°。人们由此认为冥卫一是柯伊伯带上的一颗小行星，是被冥王星的引力吸引过来的。按照这一观点，冥王星与冥卫一都不是太阳系边界的标志，而是柯伊伯带中无数小型天体派出的前哨。

Poincaré (Henri), prosphète du chaos

亨利·庞加莱，混沌的预言家

Jules
Henri
Poincaré

出色的科研能力，独树一帜的观点，让亨利·庞加莱（1854—1912）成为当时杰出的数学家。他27岁成为巴黎大学的教师，在数学许多领域做出了重要的贡献。在天文学方面，他研究了太阳系行星轨道稳定性的天体力学问题。通过研究这一问题，他引发了动力学领域的变革，动力学研究力对物体运动的影响。更重要的是，他还让一个完全出乎意料的角色现身，这个角色就是混沌，它将在现实构建中起到十分重要的作用。

在17世纪，开普勒以及牛顿已经解决了受引力相互影响的两个物体之间的动力学问题：他们告诉我们，一颗行星永不停歇地绕着太阳旋转，其运动轨道是椭圆形，太阳位于这个椭圆轨道的一个焦点上。然而太阳系并不仅由这两个物体构成：还要考虑其他行星及其卫星的引力作用。

在庞加莱之前，数学家认为通过研究牛顿方程的解的特性能够回答太阳系稳定性的问题。牛顿的方程认为物体在某一时刻的位置与速度决定了这一物体未来的位置与速度，就像此刻的位置与速度也是过去的位置与速度的结果。物理定律因此连接了世界现在的状态以及刚刚过去或者即将发生的时刻的状态。它为我们描述了现在与刚才或者一会儿后之间的差别。因此，牛顿定律能够用微分方程表示。

在最讨厌的状态下，这些微分方程的解具有无穷级数。

庞加莱用自己的方法解决了这一问题。他只求了无穷级数形式的解。他试图从整体来理解现实。然而，传统的微分方程的求解方式是将现实分解成不同的片段，然后将片段首尾相连重新组成现实。正如庞加莱所言："通过微分方程的方法，人们只是简单地将一个时刻与刚刚过去的另外一个时刻相连，而不是从整体来理解一个现象的渐进过程。人们假设世界目前的状态只与刚刚过去的时刻相关，而不受遥远过去的影响。"忘记过去带来的必然结果是感觉到现实是连续的，不存在无序与混沌。庞加莱抛弃了传统的微分方程以及无穷级数的方法，因为这一方法只看到了简化的部分现实。不想再做只能看到土块与周围草丛的蚂蚁，他想变成雄鹰，翱翔在山脉与峡谷上空。最后，他引入了"相空间"的方法，至今仍是研究混沌的基础。

我们今天生活在一个三维空间里。在这一空间中，一个在球网上方来回运动的网球由三个空间坐标确定。庞加莱为了看到"整体"，放弃了日常生活中人们熟知的空间。通过超人的想象力，他将自己设置在一个多维的抽象空间中，这一空间被称作"相空间"。在这一抽象空间中，网球的位置不仅有三个空间坐标，还有三个速度坐标：从上到下的速度，从右到左的速度，从前往后的速度（或者相反的方向），因此需要一个六维空间来描述运动场上的网球。同样地，如果我们想描述太阳系中八颗行星（冥王星不是一颗真正的行星）的运动，除了描述太阳的六个坐标，我们还需要 48（6×8）个坐标。因此需要一个 54（48+6）维的空间。有了这么多的维度，庞加莱不再是一只蚂蚁，而变成一只雄鹰。在这个多维的空间中，太阳系只由一个点来表示，不再是常规的三维空间中的九个点（一个点是太阳，其他八个点代表了不同的行星）。这正是"相空间"这一数学模型的强大之处。尽管研究对象十分复杂，但在这个新的抽象空间中，一个点就足以代表整个系统了。

庞加莱发现，一个只包含了月球、地球以及太阳，由牛顿的万有引力精确统治着的看似简单的三体系统，同样能够导致不可预测以及不确定。天资聪慧的庞加莱发现三体系统中任何一体的初始位置以及速度都发生了一点点改变，它的运动轨迹可能会完全改变。这一微小的改变能够把它从稳定推向混沌。庞加莱意识到规则与混沌如影随形，不可预测与可预测从来不会相距太远。有些现象十分敏感，初始条件中任何微小的改变都可能导致系统后期演化的改变，这使得任何预测都变得无能为力。庞加莱在《科学与方法》中的一段话可以被视为对混沌理论的首次描述：

"一个很小的原因，被我们忽视的原因，导致了一个我们不可能发现不了的重大结果；于是我们说这个结果是偶然发生的。如果我们能准确地知道自然法则以及宇宙的初始状态，就能准确地预言这个宇宙之后的状态。然而，尽管我们完全揭开了自然法则的面纱，却仍然只能大致地了解宇宙的初始状态。因此，我们只能大致地预测之后的状态。我们说某一现象之前被预言过，它是受法则约束的。然而，情况并不总是如此，初始状态中细微的差别很可能导致十分不同的最终现象；开端微小的误差可能导致结局巨大的不同。因此无法预言。"

扩展阅读：亨利·庞加莱，《科学与假设》，辽宁教育出版社，2001。

Polaris

北极星

北极星是最靠近北天极的一颗恒星。它位于小熊星座中，尽管地球自转，但这颗星在夜空中的亮度以及位置看起来总是不变的。位置几乎不变这一特点使得北极星自远古以来就为行人指引着方向。北极星之所以位置不变，是因为地球自转轴总是指向它。

然而事实一直如此吗？并不是，因为地球自转轴的方向在太空中不是固定的。古希腊天文学家依巴谷（前190—前125）早在自己在世时就知道了这一点。孩童时期的我们都曾为陀螺运动着迷：陀螺的轴不是固定的，而是在空间中画出一个圆锥形。地球的自转轴与陀螺的一样：它也画出了一个圆锥形。地球作画的周期（画出一个完整圆锥所需要的时间）不是陀螺所需的几秒，而约是2.6万年。天文学家将这一运动称作"二分点岁差"。因此，4000年前，地轴就没有指向现在的北极星，而是指向了一颗位于天龙座名叫阿尔法的恒星。再过近1.2万年，我们的子孙的子孙……的子孙将发现地球的自转轴指向另一颗恒星——天琴座中的织女星。

Pollution lumineuse

ᕦ 光污染

　　城市居民用肉眼能勉强看到二十几颗星星，而乡下人却能轻而易举地看到3000颗。造成夜空景色受损的元凶是人造光。

　　19世纪末，电灯的发明彻底改变了城市的景观以及人们的生活方式。人造光将黑夜变成了白天。人类出生、生活以及死亡的整个过程都沐浴在自然光或人造光中。

　　虽然人造光带来的便利不可否认，但却使人们脱离了自然环境，在我看来，这是个巨大的损失。因为我们的照明不再遵循太阳以及月球的节奏，今天的人们丧失了祖先与自然之间亲密的联系。甚至连天文台都受到了人造光的威胁。城市里的光制造了一种真正的"光污染"，人们因此无法完全欣赏到夜空的光彩。大城市的扩张一点点蚕食着人与宇宙仍能亲密接触的优越地点。例如，在美国洛杉矶郊区的威尔逊山天文台，美国天文学家**爱德文·哈勃**（详见：**爱德文·哈勃，星云探测者**）于1923年在此确定了星系的性质，于1929年在此发现了宇宙膨胀，然而随着城市光污染的增加，人们再也无法在此观测到星系了。全球20%的区域已经受到了光污染的影响，城市光晕正以每年5%的速度占领着欧洲。

光污染不仅破坏了宇宙研究以及天文观测，同时它还对全球经济资源以及自然环境产生了消极影响。多余或者无用的光照浪费了能源，浪费了纳税人的钱。如果我们依靠化石能源发电，还会增加温室气体的排放量，从而加剧全球变暖。

人造光同样扰乱了动植物界。夜晚的光照干扰了迁徙的候鸟，它们因此找不到天空参照物。美国每年因与高楼玻璃相撞而死亡的迁徙候鸟的数量高达一亿。光污染还会干扰飞蛾等传粉生物的运动，这会引发一些直接后果，例如许多依靠它们传粉的开花植物的繁殖力下降了。发光的虫子也受到了牵连：人造光掩盖了母虫的荧光效果，因此它们无法被公虫发现、无法受孕；无法受孕就无法繁殖，此物种就会消失。夜晚的灯光打乱了生物规律、破坏了整个生态系统。比如，在湖中，泛滥的灯光使得浮游动物停止食用藻类，因此造成了后者的迅速繁殖，细菌分解以及细菌活动增加，湖水中的氧气减少，许多无脊椎动物以及鱼类因此窒息。

为了给天文学家以及天文爱好者留住天空的黑色，"国际黑暗天空保护区"的想法问世了：通过建立禁止灯光的缓冲区域来保护天文台周围免受人造光的入侵。加拿大魁北克在 2007 年成立了一个这样的黑暗天空保护区：在莫干迪克天文台周围指定了一个半径 50 千米、面积 5500 平方千米的保护区。2009 年，为了纪念**伽利略**（详见词条）首次使用望远镜进行天文观测 400 周年，联合国教科文组织决定将这一年定为"2009 国际天文年"，同一年，在法国比利牛斯山的南比戈尔峰天文台也开始了类似的保护区计划。

光污染的影响不仅局限于可见光，还影响着无线电波——射电天文学家用来探索宇宙的另一种光。射电天文学家需要一直与政府、军方以及企业谈判，以保留他们用于研究空中无线电信号源的接收频率。这是一场攻坚战，因为无线电台、电视台、移动电话一直需要新的传输频率。人类的智慧能否抑制住建设更多、照亮更多贪得无厌的欲望？我们的子孙后代还能不能看到、听到一个真实的天空？

星际尘埃

星系的**星际空间**（详见词条）中有两种居民：第一种，气体原子与分子；第二种，尘埃粒子。后者虽然特别小，只有一毫米的万分之一，但在原子范畴里已经算巨型了。在电磁力的作用下汇聚于一个坚硬的网络中的几十亿个硅、镁、铁、碳以及氧的原子组成了尘埃粒子，它们的核是长形的，外面包裹着很薄的一层冰。这是宇宙中最早的坚硬物体。它们诞生于体积是太阳几百倍的恒星外壳中，这些恒星叫作"**红巨星**"（详见词条）。

如果说气体原子在星际空间中的密度很小（平均每立方厘米的空间中有一个氢原子），那么星际尘埃的密度更小。平均一颗尘埃对应着 1 万亿个原子，也就是一个颗粒对应着一个边长为 100 米的立方体空间！星际物质的密度很小，因此，即使你在银河系与地球同体积的空间中收集了所有的气体与尘埃，可能都没有足够的材料制造一个小小的桌球！

然而，尘埃对我们观察星系起到了重要的作用。它吸收恒星的光，使其中一些变暗，将它们移出我们的视线。不同的光受其影响的程度不同。X 光、紫外线以及可见光很容易被吸收，然而红外线以及无线电辐射在穿过尘埃云时几乎毫发无损。通常情况下，波长（光波上两个波峰或者波谷之间的距离）与尘埃颗粒的长度相等或小于它的长度（即万分之一毫米）。高能量的光会被吸收。然而，低能量的光，波长大于尘埃的大小，就不会被吸收。在可见光中，尘埃会吸收蓝光而不是红光。因此，恒星看起来是发红的。日落时分，绛紫泛橙红的绚丽景色同样是大气层中尘埃导致的结果。尽管尘埃相对较少，却能够遮蔽或者减弱恒星的光亮，之所以如此，是因为星际空间十分广阔，而尘埃的效应能相互叠加变大。一个立在地球上的底面积为 1 平方米，通往离太阳最近的恒星——半人马座的比邻星的圆柱体，柱长 4.3 光年，容纳了 10^{19} 个尘埃粒子。因此星际空间要比地球大气层"脏"100 万倍。在我们呼吸的空气中，尘埃与原子的比例是 $1 : 10^{18}$，而在星际空间中的比例是 $1 : 10^{12}$。如果我们将星际空间压缩到地球大气层的密度，尘埃粒子会产生浓雾一样的效果，即使手放在眼前人们也看不到。

除了对恒星的光产生影响，尘埃粒子还有另外一个十分重要的作用：它是恒星核炼金术生成的元素原子以及星际云中存在的元素的"相亲俱乐部"。原子核就是在这些尘埃粒子的表面聚合形成了星际空间中的分子（详见：**星际分子**）。

Précession des équinoxes

二分点岁差

详见：**北极星**

Proton (Mort du)

质子衰变

力的**统一理论**（详见词条）——宣称自然界的四种**基本力**（详见词条）在宇宙诞生之初被统一为一个唯一的超级力——认为质子不是永恒的，它在 10^{32} 年之久的漫长时间后发生衰变。大家知道质子能够衰变为正电子（反电子）以及另外一种称作"π 介子"的粒子。物理学家为了撞见一颗正在死亡的质子做出了许多努力，但至今尚未成功。当然，物理学家的寿命与质子的相比简直是一瞬间，为了见证质子献出生命的那一刻，他不可能活 10^{32} 年之久！

量子力学告诉我们，质子不是永恒的，可以在任意时刻衰变。因此，质子的寿命是 10^{32} 年，我们只需在同一地方收集 10^{33} 个质子，就能在一年内观察到其中十几个发生衰变。为了观察质子"之死"，心急的物理学家在巨大的容器里装满了数千吨纯净水，水是获得质子很好的源泉。这些容器被放置到改造过的地下坑道里，土壤能够阻挡宇宙辐射，防止宇宙射线与水发生与质子衰变相似的反应。然而，虽然科学家付出了许多心血，仍没有当场捉住任何一个衰变中的质子。实验数据显示，质子能存在 10^{35} 年以上。质子是不是比我们想象的还要"长寿"？它会改变力的统一理论吗？

无论如何，物理学家认为，既然宇宙在诞生之初对物质比对**反物质**（详见词条）多了十亿分之一的爱，质子就不可能是永恒的。

Pulsar

〰 脉冲星

不同质量的恒星在死亡时，留下了三种不同的恒星尸体：**白矮星、中子星**以及**黑洞**（分别详见词条）。

最终变成中子星的恒星，它们的核质量约是太阳质量的 1.4～5 倍。这样一颗星在燃料耗尽时，核心不再产生辐射压，无法对抗将其压缩的引力，最终坍缩。恒星核心的半径变小，从几百万千米变为 10 千米。核心的物质被严重压缩，其密度达到了 10 亿吨每立方厘米！这就等于将 100 座埃菲尔铁塔的重量压缩到了圆珠笔滚珠大小的体积内……恒星内部的原子核无法抵抗这个压力，裂成上千块碎片，释放了质子与中子。电子与质子紧密结合形成中子（以及中微子几乎不与重子物质相互作用，逃走了）。恒星核因此变成了一个巨大的中子集合体。当半径超过 10 千米时，中子不能继续被压缩了。事实上，两个中子不能任意相互挤压：之间距离太小时，它们几乎能够抵抗所有附加的压力。也就是说，它们会相互排斥。1925 年，美籍奥地利物理学家沃尔夫冈·泡利发现了这个排斥原则。在不到一秒的时间之后，中子的抵抗导致核心坍缩骤停，引发的冲击波向表面传播，将恒星的外层以每秒数千千米的速度推向星际空间，引发了爆炸。因此，随着"超新星"的巨大爆发，一颗脉冲星出世了。

在坍缩的过程中，恒星自转的速度越来越快。中子星变成了一个货真价实的空中陀螺。如果组成它的不是被强核力紧密联合的中子，在强大的离心力（坐在车上时，在急转弯的地方使你的身体倾向车门的力）的作用下，恒星一定会裂成碎片。

在高速旋转的同时，一些中子星还发射出无线电波，沿着高强磁场线以光速旋转的电子产生了这些无线电波。这些中子星射出一窄束无线电辐射，就像海洋里的灯塔的光束一样横扫宇宙空间。每当无线辐射扫过地球时，我们的射电望远镜就能够探测到一个信号。它们自转一圈导致的时间相隔的脉冲像节拍器一样有规律，因此这类中子星又被称作"脉冲星"（英文单词 pulse 的含义是"搏动"）。

1967 年，英国人乔瑟琳·贝尔（1943 — ）在与安东尼·休伊什（1924 — 2021）共同准备剑桥大学的博士论文时，用射电望远镜研究的是**类星体**（详见词条），而不是脉冲星。在天空的某一个方向上，这位女博士发现了无线电信号，这些断断续续传来的规律信号好像太空的摩尔斯电码。贝尔因此在天文物理学丰富的宝藏库里发现了一类新天体。这一发现为其论文导师赢得了 1974 年的诺贝尔物理学奖……同时也为诺贝尔奖委员会招致了论战与批评，因为它"忘记"把贝尔的名字列入获奖者名单了！

类星体

　　类星体是宇宙中本身最亮的天体。在宇宙的边缘，某些星系的中心有一个质量为数十亿个太阳质量的超大质量黑洞。这些黑洞贪得无厌地吞噬着星系母体中的恒星。超大质量黑洞的引力十分巨大，能够抓住在其视界附近冒险的冒失恒星，用引力将它们拉长为意面的形状，然后将它们扯碎、吞掉。殉难恒星的气体呈螺旋状落入黑洞的血盆大口，在黑洞怪物周围排列成扁平盘状，其内侧边缘恰好位于黑洞视界的外侧，接着急速落入超大质量黑洞的肚子里。在跨过视界前，气体升温，将全部能量变成辐射；跨过视界以后，辐射就不可见了。

　　在气盘形成的同时，圆盘垂直方向上形成了两束物质喷流，这两个喷流的方向截然相反。类星体的亮度是其所在星系亮度的 1000 倍：等于 100 万亿个太阳亮度之和。然而这些充沛的能量只来源于一个比太阳系大一点点的区域，还不到它所在的星系大小的亿分之一，因此，地球观测者看到的类星体是一个亮点，像一颗普通的恒星。因此它被叫作"类星体"，是英文单词 quasi-star 的缩合词，意思是类似恒星。

　　爱德文·哈勃（1889—1953）告诉我们，由于宇宙膨胀，星系的红移越大，离我们越遥远。类星体超大的红移表示它们位于可观测宇宙的边缘，远比大多数星系遥远。看得远就等于看得早，因此，我们今天看到的类星体还是宇宙年轻时候的样子，即宇宙只有几十亿岁时的样子。

距离我们最遥远的已知类星体的光起源于宇宙不到十亿岁的时候。有件事情是确定的：离我们最遥远的类星体的光显示类星体中已经含有许多金属了。因此，它们是在形成了第一代恒星的核炼金术之后诞生的。

为了维持类星体的亮度，它们核心的黑洞需要不断进食。一个超大质量黑洞每年需要食用 1000 颗太阳质量的恒星，也就是每个月进食近 100 颗恒星。这不一定是过度饮食。事实上，黑洞将吞噬的恒星质量转化为辐射的效率很高，约为 10% ～ 20%，远超过恒星核心中核反应的效率——只有 7%。然而，能被黑洞食用的恒星储备不是无限量的。如果黑洞的饭量从出生一直保持着我们前面提到的量，那也就是说，在过去的 130 亿年中，它已经吞噬了 13 万亿颗恒星，达到了其所在星系总恒星数量的 10 ～ 100 倍。暴饮暴食使得黑洞周围逐渐出现了真空，食物来源一点点断掉了。没了食物供给后，类星体变暗然后熄灭。最后，母体星系的核心只有一个几乎不再活动的黑洞。

诞生于第一个 10 亿年的末期（小黑洞聚合形成巨型黑洞所需的时间），类星体在大爆炸后的第 35 亿年时达到了顶峰。这一时期食物充足，食物供给几乎没有问题。之后，食物开始变少，类星体的数量开始减少。今天，又过了 100 亿年，类星体几乎不存在了。只剩下不活跃的超大质量黑洞游荡在附近的星系中，成了那个繁盛时期的见证者。天文学家发现了几十个类似的超大质量黑洞。

第五元素

　　"第五元素"指的是一种导致宇宙膨胀的神秘能量形态。事实上，在 1998 年，天文学家曾使用老年恒星的爆发（人们将这种爆发称作"Ⅰa 型超新星"）作为宇宙遥远的信标测量了宇宙的膨胀运动。他们当时预计宇宙受其总物质的引力吸引而做减速膨胀运动。然而，令他们吃惊的是，星系退行运动并没有减速，也就是说，随着宇宙年龄的增长，速度并没有变得越来越慢，反而在加速，也就是从大爆炸后的第 70 亿年开始速度越来越快。这就如同你在车里，没有踩刹车，反而把脚踩到了油门上！不得不承认，宇宙中存在一种"反引力"的巨大排斥力，它与吸引的引力不同，它排斥物体。从战场局势来看，这种反引力比引力更强。它应该完全是黑的，既不发射也不吸收任何辐射：否则，天文学家应该早就发现它们了！由于缺少更多的相关信息，天文学家将这一排斥现象称作**"暗能量"**（详见：**暗能量：宇宙加速膨胀**）。

　　平复了吃惊的心情后，物理学家开始破解暗能量的秘密。有些人提出了**"宇宙学常数"**（详见词条），类似于爱因斯坦在 1917 年为了构建静态宇宙模型提出的常数，也就是没有膨胀的宇宙：宇宙学常数形成一种恰好与引力相抵消的排斥力。1929年，当爱因斯坦得知哈勃发现了宇宙在做膨胀运动后，他立马放弃了自己的立场。还有一些物理学家进一步提出暗能量与宇宙常数不同，可能在时间中不是恒定的。他们认为从第70亿年以后观察到的宇宙加速膨胀是大爆炸后紧接着发生的**宇宙暴胀**（详见词条）的余震。在暴胀期，宇宙经历了一次巨大的加速。现在的加速很可能产生于一次小型的爆炸。这次爆炸在两点上根本区别于大爆炸：一方面，这次爆炸的排斥力弱很多，加速也远没有那么猛烈；另一方面，这次持续的时间更长，约几十亿年，而不止短暂的一秒不到。物理学家将这个在几十亿年的时间里发生变化的暗能量场称为"第五元素"。"第五元素"影射的是亚里士多德的观点，他认为宇宙是由土、水、空气、火以及另一种使其运行的神秘元素构成的。

因此，宇宙学常数还是第五元素？在时空中收获了散布其中的数千颗超新星后，未来的观测结果肯定能够更准确地测量出宇宙随着时间的加速运动，进而确定其中的一种可能性。

绿 闪

绿闪是日落时发生的神奇现象，在大众印象中经常具有神话，甚至神秘色彩。儒勒·凡尔纳（1828—1905）在其小说《绿光》中首次把这种光介绍给了普通大众。

怪的是，在 1882 年前，即儒勒·凡尔纳公开发行作品的日期之前，绿闪除了在少数机密报告中出现过，几乎不为人们所知。因此，法国天文学家卡米伊·弗拉马利翁（1842—1925）在其 1872 年出版的著作《大气：大众气象学》中只字未提绿闪，而这本书对日落以及傍晚做了详细的介绍。正是在凡尔纳的"推广"之后，人们对绿闪的观测、文章、论文以及论著才开始如潮涌般出现。今天，这一现象已被确认，它的性质也已被公众了解。

在凡尔纳（以及大众）看来，绿闪极少出现。观察它的有利条件是：色调泛黄而不是泛红的日落，天空晴朗无云，最少的灰尘及其他粒子，在一个低处的地平线上。由于绿闪的最佳观察地点在低纬度地区，没有遮挡的地平面上、海岸或者出海船只的甲板上都是观察它的理想地点。

每次日出（或日落）时绿光的强度都有所不同。难点在于及时捕捉到它，因为通常情况下，它只持续一到两秒。

虽然儒勒·凡尔纳通过大众传媒向公众宣传了绿闪，但他在小说中，借爱卖弄学问的亚里斯托布勒斯·尤尔西克劳斯之口对这一现象给出的解释却是错误的。为了解释绿色，小说人物提到可能是太阳光被水染了色，或者绿色是红色的互补色。

上面的解释都是错误的。当光的传播介质改变时，例如穿过空气进入海水中，它的路径会发生偏折：光发生了折射。同样地，阳光离开太空来到地球大气层时也发生了折射（它的光线弯曲了）。大气折射率——真空中的光速与大气中的光速之比——决定了光线的弯曲度。

由于折射率取决于波长，每种光线根据颜色不同，偏折的角度也有细微的不同，物理学家将这一现象称为"色散"。在地平线附近，大气色散形成了不同颜色的太阳光盘独立图像，这些图像在垂直方向上相互轻微错开。波长较短的光波发生的折射更强，太阳紫光图像在空中的位置略高于蓝光，蓝光比绿光略高，以此类推，位置最低的是红光的图像。由于每种图像的位移相较于太阳直径都微不足道，于是图像是交叠在一起的，只是上部边缘是紫色的，下部边缘是红色的。

那要是这样的话，在太阳消失在地平面之前，我们最后看到的阳光应该是上部边缘的紫色。可是，为什么这个奇观是绿色的呢？

这是由于光的吸收作用和散射作用。它们的存在使得我们的眼睛只能看到阳光中的一部分颜色。因此，大气中的水蒸气通过吸收作用去掉了其中大部分的黄色与橙色，空气分子以及大气中悬浮的细小颗粒通过散射作用从光束中除掉了蓝色以及紫色。最后只留下了上部边缘的绿色以及下部边缘的红色。当太阳完全消失在地平面以下时，我们会看到绿光。在极少数空气十分干净，几乎没有悬浮颗粒的情况下，蓝色几乎没被散射，此时映入我们眼帘的就不是绿光，而是蓝光了。

扩展阅读: D. 蓝什，W. 利文斯顿，《晨曦、幻景、蚀》，杜诺出版社，2002（D.Lynch et W.Livingston, *Aurores, Mirages, Éclipses*, Dunod, 2002）。

Rayonnement fossile

宇宙微波背景辐射

详见：**化石光**

Rayons cosmiques

宇宙射线

宇宙射线是粒子流，主要是质子与电子，伴随着少量在恒星的核炼金术中生成的其他化学元素的核，具有很大能量，被**超新星**（详见词条）以接近光速的速度射向星系中广阔的星际空间。这些射线可能是地球上基因突变的成因。

✎ 现实的制造

任何层面上的现实都是确定与不确定共同作用制造的，是**偶然性和必然性**（详见词条）共同作用的结果。例如，在太阳系的范围内，物理理论（万有引力定律以及支配气体及尘埃粒子行为的定律）让我们知道太阳以及行星的形成依靠的是星子的聚合。它还可以提前告诉我们行星的圆周运动在同一个平面内（黄道面）。它同时告诉我们，在大多数情况下，行星自转以及公转的方向与太阳相同，自西向东，而且它们的卫星自转与绕其公转的情况也是如此。这个方向是由恒星云最初的自转方向决定的。然而，理论无法预知行星的数量（例如，为什么是八颗而不是六颗）。地球自转轴精确的倾斜角度（23.5°）不是提前确定的，而是偶然事件导致的。石质火流星将月球女儿从地球母亲身上撞下来，赋予诗人以及情侣灵感的月光得以出现，此事也是偶然事件，不是提前确定好的。金星反方向自转（太阳在这颗以美神名字命名的行星上从西方升起）也不是提前确定的：小行星撞击改变了它的自转方向，这是偶然事件。每个层面上的现实都存在偶然性。

偶然性和必然性是自然界不可或缺的两种工具。它们是大自然调色盘上互补的色彩，大自然充分发挥主观创造性，绘制了一幅丰富、复杂的现实图画。宇宙诞生之初确定的定律及物理常数推动着宇宙向更复杂的状态发展。137 亿年以来，从一个充满能量的真空中（详见：**量子真空**），大自然先后生成了基本粒子、原子、分子、DNA 链、细菌以及其他生物，其中也包括人类。在这个由物理及生物法则确定的巨大背景布上，大自然懂得利用偶然性绘制复杂的现实。偶然性赋予大自然必要的自由，使其充分发挥主观能动性去打破物理法则确定的过于局限的框架。一切都被调动起来：微观世界中的量子不确定性（详见：**量子力学**），宏观世界中的**混沌**（详见：**混沌：确定性的终点**），偶然性与必然性，偶然事件与确定事件。

因此，物理定律无法单独描述全部的现实。过去与偶然性永远无法透彻地解释现实。为了解释人类的出现，我们能够提出一个早在撞击地球并引发大部分恐龙灭绝（详见：**恐龙和小行星杀手**）之前（6500 万年前）就存在的一颗**小行星**（详见词条），然而我们永远无法解释为什么这颗小行星会选择那个时刻撞击地球。为了解释春天的生机盎然，我们可以提到地球与小行星的撞击，但是永远无法解释为何这次撞击事件使得地球自转轴倾斜了 23.5°，而不是撞成了天王星那样——黑夜与白天的交替周期是漫长的半年……就如同无法预测抛向空中的硬币在落地时是正面还是反面，我们也无法预测偶然事件的发生。

扩展阅读：本人作品，《混沌与和谐》，商务印书馆，2002。

Relativité (Théorie de la)

∽ 相对论

约 300 年间，牛顿的力学宇宙一直建立在绝对时空的概念之上。这个宇宙带来的确定感，为启蒙时代发展进步以及社会秩序的哲学观点营造了必要的心理氛围。当爱因斯坦在 20 世纪初提出相对论时，时间与空间丧失了绝对性，而依赖于观察者的运动及其所处的引力场。这一理论明显抛弃了确定性，抛弃了对决定的信仰，在某些人眼中已经具有异端的色彩了，而它对上帝的公然否认在另一部分人眼中更是确凿无疑的异端。相对论像一把刀，割断了连接绝对舰与确定性港口的绳子，使绝对舰迷失在不确定性的海洋中……

广义相对论诞生的 1915 年正值世界大战。对战争的恐惧、无休止的罢工、社会阶级的崩塌、传统物理学明显的坍塌，这些因素共同营造了一个身体和思想上都动荡、不确定且不安全的环境。大众传媒虽然传播了相对论，却没好好解释这一理论，因而在老百姓脑子里，相对论不仅意味着绝对时间与绝对空间的消失，还意味着道德与真相的消失。此后，"相对主义"不仅入侵了艺术，还进军了政界。它在文化的各个领域掀起了浪潮。很多人认为，爱因斯坦在摧毁绝对时空的同时，也摧毁了人类思想的根基。

将"相对论"与"相对主义"混为一谈，将他的理论与抛弃客观的道德观及真相相结合，这些都令爱因斯坦十分恐惧。

事实上，爱因斯坦提出的观点与相对主义完全相反。无论是在科学、生活，还是哲学思想领域中，爱因斯坦一直追求的都是确定以及决定主义的物理定律。正是这种毫不妥协的决定主义，促使他本能地拒绝接受量子力学中关于亚原子粒子行为的概率论解释。他认为，现实不能只通过偶然性以及可能性获得解释。"上帝不会掷骰子"，他经常开玩笑地说。他在生命的最后30年努力寻找量子力学的缺陷，想要彻底推翻令人深恶痛疾的非决定论，然而徒劳无功。

矛盾的是，相对论本身建立在一个绝对的概念之上——光速的不变性，而不是一个不确定的概念之上。当然，在爱因斯坦的宇宙模型中，我们每一个人都有自己的时钟以及距离单位。每个时钟和每个标尺都与下一个具有相同的精确度，然而当我们在运动时，它们测量的时间间隔以及距离间隔就不同了。这就要好好解释一下"运动"，此处，我们借用的不仅仅是它的通俗含义。当我们谈到一个物体或一个人的运动时，自然而然想到的是在空间中的位移；然而，1905年，在狭义相对论中，爱因斯坦提醒我们自己同样也是时间的旅行者。因此，对于我们每个人以及身边的万物而言，时间都在无情地逝去。逝去的每一秒都无情地把我们推向了坟墓。即便我们是静止的，却仍在时间中旅行。牛顿过去认为，时间中的运动与空间中的运动是完全不相关的，时间与空间是宇宙舞台上两个截然不同、相互独立的角色。爱因斯坦告诉我们这个观点是错误的，与之相反，空间与时间是亲密无间、合为一体的伴侣，任何运动都发生在一个四维宇宙之中——包括时间维度以及三个空间维度。

而且他证明了所有物质的空间运动与时间运动的速度之和恰好等于光速。或者更确切的是，空间速度与时间速度的平方和等于光速的平方。

乍看上去，这一结论很不可思议。我们习惯性地认为万物移动的速度都应该小于光速。如果指的是纯粹的空间速度，这个观点就是正确的。然而，除了光，其他物体也在时间中旅行，因此也具有一个不为零的时间速度，它的空间速度肯定小于光速，而光速本身也是空间速度与时间速度之和。这就意味着，空间运动越快，时间运动越慢，因为它们的平方之和是恒定的。也就是说，你在空间中走得越快，你的时间过得越慢，当前者的速度达到光速时，时间也就完全静止了。因此，只有光没有时间运动。光的时间是静止的。只有它找到了长生不老药。

为了更好地理解时间与空间的紧密联系，我们联想一下靠人行道边停放的汽车。它是静止的：空间中没有任何运动。所有的运动都发生于时间中。然而，当你启动汽车，汽车开始以一定的速度运行，它在空间中的运动就增加了。空间运动的增加导致了时间运动的减少。完成前者以消耗后者为代价。时间运动的减少意味着时间流逝变慢了。也就是说，一旦汽车移动，司机的时间就比静止的某个人的时间变慢了。

因此，当我们同时考虑空间运动以及时间运动时，把时间与空间视为一个统一体——**时空**（详见：**时空：不可分离的伴侣**），所有人都以光速运动！因此，相对论说的并不是"万物都是相对的"，这一观点是相对主义的支持者们希望让我们相信的。相反，相对论建立在常数的基础之上：光速以及在时空中的物理定律的常数。事实上，爱因斯坦曾想过把自己的理论称作"不变性理论"，但这个名字没有传开："相对论"更能吸引大众的眼球。

爱因斯坦是许多艺术家、作家灵感的间接源泉，即便这些人并不都理解他的理论。其中，有弹性的时间概念特别令《追忆似水年华》的作者普鲁斯特（1871—1922）着迷。这位作家曾经在 1921 年给一位物理学家朋友写信："我一点儿都不明白他的理论，我不喜欢代数。不过，我觉得我和他理解时间的方式是类似的。"

四季交替

　　我们的行星不是直立运行的，所以这颗行星上出现了季节交替。因此，生机盎然的春季、烈日炎炎的夏季、金灿灿的秋季以及冰冷刺骨的冬季在地球上交替出现，这是因为地球自转轴向黄道面倾斜了 23.5°。由于地球是倾斜的，于是地球上不同地点在公转的不同时刻获得的能量与热量也不同。六月，倾斜使得北半球更靠近太阳，因此北半球获得的太阳热量比距离太阳较远的南半球要多。当夏季的太阳几乎垂直照射北半球时，北半球温度显著上升，而处于冬季的南半球，太阳斜射，万物冬眠，温度较低，此时赤道以北与赤道以南的温度差别更为明显。半年后的一月，南北半球情况互换。由于地球自转轴几乎是固定的，此时北半球离太阳垂直照射的阳光更远，获得的热量与阳光少于南半球。

　　情况会一直如此吗？如果地球自转轴在太空中的位置是固定的，而且会一直指向位于小熊座中的**北极星**（详见词条），这一状态会一直不变。北极星，因在天空恒久不变而出名，日日夜夜、分分秒秒，它都指明北方，数百年来，它是旅行者心灵的无穷慰藉与支持。然而，地球自转轴的方向不是固定的。它在空中描绘出一个半角为 23.5°的锥形物，这和陀螺的自转轴一样。物理学家将其称为"岁差"（详见：**二分点岁差**）运动。这一运动是由地球、月球以及太阳之间的相互引力作用引起的。地球岁差运动的周期不是陀螺短暂的几秒钟，而是 2.6 万年左右。因此，再过约 1.2 万年，我们的后代将看到地球自转轴仍然倾斜 23.5°左右，却指向了另外一颗位于天琴座中的织女星。在这个遥远的时刻到来之日，北半球是夏季时，地球公转会更靠近太阳，而在冬季时，则会离得更远。此时，北半球的居民会比南半球的居民经历更极端的气温。

　　人们认为，地球之所以不是直立运行的，是因为一个巨大的小行星在太阳系的大动乱时期（约在太阳以及太阳系诞生之后的第 5 亿年，此时星子还没有聚集形成行星，行星与小行星之间经常发生碰撞）撞击了地球。

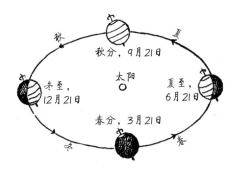

Saturne

⤳ 土　星

　　土星的名字来源于罗马神话中朱庇特（Jupiter）的父亲萨

图恩（Saturne）。土星有一个壮观的环状系统，天文爱好者利用小型望远镜就能轻而易举观察到它。土星带给人们视觉上的美学冲击不止激发了一位天文学家的志向！直到18世纪，人们一直以为土星是最远的行星，被认为是太阳系的边缘。尽管它比木星的质量小很多（土星是地球质量的95倍，而木星是地球质量的318倍），但它与木星姊妹仍有许多共同之处：二者的体积大约都是地球的十几倍（土星直径是地球的9.5倍，木星直径是地球的11倍）。二者的自转速度都很大（土星的一天是10.5个小时，而木星的一天是9.8个小时）。十分迅速的自转速度在其赤道处形成了巨大的离心力，因此行星很明显是扁的：两极半径比赤道半径小10%。和木星一样，自转在土星上也形成了猛烈的风暴，速度可达1500千米/时（木星风暴的速度为400千米/时）。和木星一样，这些风暴同样在土星上形成了颜色明暗交替的带状物、龙卷风以及飓风。

　　和姊妹星类似，土星的98%是由氢和氦构成的。大量轻型气体分布在一个巨大的体积内，这使得土星成了太阳系中密度最小的行星：它的平均密度只有0.7克每立方厘米，比水的密度还低（理论上，水的密度为1克每立方厘米）。这就意味着，阿基米德只需要轻轻一推，土星就能够在浴缸里浮起来——前提是这个浴缸大到能够容纳它！土星内部也和木星类似：一层液态氢，一层金属氢（能够导电），接着中间是一个岩石核心。唯一不同的是，土星由于质量小，其温度、密度以及压强都不像木星那么极端。它的中心压强只有木星的1/5，也就是地球表面压强的1000万倍，是地球核心压强的2~3倍。它的核心温度约为 12 000℃，木星的核心温度约为 20 000℃。

　　和木星一样，土星及其周围也像一个迷你太阳系：目前的统计显示，它有 83 颗卫星，然而这个名单很可能并不完整。在这些卫星中，有 7 颗足够大也足够重，在引力的作用下被塑造成球形：它们是与通过星子聚合形成的母体行星同时形成的"规则"的卫星。这些卫星绕着土星的赤道面旋转。其他卫星很小（直径只有不到 200 千米），而且很轻：它们是被冰覆盖、外观不规则、表面有很多坑道的小行星。其离心轨道、倾斜平面都显示出它们是被土星的引力场吸引过来的。土星最大的卫星——同时也是太阳系第二大卫星，排在木星的木卫三之后——泰坦（土卫六）是太阳系中唯一具有浓厚大气层的卫星（比地球大气层的密度还大）。有些天文学家认为它可能承载着生命。

　　然而土星最大的荣耀还是它的土星环。尽管这四个大型气态行星都有自己的环，土星环却当属最美丽、最令人叹为观止的那个。

土星环

　　在太阳系中，土星环是自然界神奇的创造之一。人们可以在地球上借助一个镜头直径仅为十几厘米的小型望远镜观察到土星环。伽利略在 1610 年成为第一个观察者。然而，他的望远镜还是太小了，他当时并不知道自己观察到的是个环——他认为，被自己称作行星"耳朵"的东西是由三颗行星组成的——土星以及其他两个尺寸更小的行星。直到 1656 年，荷兰天文学家克里斯蒂安·惠更斯（1629—1695）确认了它们的真实属性。事实上，惠更斯当时认为土星只有一个坚硬的环。又过了将近十年，巴黎天文台总监、法国天文学家多米尼克·卡西尼（1625—1712），直到 1675 年才发现这个系统由两个分离的环构成，两个环之间的明显空隙今天被人们称作"卡西尼环缝"。然后，又过了两个世纪，也就是 1850 年，第三个环才被发现。

伽利略在发现了土星的"耳朵"之后，继续用自己的望远镜对它进行了两年的研究。1612 年的秋天，他吃惊地发现它们消失了！土星丢掉了自己的"突起"！1616 年，"耳朵"又出现了！伽利略之所以无法理解它们的消失以及再现，是因为他没有意识到这个环状系统位于土星的赤道面上。而且，和地球以及火星一样，土星的自转轴与黄道面之间有夹角（27°）。因此，在它绕着太阳公转的 30 年间，我们从不同的角度以及亮度下观看了土星环。在某个固定时期，在土星的春季以及秋季，以地球视角来看土星，地球穿过了环面，我们是从侧面看到这些环的。当伽利略在 1612 年观察它时情况就是如此（最近的一次发生这种情况在 1995 年）。它们之所以从我们的视线中消失，其实是因为它们太薄了。它们的厚度仅有 10 ～ 15 米，跟宽度相比完全可以忽略不计：这些环的宽度约为 11 万千米，方圆半径可达 6.7 万到 18 万千米。它的厚度与宽度之比，就和一张覆盖在巴黎星形广场上的纸一样。

即使我们从地球上借助最大型的望远镜观看，最亮的三个环看起来仍像是一体的。然而，这个表象是骗人的：土星环不是实心的。在"旅行者号"以及"卡西尼号"探测器传回照片前，天文学家早已知道这一点，原因如下：首先，他们能够透过土星环观测到几颗恒星；其次，**多普勒效应**（详见词条）测得的环内侧以及外侧的速度与绕土星旋转的独立天体速度相吻合；最后，这些环距离土星太近了（最亮的三个环的距离约是土星半径——60 200 千米——的 1.5~2.3 倍），很难抵抗住土星强大的引力而完整存在。事实上，在 19 世纪时，法国数学家爱德华·洛希（1820—1883）证明，如果一颗卫星位于其行星半径的 2.4 倍距离以内（人们将这个距离称为"洛希极限"），它肯定会被行星引力无情地摧毁。1857 年，苏格兰物理学家詹姆斯·克拉克·麦克斯韦（1831—1879）证明实心环可能不稳定，可能会变为成千上万块碎片。20 世纪 60 年代有关土星环的雷达观测数据直接证实了他的计算。观测显示，土星环由众多冰块构成，大小不一，尺寸从小于一毫米（一个灰尘粒子的大小）到数十米（一个冰山的大小）不等，大部分与雪球一样大。

从地球上获取的图像之所以不可靠，是因为它们不显示中小范围内的具体细节。而 1979 年的"旅行者号"，以及 2005 年的"卡西尼号"，二者传回的壮观图像革新了我们对类木行星、其卫星及其行星环的认识。据这些照片显示，从远处看起来简单、光滑、连续的环，靠近后是被分解成数万个同心小环。

位于土星内侧的行星的引力作用，以及位于环上的物体间的相互影响是这一事实的成因。这些环的密度因此有了细微不同，有高密度区，也有低密度区，而小环代表了高密度区。然而，"旅行者号"以及"卡西尼号"都没有足够的分辨率，无法"看到"土星环继续分解为无数个"雪球"。至于卡西尼环缝，"旅行者2号"发现它也不是空的，而是由许多从地球上无法看到的密度极低、亮度不高的物质小环构成的。卡西尼环缝中的物质远少于土星环中的物质，这一点是由土星的一颗卫星——"弥玛斯"（土卫一）——以及在卡西尼环缝中旋转的物质粒子的共振现象导致的。这些粒子的公转周期恰好是土卫一公转周期的一半。因此，每当这些粒子绕土星旋转两圈，土卫一就绕土星旋转一圈，这些粒子在公转轨道的同一个位置都会受到土卫一相同的引力吸引。重复的引力吸引导致这些粒子离开了最初的轨道，在不同环之间形成了缝。

土星环从哪儿来的呢？它们总重约为1000万亿吨，足以构成一个直径为250千米的卫星。土星环是因离土星太近而被强大引力摧毁的运气不佳的小行星近期（可能在5000万年前，也就只有太阳系年龄的 1%）蜕变的产物吗？或者是一颗小行星被另外一颗小行星猛烈撞击成数千块碎片？或者是 45.5 亿年前，在土星形成时期留下的没有聚集成一个整体的星子残骸？尽管第一个说法很受欢迎，但没人知道真正的答案。事实上，这些环在几十亿年间一直保持着稳定，这一点实在是令人匪夷所思。

在很长一段时间内，人们认为土星是唯一一个具有行星环的行星。问题来了，由于所有类木行星的物理定律应该是一样的——木星、海王星、天王星应该也被行星环环绕着。"旅行者号"传回的图像证明了这一点：另外三颗巨行星也有自己的环。只不过它们的环没有那么大（因此从地球上的望远镜中很难看到它们），土星是名副其实的"环王"！

Science et Beauté

∽ 科学与美

在大众眼中，科学工作经常被视为一种完全理性、没有任何情感的事情，天文物理学更是变成一种完全排斥美学的科学。价值判断在此不享受任何公民权利，剩下的只有准确、冷冰冰、非人格化的事实。然而，科学家与艺术家一样，都对自然的美与和谐十分敏感。虽然我经常前往世界各地的天文台，但在利用光这个特殊使者与宇宙交流的过程中，心中感到的乐趣却丝毫没有减弱。当一个星系的美丽外形呈现在连接了望远镜的显示屏上时，我的心脏会快速地跳动。一想到我的望远镜捕捉到的星系之光早在大质量恒星通过核炼金术形成构成我身体的某些原子之前就开始了星际旅行，我的心脏更会为之颤动！

认为科学工作完全没有美学情感的观点是大错特错的。科学家，像诗人一样，将美学范畴的思考加入到理性范畴的思考之中。伟人们纷纷表达了美在科学中扮演的角色。法国数学家**亨利·庞加莱**（详见：**亨利·庞加莱，混沌的预言家**）写道："科学家不是出于功利目的而研究自然，之所以研究它，是因为能在其中找到乐趣，之所以能找到乐趣，是因为自然是美的。如果自然不美，也就没有必要成为研究对象了，我们也没有必要去经历生活了。"同时他给出了美的定义："我讲的是万物和谐中散发的内在美，纯粹的智慧能够感知到这种美。"德国物理学家沃纳·海森堡（1901—1976）也表达了相似的观点：

> 如果自然将我们引向简单却美丽的数学形式——此处我用了"形式"一词，我想表达的是假设、公理等结构紧密的体系，它们之前从未被人意识到，我们会情不自禁地认为它们是真实的，它们展现的是自然中真实的一面……你一定也感觉到了：自然突然展现在我们面前的令人生畏的简约以及相互联系的整体性，这是我们过去完全没有想到的。

阿尔伯特·爱因斯坦（1879—1955）曾经在第一篇有关广义相对论的文章的结尾写过："理解了这个理论的所有人都不会错过它的魅力。""和谐的秩序""简约""一致""魅力"，这些都是科学领域中对"美"的定义。

科学家所讲的美与一个男人眼中漂亮女人的美有很大不同。女性之美需要满足一些标准，这些标准显然会根据文化、社会、心理以及生活环境的不同而不同。鲁本斯（1577—1640）或者雷诺阿（1841—1919）画笔下丰满的女人代表了他们那个年代理想型的女性，然而却不符合现代美女的标准。美学认知也随着时代改变：梵·高（1853—1890）去世时贫困潦倒，然而他的画作现在却价值连城。美学认知也因文化不同而变：印度泰姬陵无以言表的美与法国沙特尔大教堂的华丽完全不同。与女性之美以及艺术之美不同，物理定律的美不是相对的，它不会因时代或者文化不同而改变，它是通用的。一位中国物理学家会和美国同行一样对广义相对论赞不绝口。

那么，科学之美是什么呢？一个理论之所以美，第一个特点是因为它看起来是必然的。任何一点儿改变都会破坏它的和谐与平衡。在所有专家看来，爱因斯坦的广义相对论是目前为止人类智慧建立的最美的知识殿堂。在选择了某些物理原理作为万有引力理论的基石后，爱因斯坦没有别的选择了。正如科学家自己所说的："这个理论最大的美丽在于它能自我满足。如果其中任何一个结论是无效的，整个理论都不会成立。只要出现一点儿改变，整个结构都会被摧毁。"你在听巴赫的赋格曲时肯定有过这种感觉：任何一个音符的改变都会破坏整首曲子的和谐。

美的理论的第二个特点是简约。这里所讲的简约，指的并不是该理论方程式的简约（相对论中的数学公式是很复杂的），我们指的是作为论据的观点的简约。例如，哥白尼（1473—1543）支持行星绕着太阳转的日心说宇宙，就比托勒密（约90—168）的地心说宇宙简约得多，在地心宇宙模型中，地球处于中心位置，行星在本轮上移动，本轮就是中心在其他的圆圈上移动的圆圈。一个美的理论满足"奥卡姆剃刀"所表达的简约法则："一切没有必要的都是无用的。"在科学史上，每当一个最初简单的理论，在出现新的已知条件后，走向复杂化时（在地心说中，托勒密为了解释行星运动越来越准确的观测结果，不得不增加更多的本轮），这个理论通常就出错了。

美的理论的最后一个特点是它兼容了美与真相，这一点与自然界一模一样。海森堡说："美就是部分与部分以及部分与整体之间的融合。"因此，相对论是美丽的，因为它联合并统一了物理学迄今为止完全不同的基本理论：时间与空间、质量与能量、物质与运动。正是这个统一的美学愿景在两个世纪以来敦促着物理学家呕心沥血地寻找一个万有理论，一个能将宇宙所有的物理现象相连的理论，一个能够将自然界四种**基本力**（详见词条）统一起来的理论。

必然、简约、融合万物——这是美的理论的特征。

❧ 科学与佛教

　　作为一个研究星系形成及演化的天体物理学家，我会经常思考现实、物质、时间、空间等概念。作为一个生于佛教徒家庭的越南人，我不禁去思考佛教对这些概念的看法。然而，我并不确定这种对照科学与佛教的尝试是否有意义。我十分了解佛教的修行，它能够帮助我们认识自己，净化灵魂，使自己成为更好的人。在我看来，佛教首先使人醒悟，通过冥想反思内在。此外，科学与佛教探索现实的手段完全不同。在科学领域，智力与理性是主要角色。区别、分类、研究、比较、测量，科学家使用高度数学化的语言来表达自然法则。直觉不一定不存在于科学之中，然而只有当它出现在严密的数学表达中时才是有用的。相反，直觉，即内在的体验，是冥想中最重要的角色。直觉没有切割现实，而是尝试着从整体去理解现实。佛教不需要测量工具，也不需要精密的观测，而这些却是科学实验的基础。佛教的陈述精而少。佛教对现象世界的本质所言甚少，因为这不是它最关心的事情，而这却是科学领域的基本关切。

　　1997 年夏季，我和马修·李卡德（1946 - ）的第一次相遇在安道尔大学。马修是讨论这个话题的最理想人选。他不仅接受过科学教育，获得了巴斯德研究所的分子生物学博士学位，同时他还深谙佛教哲学及经典文本。现在他出家当了和尚，已经在尼泊尔生活了 30 年左右。我俩在美丽的比利牛斯山区进行了漫长的徒步旅行，其间热烈地讨论了这些问题。这次谈话让我们都获益匪浅——它引发了新的思考，让我们迸发了新的观点，得出了意想不到且仍需进一步深化、明晰的结论。《手心里的无限性》[1]这本书就诞生于我俩的友好交流。一个是出生于佛教徒家庭，希望对比自己的科学知识及其哲学源泉的天体物理学家；另一个是变为僧侣的西方科学家，亲身经历使这位僧侣能够对比现实的两个研究角度。

佛教用了三个基本概念来描述现实：相互依存、空、无常。这三种基本观点如何对应现代科学对现实的描述呢？

首先来看一下相互依存的概念。佛教认为这一点是万物表象的关键：没有东西能独立存在，没有东西是自己的成因。一个物体只能被另外一个物体确定，只有和其他实体相关联时才存在。也就是说，彼物因此物的存在而存在。佛教认为，我们认为世界好像由独立的原因和条件导致的独立的现象构成，这种感觉被称作"相对事实"或者"假象"。生活经验诱导我们认为万物都是独立的客观事实，它们似乎掌控着自身的存在，本身就有某种身份。然而，佛教认为，这种感知现象的方法只不过是精神的一种虚构，经不住仔细分析。它认为一件事情只有和其他因素相关相依时才会发生。一个东西只有被关联、受影响且影响他者时才能出现。一个不依赖任何他者的实体，或者一直存在，或者根本不存在。它不会影响任何东西，任何东

1　尼尔-法亚尔出版社，2000（L'infini dans la paume de la main, Nil-Fayard, 2000）。

西也不会对它产生影响。现实不是局部的也不是割裂的，而应被看作一个统一的整体。

许多物理学实验已经证实了现实的整体性。在原子与亚原子世界，EPR 悖论实验（详见：**爱因斯坦 - 波多尔斯基 - 罗森悖论**）告诉我们现实是"不可分割的"，两颗相互作用的光粒子构成同一个现实；无论它们之间距离多远，在没有任何信息交流的情况下二者的运动能瞬间发生关联。而**傅科摆实验**（详见词条）证明了宏观世界中的整体性，傅科摆的运动与周围的环境不一致，而与整个宇宙相协调。浩瀚的宇宙决定了一件在小小的地球上酝酿的事情。

相互依存概念认为事物不能以绝对方式被定义，而只能相对于其他事物被定义。这一观点与物理学中运动的相对性原理基本相同，伽利略首次提出了这一原理，后来被爱因斯坦发扬光大。伽利略说："运动是没有意义的。"他想表达的是一个物体的运动不是绝对的，而是参照另外一个物体的运动。坐在匀速行驶且没有任何声音的火车车厢里的乘客，如果窗帘都被拉上了，此时，这位乘客无论进行何种实验或者测量，都无法判断车厢是运动还是静止的。只有打开窗帘，看到窗外飞驰而过的景色时，乘客才能知道答案。如果外部没有任何参照物，运动就等于不运动。佛教说，万物本身并不存在，只有相对于其他事物才存在。相对性原理说，只有参照流逝的景色时，运动才成了现实。

时间与空间同时失去了牛顿赋予它们的绝对性特征（详见：**时空：不可分离的伴侣**）。爱因斯坦告诉我们，只有观察者的相对运动以及观察者所处的引力场的强度才能确定时空。在宇宙中的特立独行者——**黑洞**（详见词条）的边缘，引力特别强，连光都逃不出去，一秒钟好像成了永恒。和佛教一样，相对论认为时间的流逝（包含着一个已经发生的过去以及尚未到来的未来）只不过是个假象，因为我的未来可能是另一个人的过去，或者是第三个人的现在：万物依赖于相对运动。时间不流逝，它只是单纯地在那儿。

相互依存概念直接导致的是空，空并不指虚无，而是没有固有存在。既然万物相互依存，没有东西能够靠自己获得定义或者存在。本身存在的或者依靠自身存在的固有属性就不成立了。但是注意！佛教并不认为物体是不存在的，因为我们都感受到了。它并不包含人们所误会的虚无主义者的态度。它认为存在不是独立的，而是相互依存的，因此也不赞同唯物主义的实在论立场。它选择了中间立场，认为现象不独立存在，但并不意味着不存在，而根据因果法则相互影响、发生作用：这就是佛教所说的"中正之道"。

再次，量子力学给出了极为相似的立场。玻尔以及海森堡认为，我们不能继续把原子或电子看作像速度或者位置那种具有确定属性的实体。我们应该认为它们构成的世界是可能世界，而不再是物体以及事实构成的世界。物质以及光的性质也变成一种相互依存的关系：这种性质不再是固有的，而根据观察者以及被观测物体之间的互动发生变化。这个性质不唯一，而是二元互补的。被我们称作"粒子"的现象在不被我们观察时呈现的是波的性状。一旦被测量或观察，它又穿上了粒子的外衣。讨论一个粒子的本质现实，讨论一个不被观测的存在，这没有任何意义，因为我们永远不可能理解它。与佛教教义中的"行"（意思是"事件"）相似，量子力学彻底改变了物体概念，使其从属于测量概念，也就是事件这个概念。此外，量子的不确定性使得测量现实的准确性有限：粒子的位置或者速度，二者之一必定是不准确的。物质丧失了实体。

佛教中的相互依存与空是近义词，然后，空又是无常的近义词。无常，即没有什么是永恒的。世界是相连且一直相互影响的大量事件以及动态进程的集合。无休止且无处不在的变化与现代天文学的观点不谋而合。亚里士多德的宇宙不变性以及牛顿的静态宇宙不再成立。从最小的原子到人、恒星、星系再到整个宇宙，万物在动，万物在变，万物都不是永恒的。受大爆炸的推动，宇宙膨胀。相对论方程包含了这一动态性质。大爆炸理论使宇宙具有了历史。它有一个开端、过去、现在以及未来。有一天，它会在炼狱之火或者刺骨之冷中死去。宇宙全部的结构——行星、恒星、星系或者星系团，它们始终处于运动之中，且参加了一场大型的**宇宙芭蕾**（详见词条）：自转、公转、相互远离或者相互靠近。它们也有自己的历史：出生、演化然后死亡。恒星的生命周期是几百万年，甚至是几十亿年。

原子以及亚原子世界也不例外。它们也不是永恒的。粒子可以改变属性：一个夸克（物质的基本单位）可以改头换面或者改变"味道"，一个质子可以通过释放一个正电子（电子的反粒子）以及一个**中微子**（详见词条）变成中子。物质可以与**反物质**（详见词条）湮灭然后变为纯能量。一颗粒子的运动所携带的能量可以转变为粒子的质量，反之亦然。换句话讲，一个物体的属性能够变为物体本身。由于能量的量子不确定性，我们周围的空间中存在无数"虚拟"粒子——瞬息即逝的虚幻存在。出现、消失，它们的生死周期特别特别短，是非永恒性最极致的例子。

然而，我在列举这些殊途同归的观点时，并不想使科学带上神秘色彩，也不想利用科学发现来支持佛教。科学完美地运行着，不需要佛教或者任何其他宗教的哲学支持就可以达到自己设定的目标（理解现象）。佛教的重点在于使人觉悟，所以无论是地球绕着太阳转还是太阳绕着地球转，都不会对其产生任何影响。然而，由于科学与佛教都在追求真相，都推崇本真、精确、严谨等标准，二者审视现实的不同方式不会导致完全对立的立场，相反，而是和谐的互补。我十分同意物理学家海森堡的说法:"在我看来,超越对立、把对世界的理性思考以及神秘感知二者综合起来的野心,是我们这个时代的(言明或未言明的)神话与追求。"

在跟马修·李卡德对话后,我更加钦佩佛教研究万象世界的方法。佛教的方法深刻且独特。不过,不要忘记科学与佛教分别追求的最高目标是不同的。科学的目的只是研究和解释现象,而佛家的目的是治愈。佛教的重点在于让人了解客观世界的真相之后,从执着迷恋外部世界的表象而产生的痛苦中解脱出来,获得觉悟;而科学却是中立的——既不注重道德也不关心伦理。科学技术的应用可能对我们有益,也可能对我们有害。相反,佛教中的冥想提供了一种修炼方法,可以使我们的内心发生改变,进而获得更多的同情心,获得去帮助别人的能力。科学使用的工具越来越完善。在冥想过程中,心灵是唯一的工具。冥想者审视着思维的运行,尝试理解思维如何连贯起来最终将自己束缚住。他观察着快乐与痛苦,试着了解让自己内心平和、不断获得深层次满足的心理过程并保持,同时,去除破坏内在祥和的心理过程。冥想会彻底改变我们的世界观以及行为。然而,科学带给我们信息,却与我们灵魂的升华以及内在的改变没有任何关系。佛教徒在意识到物体没有本质的存在后,减少了对身外物的牵挂,也就减轻了自己的痛苦。在这一层面,科学家只满足于智力的进步,而不会审视自己内心深处的世界观或者生活方式。

面对一些紧迫的伦理道德问题,如在基因领域,宗教提醒科学家不要忘记人文关怀。爱因斯坦赞美说:

未来的宗教是一种宇宙宗教。它能超越人格化的上帝观，否认教条与神学，同时涵盖了自然与精神，建立在一种宗教感之上，这种宗教感源于对自然以及精神万物构成的合理整体的感知……佛教是最佳选择……如果有一种宗教符合现代科学的迫切需求，那就是佛教。

扩展阅读：马修·李卡德、郑春顺，《手心里的无限性》，尼尔 - 法亚尔出版社，2000；口袋书系列，2002（Matthieu Ricard & Trinh Xuan Thuan, *L'infini dans la paume de la main*, Nil-Fayard, 2000; édition de poche : Pocket, 2002.）。

Science et Méthode

科学与方法

　　科学在分析过程中并不像人们听到的理想科学方法那么客观。科学家并非孤军奋战，他处在一种文化以及一个社会之中。有意或无意地，他会受到周围意识形态的影响。他在解释结果时，同样受自己职业经历的影响——老师传授的知识、同事间的相互影响、公开发表的学术成果。每一个科学家在观察外部世界、分析与解读实验时，都是根据自己内心的观点与理念进行的。例如，当物理学家提出核力理论时，天体物理学家则会求助于星系形成的理论。选择支持一种而非另一种理论并不能完全排除偏见。研究人员会受其老师以及同事观点的影响（详见：**天体物理学与现实**）。

作为一个思考者，科学家无法完全客观地观察自然。当同一个现象引发了多个互不相容却都合乎情理的理论时，选择哪一个理论就要看科学家的心理倾向了：因此，在 20 世纪 50 年代末，关于宇宙起源的两个不同理论并驾齐驱：**大爆炸**（详见词条）理论假设一个制造时刻以及宇宙开端，而**稳恒态宇宙模型**（详见词条）认为宇宙本身一直存在着，既没有开端也没有结局。然而，"制造"以及"开端"等概念在当时并不受欢迎。许多宇宙学家不想听到它们，而且非常开心稳恒态宇宙模型理论给他们提供了一个宇宙一直存在的平台。他们因此将宇宙诞生之事束之高阁，替自己支持的理论沾沾自喜。这种心理偏爱一直持续到 1965 年，**宇宙微波背景辐射**（详见词条）的发现给了这个宇宙模型一记重击：既然这个理论否认了大密度、极热的开端，也就无法为这个浸润着整个宇宙的辐射提供任何合理的解释。

问题来了：科学家既然喜欢将新事实置于既定的观念范畴里，讨厌质疑自己早已习惯的意识形态，那么科学为什么没有止步不前？科学如何进步？科学变革是怎样发生的？就像我们在大爆炸理论与稳恒态宇宙模型理论中看到的那样，科学革命是由新发现（发现了宇宙微波背景辐射）以及新事实的积累导致的，它们无法继续适应旧体制，逼迫着科学家重新调整自己的观念。当某些天才在表面互不相关的现象中看到了新的联系时，科学革命就发生了。当牛顿发现坠落的苹果与月球绕着地球旋转相关时，他发现了万有引力。当爱因斯坦发现时间与空间的相互联系时，他想到了相对论。这些创造力与想象力的功绩并不是偶然事件，而是内在观点多年来与外界看似不相关的元素一起重构、转变以及统一走向成熟的结果。

因此，意识形态的偏差以及科学方法本身缺乏的客观性并不意味着这种方法在本质上是有缺陷的。科学被一个坚固的栅栏保护着，即使有时候出现偏差，甚至偶尔走进死胡同，但最后总能回到正道上。这个坚固的栅栏是理论与观察持久的互动。有两种可能性：或者新观察及近期实验结果与目前的理论相符，后者就得到了进一步的证实；或者不相符，这个理论需要被修改或者排斥，让位于另外一个预言可验证该现象的新理论。于是，科学家转向了自己的望远镜或者粒子加速器。只有当这些预言被证实时，新理论才会得到认可。同时，证实它的观察与测量需要被其他研究员和技术独立地复制以及确认。这一步是最基本的，尤其是否认被广泛认可的理论时，套用科学哲学家托马斯·库恩的术语，即那些"改变范式"的发现。研究者是天生的保守派。他们不喜欢新理论毫无征兆地出来扰乱人们费尽心思才得到的知识。幸运的是，为了科学的顺利前进，不仅需要摧毁，还需要重建！不过，没有比在废墟上重建更难的事儿了……

实验方法是观察与理论之间永恒的往返，冒着走向歧途、犯错，甚至又回到起点的风险，通过准确的现象描述使观察与理论缓慢地靠近。科学不是直线前进的，并不像我们常见的简单描述那样，它是曲折前进的！

扩展阅读：托马斯·库恩，《科学革命的结构》，北京大学出版社，2003。

科学与诗歌

　　科学的特点是无穷无尽的回归。每一个答案背后都隐藏着一个新的问题。它是一种多头蛇：切掉一个，又生出来无数多个。科学探索没有终点，研究者越靠近目标，目标往后退得越多。

　　然而，在过度解读以及使万物理性化的过程中，我们会不会扼杀了全部的美与诗意呢？这是英国伟大的浪漫主义诗人约翰·济慈（1795—1821）的观点，他在1820年这样写过彩虹：

> *Do not all charms fly*
>
> *At the mere touch of cold philosophy?*
>
> *There was an awful rainbow once in heaven:*
>
> *We know her woof, her texture;she is given*
>
> *In the dull catalogue of common things.*
>
> *Philosophy will clip an anglel's wings,*
>
> *Conquer all mysteries by rule and line,*
>
> *Empty the haunted air, the gnomed mine—*
>
> *Unweave a rainbow.*

> 被冰冷的哲学触及
>
> 魅力会不会全部飞走了？

天空中曾悬挂着一条庄严的彩虹：

我们知道了它的性质和结构，

然后将其归于寻常之物。

哲学折断了天使之翼，

用线条和规则打破了所有的神秘，

清除了鬼魅之气与神灵之土，

拆开了一条彩虹。

济慈暗讽的"冰冷的哲学"，其实是指今天被我们称作"科学"的"自然哲学"。济慈不是唯一一个认为过度的科学会对诗意造成伤害的人。德国诗人约翰·沃尔夫冈·冯·歌德（1749—1832）也认为牛顿分析了彩虹颜色后"使自然之心萎缩"。美国诗人沃尔特·惠特曼（1819—1892）同样认为公式、计算以及其他图解都会阻挡人们诗意地欣赏自然。他在诗集《草叶集》（1865 年）的一首名诗中描写到，在一场天文学术报告会上，自己深感无聊，突然心生厌恶，离开了报告厅，走到户外抬头仰望天空，身心沉浸在这个世界的美好之中：

When I heard the learn'd astronomer;

When the proofs, the figures, were ranged in columns
  before me;

When I was shown the charts and the diagrams,
  to add, divide, and measure them;

When I, sitting, heard the astronomer, where the lectured

with much applause in the lecture-room,

How soon, unaccountable, I became tired and sick;

Till rising and gliding out, I wander'd off by myself,

In the mystical moist night-air, and from time to time,

Look'd up in perfect silence at the stars.

当我听那位博学的天文学家的讲座时，

当那些证据、数据一栏一栏地排列在我眼前时，

当那些表格、图解展现在我眼前要我去加、去减、去
　　测定时，

当我坐在报告厅听着那位天文学家演讲、听着响起一
　　阵阵掌声时，

很快地，我竟莫名其妙地厌倦起来，

于是我站了起来悄悄地溜了出去，

在神秘而潮湿的夜风中，一遍又一遍，

静静地仰望星空。[1]

我并不完全赞同济慈与惠特曼的观点，虽然我将数学理解为一种自然语言可能会令人生厌。然而，知识既不扼杀诗意也不扼杀美丽。认识彩虹或者其他自然现象的科学本质在任何情况下都不会减少人们对其光彩的赞美。相反，更深入的了解自然能够唤起我们对其美丽与和谐更多的赞美、尊敬以

1　罗良功译。

及崇拜。科学观测者面对宏伟壮观的自然，从来都不会无动于衷。

科学家证明了我们与宇宙的内在联系：我们全部都是初始爆炸的产物。氢原子与氦原子构成了宇宙重子物质总量的98%，诞生于宇宙存在后的前三分钟内。海水或我们体内的氢原子都来自这份原始大杂烩。因此，我们都属于同一宇宙族谱。而复杂以及生命出现所需的重元素，它们构成了宇宙物质剩余的2%，是恒星核炼金术以及超新星爆发的产物。

我们都是恒星尘埃构成的，是野兽的兄弟、野花的表亲，我们身上都有宇宙历史的印迹。简单的呼吸动作将我们与地球上所有的生物联系在一起。例如，我们今天仍吸入1431年圣女贞德被施火刑时的浓烟中的数百万个原子核，有些分子甚至是恺撒临终前呼出的最后一口气。当一个生物死亡、分解后，它的原子被释放到环境中，然后又构成了其他生物。佛祖在菩提树下修行，而我们的身体中约有十亿颗原子曾属于这棵树。

科学还发现了其他联系：我们所有人都有基因上的联系。无论我们是哪个种族，无论我们的皮肤是什么颜色，我们都是来自于180万年前左右出现在非洲的人类。作为恒星的孩子，当现代人第一次看到我们的蓝色星球飘浮在黑色的浩瀚宇宙中的动态图时，发现它是如此美丽，又如此脆弱，我们可能会感受到对宇宙最强烈的亲情。这个整体性使我们成了地球的捍卫者，我们需要保护它免受我们带给它的生态破坏。1803年，英国诗人威廉·布莱克（1757—1827）通过一首诗高度赞美了宇宙的整体性，这首诗收录在其诗集《纯真之歌》中：

To see a world in a grain of sand
And a Heaven in a wild flower,
Hold infinity in the palm of your hand
And Eternity in an hour.

一沙一世界，
一花一天堂，
无限掌中握，
刹那成永恒。

一粒沙可以装下整个世界，这是因为最简单的现象也需要整个宇宙历史的解释。

认识到不同事件之间的相互依存以及整体的不同组成部分之间的因果关系，能够赋予那些第一眼看上去完全不相关的一系列事件统一性以及逻辑性，进一步加强我们对自然的崇拜敬仰之情。这样看来，科学和诗歌、艺术、宗教一样，无论在程度还是效果上，都能够使我们与世界相连。

科学与智慧

　　科学并不能直接产生智慧，它无法告诉我们如何减轻自己及别人的痛苦。科学知识不会教我们如何生活，它无法帮助我们做出伦理道德方面的决定。不过，我认为科学能够启发我们换个角度去看世界，使我们去做更为合理的事情。从天体物理学、神经生物学、物理学、化学、人类学、灵长动物学一直到地质学，在众多学科的共同努力下，我们今天已经掌握了人类起源的大段历史，跨度约为 140 亿年。如果这张宇宙巨幅画卷能够分发给对全世界充满善意的人们，一定能够将他们聚集起来。

　　知道了我们都是微尘，知道了我们与美洲大草原上的羚羊以及芬芳的玫瑰共享宇宙历史，知道了我们通过时空相连，这些都能增强我们与他者的依存感。接着，这种依存感增强了我们的同情心，因为我们可能意识到自己头脑中树立起的"我"与"他者"之间的那道墙是虚幻的，而我们的幸福是建立在他者的幸福基础之上的。这幅宏伟画卷中呈现的宇宙以及行星，再次强调了我们这颗行星的脆弱以及我们的孤独。它帮助我们跨越种族、文化以及宗教障碍，去更好地衡量威胁浩瀚宇宙中这个宁静港湾的环境问题。它告诉我们工业毒品、放射性垃圾以及温室气体（详见：**温室效应**）是没有国界的。这样一来，这个宏伟的知识"共同主干"的传播能够引起没有攻击性的全球化——攻击性的全球化指的是强国对贫穷国家的经济掠夺以及军事进攻，它是和平的。经济全球化使得整个世界被一个越来越完善的沟通网络连接在一起，应该也会促进科学知识的全球化。这个和平进程让世界公民共享同一视野。它能够促进合作，让来自不同文化背景的人们沟通对话。它在我们心中点燃了世界责任感，鼓励我们联手解决贫穷、饥饿、疾病、威胁人类的自然灾害等问题。它能够产生一种全球性的人文主义，推动世界和平与发展。

Science et Spiritualité

科学与宗教

古希腊人认为理性是万能的，它能够解决一切问题并解释一切现象。然而，科学在不断进步的过程中，意识到理性有时候无法走到路的尽头。**量子力学**（详见词条）以及**混沌理论**（详见：**混沌：确定性的终点**）在科学领域引入了不确定性、不明确性以及无法预见性等概念。更厉害的是，奥地利数学家库尔特·哥德尔（1906—1978）在1931年推出了一个定理，将不完全性变成了一个逻辑问题。

著名的哥德尔定理包含的以下结论可能是数学领域中最非凡、最神秘的一个：一个相容、不矛盾的算术系统永远包含一

些"不可确定"的命题，即永远无法仅通过逻辑推理就得知其真假的数学给定条件。此外，哥德尔还证明了人们无法只根据系统包含的假设而证明这个系统相容且不矛盾；为了证明这一点，需要走出这个系统，然后做出一个或几个不属于这个系统的补充假设。也就是说，系统本身并不全面。这就是为什么哥德尔定理经常被称作"不完备性定理"。

尽管哥德尔只针对算术系统得出了以上结论，它却像数学晴天里的霹雳，产生了巨大的影响。它的反响远远超出了数学领域，今天它还涉及哲学以及信息领域。在哲学上，它证明了理性思维的能力不是无限的；在信息领域，它揭示了存在一些计算机永远无法解决的数学问题。哥德尔定理认为，我们的知识在一个既定系统内永远有一个界限，因为我们本身就是系统的一部分。为了超越这个界限，我们需要走出这个系统。这让人联想到**人择宇宙学原理**（详见词条），它认为人们应该走出描述宇宙的物理学才能打赌被科学论据解释的创造性原理是否存在。

科学的目的是理解世界万象。它描述并解释自然，却不将任何哲学观点强加于人。它只是一个工具，本身不好也不坏，不将任何伦理道德强加于人。对我们有益或者有害的是科学的技术应用。因此，核物理本身既不好也不坏；它让我们知道太阳为什么闪耀，为什么向我们散播温暖和能量——这是地球生命的源泉。然而，它同时还是广岛与长崎百姓死亡的真凶。因此，科学不能直接产生智慧（详见：**科学与智慧**）。它已经证明了自己能够为了人类的物质需求、健康以及舒适而影响世界、改变世界。它使我们活得更久，让我们摆脱了苦力劳动。相反，它同样是环境恶化的原因：水污染、大气污染、全球变暖等。由于它不传播哲学观点，就无法在伦理道德方面引领我们。我们需要求助于其他知识源泉。宗教之所以能有一席之地，正是因为它给予了现实一种科学无法提供的解释，因为正如哥德尔定理所认为的那样，科学也并不完备。宗教与诗歌、艺术齐肩，构成了一扇观察世界的窗，成为科学的补充。

人们可能认为科学在接触了不确定性、不明确性、不可预测性、不完备性以及不可决定性等概念后变弱了。然而，它从此知道了自己不是无所不知的。它需要接受自然中存在的不确定以及混沌，万物——无论是未来一个月的天气还是股市里的股票走向，都不是提前确定好的。因此，我认为，当科学知道了自己并非万能的以后，不弱反强。混沌以及不确定性使自然充分发挥创造力，摆脱僵硬无生机的决定论，制造出一个先前并不存在的多姿多彩的世界。它的命运是开放性的，它的未来既不被现在也不被过去决定。自然的旋律不是一下就谱好了的，而是逐渐被谱写。有关世界的创造性，这大概是一种更丰富、更令人满意的观点。

我必须承认，这种观点在科学界并非主流。我的大部分同事都不会自问宗教问题，或者绝对不会公开讨论这些问题。另一部分同事将宗教与科学完全分开了。他们在工作日进行科研工作，周末去教堂做礼拜，然而他们绝不会试图把这两件事结合起来。二者在他们的生活中是绝对独立的两个个体。在他们心中，自己的信仰与从事的科研工作没有任何关系。我理解他们的立场，他们和我一样都有自己的理由。不同的是，我赞同科学与宗教的对话，不过要明确的是，我完全不想给科学涂上神秘色彩，也不想用科学发现去支撑宗教（以我为例的话就是佛教）。

最近几年兴起了科学与宗教之间的对话，在美国（我居住的国家）以及英国等盎格鲁－撒克逊人的国家尤为盛行。在法国，政教分离的传统增加了这种对话的难度。在 2000 年，我加入了一个由物理学家以及天文学家组成的工作小组，其中几位同事是诺贝尔奖得主（比如"激光之父"查尔斯·汤斯），这个工作小组是由美国的亿万富翁、在华尔街发家的约翰·邓普顿成立的。他成立了一个基金会（约翰·邓普顿基金会），用于资助科学家去寻找科学与宗教之间可能存在的桥梁。我们的工作小组探讨了许多现代物理以及天文学的宗教以及哲学影响。因此，一定有一些高层次的科学家对宗教是持开放态度的，他们的科研成果可能被全世界认可，因为这也是加入这个小组的选择标准之一。2002 年，我也成了国际科学与宗教学会（International Society for Science and Religion）的创始人之一，这个学会设在英国的剑桥大学。这个学会汇集了一些世界一流水平的科学家，他们的研究领域各不相同，宗教信仰也多种多样。这个学会的目的也是促进并发展科学与宗教之间的对话。最后需要注意的是，公众对这个对话十分感兴趣：我与马修·李卡德合著的有关科学与佛教的书在许多国家很畅销。

　　然而，有些科学家完全不在乎宗教。美国物理学诺贝尔奖得主史蒂文·温伯格认为宗教是世界上许多疼痛之源。他的言论极具煽动性："无论有没有宗教，好人都会好好做事，而坏人都不会好好做事。科学一项伟大的成就就是至少使聪明人不必有信仰，否则，他们可能无法选择不信教。"他同时还列举了宗教的一些不良影响：十字军东征、沙皇对犹太人的大屠杀等。我认为他的观点是错的。首先，他忘了说被错误应用的科学同样能给人类以及生态圈带来危害：广岛和长崎、物种灭绝以及**生物多样性**（详见词条）的破坏、**臭氧层空洞**（详见词条）、全球变暖等。我还能列举出无数个类似的例子。此外，他所说的宗教不是"真实"的，而是一个被扭曲的版本：驱使人们参与宗教战争的不可能是对他人的同情心——而这种同情心，是所有真正宗教的基础。

科学与宗教之间的争论不断。有一些观点与我的观点截然对立，但我还是认为自己的观点略占上风。不过，我坚持一点，那就是，它不会对我所从事的观察、解释万象宇宙的科研工作产生任何影响。即便我的信仰能帮助我更好地生活，更好地与周围的万物互动。在更好地生活时，我会更好地去工作。我的主要研究对象仍然是星系，尤其是矮星系的形成与演化，而不会转向寻找一种能够影响我的发现的创造原则。我的信仰只影响其他领域。科学给了我前所未有的自由。

Science et Utilité

科学与实用性

有时，当我做公开学术报告时，在与听众的互动环节中，被讨论最多的话题是天体物理学的实用性：像研究天空以及星星等满足学术好奇心的行为值得社会动辄花费数亿，甚至是几十亿美元来建立一个大型地基望远镜或者空间望远镜（哈勃空间望远镜花费了90亿美元）吗？拿这笔钱去解决贫穷以及全球灾难等问题不是更好吗？

我回答：首先应该物归原位。研究费用只占美国（2009年约占3%）或法国（不到2%）等发达国家预算的一小部分。用于天文学研究的就更少了，只占美国科研总预算的7%，也就

是国家预算的千分之二（2009 年美国用于天文学的经费是 110
亿美元）。为了让数据更形象，想象一下，美国将 1/3 以上的预
算用在国防以及军队维护上了。一架直径为 10 米的大型天文
望远镜不会比一架军用歼击机贵。即便我们承认如果取消天文
学研究，一个国家确实可以省下很多钱，然而，我们能够确保
这些钱用于减轻贫困人口的苦难，而不是拿去打仗了吗？

除了以上经济原因，我认为，宇宙、恒星以及星系引起了
大众的兴趣，并在年轻人心中点燃了投身于科学的火苗，这绝
非偶然：我们所有人都对自身起源抱有某种情怀，我们每个
人都有了解自己起源的愿望。天文学为我们照亮了遥远的开
端。它帮助我们认清了自己在时间与空间中的位置，了解到在
漫长的宇宙演化史中我们是如何出现的；它告诉我们大家都是
由星尘构成的，因此将我们与宇宙相连；它让我们回溯到过
去、让我们凝视浩瀚的宇宙空间，帮助我们超越了肉体的易腐
性以及生命的短暂性；它带给我们的对世界的哲学思考与发现
抗癌或者抗艾滋病的疫苗同样重要，甚至与缓解全球贫困同样
重要。

因此，推进天体物理学的研究是向人类精神致敬。探索人
类在宇宙中的位置，找寻我们生命的意义，这一点将人类与动
物区别开来。爬行动物的大脑，通过演化增添了一个能够思
考问题的皮层：生命有意义吗？我们从哪里来？我们要到哪
里去？

天体物理学到底带来了什么技术影响？初看起来，确实没
有，因为恒星与星系对我们的日常生活不产生任何实用影响。

天体物理学是最纯粹的科学，它从不直接考虑任何实际的应用。天体物理学家为了知识而追求知识。尽管如此，越不抱有期待的单纯研究越可能带来巨大的技术影响。这样的例子不胜枚举。当牛顿在证明苹果落地与月球绕着地球旋转所做的是同一种运动然后提出了万有引力定律时，他的动机肯定不是技术应用！然而，今天在我们的日常生活中，一切动的东西，一切擅长运动的物体——电梯、汽车、飞机、卫星——都被牛顿定律支配着。爱因斯坦发现狭义相对论时正在思考，如果自己乘着光粒子旅行看到的宇宙是什么样子的。他当时肯定没有想着恒星核心或者原子弹的核聚变过程，然而这一切都能从他著名的 $E=mc^2$ 公式（质量与能量相等）中得出。历史证明：即使是最抽象的理论，都不可避免地被应用到了日常生活中。

因此，天体物理学没有必要非得做出技术应用的承诺。我们追求它，是为了人类精神的荣耀。

Soleil (Couchers de)

日 落

当太阳靠近地平线时，是什么使它的颜色从耀眼的白色变成亮黄色，然后变成绚烂的橙色，最后呈现出一片深红？

白天太阳的光与地球大气层中的空气分子、粒子之间的相互作用导致了这一现象。事实上，阳光到达我们眼睛的路途中发生的相互作用的数量决定了太阳的颜色。当太阳挂于高空中时，阳光遇到的空气分子与粒子相对较少，没怎么被散射或吸收，因此太阳保留了原始的白色。而当夜幕降临，太阳朝地平线降落时，阳光穿过大气层的路径变得更长，在到达我们眼睛之前与更多的空气分子以及粒子相互作用，此时它变得没那么耀眼，颜色也随之发生了变化。大部分蓝色光子发生了散射，离开了太阳光束，因此降低了太阳的亮度。当太阳白光中没了蓝光，阳光变成了橙黄色。除了空气分子散射蓝光，大气中的臭氧分子也吸收了大量的蓝光与紫光，为太阳变红做出了贡献。

然而，空气分子以及臭氧分子不是太阳橙红面容的唯一成因。大气中散布的微小粒子——由人类活动产生的灰尘以及烟雾颗粒等，或者自然生成的，例如海面上的小水滴——同样起到了重要的作用。事实上，十分微小的粒子（直径小于 100 纳米）同样散射蓝光（一个光粒子被灰尘颗粒散射的概率与它的波长成反比，也就是说，一个蓝色光子被一个灰尘颗粒散射的概率是红色光子的两倍。而光粒子被空气分子散射的概率与它波长的四次方成反比）。我们视线上的蓝光被除掉后，空气分子以及细微颗粒成了自然送给我们的火红太阳的媒介。由于粒子每天数量不同，不同地方的粒子数量也不同，世界上没有两次一模一样的日落。

太阳的出生、生活与死亡

45.5 亿年前，太阳，第三代恒星，出生于银河系郊区——约距离银河系中心约 2.6 万光年，由一片氢和氦占 98% 的星际气体云在重力作用下坍缩而成。坍缩使云的中心变得更热、密度更大，引发了质子的核聚变，它们每四个一组发生反应，形成了氦核。核反应释放了大量的光子形式的能量。气态球体燃烧，我们的太阳诞生。从此以后，氢一直转变为能量，今天的太阳每秒钟都能把 430 万吨氢转变为阳光与能量。

然而氢燃料的储量不是无限的。太阳诞生于 45 亿年前，它现在正处于中年期。再过 45 亿年，太阳将把所有的氢核心转变为氦，这将是太阳末日的开始。缺乏氢燃料使得氦核心收缩为地球几倍的体积，密度是 0.1 吨每立方厘米。这里将容纳太阳 1/4 的质量。这次收缩使得氦核心外面的氢层升温。当达到 1000 万开时，氢核聚变为氦使得氢层燃烧。我们的太阳因此获得了一些能量。它的外层因此膨胀，体积将会是现在的百倍：太阳变成了一颗红巨星。与其高密度的核心不同，红巨星外表的密度只有 10^{-6} 克每立方厘米，也就是水密度的百万分之一。

"红巨星"阶段持续的时间很短。约过 1 亿年，这个阶段结束——它在宇宙范围里只算一眨眼。氦核心外层的氢气耗尽，太阳再次缺乏燃料。氦核心在重力作用下继续收缩，温度继续升高。这一次，它轻轻松松地突破了 1 亿开的界限，氦核心开始燃烧，每三个氦核聚变为一个碳核。天体物理学家将这次燃烧称作"氦闪"。氦燃烧成碳的过程更短暂：大约几千万年。当这一阶段结束后，同样的故事情节又开始上演。碳核心收缩，温度升高，此时碳核心外层的氢和氦燃烧。随着这些燃烧相继发生，恒星变成了一个"洋葱皮"结构，每层"皮"都包含一种不同的化学元素，化学元素从内向外由重（碳）变轻（氢）。

第二次燃烧使红巨星的外表进一步膨胀。燃烧的外表会把我们亲爱的地球烧成灰烬吗？答案取决于太阳在红巨星阶段丧失了多少质量。事实上，红巨星的外层在极度膨胀后，与恒星剩余部分之间的引力作用很弱（引力和恒星核心到外表距离的平方成反比）。外层被太阳辐射推向外面，脱离了太阳。大量物质流入星际太空，被称作"恒星风"。由于引力与太阳质量成正比，太阳在丧失质量的过程中，对一直绕其旋转的行星施加的引力变小。因此，行星运行轨道变大，地球就能远离红巨星触手可及的地方。计算结果显示，如果红巨星减掉至少 1/10 的质量，地球就是平安的。然而，如果太阳减掉的质量少于这个数值，地球刚好位于它燃烧的外表内。在这种情况下，地球的运动会被红巨星表面的物质阻挡，公转速度减慢，因此轨道半径减小，并在很短的时间内（将近 50 年！）呈螺旋状落入太阳炽热的核心。同时，太阳的炙热温度，比但丁笔下任何地狱的温度都高，残酷地使地球消失，抹掉了它身上的一切生命痕迹。

根据银河系其他红巨星的减重情况看，太阳可能会减掉3/10的质量，这足以使得地球远离太阳，使其免受变为红巨星的太阳的灼热触碰。然而，万一红巨星减掉的质量不到这些，它的外表将要吞噬掉水星与金星。那时的地球人会看到一大半天空被太阳火红的圆盘侵占了。大气层消失了。海水蒸发，岩石挥发。热带丛林燃烧。生命无法继续生存。人类将会组织向冥王星迁徙，因为那儿的气候更加宜人。无论如何，末日即将到来。太阳将在一万年后耗尽碳核心周围的氢与氦燃料。每一个燃烧阶段都比上一次燃烧持续更短的时间，太阳费尽力气推迟末日的到来，却是枉费心机：太阳质量不够大，无法继续压缩核心，使其达到碳燃烧所需的足够高的温度。由于缺乏核燃料，太阳熄灭了。

从此以后，太阳没有辐射抵抗引力了。引力占据上风，核心坍缩变成一颗**白矮星**（详见词条）。之所以被称作"矮星"，是因为它的半径只有 1 万千米：质量只有太阳的一半，体积压缩为地球大小的球状物体。物质密度如此大，一小勺白矮星就重达 1 吨，和一头大象一样重！白矮星发射白色的光，因为恒星核心的温度远大于恒星表面的温度，可达到 30 000K。什么阻止了白矮星继续坍缩呢？是什么抵住了努力将白矮星体积压缩到最小的引力？参与对抗的是白矮星内部的电子。它们拒绝被紧紧压在一起，相互之间发生排斥，这就是"泡利不相容原理"，由量子力学奠基人之一的美籍奥地利物理学家沃尔夫冈·泡利（1900—1958）提出。

在几十亿年中，白矮星将继续向太空中放射暮年恒星过去在引力坍缩过程中存储的热量与能量，变得越来越冷，亮度也越来越暗。最后，它变成了一颗**黑矮星**（详见词条），成了星际土壤中无数隐形恒星尸体的一员。而死星的外表被扔向了太空。这个体积与太阳系相等的气状外表，被白矮星的辐射加热，被称作"**行星状星云**"[1]（详见词条），发出万丈光芒。在此之后，它的亮度逐渐变小，分散到星际空间中，在星际空间中洒满了恒星过去通过核反应生成的氦原子、碳原子以及氧原子。

太阳在经历了近 100 亿年的美好时光后去世。我们后代的后代……的子孙为了生存，不得不去搜寻能够满足他们能量需求的其他天体。科幻作家十分迷恋的星际迁徙可能在那时成为现实！

Soleil (Taches du)

∽ 太阳黑子

太阳的亮度在过去的日子里是变化的。45 亿年前，它刚刚诞生，原始星际云带来的收缩运动还没有结束。它的核心没那么热、密度也没那么大，燃烧的氢燃料也比现在少。其核心当

1　此处"行星状星云"的称呼具有迷惑性，它事实上与行星没有任何关系。过去人们错误地认为星云可能构成了一个正在形成的恒星系。

时的温度是 1000 万开，刚达到核聚变所需的温度；而表面的温度是 4500K，比现在的温度低 1500K；它的半径是 100 万千米，其亮度只有现在亮度的 2/3。又过了 5000 万年，年轻的太阳最终稳定下来，变成了半径为近 70 万千米、温度更高的天体：中心温度为 2000 万开，外表温度为 6000K，亮度约比之前高了 30%。从此以后，太阳处于稳定的平衡状态，使其膨胀的内部辐射刚好与压缩它的引力抵消了。

太阳现在的亮度恒定了吗？并不完全恒定。然而变化很小：和年轻时候的 30% 不一样，现在只有不到 1%。**天王星**（详见：**天王星与海王星**）的发现者，德裔英国天文学家威廉·赫歇尔（1738—1822）首次通过巧妙的推理得出了太阳的不稳定性。他观测到太阳黑子——1609 年伽利略在太阳表面发现的暗区域——不是稳定的，它们会随着时间的推移出现然后消失。赫歇尔当时准确地判断太阳黑子的数量与太阳活动有关，太阳越活跃，具有的黑子就越多。

赫歇尔是对的。太阳的亮度不是恒定的。然而他的天才直觉还要等 150 多年才被证实。20 世纪 70 年代末，人造卫星精确测量出太阳亮度的细微变化，约为 0.1%。当太阳黑子数量达到最大值时，太阳的亮度略高一点；当太阳黑子数量降到最小值时，太阳的亮度略低一点。两个最大值或最小值之间的平均间隔约为 11 年，与太阳黑子数量的循环周期一样。人们认为太阳黑子标志着位于太阳内部的磁场线浮到表面的位置：太阳黑子的磁场比普通地方的磁场强 100 倍。这些黑子成对出现，极性相反：一个是正极，另一个是负极。太阳黑子的周期变化好像与太阳磁场的周期变化相关——大约是 11 年。太阳的磁极会颠倒极性，北极变成南极，南极变成北极。太阳黑子同时是太阳发怒的地方：火舌，被称作"日珥"的光弧，能够向太空喷发几十亿吨物质（质子与电子）。太阳的怒火同样与太阳黑子 11 年的周期有关。因此，当太阳表面出现的太阳黑子数量最多时，它的活动最频繁，亮度也最大，而数量最少时，活动最不频繁，亮度也最小。

太阳的亮度与太阳黑子的数量紧密相关，而太阳黑子比太阳表面其他地方的颜色要暗（由于此处的温度比太阳表面其他位置的平均温度低 1500K，所以比其他地方暗），我们就会自问：为什么太阳最亮的时候太阳黑子数量最多，而不是黑子最少时呢？这是因为太阳黑子周围永远都是更热的亮区域，这些区域的温度约比太阳平均温度高 2000K。在太阳活动最频繁时，我们在地球上能够多获得 0.1% 左右的光，也就是比平时的 342W/m^2 多 0.3W/m^2，在太阳活动最不频繁时，少 0.3W/m^2。这些变化十分微小：与同质量的其他恒星相比，太阳亮度相对平静、稳定。更久以后，随着太阳变老，其核心的温度升高，它将燃烧更多的氢燃料，体积变大，亮度增加：它变成了一颗**红巨星**（详见词条）。然而，这些变化不是一天发生的：人们预测太阳亮度大约将增加 50%，然而这个变化将发生在未来 40 亿年漫长的时间内。接下来的数十亿年间，人类不必为更热、更亮的太阳忧心忡忡。

太阳与地球气候

　　太阳现在的亮度变化不到 0.1%，也就是 0.3W/m² 的变量，等于一个放置于 4 米远的 50 瓦电灯泡的功率。你可能会说，没什么可操心的！然而，有些研究者认为所获阳光的细微区别可能会导致地球上深刻的气候变化。他们认为**太阳黑子**（详见词条）数量的减少，会使太阳活动变得不频繁，从而导致"小冰期"，全球气温约降低 0.5 ～ 1℃。1645 ～ 1715 年，太阳经历了漫长的不活跃期，被称作"蒙德极小期"，因研究它的英国天文学家而得名。这段时间内，太阳表面的太阳黑子数量很少，这似乎与 17 世纪末令北欧陷入漫长寒冬的"小冰期"吻合。同时，太阳黑子 22 年的周期（在 11 年的周期结束时，太阳黑子的极性转变，因此，两个周期后，也就是 22 年后，它们又重新回到原先的极性）似乎与地球上肆虐的干旱期紧密相连。因此，在北美洲，分布在 3~6 年时间段里的干旱期与太阳过去八次周期的开端重合。最近的一次发生在 1950 年底。然而，按道理应该发生在 20 世纪 80 年代初的干旱期并没有如约而至。

　　其他研究者也将 20 世纪观察到的全球变暖归结于太阳活动的增加。虽然我们很难为大气、大陆以及海洋之间的复杂关系建立一个详细的模型，计算结果显示，20 世纪增加的 0.1% 的太阳辐射使得世界气温最多升高了 0.2℃，这与实际观测到的 0.6℃相差很大。此外，如果全球变暖是太阳而不是人类无节制地排向大气中的温室气体（详见：**温室效应**）导致的，那么如何解释全球气温变化像影子一样跟着大气层中二氧化碳的含量变化？就像莎士比亚在《恺撒大帝》中说的："错不在恒星，而在我们自己！"

Soleil, source de lumière

∽ 太阳，光之源

太阳是我们的光之源。它赐予我们的光、热以及能量是天空中其他所有恒星与星系之和的数百万倍，它是地球生命之母。平均每一秒，地球每平方厘米约获得 10^{45} 个光子。太阳每秒钟放射的总能量为 $4×10^{45}$ 瓦，也就等于 1000 亿个百万吨级的原子弹释放的能量。这个巨大的能量只需三分钟就可以将地表融化，只需六秒钟就可以让地球上所有的海水蒸发。这些灾难之所以没有发生，是因为大部分能量被辐射并消失在太空中了。地球，浩瀚宇宙中渺小的港湾，只获得了其中的一小部分：只有十亿分之一。

我们的地球平均每秒从太阳获得的能量为 $342W/m^2$，等于一个距离十几厘米的 50 瓦电灯泡的功率。大部分辐射（约42%）是"可见"的，也就是说，能被我们的眼睛感知到。自然演化使得人类（以及其他许多物种）具有了眼睛，神奇的它们可以接收光，使得我们在一个被恒星光彩照亮的世界里生存演化。然而，太阳还发射许多其他肉眼看不到的光，它们与可见光一起组成了人们所称的电磁波谱。我们的太阳发射紫外线（9%），这是长期暴露在太阳下晒伤我们的凶手，以及红外线（49%），还有一小部分 γ 射线、X 射线以及无线电波。由于地球大气层构成了一个保护层，保护地球生命免受有害太阳紫外线的伤害，大部分红外线无法从大气层穿过来，到达地球的大部分太阳辐射是可见光。在这些可见光中，约有 1/3 被高空大气层中的云或者地球表面反射回太空中，剩下的 2/3 或在大气中或在地球表面被吸收转化为热量。

地球绕太阳公转的轨道近似是个圆形，平均半径为 1.5 亿千米。也就是说，以 30 万千米 / 秒的速度从太阳表面出发的阳光，要过 8 分钟才能到达地球。月光是黑夜中最明亮的光源，其实它只是被月球表面反射的太阳光。

银河系（详见：**银河系的现代解读**）很广阔，直径长达 10 万光年，在距离银河中心 2.6 万光年左右的地方，太阳以 220 千米 / 秒的速度划破太空，每 2.5 亿年绕着银河中心转一圈。随行的是包括地球在内的八颗行星。

〰 太阳的传说

太阳，依靠自己耀眼夺目的光，养育了地球，通过现身与否掌控了黑夜与白天、冷与热以及季节的交替，被许多古老民族畏惧或崇拜。它是生命的象征。因此，因纽特人将它与死亡的象征月亮对立。太阳还是神。古埃及人认为太阳用不同的形式来表现自己的至高权威：凯布利是早晨的太阳神，拉是白天的太阳神，阿图姆是晚上的太阳神。它的形象是头顶一个圆盘或者一只隼。

在印加、阿兹特克、玛雅文化中，许多自然现象源自对太阳神的爱与恨。对于阿兹特克人，科亚特利库埃女神（土地），怀了一个长满羽毛的球（不畏牺牲的战士的灵魂），孕育了太阳，太阳是一个黄蓝颜色的神奇孩子，他的武器是一条火蛇，为了保护自己的母亲，杀死了黑暗的象征——南方的 400 颗星星，以及他的姐姐开尤沙乌奇——黑夜。

太阳还是多产的象征。在澳大利亚北部，"太阳先生"是播种的雄性，在雨季初期，使"大地女士"肥沃。白天，太阳在天空中的运行通常由一辆运动的有翼或无翼马车代表。在印度神话中，太阳的名字是苏利那，它还被叫作"涤罪者""行星之主"，或者"太空旅行者"。印度人用一个站在彩车上的年轻男子来表示太阳，这架彩车由七匹马或者长着七个头的马拉着。这架马车只有一个轮子，象征着一年。轮子上有十二根辐条，分别象征着十二个月。马车一侧垫着北极星，另一侧靠着宇宙的中轴线——梅鲁峰。中国人以更戏剧性的方式解释了太阳在天空中的运动。他们认为，水神共工撞断了不周山，引发了大洪水，摧毁了支撑天地的柱子，使天地晃动，太阳因此向西方运动。第二天，太阳重新升起，因为女娲在夜晚切下了一只乌龟（乌龟是宇宙的象征，圆壳代表了天穹，方形的肚子代表着大地）的四只脚，用它们当四根撑天柱子把天补好了。中国神话同样解释了四季的交替。天空是鸡蛋的形状，拖着太阳旋转；而地球，像鸡蛋中的蛋黄一样漂浮在广阔的液体中，有规律地靠近或远离天顶以及方位基点，从而形成不同的季节。

Stonehenge

巨石阵

与天沟通的愿望促使古人在很早的时候就建立了标识季节变化的天文台。其中最令人印象深刻的当属巨石阵，它极可能建于公元前第二个世纪。当旅行者抵达英国南部的索尔兹伯里平原后，立在他们面前的是排列成同心圆形状的各种石棚以及糙石巨柱，有些甚至高达六米。巨石阵像一个巨大的天文日历，标识了季节的变化。

巨石阵的建造者注意到了日出在地平线的位置随着季节变化而发生的往复运动。在 6 月 21 日，也就是夏天的开端（夏至日），太阳从地平线的最北边升起。六个月后，也就是标志着冬天来临的 12 月 21 日（冬至日），太阳从地平线的最南边出现。再过六个月，它又从最北边升起，如此循环往复。"考古天文学家"发现巨石阵的中轴线的过道朝向最北边，与夏至日的太阳在同一条线上，因此，巨石阵就是一个太阳的观测台。然而，巨石阵建造者的目的更多的是精神层面的，而非天文学层面的，因为他们在此举行了许多宗教仪式。人们认为它可能也是月亮的观测台。巨石阵中布满了丘垄，它们的排列方式好像与月亮在地平线升起时的最北边对齐，由于月球运动比太阳运动复杂得多，二者并不完全重合。

除了巨石阵，还有数百个名气逊于它的巨石建筑景点。其中有一些和巨石阵一样，也具有天文学意义，尤其是那些石棚呈圆形排列的。其他更有仪式感以及象征意义的，是一些埋葬场所。在法国的卡尔纳克地区，有成千上万个按规律摆放的巨大石棚，同样展示着建造者与天对话的愿景。

Supernovae (Les bienfaits des)

超新星

　　超新星为我们做了许多好事。超新星作为中介帮助自然中的物质摆脱了恒星的烧烤，为星际空间播撒下重元素的种子。事实上，作为宏大根基的重元素核，是通过恒星的核炼金术产生的，如果它们一直困在恒星的核心中，将一无是处。过度灼热的恒星核心很可能直接切断了通往复杂的进阶之路。从原子核到更复杂的结构，例如原子、分子或者 DNA 的双螺旋结构的形成，都需要一个像星际空间一样的温度更低、更平静的环境。对于小质量的恒星而言，行星状星云扮演了恒星与星际空间之间的中介。然而它的质量很小（只有或者不到太阳质量的一半），因此无法在空间中播种大量的重元素。然而，自然寻求了更大气的方法：它直接让恒星爆炸了。恒星爆炸抛到星际空间中的重元素的质量远大于行星状星云中的质量。其质量是太阳质量的几倍甚至十几倍。星际空间的重元素播种效率非常高。

　　然而，超新星的好处远非如此：它们利用自己巨大的能量继续完成了恒星核心中断的炼金术。由于铁核心因缺少必需的能量而拒绝聚合成另外的成分，迈向更复杂的进程在核心戛然而止。然而，超新星提供了这一能量！这一次，铁燃烧，核反应启动。六十多种元素在爆炸过程中诞生。其中包括金、银以及十种放射性元素，它们的寿命很长，在几百万年，甚至几十亿年后才会自发衰变。铀，摧毁广岛和长崎的原子弹的成分之一，也是其中一种。

超新星的最后一件功劳：它们利用自身巨大的能量，向星际空间中发射质子、电子以及恒星核炼金术中生成的其他核子的流，发射速度接近光速。其中某些粒子有一天将会来到地球上，它们令盖革计数器歌唱，被物理学家称作"**宇宙射线**"（详见词条）。生物学家认为这些宇宙射线能够影响我们身体的基因，而且能够改变基因。物种从远古细胞演化到人类的过程中，超新星通过宇宙射线，很可能导致了某些基因突变。

Supernovae (de type II): l'agonie explosive des étoiles massives

❧ II 型超新星：大质量恒星的临终爆炸

大质量恒星（核心超过 1.4 个太阳质量的恒星）在生命尽头会发生爆炸。在其核心坍缩（成一颗**中子星**或一个**黑洞**——分别详见词条）的同时，一次巨大的爆炸发生，完全瓦解剩余的恒星，在几天内，将会释放许多能量，等同于一个汇聚了 1000 亿颗恒星的星系释放的能量。这就是人们所称的 II 型超新星——不要把它与**白矮星**（详见词条）爆炸时形成的 Ia 型超新星相混淆，后者是小质量恒星（小于 1.4 个太阳质量）的后代——而前者诞生于一颗 8 个太阳质量以上的恒星。

大质量恒星为什么爆炸？到了末日，这颗恒星有一个铁核心，会在不到一秒钟内坍缩，压缩物质，使温度急速上升至接近 100 亿开！在这个炼狱中，铁原子核相互猛烈撞击。恒星为了制造铁原子等复杂的原子结构，用了 1000 万年耐心地完成了核炼金术，却在不到一秒钟内就被摧毁了。每一个铁原子核分裂成 26 个质子和 30 个中子。核心变成了密度非常大的电子、质子、中子以及光子的混合汤。它继续坍缩，将全部的电子以及质子压缩，使它们变为中子以及中微子。**中微子**（详见词条）是质量十分小的幽灵般的粒子，几乎不与物质相互影响（宇宙诞生之初形成的数十亿个中微子穿过我们的身体，我们却一无所知）。即使恒星核心的密度非常大（10 亿克每立方厘米），中微子穿过它也是轻而易举之事。总言之，死亡恒星核心的全部物质都变形为数量超乎想象的中子（10^{57}）。

　　坍缩继续。很快，物质被压缩至密度为 10^{12} 克每立方厘米。此时，中子拒绝被继续压缩（这在量子力学上被称作"不相容原理"）并集体对抗引力（和电子在白矮星中所做的一样）。核心的坍缩运动变慢，戛然停止，然后反方向运动，如同一个从墙上反弹起来的足球。冲击波向外猛烈地传播到几万千米处，推开了恒星的外层。这个冲击波将恒星炸成了碎片。一个过去并不存在于星系光辉中的亮点，出现在了天空中：一颗超新星出现了，它不是恒星的诞生，而是死亡。

　　这些死亡的爆炸大约每几百年就会在星系中出现一次。如果我们纵览整个可观测宇宙中的几千亿个星系，那么每秒钟宇宙某处都会出现一颗超新星。银河系也不例外：自从人们开始观测天空，已在银河系中发现了十几颗超新星，或者直接观测到了爆炸，或者探测到了爆炸恒星留下的碎片——被称作"超新星遗迹"。1572 年，丹麦人**第谷·布拉赫**（详见词条）在仙后座中发现了"一颗新星"，这颗新星使他对亚里士多德的恒定天空产生了怀疑。这天文年鉴中最有名的一颗超新星——它的发现揭开了超新星的序幕，那就是"蟹状星云"，因其外形与螃蟹相似而得名。

1987 年 2 月 24 日，大麦哲伦星云——银河系的矮星系、卫星系，它们中的一颗壮观的超新星震撼了天文学家的眼睛。这个矮星系约距我们 17 万光年，爆炸发生在 17 万年前，那时候尼安德特人以前的人类存在于地球上。现代所有的**地基望远镜**（详见词条）以及太空望远镜都开始研究这一神奇现象。大部分的观测结果都证实并明确了大质量恒星死亡的观点。从死亡恒星的坍缩核心中逃走的中微子也被"探测器"——巨大的纯净水蓄水池（放置于美国及日本地下几千米处改造过的矿井中）捕捉到了。

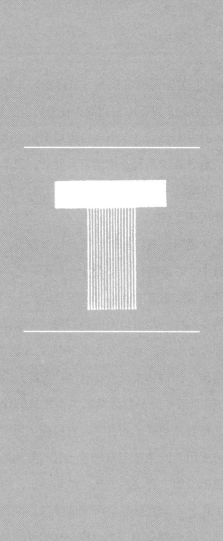

量子隐形传态

20 世纪 60 年代，美国科幻电视剧《星际迷航》将隐形传态这一概念普及给老百姓。对于电视剧的制作方以及导演而言，隐形传态是个天才的发明，可以不用斥巨资拍摄太空飞船的场景而将英雄从一个地方输送到另一个地方。此外，隐形传态还能让电视观众满怀憧憬：只需要走进一个房间，启动一个开关，空间以及引力的限制就会消失。

人们还是止不住要问：在已知的物理定律背景下，隐形传态是否可行？科幻片中的事情有一天能否成为现实？

要想回答这些问题，我们得给"隐形传态"下一个定义。在科幻小说作家的头脑中，隐形传态就是扫描一个物体（或者一个人）、确定其具体组成，将这个信息传输到遥远的地方，并在此重组"被遥传"的物体或个人。有两种可能：或者物体完全"湮没"，它的原子与分子与远距离重组物体的计划被同时传输；或者目的地有新的原子和分子，它们能按照原始原子以及分子的组合方式组合，生成与原物体一样的复制品。在我们看来，物理学更偏爱第二种交换方式。换句话讲，隐形传态器像传真机一样工作，不同之处是前者既能传输二维物体也能传输三维物体，前者能够制造出一个一模一样的复制品而非一个类似的复制品，前者在扫描原件时会将其毁掉。有些科幻作家认为原件可能与复制品同时被保存，这样真身与克隆相遇时的情节就变得更为复杂了。然而，我们发现"量子隐形传态"，就目前的物理学所知，不允许这种可能性的发生。

传输人体是件浩大的工程。人体大约包含 10^{28} 个原子（10^{28} 个核以及 15 倍左右的电子），每个原子都具有许多参数（位置、速度、自旋以及能量等），这些参数需要被完整地传输到另一个地方来复制目标人物。每一个原子的相关信息等于 100 比特（比特是信息的基本单位，可以用 0 或 1 表示；英语中写为 bit，是英文 binary digit 的缩写，意思是"二进制"），也就是说，某个特定人的原子大约代表着 10^{30} 比特的大量信息。如果我们想把人体的全部物理数据存储到容量为 10 亿字节的硬盘上（字节，是计算机使用的单位，等于 8 比特），我们大约需要 10^{19} 个这样的硬盘！如果我们把这些硬盘堆叠在一起，硬盘的高度为 10^{13} 千米，也就是 1 万光年，相当于太阳系到银河中心距离的一半！然而，即便我们有必要的材料和空间来存储信息，具有刻盘以及阅读光盘所需的电能，传送信息还需要一段十分漫长的时间。事实上，即使我们以 10^{12} 比特 / 秒的速度（目前技术的最大值）传送信息，这个需要被传输的可怜人儿大约仍需等待 300 多亿年的时间，也就是目前宇宙年龄的 3 倍！

即使我们承认人们在未来某天能够成功发明这样的隐形传态器，却仍然存在许多其他的基本问题。首先，观察物体组成的准确程度足以用这些信息在另外一个地方重组这个物体吗？在传统物理定律统治的宇宙中，答案绝对是肯定的：只需要最大程度精确地测出构成物体的每一个粒子的属性——位置、速度、自旋以及能量等。然而，在量子力学定律统治的世界里，测量原子的行为是一种粗暴的扰乱行为，会改变现实的性质（详见：**量子力学**）。在测量行为发生以前，物体的每一个属性（位置、速度等）都可能有无数个不同的值，每一个值都有可能成为现实：无数种可能性并存着，物体处于"量子叠加态"。然而，一旦观测者启动测量工具，无数种可能性就变成了一个。观测行为使物体位置的状态，也就是叠加态，缩小到这些状态中的一个。观测行为擦掉了其他所有状态的信息。

如此看来，完全复制一个物体是不可能了。为了复制，理论上需要观察它的属性。然而，由于观测行为改变了这些属性，我们就永远无法知道它们在观测行为之前的样子，更无法复制它们了。如此演绎，量子克隆以及隐形传态好像是不可能的。这就是人们所说的"量子不可克隆定理"。导致这种不可能性的不是问题的复杂性，而是量子力学内在的基本制约。

直到 20 世纪 90 年代初，事情才出现了新进展。1993 年，一支国际物理学家团队在 IBM 公司华盛顿研究所的查尔斯·本奈特以及蒙特利尔大学的吉尔斯·布拉萨德的带领下，发现了摆脱量子克隆限制的一种极其巧妙的方法，能够利用量子力学特殊的神奇属性来遥传光粒子（或光子）。想法很简单却……很明晰！它的基础是光子的"纠缠"属性，以及由爱因斯坦、波多尔斯基、罗森在 1935 年设计、由阿兰·阿斯佩及其团队于 1982 年首次完成的实验〔EPR——详见：**爱因斯坦－波多尔斯**

基 - 罗森悖论（EPR 悖论）〕。

EPR 实验证明成对的纠缠光子——A 和 B，由一种打破我们空间常识的内在、奇怪的关系相连。两个光子的行为总是完美相关：B 永远瞬间"知道"A 的行为，并根据 A 来调整自己的行为，然而 A 从未向其传输过任何信息（A 与 B 的测量是同时进行的，A 没有时间向 B 传送任何信号）。实验中两个光子相距 144 千米，如果光子位于宇宙两端，两者之间相距几百万光年，我们相信结果会是相同的。

如果解释 B 永远瞬间"知道"A 将要做什么呢？我们需要承认这两个光子无论相距多远，都属于同一个现实整体。A 不需要向 B 传送信号，因为两个光粒子属于同一个整体。量子力学排除了所有的定域性观点。它赋予了空间整体性特征。物理学家称之为"非局域性"。

本奈特、布拉萨德及其合作者利用成对的纠缠光子以及空间的非局域性，成功避开了量子克隆的限制，成功将一个光子从一个地方遥传到了另外一个地方。然而，即使突破了第一个基本步骤，实际上，发展量子隐形传态仍不是轻松的事情。从遥传一颗粒子到几颗量子粒子（目前，人们能够一次遥传四颗粒子，而且通常是光子），再到由数不尽的粒子构成的宏观物体的路程，可以想象，还会十分漫长。目前，这个目标还遥不可及。

地基望远镜

　　行星和恒星都太遥远，我们无法分辨它们的形状和大小：它们看起来就像发亮的点。眼睛看到的赏心悦目的天空之光，都来自于很近的宇宙。它们由银河中的恒星发射，其中我们能够看得最远的，也只不过位于几万光年处。肉眼完全看不到遥远的宇宙。遥远天体的光抵达地球时已经变得十分微弱，人类的视线无法捕捉到它。更重要的是，除了可见光，人类的眼睛对宇宙发射的多种多样的光线并不敏感。

　　为了能够破译宇宙信息的密码，需要更大的、能够捕捉到宝贵光——信息承载者——的"眼睛"。正是出于探索光芒万丈遥远宇宙结构的目的，人类自配了"更大的眼睛"：发明了望远镜。1609 年，伽利略（1564—1642）的天文望远镜引起了不小的轰动。这个望远镜配有一块直径为 3 厘米的镜片。望远镜在很多方面为我们提供了帮助。首先，它放大物体，使我们看到了更多的细节。当伽利略通过望远镜观察月球时，发现其表面布满了山丘与沟壑，而在肉眼中却是光滑的。然而，与放大功能同等重要的是，望远镜能够在一定时间内收集更多的宇宙光，因此可以看到没那么亮的物体。看得暗，就是看得远，看得远，就是看得早，因为光需要花时间抵达我们的双眼。望远镜是真正可以追溯过去的仪器。为了尽可能远地追溯到宇宙的源头，我们需要尽可能地看到暗的物体，也就是需要建造尽可能大的望远镜，尽可能收集更多的光。从伽利略开始，人们利用越来越大的望远镜去追求更精密的细节以及最暗物体的脚步从未停歇过。

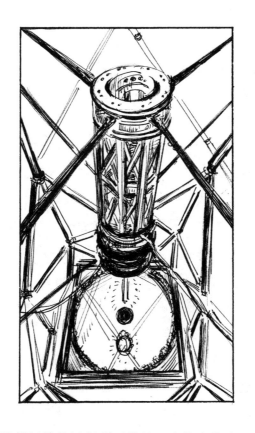

伽利略望远镜的运行利用的是一个使光线路径弯曲的透镜，能将光线汇集到一个焦点，在此形成天体图像（由于透镜折射光，天文望远镜因此还有另外一个名字：折射镜）。人们建造的望远镜配备的透镜越来越大，然而它们很快表现出了自身的局限性。光必须穿过透镜，透镜因而必须是完美的。然而玻璃材质的透镜有个缺陷，容易含有气泡，这就影响了图像的质量。此外，它吸收某几种光线，光线因性质不同而发生不同的偏移，这就改变了图像的清晰度。最后，随着透镜变得越来越大，它们变得越来越重，只能被固定在望远镜的两端，而在自身重量的影响下会发生变形，这会进一步影响图像的质量。位于美国威斯康星州的叶凯士天文台的折射镜，自 1897 年投入使用以来从未停止扩建：目前，它具有世界上最大的凸透镜，直径为 102 厘米。

"反射"望远镜拿起了接力棒。光不再穿过使其聚焦的透镜，而是通过面镜反射并聚焦，面镜是一个表面覆盖了一薄层反射能力极强的银或铝的抛物面形状的玻璃体。玻璃自身的缺陷不再成为问题，因为光不再穿过玻璃。光不再被吸收，所有的光线以同样的方式发生反射，图像的清晰度得到了保证。最后，面镜自身支撑能力强，因此减少了自重带来的外形扭曲。因此，人们能够建造的反射望远镜比折射望远镜大许多。

在 1948~1976 年的很长一段时间内，帕罗马山上直径 5 米的反射望远镜一直是世界第一。从此以后，20 世纪建造这类大型望远镜的进程大大加快了。今天，世界上有十几架面镜直径超过 6 米的望远镜。最大的单镜面光学望远镜是两架凯克望远镜（得名于出资修建的美国慈善家），位于夏威夷岛的莫纳克亚火山上，直径均为 10 米。一架凯克望远镜的光子收集能力比我们的眼睛强 400 万倍，比伽利略望远镜强 11.1 万倍。这些望远镜位于特殊的地方，远离人间喧嚣，远离人造光污染，它们扰乱了市民的视野，使他们无法与天空交流。在晴朗的夜空，这些庞然大物指向天空，收集如雨水般充沛的来自远古时期的宝贵之光。如果我们把地球上所有的望远镜并排架起来，它们勉强能够覆盖巴黎的星形广场；然而，虽然汇集的眼睛很小，却是非凡的，它们已帮助人类发现了宇宙如此之多的秘密。

天文台的选址不仅仅是因为此处没被城市的光污染，还因为此处的大气十分平静、透明。事实上，冷空气与热空气相遇会形成湍流，使地球大气层的分子躁动不安。这些湍流使天体的光发生偏移，扰乱它们的图像，这就好比夏天被碎石沥青马路烤热的空气，会让景色变得模糊。为了避免这些因素，天文学家将天文台建在高处，那儿的空气比较稀薄。因此，世界上最好的地址就是莫纳克亚山，海拔为4205米。那里的人们身处在地球大气层2/3的高度以上——这难免导致氧气缺乏，从而令某些天文学家头疼（我就是其中之一）。

即使湍流的影响减弱了，却仍然存在，天文学家因此发明了一项技术——自适应光学——能够改变镜面的形状来抵消大气湍流的影响，从而保持望远镜全部的分辨率。欧洲南方天文台（ESO）的甚大望远镜（VLT）使用了这一系统，这个天文台汇聚了欧洲十四个国家的力量：德国、奥地利、比利时、丹麦、西班牙、芬兰、法国、英国、意大利、荷兰、葡萄牙、捷克、瑞典及瑞士。VLT，由四个直径为8.2米的大型望远镜组成，位于智利北部，距离圣地亚哥1000千米，在阿塔卡马沙漠中心，在安第斯山脉中，位于海拔为2600米的帕瑞纳山峰上，这里被列为世界上最干旱的地方之一（水蒸气可能会影响某些类型的观测）。VLT 望远镜利用自适应光学，能从月球表面辨别出一个足球场，或者，如果它建在巴黎，就能读到在马赛球场上驰骋的足球运动员的球衣号码。

更厉害的是，ESO 将四个反射望远镜（以及三个直径为 1.8 米的小型望远镜）连在一起组成了光学干涉仪（VLTI）。因此，这个望远镜的分辨率与直径为 200 米的望远镜相同（200 米是望远镜相互之间最大的间隔）。然而，望远镜越大，它的视力越敏锐。VLTI 能看到的细节比 VLT 看到的精细 25 倍。也就是说，它能够分清月球上一辆轿车的两个车前灯！天文学家利用它出色的观测能力观察可能居住着贪婪黑洞的星系核心，或者利用它亲眼看见绕着附近的恒星移动的行星。

未来的庞然大物已经浮出水面：它就是反射镜直径达到 25~50 米的望远镜。欧洲南方天文台的计划被命名为 E-ELT（欧洲特大天文望远镜的英文单词首字母缩写），计划建造一个反射镜直径为 39 米的望远镜。还有两个美国的计划。第一个是 30 米望远镜（TMT），由 492 个直径为 1.4 米的六边形反射镜构成，组合为一个直径为 30 米的整体，它将在夏威夷莫纳克亚火山的山顶通过红外线以及可见光观察宇宙。第二个计划毫无疑问将是未来天文学最先进的巨人，就是巨麦哲伦望远镜（GMT），为了纪念主要带领船队完成首次全球航行的葡萄牙航海家麦哲伦（1480—1521）而得此名。它的建造十分传统，将设在智利阿塔卡马沙漠的最南端。由 7 个单个直径为 8.4 米的圆形反射镜构成，按照花瓣的形状排列，一个在中心，另外

6 个环绕在其周围，能够采集的光和直径为 25.3 米的整体望远镜的能力相同。

✒️ 哈勃空间望远镜

哈勃空间望远镜绝对是目前地球轨道上最复杂、最大的观测器。它耗资 90 亿美元（包括望远镜的几次维护任务），同时还是迄今为止建造的最贵的科学仪器。它位于地球大气层之上有两个好处：除了宇宙能呈现出最辉煌的五颜六色的光彩，宇宙发出的光也不再受大气层湍流的破坏，因而能够得到质量更佳的影像。哈勃让我们看到的细节至少增加了 10 倍以上，其敏感度是地基望远镜的 30 倍。哈勃空间望远镜自从 1990 年被送上轨道后，除了在 1993 年因"近视"问题接受了治疗，从不间断地每天都向我们传输着壮观且信息丰富的图像。大小与火车头相仿（太阳板展开时长 13 米，宽 12 米）、重 12.5 吨、位于 600 千米海拔处的哈勃每 95 分钟绕地球旋转一圈。

哈勃传回的影像不仅让我们看到了一个引发梦想与情感的灿烂世界，丰富了我们的想象，此外，它还使我们对宇宙的认识有了巨大的飞跃——了解了过去不可知的领域，因而扩展了我们的世界观。哈勃不仅填饱了我们的眼睛与思想，同时还诱发了创造力与进步。

詹姆斯·韦伯太空望远镜
（哈勃空间望远镜的继承者）

2009 年，航天飞机最后一次飞向太空为哈勃空间望远镜安装新的设备以及维修老旧失灵的部件。天文学家希望哈勃能够继续忠诚优秀地服役再长些日子，届时，它的继任者詹姆斯·韦伯太空望远镜[1]（JWST，该名字取自美国航天局老局长詹姆斯·韦伯，他在 20 世纪 60 年代任职期间负责了"阿波罗"登月计划）将会接过接力棒。这个新太空望远镜由 18 个独立的六角形镜片组成主镜，直径为 6.5 米（而哈勃的直径为 2.5 米），收集光的速度比哈勃快 6 倍。它的投入使用是一次真正的技术挑战。它的运行轨道距离地球 150 万千米，远大于月球的轨道距离！美国航天局不能出错，因为它和哈勃不同，宇航员无法前去维修和保养詹姆斯·韦伯太空望远镜：航天飞机在 2011 年时已经退役。即便它们仍在服役，也无法到达距离地球 600 千米以外的地方，更何况是超过了 100 万千米！JWST 在可见光以及红外线中运行，主要任务是研究早期恒星以及星系：利用它的强大功能，天文学家希望能够真正地追溯到 130 亿年前的

1　已于 2021 年 12 月 25 日发射成功并顺利展开，目前正式投入科研观测工作中。——审校者注

过去（"看得暗，就是看得远，看得远，就是看得早"），而且希望能够直接观测到早期恒星以及星系的诞生。

Temps (Flèches du)

∽ 时间之箭

　　孩子出生，青年，成年，老年，死亡。我们每个人都要重复这个剧情。时间的脚步是无情的，而且永远朝着同一个方向前进。如同离开弓的箭一般，径直地朝前冲去，心理时间（详见：**心理时间和物理时间**）永远向前走，从不向后走。它是不可逆的。

　　时间不可逆的特性，正是我们畏惧死亡的原因，然而这一点在构成物质的粒子世界是不存在的。在亚原子范畴内，时间不再是单项的。时间之箭消失了，时间可以在两个方向流逝。在原子世界，如果倒转电影中的情节，按拍摄顺序相反的方向放映该影片，我们不会发现不同之处。两个电子聚集、撞击，然后分离。如果我们倒置故事情节，仍将有两个电子聚集、撞击，然后分离。描述故事的物理定律——只有一个细微的不同——不带有时间固定方向的印迹；而粒子世界中的电影能够朝两个方向播放。

　　唯一不符合这一规则的是一种叫作 K 介子的亚原子粒子。

它的分裂就是一个"小"箭头，因为它在时间中是不可逆的。然而，由于 K 介子既不存在于构成我们的物质中也不存在于恒星或星系中，只有在粒子加速器猛烈撞击时才会出现，这个时间小箭头好像并没有起到很重要的作用。它的使命并没有因此而变得广为人知。

如同存在一个朝前运动的心理箭头，也存在一个只朝一个方向运动的热力学箭头。这个箭头建立在热力学第二定律基础之上，这个定律认为时间朝着更多的无序状态流逝。一杯热茶变凉，一滴墨水在水杯中扩散，一座哥特式天主教堂的石头脱落然后碎成千万块。这一系列的处境中都蕴含着时间的方向。你不会看到这些事件朝反方向发展。茶水不会自发地变热，墨水粒子或者碎石块都不会汇集起来重新组成清水中的那滴墨汁，也不会重现天主教堂昔日的辉煌。从过去到未来描述了心理时间的方向，同样，从有序到无序描述了热力学时间的方向。这样看来，宇宙是否朝混沌发展呢？不是，因为即使一个更大的无序抵消了有序，即使无序很明显在增加，任何东西都无法阻止有序从宇宙内部的某个角落突然出现。恒星是导致无序的媒介（详见：**热力学和宇宙**）。

还有第三个箭头，它建立在宇宙膨胀之上：那就是宇宙学时间箭头。随着时间流逝，宇宙冷却、膨胀、密度变小。从最热到最冷，从密度最大到密度最小，这描述了宇宙学时间箭头的方向。宇宙学时间箭头与热力学时间箭头是紧密相连的。事实上，恒星若想完成无序诱发者的使命，很重要的一点就是恒星所处的空间比其表面温度低，因为热量的方向自然是从热到冷，而不是相反的。如何为恒星制造一个低温环境呢？此时宇宙膨胀就发挥作用了：正是它使宇宙变冷。

时间方向的问题远未被解决，仍然笼罩着浓浓的疑雾。如果有一天，宇宙膨胀到最大半径，开始坍缩（最新的观测数据并不支持这个假设，宇宙更有可能处于永恒膨胀中），与宇宙膨胀相关的热力学时间方向将在一个收缩的宇宙中发生逆行吗？乱石堆能够自发地变成美丽的城堡吗？心理时间将朝反方向流逝吗？事实上，如果上一个假设成立，生活在收缩宇宙中的居民可能还会认为自己活在一个膨胀宇宙中，因为它们的大脑过程也朝反方向进行。因此，时间倒溯的问题不可能真的被提出来，它只是一个脑力游戏……

Temps et Causalité

∽ 时间和因果关系

相对论在各个领域传播了绝对时间以及普遍的同时性等概念。在某些情况下，它甚至能根据观察者的运动重新安排事件的顺序（详见：**时间和同时性**）。这个临时重组引发了一个根本性的问题：相对论质疑因果关系吗？结果能在原因之前发生吗？两个事件之间若存在因果关系，相互之间必须有信息沟通。由于没有东西能比光速还快，光成了宇宙中最快捷、最有效的沟通手段。因此，如果光能在 A 与 B 之间的时间间隔内从一个抵达另一个，这两个现象就是因果相连的。

　　我能早于母亲诞生吗？在铁锤敲打之前钉子能够嵌进去吗？肯定是不能的。相对论并不否认因果原则，因为只有当两个事件在空间上足够远或者在时间上非常近的时候，光才无法在二者相距的时间间隔内从一方旅行到另一方，两个事件的顺序才能发生改变。也就是说，两个事件的过去、现在和将来，只有在光无法传输信息使二者因果相连的情况下，才会丧失它们的准确身份。

Temps et Gravité

时间和引力

　　不仅速度会导致时间变慢（详见：**时间和运动**），所有物质形成的引力场也会导致其变慢。物质使空间弯曲，同样，由于物质的存在，时间失去了刚性，变得有弹性。这就是 1915 年爱因斯坦公布广义相对论时介绍给世人的观点。

　　一个站在埃菲尔铁塔脚下的人的时间比一个站在铁塔顶端的人的时间流逝得慢。北极因纽特人的时间比位于赤道的婆罗洲居民的时间流逝得慢。因纽特人比婆罗洲人更靠近地球的中心，因为地球不是一个完美的球体。自转产生的离心力使得地心到赤道的半径略大于到两极的半径（相差约二十几千米）。时间差是很小的。与人的寿命相比，其累积效果至多是十亿分之一秒。

然而，我们可怜的普通钟表无法测得如此微小的改变，我们需要精密的工具完成测量。物理学家在哈佛大学一个高达23米的塔顶和塔底测得了这个微小的差别。每一亿年，塔底的钟表会比塔顶的钟表慢一秒钟。这完全符合广义相对论的观点。

如果换成具有巨大引力的天体，这个效果会更明显。因此，我们只举一个最极端的例子，在靠近黑洞的过程中，时间变得越来越慢，直到越过黑洞的史瓦西半径，时间就完全静止了（详见：**黑洞**）。

Temps et Mouvement

∽ 时间和运动

物理学家在探索自然的过程中，一直会遇到时间问题。乍一看这很奇怪，因为时间测量的是瞬间，而物理学家寻找的是定律，即现象之间永恒不变的关系。然而，时间概念在物理学中随处可见。

在 16 世纪，伽利略为了精密地整理并联系物体运动的测量结果，首次将时间看作了一个基本的物理维度。而牛顿利用自己的力学定律，在 17 世纪明确给出了时间的定义。他通过在连续时刻中确定物体的位置以及速度来定义物体在空间中的运动。牛顿的时间是唯一的、绝对的、普遍的。每个人的时间流逝都是一样的，宇宙中每个观测者都拥有相同的过去、现在和未来。时间与空间是完全独立的：时间的流逝与空间没有任何关系。

1905 年，爱因斯坦公布了狭义相对论，绝对时间概念遭到了质疑。在爱因斯坦看来，时间丧失了牛顿赋予的刚性以及普遍性特征，它变得有弹性，依赖于观测者的运动。观测者运动得越快，时间变得越慢。因此，一个乘着宇宙飞船以光速 87% 的速度运行的人，他的时间变慢了一半。他衰老的速度比自己留在地球上的双胞胎兄弟慢一半。相对论清楚地解释了时间为什么变慢：速度越快，时间越慢。在速度小的时候，这个效果并不明显，当速度接近光速（30 万千米 / 秒）时，时间变慢得就十分明显了。达到光速的 99% 时，时间变慢了 7 倍。达到 99.9% 时，变慢了 22.4 倍！时间丧失了普遍性。根据测量者的运动，时间或延长或缩短。在爱因斯坦的世界中，牛顿宇宙中唯一、普遍的时间让位于许多个体时间，相互之间各不相同。

在日常生活中，我们所能达到的速度都比较小，带来的差异也无法被察觉。

然而，时间变慢不是一个智力游戏，人们实实在在地观察到它了。它在欧洲核子研究组织（CERN）的粒子加速器中被高速抛射出的粒子中，或者在**宇宙射线**（详见词条）中——从大质量爆发死亡的恒星中生成的、撞击地球大气层外表的能量巨大的粒子流被观察到了：在这两种情况下，这些粒子比静止的粒子活得时间更长（然后衰变），这也完全符合爱因斯坦的预测。

狭义相对论另外一个根本性的变革：时间和空间不再独立存在。在牛顿的宇宙中，二者是宇宙舞台上两个独立的角色。爱因斯坦告诉我们这个观点是错误的。相反，时间和空间构成了一对形影不离的伴侣（详见：**时空：不可分离的伴侣**）。从此以后，宇宙有了四个维度，除了三个空间维度，还要加上一个时间维度。空间也变成有弹性的了。这对伴侣的行为总是互补的。当时间延长、变慢时，空间就缩小。如果双胞胎之一乘坐在速度为光速87%的宇宙飞船里，他衰老的速度慢了一半，空间也缩小了：他的宇宙飞船看起来比地球上的同类飞船小了一半。时间与空间共同的变形可以被看作是空间蜕变为时间，或者时间蜕变为空间。缩小的空间变形为延长的时间。宇宙银行中二者的兑换率为，一秒钟的时间换30万千米的空间。

Temps et Simultanéité

〰 时间和同时性

由狭义相对论引起的所有概念性颠覆中，最有悖常理的，毫无疑问是对绝对、普遍时间的否定。在牛顿看来，时间由一个宇宙钟表控制着，这个钟表严格地以同一方式为所有人间断地报时。爱因斯坦却不以为然，他认为我们的时间概念建立在为我们的存在而打拍的现象之上。因此，我们通过地球的自转运动来衡量白天与黑夜，通过月球绕地球的旋转运动来衡量月份，通过地球绕太阳的公转来衡量年份。我们通过钟摆的周期运动或手表有规律的嘀嗒声来衡量时间。物理学家通过计算铯原子的规则振动来衡量时间。总之，我们总是通过独立事件的同时性来判断时间。

物理学定律对于任何观测者而言都是相同的，光速不因观测者的运动而改变——这两个根本原理是狭义相对论的支柱，依靠这两点，爱因斯坦证明了同时性（衡量两个事件"在同一时间"发生）并非对所有人都一样，而取决于观测者的运动。

为了了解事情的内情，让我们沿着爱因斯坦的足迹，重新做一遍他的思维实验，在此实验中，闪电劈向了一列高速驶过火车站的火车。

暴风雨突然来临，一道闪电劈向一节车厢的两端。三个人见证了这一事件：立在站台上的雅克，坐在行驶火车中的让，以及坐在另一列反方向行驶火车中的斯蒂芬妮。三个人看到的场景并不相同。雅克看到闪电同时劈向了车厢的前端和后端。相反，坐在这节车厢中间位置的让，看到闪电先劈向了前面，不到一秒的时间内，又劈向了后面。这一区别的成因很简单：火车在运动，劈向车厢前面的闪电之光到达让的距离——

被火车运送到让的眼前——比车厢后面需要追赶让的光所走的距离要短。光速是恒定的，从前面来的光比从后面来的光花费的时间要少。最后，对于坐在反方向行驶列车中的斯蒂芬妮而言，事情的经过恰好是相反的：她先看到闪电劈向了后面的车厢，然后才是前面的。

谁正确呢？爱因斯坦告诉我们，所有人都是正确的，因为所有的观点都是有效的。光的速度是恒定的，事件发生的顺序可以根据观测者运动的不同而有所改变。普遍的"现在"是不存在的。

在日常生活中，不同人之间的"现在"区别不大，因为我们所能达到的速度相较于光速而言是无足挂齿的。然而，当相对速度更大时，这个区别就变得很大了。例如，最遥远的星系，在宇宙膨胀的作用下，以光速90%的速度远离银河系。当我走路时，这些遥远星系的"现在"与当我静止时它们的"现在"之间能相差数千年。

对于爱因斯坦而言，时间的流逝只是幻觉。时间不再流逝：时间单纯地在那儿，它是静止的，如同一条两端无限延长的直线。

1955年，在童年伙伴米歇尔·贝索去世后，爱因斯坦（几个月后他也与世长辞）在一封信中表达了自己的观点："对于我们这些深信不疑的物理学家而言，过去、现在以及未来的区别只是个幻觉，然而这个幻觉很顽固。"

时间和穿越未来

　　爱因斯坦的狭义相对论帮助我们追溯过去。它同时还为我们提供了穿越到未来的青春之泉。具体过程如何呢，我给大家介绍一对双胞胎兄弟，于勒和吉姆。于勒具有冒险精神，计划乘坐一艘速度达到光速 87% 的火箭外出旅行；而吉姆相对比较宅，选择继续留在地球上。在于勒旅行的过程中，双胞胎兄弟通过无线电波进行交流。吉姆利用地球上测量时间以及空间的工具发现，于勒在乘坐太空飞船遨游太空的过程中，比自己衰老的速度慢一半，而且于勒的飞船长度也变成了在地球上时的 1/2。也就是说，当吉姆发现时间延长时，时间流逝得更慢，空间也随之变小。

　　如果速度变得更大，时间与空间的变形也会更大。因此，如果于勒的太空飞船行驶的速度是光速的一半，于勒的 1 秒就变成了吉姆的 1.15 秒，于勒的 1 米变成了吉姆的 87 厘米。如果达到光速的 87%，于勒的 1 秒变成了吉姆的 2 秒，于勒的 1 米变成了吉姆的 50 厘米。如果速度达到了光速的 99%，于勒的 1 秒变成了吉姆的 7 秒，于勒的 1 米变成了吉姆的 14.1 厘米。如果是光速的 99.9999999%，于勒的 1 秒变成了吉姆的 6.2 小时，于勒的 1 米缩小为吉姆的 0.045 毫米。

　　爱因斯坦利用这种方法赠予了我们一股青春之泉。于勒只需按下加速器，使飞船行驶得越来越快，这样就能拖慢时间的脚步。这同样是追溯过去的一种方法：实际上，于勒时间变慢，这使他能够穿越到吉姆的未来。假设于勒在 2000 年开始旅行，按照他带到太空飞船中的日历来算，这次旅行持续了 10 年。当他的旅行速度达到光速的 99% 时，他衰老的速度放慢了 6 倍。在他返回地球时，吉姆的地球日历显示的时间是 2070 年，而不是于勒的 2010 年。这对双胞胎有一个真实的生理区别。如果于勒启程时是 40 岁，返回地球时他是一个精神健硕的 50 岁男子。相反，留在地球上的吉姆，已经死了。不过如果他还活着，应该有 110 岁。地球上迎接于勒回家的是吉姆的孩子和孙儿。某种程度上于勒来到了吉姆的未来。

然而有一个问题。于勒和吉姆的情况应该是对称的。如果留在地球上的吉姆看到于勒以光速 99% 的速度行驶在太空中，而且于勒的时间比自己的慢了 6 倍，而位于飞船上的于勒同样会看到吉姆被地球载着以光速 99% 的速度行驶，反过来还认为是吉姆的时间比自己的慢了 6 倍。于勒的时间如何做到比吉姆的时间流逝得既快又慢呢？这不是矛盾的吗？狭义相对论暴露了缺陷吗？

肯定不是，因为吉姆与于勒的情况完全不对称。于勒为了完成太空的往返旅行，为了达到旅行速度，不得不遭受可怕的加速才能在椅子上坐稳。为了折回地球，他必须减速，然后再加速以达到旅行速度，返回地球时再次减速。这些加速与减速都是真实的，都会严重地损害于勒脆弱的身体。此外，我们还不确定人体能够经受住如此的加速而不碎裂。在地球上的吉姆，过着平静的日子。他没有经历这些可怕的遭遇，因此能顺其自然地衰老。然而，如果于勒获得了造访未来的青春之泉，他所付出的代价可能是自己完整的身躯！

Temps figé de la lumière

光的时间是静止的

　　爱因斯坦的相对论告诉我们，速度越快，时间越慢；当速度达到光速时，时间会完全静止。因此，光的时间是静止的。只有光找到了青春之泉的秘密：只有它永远不会变老，因为它在空间中以 30 万千米/秒的速度旅行。我们可以说，时间对于光而言是不存在的。

　　如果我们从光粒子（或者光子）的角度来分析这一状况，结论同样是不同寻常的。从光子的角度看，自己是静止的，景色以光速在自己面前驶过。然而，相对论说，速度越快，空间压缩得越多。光子看到的空间十分狭窄，所有物体之间的距离为零。光子的词典中没有距离这个概念。它同时与整个宇宙相连。它同时存在于整个空间中。对于光子而言，时间并不存在，因为光不需要任何时间就可以跨越地球与月球之间 38.4 万千米的距离，可以跨越地球与仙女星系之间 230 万光年的距离，或者是地球与可观测宇宙的远方之间 140 亿光年的距离。

Temps psychologique et temps physique

❧ 心理时间和物理时间

我们会说"时间流逝"，把时间比喻成小河涓流或者大江逝水。时间被赋予了空间维度。我们把自己当作参照物，想象时间在空间中运动，这让我们产生了过去、现在以及未来的感觉。只有现在存在于"当下"。过去已经离开，并消失在我们记忆的沟壑之中；未来，尚未到来，只存在于我们的幻想与愿景之中。这种主观的或者心理的时间，每个人都有。过去、现在、未来的区分支配了我们的生活，同时构成了我们语言的一个基础，使得动词在过去、现在以及未来有不同的变化。我们深信自己的行为无法再改变逝去的过去，而更愿意相信未来由自己的行为决定。然而，相对于人类静止的意识而言，时间在流逝，这个概念很难适应现代物理学语言。如果时间做运动，那么它的速度是多少呢？显然，这是个荒谬的问题！此外，现在是唯一的存在，只有现在是唯一真实的，这种观点不符合相对论对绝对、普遍时间的否认。过去与未来应该和现在一样真实，因为爱因斯坦告诉我们，一个人的过去可能是另一个人的现在，或者是第三个人的未来（详见：**时间和同时性**）。

在物理学家眼中，时间不再依靠一系列事件做标记。过去、现在以及未来的区别是无效的。每一刻都是有价值的。不再有所谓的关键时刻。如果我向空中抛出一颗球，只需知道它的初始位置和速度，以及牛顿的万有引力定律，就可以计算出它的轨迹。这颗球无论是在 1948 年 8 月 20 日还是 2009 年 1 月 1 日的晚上 7 点钟被抛出，轨迹都是相同的。由于过去、现在以及未来的概念被取消了，时间就不再需要运动了。它单纯地在那儿，静止的，像一条朝两个方向无限延伸的直线。心理时间的流动性被物理时间平静的停滞所取代。

因此，我们需要将主观或者心理时间以及客观的、相同的、不随主观意识改变的物理时间区别开。物理时间是钟表时间。人们通过有规律的运动来测量时间：一个原子的振动，或者地球的自转运动。因此，讨论宇宙诞生前的时间（或空间）是没有意义的，因为当时无法测量任何运动。在大爆炸理论中，时间、空间与宇宙是同时诞生的。

相反，我们所经历的时间，也就是我们内心深处感受到的时间，是主观的，流逝的方式也各不相同。显然，它是有弹性的。因此，有两个人正在欣赏同一场演出，一个感觉枯燥乏味，他会觉着这场演出离结束还遥遥无期，而看得津津有味的邻座就不会关注时间的流逝。此外，我们还发现人越上年纪，时间好像过得越快。时间随着年纪的增长而加速的观点可以通过研究动植物的生长得到验证：越年长，"生理"期越短。

心理时间与物理时间的矛盾在认识史上是一直存在的。为什么二者之间存在如此的不同？很可能是由感受时间流逝的大脑活动导致的。外部世界的信息通过感受器官被传输到大脑，大脑将这些信息整合为心理反应。脑部活动的特点是大脑数个不同功能区同步工作。神经生物学家弗朗西斯科·瓦雷拉（1946—2001）认为，正是联系并整合大脑不同元件的任务的复杂性让我们感受到了时间。人脑中包含着数百亿个神经元，从众多不相邻的神经元集合同步协调活动中，能够产生一种"浮现"的生物学状态，这是一种比简单的元件相加更高级的状态。由于此活动能持续万分之一到十万分之一秒，我们能够感觉到"当下"，感受到富有厚度的现在。然而，神经元的同步并不稳定，无法持续，这导致了产生连续浮现状态的其他同步神经元集合开始活动；正是后者让我们产生了时间流逝的感觉。每一个浮现状态都从前一个状态分叉而来，而且前面的状态仍存在于紧随其后的状态中，因而让人感觉时间是连续的。

时间流逝的秘密存在于我们的大脑中。只有当我们明白了自己如何感受、思考、爱以及创造后，才能揭开它的面纱。

Terre (Climat de la)

〰 地球的气候

水孕育了地球上的生命。海洋是一个十分有利于生命发展的地方：水，靠它的密度，不仅促进了细胞的结合，而且能够阻挡太阳有害的紫外线。这个水质盾牌在过去是十分关键的，因为早在 20 亿年前，当时的地球生命还处在摸索阶段，没有氧气，地球大气层中没有阻挡紫外线的臭氧层（详见：**臭氧层空洞**）。水不仅存在于天地之间，大气层与土壤之间，还是生物主要的组成部分：我们的 70% 是由水构成的。没有水，无论是植物还是动物都无法存在或生存。

　　像海洋一样的大型蓄水场不仅仅是生命的摇篮，它们还塑造了地球的气候。阳光和太阳热量一直与它们进行着蒸发以及凝结的游戏，带给我们雨天或者晴天。太阳辐射加热海水，使其变为蒸汽。水蒸发需要很多的热量，只加热到 100℃ 是不够的，还需要更多的热量来打破液态水的分子键。相反，当蒸汽凝结时，这些巨大的热量又被释放出来。这就是蒸饭的基本原理：蒸汽凝结时"潜在的"热量是基础。同样地，巨大的热量也在地球水的蒸发和凝结中发挥了作用。每天，10 000 亿吨水蒸发进入大气层。水变成云（详见：**云的故事**），云是一些水蒸气变成的小水滴，随风移动。这些云在大海上面凝结成雨，通过降水重新分配太阳热量。水又重新降到海洋中，然后再次蒸发，一个新的循环开始。有些云飘移到陆地上空，这一次大地得到了浇灌。雨水顺着山坡向下流，形成了溪、河，最后汇入大海，完成了一个循环。雨水还可以渗透到土壤中，供给含水层。它能溶解岩石中的某些化学元素，产生机械磨损效应，这弥消了地球上凹凸不平的地貌。

　　冬天释放热量，夏天积累热量，海洋在调节地球气候中扮演了关键的角色。因此，全部海洋表面中深 10 厘米的水就足够吸收太阳辐射并将其转化为热量。因此，海水的平均温度一直高于附近空气的温度：如果它的温度是 17.5℃，空气的温度大概是 15℃。由于大量的太阳能参与了加热或者冷却海水的活动，海洋因此成了地球的调温器。海洋中的温度变化不大。因此，陆地上的冬夏温差高达 40℃，而海洋表层水的温度变化绝对不会超过 5℃。夏天积累的热量在冬天时会被排到大气层中，这就解释了为什么沿海地区的冬季比内陆地区的温和。同样的原因，大部分地区被海洋环绕的法国，享有得天独厚的温和气候。

风在制造雨天以及晴朗天气中也起到了重要的作用。当两个区域间形成气压差——我们头顶的空气柱的重量，空气越热，越稀薄，密度越小，越轻，越上升，压强越小；空气越冷，密度越大，越重，越下降，压强越大。因此，空气气温差导致了气压差。空气自然会去追求气压的平衡。空气与地面平行移动，从高气压区域（反气旋）移向低气压区域（低压）。空气运动生成了夏季凉爽的风以及冬季刺骨的风。

空气运动同样是洋流的成因。回归线的热空气上升，然后涌向两极，变冷后的空气又回到赤道，因此在海洋表面形成了风，风形成洋流，将低纬度地区的暖流带到高纬度地区，寒流则是相反的方向。

Terre (La dérive des continents sur la)

◈ 地球的大陆移动

地球的直径是水星的 2.6 倍，是月球的 3.7 倍，因此地球原始热量消失的速度比后两者慢。除了40多亿年前小行星撞击地球时释放的热量，地球的热量还来自于其内部放射性矿物释放的热量。矿工知道在地球腹部几百米深的地方，温度很高。地球中心的温度约为5500℃，接近太阳表面的温度。不断释放的热量使得地壳下面的岩石熔融，也使得我们的陆地移动。

陆地并不像我们想象的那样稳固。它以每年几厘米的速度在地球表面移动，这有点儿类似人类指甲生长的速度。正常人一辈子都难以察觉这些位移，然而，如果我们将时间扩大到地质年代，就会发现，这些位移不停歇地更新着地貌。因此，在2亿年中，只需每年发生2厘米的位移，北美洲与欧洲之间就会出现一个宽为4000千米的大洋。

事实上，地壳由十几个陆地板块（或叫作地质构造）构成，这些板块在地幔上来回移动，如同参加了一场精彩绝伦却永不停歇的芭蕾舞会。有些板块就是大陆。其他板块不仅包含大陆，还包括很大一部分海洋。因此，印度洋板块包含了印度，还有印度洋的一大部分、澳大利亚及其南部的海洋。这些板块的表面构成了海底。板块中的大陆就像乘客，而海洋填满了大陆之间的起伏不平。

在运动过程中，某些板块之间发生了激烈的撞击，使地形发生了彻底的改变。高大的山脉由此诞生。印度洋板块与亚欧板块之间激烈的正面撞击挤压形成了喜马拉雅山脉。无情的力量使地壳的一部分高高耸起，约8848米的珠穆朗玛峰上常年积雪，不断吸引着前来征服它的人们。

板块撞击不仅仅能形成山脉，一个板块还有可能滑到另一个板块下面，它会在陷入地幔时被熔融，然后在海洋底部形成深海裂痕。有时，两个板块不会发生正面撞击，而是一个断断续续地滑到另一个上，就像生锈的机器齿轮一样，导致使大地颤动的猛烈晃动。因此，住在圣安德烈亚斯断层边上的美国加利福尼亚州居民整日担心毁灭性地震的来临，因为那儿正是北美洲板块与太平洋板块的交界处。

在其他地方，板块不是相互靠近，而是相互远离，使地幔中炽热的岩浆运移至上，经由火山喷发到达地表。

上升冷却后的岩浆能够形成新的大洋地壳。海洋学家在大西洋中部发现了一条洋脊，从斯堪的纳维亚一直延伸到合恩角，构成了南北美洲板块以及亚欧板块和非洲板块之间的分界线。地球在这条分界线处十分活跃，地震以及火山喷发都是地球在表达情绪。根据对这条洋脊的放射性元素的日期推断，它们比周围地壳的年龄要小。因此，大西洋海底的地壳是在过去的 2 亿年间逐渐形成的。

通过研究大西洋中脊及其周围的地壳，我们获得了宝贵的地球磁场情报，因为从地球腹部喷出的灼热岩浆冷却后存储着过去磁场的记忆。因此，人们发现磁场从洋中脊向周边更老的地壳靠近的过程中改变了极性。离洋中脊更远的地方，在更老的地壳中，磁场又改变了极性。因此我们得出了以下结论：地球磁场会周期性地改变磁极，每个周期约 50 万年。这让我们联想到太阳磁场，它每 11 年改变一次磁极，其周期比地球的短得多。

是什么主导了大陆板块的运动呢？是地幔中灼热岩浆的对流运动。像热空气往上升一样，岩浆也会上升，在与温度较低的上层接触后，冷却，然后跌向下层更热的区域。重新变热后，又重新上升，循环往复。灼热岩浆的循环运动特别缓慢：约持续几百万年。这些运动推动着板块，使它们发生运动。因此，追根溯源，是小行星疯狂撞击时释放的原始热量以及原子衰变产生的热量持续加热着岩浆，从而使得我们的大陆发生位移。

　　虽然陆地板块现在是相互分离的，它们在过去却是紧密相连的。如果我们知道了它们移动的速度和方向，就能够复原它们过去的运动轨迹和历程。如同一个巨大魔方的零件，大陆相互之间能奇迹般地嵌合在一起。巴西海岸能与非洲的科特迪瓦地区嵌合，北美洲板块与亚欧板块嵌合，所有的板块能够拼成一个超级大陆，被称作盘古大陆（意思是"全部的土地"），它约是 2 亿年前地球的主要地貌。在大西洋两岸的大陆上发现的化石如同亲兄弟般相似，这一发现也支持了当前的大陆是由一个巨大的盘古大陆分解而来的假说。

　　盘古大陆大约形成于 40 亿年前，在小行星撞击的沉重时期过去后，又安静地等待到将近 2 亿年前才分裂成好多块，我并不赞同这个观点。盘古大陆在过去存在过许多次，未来还会有很多盘古大陆出现，它们分裂、重合，再分裂、再重合，如此循环，在我看来更能站得住脚。

Terre (Le volcanisme de la)

地球的火山活动

　　地球是一颗活跃的行星。它的内部沸腾，表面随着时间不断地改变、演化。地球可以通过几种方式发泄内火。首先是一直咆哮发怒的火山。火山使地球深处炙热的熔岩流上升喷涌。其他火山偶尔苏醒。当它们发火时，它们会向大气中吐出成吨的火山灰，同时释放出比一千颗原子弹总和还多的能量。1980年5月18日，美国西部的圣海伦斯火山爆发就是最好的例子。

　　这股内火起源于太阳系诞生时的混乱期，那时的太阳系在四面八方都受到了无数颗大小迥异的**小行星**（详见词条）的撞击洗礼。有些小行星在新诞生的行星表面撞得粉碎，它们毁灭性的撞击在行星表面留下了巨大的开放性伤口。点缀着水星以及月球表面不计其数的环形山正是行星诞生时期这场乱战无言的证据。

　　这些疯狂的小行星不仅是帮助自然制造现实世界最强有力的偶然因素，同时还是地球之火的成因。小行星在这些通过星子聚合（详见：**星子与太阳系的形成**）而成的年轻星体的表面撞击时会释放热量。如果这些星体体积小，直径不到300千米，所有的热量很快就会消散在太空中，星体冷却，其内部的热量没有能力使石头熔化，因此重力无法将其塑造成球形，它们保留着凹凸不平的外貌，具有了像小行星那样典型的"马铃薯"般的外形。月球和水星体积更大（它们的半径分别是1738千米和 2440 千米），逐渐变冷。它们的内部熔化了，重力将其塑造成球状。然而，经过几亿年的时间，热量最终消失了，因此，今天我们看到的景象几乎是固定不变的，40 亿年以来几乎从未变过。

地球比水星和月球更大，原始热量消散得也更慢。除了 40 多亿年前小行星撞击地球时释放的热量，地球的热量还来自于其内部放射性矿物质释放的热量。正是不断释放的热量使得地壳下面的岩石熔融，它同时也是火山之火的成因。

Terre, planète bleue

地球，一颗蓝色的星球

地球上的水和其他地方的不一样，它不只有坚硬的冰，还有液态的水。事实上，地球表面的 3/4 被海洋覆盖着，因而呈现出如此独特的蔚蓝色面容。

海洋之所以是蔚蓝色的，是因为它们反射了天空的蔚蓝色。天空（详见：**蓝天**）是蓝色的，因为地球大气层中的空气分子和灰尘颗粒偏爱选择太阳白光中的蓝色调的成分，而不是红色调的成分，然后将它们向四面八方漫射。

液态水之所以能在地球上存在，是因为地球的运行轨道恰巧距离太阳最合适。地球公转轨道的近日点是 1.47 亿千米，远日点是 1.52 亿千米。假如再远 1500 万千米，地球将是一个冰雪世界，液态水也不会起到生命催化剂的作用。如果再近 1500 万千米，水将是水蒸气的形态。而地球原始大气层中含有的大量二氧化碳就无法溶于海水中成为钙质岩，此时

从月球上看地球升起

二氧化碳将成为地球大气层的主体，和金星一样，这个温室气体（详见：**温室效应**）会锁住太阳热量，使地球升到生命难以适应的炼狱高温。

如此重要又宝贵的液体从何而来呢？早在 45.5 亿年前，诞生于星子聚合（详见：**星子与太阳系的形成**）的年轻地球，被大气层包裹着，这个大气层温度高、密度大、不透光，由氢、氦、微量甲烷、氨以及水蒸气构成。太阳像一个大型"风扇"，在头 5 亿年间，吹走了 98% 的早期大气。然而新生地球还是滚烫的。热量来自于在太空中飞行的撞击地球的小行星，以及地球内部放射性元素释放的能量。因此，地球不是坚固的，而是部分熔化的。重元素向中心沉淀，在此形成了一个由铁和镍（镍铁带）构成的半径为 3500 千米的地核。包围着地核的是一个半径为 3000 千米的岩浆地幔。再外层是厚度仅为 15 千米的地壳，它约在地球诞生后的 7 亿年开始固化，此时地球降到固化必需的温度了。小行星连续的撞击穿透了地壳的许多地方，

使得岩浆从深处上涌。无数的火山喷出熔岩流，地球表面遭到了侵袭。火山向天空中吐出大量水蒸气、甲烷、二氧化碳、氮的化合物，形成了一个新的不透光的大气层。温度继续下降，水蒸气凝结，开始降雨。然而过热的土壤继续使雨水蒸发，水又上升到云层中。这种循环往复要持续好长时间，直到冷却的石头接受了液态水，不再将其蒸发。无休止的雨水从此淹没了土地。水洼汇聚成池塘、湖泊以及海洋。最后，地球上 3/4 的土地被蓝色的液体覆盖。滂沱大雨清理了大气层，使其变得透明，也使得日后地球人能够从太空中拍摄下自己的星球，欣赏这颗星球的美丽、和谐以及脆弱。

Thermodynamique et Univers

热力学和宇宙

"在一个封闭且孤立的系统中，随着时间的推移，混乱（物理学家用'熵'这一参数来度量混乱程度）一定会一直增加（或者至少不会减少）"：这就是热力学第二定律的表述，热力学是研究热量行为的一个科学分支。当我们观察在太阳光下融化的冰块，或者废弃城堡里的石头时，我们能够看到混乱的增加。在这两种情况下，初始状态都比最终状态要有条理。晶莹的冰块比冰块融化后的一摊水的结构更有条理。昔日辉煌城堡的组织结构远远超过了今日这堆无形的乱石。宇宙无序在不可逃避地增加，这个观点在1854年令德国物理学家赫尔曼·冯·亥姆霍兹（1821—1894）发出了绝望的叹息："宇宙在走向灭亡！"他认为，一切自然过程中注定不断增加的熵肯定能够导致宇宙一切创造性活动的停止。

如果热力学第二定律注定导致宇宙的衰败和灭亡，那为什么我们并没有生活在一个完全混乱的宇宙中呢？如何解释宇宙的有序和谐？如何理解宇宙攀登了由简单到复杂的金字塔？又如何理解在137亿年的历史长河中，宇宙在某些地方从混乱演变为有序，从简单演变为复杂，从无条理演变为有条理？它又是如何从一个充满能量的真空中孕育出基本粒子、星系、恒星以及行星，并在其中一个行星上孕育出生命（详见：**生命与熵**）和意识的呢？难道某些地方违背了热力学第二定律吗？

最后一个问题的答案是否定的。热力学并不禁止宇宙中出现有序、有条理的区域，但前提是在有序增加的同时更多的无序在别处相伴而生。

我们再来看一下城堡废墟的例子。大批的工人可以重建城堡，然而，工期内，他们得吃饭，这样一来，他们就将食物蕴含的有序能量变成了身体散发出的无序的热能。归根到底，工人们制造的无序比修建城堡带来的有序要多。这仍然遵循了热力学第二定律。

在宇宙中，恒星是制造混乱的因子，它制造出必要的混乱，能够补偿宇宙组织固有的有序。随着时间的推移，随着星系相互之间因为宇宙膨胀而不断分离，宇宙降温、体积变大、密度变小。在宇宙生命的第三分钟，它的温度曾达到十亿开。经历了 137 亿年的演化之后，温度降到了 –270℃，这是大爆炸的**宇宙微波背景辐射**（详见词条）的温度。恒星，其核心温度高达几千万开，因而发生了核反应，使得它们成了这极端寒冷环境中的热量与能量之源。就像热水在接触了冷空气后会变冷，使得自己无序的分子与周围的空气交流，恒星将自己的热散播到周围更凉的环境中，同样增加了宇宙中无序的总量。宇宙中出现的星系、恒星、行星、生命和意识等复杂结构减少了混乱，恒星向太空中排放热量所生成的混乱却远大于前者减少的混乱。这一点仍然遵循了热力学第二定律。

Titan et la vie

泰坦卫星和生命

1655 年，荷兰天文学家克里斯蒂安·惠更斯（1629—1695）发现了土星最大的一颗卫星泰坦（它的直径是 5150 千米），同时也是太阳系中继木星的卫星盖尼米得之后的第二大卫星。它是太阳系中唯一一颗具有很厚大气层的卫星，这使得它成为太阳系中最神秘的一颗卫星，因为它的真实面貌一直隐藏在一个比地球大气层更厚、密度更大的大气层下面。其大气层的主要成分是氮（90%）以及氩（不到 10%），还包含甲烷和乙烷。

在太阳能够照射到的高层大气中，氮分子和甲烷分子被紫外线分解，在极端低温环境中（由于远离太阳，温度只有 -180℃）经过一系列化学反应，它们重新组成更复杂、更重的分子，慢慢降落到星球表面上。甲烷、丙烷以及其他碳氢化合物（只包含氢原子和碳原子的分子）从中沉淀。人们认为其中的某些分子早在 40 亿年前就曾存在于年轻的地球上，那时地球的原始大气层中富含氢以及其他包括甲烷在内的含氢化合物，它们成了孕育生命的原始单位。

泰坦的温度极低，人们知道那儿的甲烷和乙烷像地球上的水一样运动。这一点促使人们浮想联翩，做出了许多惊人的假设。有些人认为泰坦的冰面上有很多褐色的、油质的坑洼，还有四处可见的火山口以及山脉。还有人认为泰坦表面全被液态甲烷覆盖着。只有探测器在泰坦表面着陆后，我们才能辨别假设的真伪。人们在 2005 年 1 月完成了这项任务。欧洲空间局发射的"惠更斯号"探测器由"卡西尼号"探测器携带着朝土星飞行了七年，与母体分离后成功在泰坦表面着陆。"惠更斯号"在降落后向地球连续发送了几个小时的惊人图像，这一点证明了它并没有淹没在人们预想的覆盖了整个泰坦的甲烷大海中。它传回的宏观图像对我们来说既熟悉（例如大气层中不断变幻外观的云彩）又陌生。这些图像，与"卡西尼号"的雷达利用超声波技术绘制的卫星表面图像一起，为我们呈现了一幅河流与湖泊构成的美妙景色（很可能由乙烷和甲烷构成），说明泰坦近期曾流淌过许多液体。在"惠更斯号"以及未来登陆泰坦的更多探测器传回的宝贵资料的帮助下，科学家希望能够研究这颗独特卫星上的前生命化学的过程。这种化学过程很可能与几十亿年前在地球上出现的十分类似（然而地球的温度要更高），这些研究应该可以帮助我们重现生命历程中的一个重要阶段。

Triton

崔 顿

崔顿的直径是 2700 千米，是海王星最大的卫星。它与木星的伽利略卫星、土星的卫星泰坦（详见：**泰坦卫星和生命**）一起位居大行星的六大卫星之列。海卫一（崔顿）的外观很神秘。从深陷的峡谷到冰湖，海卫一呈现出多样的地貌。陨击坑几乎不存在，说明近期发生了地质活动。"旅行者 2 号"探测器在崔顿上探测到了一些大型间歇泉，它们将氮气喷向了地表几千米以外的高空。可能正是这些喷泉使得崔顿被很薄的一层氮气（厚度是地球大气层的数十万分之一）包围着。然而它与其他卫星最大的不同是它的运动轨道：它是唯一一颗做逆行运动的大型卫星，也就是说，它围绕行星旋转的方向与自转方向相反。此外，它的轨道面与海王星的赤道面之间有一个 20°的夹角，这就是说，崔顿不是与海王星同时诞生的，而是一颗来自于柯伊伯带体形较大的小行星，被海王星的引力捕获而来。

由于崔顿是逆行的，它与海王星之间的引力使得它以螺旋状跌向海王星（这和月球与地球的关系不同，不是相互远离的）。因此，在未来，崔顿会离海王星越来越近。再过大约一亿年，它就会被海王星的潮汐力撕碎。成千上万块碎片会形成一个新的行星环，和其他环一样装饰着海王星。

Trou et ver

ᔄ 虫 洞

如果你掉进一个**黑洞**（详见词条），会发生什么呢？你会掉进黑洞的中心，靠近人们所说的"奇点"，在此物质能够被压缩到极致，在此引力以及空间的曲度同样变得无穷大。而且，我们熟知的时空伴侣将不再存在。空间变得小于 10^{-33} 厘米（普朗克长度——详见：**普朗克墙**），事件发生的时间也小于 10^{-43} 秒（普朗克时间）。已知物理学（相对论以及量子力学）在此不成立。需要建立一种结合前两种理论的"量子引力"理论。但是，新理论建立的过程还十分漫长，而且布满了荆棘。

然而，这并没有阻止热爱挑战的物理学家依靠广义相对论的方程来探索从一个奇点（密度无限大、引力无限大的地方）进入宇宙的一个地方（假设在进入的时候不会被无情的潮汐力撕成碎片），然后通过另一个奇点走出到达同一宇宙的另外一个地方的可能性。这两个奇点可能由一种隧道相连，而这个隧道不存在于普通空间中，只存在于"超空间"之中。超空间很像蚯蚓在土壤中钻出的连接两个洞的地道——因此被称作"虫洞"（英文是 wormhole），它连接了这样一对奇点。

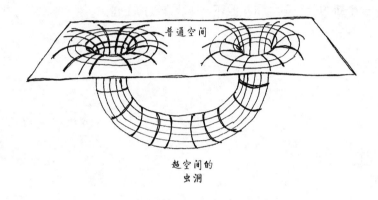

超空间的
虫洞

虫洞和黑洞很像，不同的是虫洞不具有事件视界——物质进去之后有去无回的边界。黑洞中的旅行一定是单方向的，而虫洞的旅行可以朝两个方向进行。你可以自由地进入，但如果你愿意，仍然能够出来与外界交流：虫洞不是宇宙的审查机构。此外，虫洞还具有一个令物理学家和科幻作家向往的非凡特性：人们能利用它穿越时间。进入虫洞后一直朝一个方向前进，你就能够穿越到未来。如果朝反方向走，你就回到了过去。虽然不是宇航员，虫洞让你成为穿越时间的旅行者，也就是"时间旅人"！

不过，不要急着去买票——在虫洞真正成为穿越时光的机器前，还有很多问题需要解决，而且有些看起来根本无法解决！首先，怎么制造虫洞？我们知道，黑洞是大质量恒星缺少燃料时由引力坍缩引起的，那么，构成虫洞入口和出口的奇点是如何而来的呢？量子引力定律预言了在我们周围的空间中存在一种"量子泡沫"，包含着大小为 10^{-33} 厘米的奇点，它们像幽灵般存在，从出现到消失的整个生命周期只有 10^{-43} 秒的短暂一刻。有时，两个奇点相互靠近、相互关联形成了一个虫洞。因此虫洞的存在不遵循必然性定律，而是偶然性定律。

一旦一个虫洞形成，如何利用它完成时间旅行呢？有两个障碍摆在面前，而且目前看来人们无法克服这两个障碍。首先，你需要行动得非常非常快，因为你只有短短 10^{-43} 秒的时间进入并走出虫洞！虫洞之旅并不适合做事慢悠悠的人……然后，由于入口非常小（只有 10^{-33} 厘米），人若想进入必须找到一个使洞口变大的方法。研究这一问题的一些物理学家认为，扩大虫洞可能使其发生猛烈的爆炸，从而使其自行毁灭。很明显，自然正是通过这种方法来避免因果倒置以及荒谬之举的。事实上，如果一个人可以在时间中旅行，当他回到过去，理论上他能阻止自己父母相遇，因此使自己的孕育以及降生成为不可能，这就太荒唐了。英国物理学家斯蒂芬·霍金（1942—2018）准确地评论说，我们并没有看到来自未来的大批游客回来拜访我们，这就说明了穿越到过去这件事情是不成立的。无论如何，利用虫洞穿越时间，在今天，都还只是一种幻想。

黑　洞

太空中存在着许多能够束缚光和物质的小东西。它们叫作"黑洞"，由美国物理学家约翰·惠勒于 1967 年命名。英国物理学家约翰·米歇尔（1724 — 1793）在 1783 年，法国物理学家、数学家拉普拉斯（1749 — 1827）在 1798 年分别独立得出，如果一个物体的质量和密度足够大，其表面的引力将变得非常大，只有大于光速（30 万千米 / 秒）的速度才能摆脱它。然而，由于万物运动的速度都不超过光速，也就是说，一旦落入黑洞的魔爪，无论是物质还是光都无法从中逃脱。一旦进入了黑洞的史瓦西半径，所有的旅行都会变成单方向的：有去无回。由于光也无法从中逃出，空间中的"洞"是看不见的：它是黑色的。拉普拉斯给它起了一个美丽的名字——闭合星。

黑洞是如何出现的呢？理论上，所有物体都能变成黑洞。只需要将其压缩到一定的大小。由于物体的引力场与体积的平方成反比（如果一个物体被缩小为 1/10，它的引力就会增加 100 倍），当物体变得足够小时，它就有能力困住光。临界大小与黑洞的质量成正比。因此，如果你的体重不足 100 千克，当一双大手将你压缩到不到 10^{-23} 厘米时，即半径为一颗质子的一百亿分之一时，你就变成了一个黑洞。地球的质量是 6×10^{27} 克，当被压缩成一个乒乓球大小时就成了黑洞。太阳质量是 2×10^{33} 克，如果将其半径从 70 万千米压缩到 3 千米，它就变成了黑洞。

地球和太阳永远都不会变成黑洞。只有比太阳体积更大、质量更大的恒星才满足这个条件。在它们活着时，其核心通过核炼金术生成的强大辐射压能够对抗引力。然而，在它们生命的尽头，恒星不再有核燃料，无法继续辐射，引力占据上风，恒星坍缩。它的核心被压缩成"恒星型黑洞"。这些恒星尸体遍布星际土壤，尤其是银河系的土壤中。

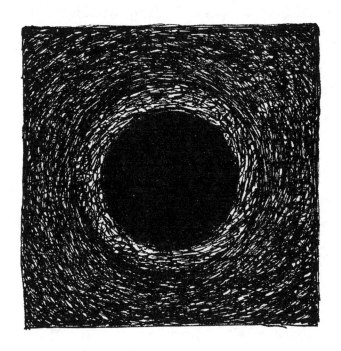

如果黑洞能够锁住光，科学家又如何确定它的存在呢？如果没有光，难道不是字面意义上的"一片漆黑"吗？并不是，黑洞因贪食而暴露了自己的身份。它利用自身的引力吸食周围所有活动的物体，以增加自身的质量。人们能够观测到同伴残忍吞食的后果。银河系一半的恒星与人类一样，具有结伴生活的习性。在二元组合中，相近的成对恒星围绕彼此旋转。如果这对恒星中质量更大的那颗坍缩后形成了黑洞，另一颗恒星仍然会若无其事地绕着自己隐形的伴侣旋转。黑洞强大的引力场会吸引另一颗可见恒星的大气，使其呈螺旋状跌落到自己的血盆大口中。在落体运动中，气体原子之间发生激烈撞击，温度上升到几百万开，在进入黑洞的史瓦西半径、最终消失以前放射出大量的X射线。天文学家正是利用太空望远镜检测到了X射线的存在，才最终确认了恒星型黑洞的存在。

在不久的将来，天文学家希望能够不再依靠光波（可见光或X射线）来围捕黑洞，而是利用**引力波**（详见词条）来实现这一目标。广义相对论告诉我们，一对围绕彼此旋转的黑洞会产生以光速传播的空间曲率波。空间曲度由引力形成，这些空间曲率波又叫作"引力波"。在空间传播的过程中，引力波从两个黑洞中盗走了一定的动能，使得一个黑洞以螺旋方式落向另外一个，最终合二为一。二者的聚合能够发射出新的引力波。

银河系中心的黑洞

除了恒星型黑洞，自然还制造了其他外形更大、质量更大的黑洞。恒星型黑洞的质量是太阳质量的十倍左右，而这些"超大质量黑洞"的质量是太阳质量的几百万甚至是几十亿倍。这些庞然大物居住在星系中心。人们认为它们是大量恒星型黑洞在引力作用下聚合而成的。因此，一个 400 万太阳质量的黑洞端坐在银河系（详见：**银河系的现代解读**）的中心。X 射线以及强烈的无线电辐射都暴露了它的存在。这个黑洞叫作"人马座 A"（它朝人马座方向放射），密度非常大，体积小于我们的太阳系。无线电辐射来自于摆脱了黑洞周围的吸积盘而在强烈的磁场中加速的电子。

在其附近高速运动的恒星暴露了银河系中心黑洞的存在。事实上，高速运动是抵抗庞大质量的引力所必需的。天文学家利用红外线探测器（红外线不会被地球与银心 2.6 万光年的距离中存在的大量星际灰尘吸收），在距离银心 0.03 光年的位置观测到了恒星，而且它们大约需要人类一辈子绕银心旋转一圈。相较而言，太阳拖着太阳系以及我们，行动更为迟缓，需要 2.5 亿年才能绕银心旋转一圈。

位于银河中心的黑洞是不是我们的一个威胁？它会不会吞噬掉地球和我们？这可能会发生在几乎无穷远的未来。这个黑洞的视界半径是 900 万千米，也就只有 30 光秒。而地球距离这一黑洞 2.6 万光年，我们离这个黑洞十分遥远！即使假设这个黑洞食量无限，吞噬掉银河系所有的恒星，其半径也只不过能增加到 3 万亿千米，仍然只是太阳系到银心距离的九万分之一。此外，黑洞需要无穷多的时间才能够将银河系所有的恒星吞噬掉，这段时间是宇宙目前年龄（140 亿年）的 1 亿多倍。因此，安心睡觉吧！大约发生在 50 亿年后的太阳死亡才是更具体的一个威胁。

超大质量黑洞

银河系并不是唯一一个中心居住着猛兽的星系。在其他星系中，我们发现了其他体形更庞大、质量是太阳质量几千万到几十亿倍的黑洞。人们在"普通"星系中发现了它们，也就是那些核心不剧烈活动的近邻星系，例如**仙女星系**（详见词条）。当然，我们在**活动星系**（详见词条）中也发现了它们，这些星系的核心散发着巨大的光芒，大约是最亮星系的十倍，而它们的体形只比太阳系大一点点。某些活动星系通过从中心区域排放长长的喷流来表达情绪，这些喷流沿着黑洞周围的吸积盘的垂直方向朝两个相反方向运动。

更令人印象深刻的是居住在**类星体**（详见词条）核心的几十亿太阳质量的黑洞，类星体是一种在太阳系大小的区域内释放出数百个星系的能量总和的神奇天体。这些黑洞存在的信号是通过星系中心区域的恒星急速运动表征出来的，这意味着此处存在巨大的引力，也就是巨大的质量，以及巨大的亮度，因此也意味着许多恒星已经被黑洞捕捉并吞噬掉了。

这些大质量的黑洞是如何诞生的？它们是如何达到太阳质量的数百万甚至几十亿倍的？答案在于星系是根据"等级化"过程形成的，即质量是太阳质量几百万倍（也就等于宇宙中矮星系的质量）的星系胚胎融合为更大的星系，直到成为今日点缀宇宙的大型星系。每当星系胚胎融合一次，伴随的撞击会压缩二者所包含的尚未转化为恒星的星际气体，形成许多明亮的大质量恒星。由于每一个星系胚胎中都包含着大质量恒星死亡后生成的黑洞，胚胎不断融合将导致黑洞的融合，这在很大程度上增大了它们的质量。大约在大爆炸发生的十亿年后，有些星系中心的黑洞质量甚至可以达到太阳质量的几十亿倍。

黑洞尽头的旅行

登上一艘宇宙飞船，我们一起去参观一个黑洞。我们若想决定目的地，只需参阅国际天文学家协会编纂的《黑洞图集大全》。离我们最近、最有趣的黑洞之一肯定是半人马座黑洞，它距离地球 8 光年左右，是一颗质量为太阳十倍的恒星于 5000 年前爆炸后的遗物。如果我们选择类星体 3C273，一次往返旅行需要花费 88 年。

星际旅行经过了飞船日历上显示的 6 年（地球日历的 10 年）后，我们看到了半人马座黑洞。黑洞作用在周围星际气体的引力暴露了自己的存在。气体从四面八方迸发，在不断靠近黑洞的过程中，气体密度变得越来越大，速度也变得越来越快。气体物质不是径直落入黑洞之口，而是在黑洞快速自转的拖拽下以越来越紧密的螺旋状旋转，然后陷入黑洞之口的。黑洞自转产生的离心力使得气体呈扁平圆盘分布，像摊鸡蛋一样，黑洞位于蛋黄的位置。由于黑洞"吸积"圆盘的物质，这个圆盘被叫作"吸积盘"。

远离黑洞的地方，引力变弱，气体运动的速度变迟缓。在黑洞边缘，引力急速增加，气体剧烈摆动。气体原子相互撞击，温度升高。远离黑洞之处的气温是冰冷的 –260℃，而靠近黑洞的气体温度高达几百万开。由于巨大的气温差，而且由于发射光的属性取决于气体的温度，这个圆盘放射的光芒千变万化。远离黑洞，在圆盘的外侧边缘，低温气体辐射出射电信号。越靠近黑洞，光的能量变得越大，从微波（就是家用烤箱的光）、红外线、可见光、紫外线、X射线一直到伽马射线。从宇宙飞船的舷窗中，我们只能看到黑洞周围的一种光环，呈现出彩虹所有的颜色，从外侧的红色，到内侧的紫色。圆盘的中心区域不发出任何辐射：这就是大名鼎鼎的半人马座黑洞。这个黑洞有一个半径为30千米的视界，如果我们冒险越过这个视界，就再也无法返回到地球上了。

在靠近黑洞的视界时，我们的身体能够感受到越来越强烈的黑洞引力。这种感觉是十分痛苦的。就好像有人从我们头部和双脚同时撕扯一样。这种拉扯源于黑洞在我们身体的两端形成了不同的引力。我们的双脚离黑洞更近（它们与头之间的距离就是我们的身高），比我们的头部受到了更强烈的引力。这种潮汐力（正是月球在地球中心以及地球表面作用的引力之差导致了地球海洋的潮汐现象）撕扯着我们的身体（以及任何跌入黑洞中的其他物体）。在距离黑洞视界1.3万千米的地方，我们感受到的潮汐力等于地球引力的1/4（0.25克）；在距离8000千米的地方，1克的潮汐力；3000千米，15克。如果我们的身体可以延展，它会变得越来越长。然而，我们的身体由骨肉构成，当潮汐力大于连接身体分子的力时，身体就会裂成两半。随着宇宙飞船逐渐靠近黑洞，飞船也会裂成两半，4段会裂成8段，以此类推：我们的身体会裂成2段、4段、8段、

16 段、32 段、64 段等。这些碎块最后分裂成分子及原子。过去的我们将分解成大量无形的基本粒子。我们完全没有希望能以完整身躯到达黑洞视界。

不同的黑洞，作用在我们身体上的潮汐力也不同。事实上，潮汐力与黑洞质量的平方成反比。因此，一个质量为十亿个太阳质量的超大质量黑洞，例如类星体 3C273，它形成的潮汐力只有一个质量为太阳十倍的黑洞——例如半人马座黑洞——的潮汐力的 10^{-16}。这是由于黑洞的史瓦西半径与自己的质量成正比。一个小质量黑洞的体积也很小，而一个超大质量黑洞的体积也很大，因而作用在我们身体上的潮汐力有了如此巨大的差别。

一个超大质量黑洞的密度可能比空气的密度小。如果我们乘着宇宙飞船越过了黑洞的史瓦西半径，乍一看没有发现任何不寻常之处。只有当我们决定返程回到地球时才发现自己再也无法越过黑洞的视界，我们被永远地困住了。我们再也无法与外部世界交流，无线电波被黑洞的引力无情地困住了。我们在黑洞内发现的任何真相都无法传递给外界的任何人。黑洞似乎在我们的认知领域做出了一种"宇宙审查"。黑洞所有的外部特点——引力的强度、它导致的空间曲率、光的轨迹偏离——只取决于三个数值：黑洞质量、自转运动以及电荷（一般为零）。外界对黑洞的其他信息一无所知。黑洞是宇宙信息缺失的地方。

黑洞内部所有的物质，无论其质量是太阳的十倍还是十亿倍，最终都会被压缩到一个只有 10^{-33} 厘米的空间中，即一个原子的 $1/10^{25}$，物理学家将其称作"奇点"。

黑洞除了喷射出一细股星际气体外，其中一切都是真空的，从黑洞视界表面到奇点全部都是空的。有两种可能：或者密度继续变成无穷大，或者出现了阻挡它变无穷大的新的物理定律。我们不知道答案，因为当空间变得小于 10^{-33} 厘米时，相对论就不成立了。只有尚未出现的"量子引力"才能为我们解开谜团。

富有冒险精神的物理学家假设了黑洞密度变得无穷大。他们竭尽全力利用相对论方程构建了以下情景：旅行者能够进入一个黑洞的奇点，然后从同一宇宙或者一个平行宇宙中的另一个黑洞的另一个奇点中出来。连接这两个奇点的隧道并不位于普通空间中，而存在于"超空间"之中，超空间很像蚯蚓在土壤中钻出的连接两个洞的地道，因此被形象地称作"**虫洞**"（详见词条）。这一情景属于科幻剧，目前尚未得到任何观测资料的证实。类似的平行宇宙不一定存在，而且我们不确定人能否安然无恙地进入黑洞，而不被潮汐力撕成碎片。还要考虑的是，进出虫洞并不是一个轻松的任务：入口非常小（只有 10^{-33} 厘米），而且需要行动十分迅速。一个虫洞只持续存在短暂的 10^{-43} 秒，和照相机闪光的时间相比简直是昙花一现！

黑洞与时间

黑洞不仅使空间变形，还对时间产生了影响。为了更好地理解，我们假设在越过黑洞视界以前一直用无线电与生活在地球上的朋友鲍勃保持着联系。鲍勃将接收到的无线电波转化成图像，因此能够从电视屏幕中跟进我们在宇宙飞船内发生的事情。随着我们靠近黑洞，引力变得越来越强，我们传送的无线电波越来越难逃离引力场抵达鲍勃身边。无线电波丧失了越来越多的能量，地球上接收两个连续电波之间的时间间隔变得越来越长。新图像更新所需的时间也越来越长。视频剧情进展得越来越慢。鲍勃看到我们花了 2 分钟、2 小时、2 年、2 个世纪、20 亿年才戴完帽子……最后，在我们越过史瓦西半径的那一刻，影像静止了。在鲍勃的电视屏上，我们将永远定格在同一个姿势、同一微笑以及同一手势。鲍勃将永远不会看到我们被黑洞的血盆大口吞掉的画面。在他心中，宇宙飞船将一直定格在史瓦西半径处。在鲍勃看来，黑洞停止了我们的时间。

在宇宙飞船上的我们，看到的事情则是另一番模样。在越过史瓦西半径以前，我们一直能接收到鲍勃发送的无线电信息。我们越靠近黑洞，引力场变得越强，被引力场抓住的无线电波获得越来越多的能量，因此到达我们的速度越来越快。我们感觉鲍勃的时间大量加速。因此，在我们越过史瓦西半径的那一刻，永恒如同一瞬间从我们眼前流逝：鲍勃的衰老和死亡、他的子孙后代的衰老和死亡、太阳的死亡、恒星和星系的终结、宇宙的灭亡……我们再也无法从黑洞中重返外部世界，因为，从我们的角度看来，宇宙已经灭亡了。由于已经超越了外部世界的时间，我们的结局就是待在黑洞中，被无情的潮汐力撕成碎片。

原初黑洞

人们过去认为黑洞没有任何辐射，它完全是"黑"的，它是宇宙全方位的审查机构。这是由于过去的人们没有考虑到量子力学（详见词条）的特殊性，这是一个解释亚原子粒子行为的有关无穷小世界的物理理论。1974 年，英国物理学家斯蒂芬·霍金（1942—2018）部分结合了量子力学与广义相对论（描述黑洞极端引力场特性的有关无穷大世界的物理理论），惊奇地发现了黑洞辐射的神奇特性。

霍金是如何完成这一伟大壮举的呢？他借助了海森堡的不确定性原理。该理论认为人们永远无法同时获得一个粒子的准确位置和速度。也就是说，它的轨道是不确定的：这就是我们所说的量子不确定性。这一不确定性不仅影响了粒子的轨迹，还有它的能量。能量的不确定性导致了重要的后果：它使自然不必严格遵守统治了宏观世界的能量守恒定律，不再是"生活中万物都是有偿的"，也不再是"一物换一物"。由于能量是不确定的，自然在微观世界信奉的是"能量可以是免费的，能量可以无中生有"。自然银行可以借出能量，这些能量可以用于生成基本粒子。然而，自然银行的操作流程遵循的是不确定性原理，也就是说，借用的能量越多，归还的速度必须越快。当自然银行收回能量贷款，达到账目平衡时，粒子消失。因此，由于能量的不确定性，我们周围的空间中居住了数不清的虚粒子，它们出现与消失的生命周期十分短暂，只有 10^{-43} 秒。在某一时刻，一个边长为一厘米的小小空间中能够承载 10^{30} 个虚电子。

这些沉溺在自己的世界中、永远无法离开阴影世界、无法出现在现实世界中的虚粒子究竟图什么？在特定的环境中，它们能够具化，变成真实粒子。因此，如果一个虚粒子找到了一个足够慷慨的慈善家，为自己还清了自然银行的能量债，它就能离开这个鬼魅世界，与自己的反粒子一起出现在物质世界中。

黑洞的引力有充足的能量。它担当了慈善家的角色，为虚粒子及其位于史瓦西半径以外的反粒子还清了债务。一旦债务还清，这些粒子就离开鬼魅世界，来到了现实世界。成对电子／反电子在黑洞边缘涌现，有些变形成光：黑洞发光了。引力为了将虚粒子实体化而消耗的能量最后来自于黑洞的质量。黑洞在辐射的过程中，质量变小，最后变为零。从字面上讲，黑洞"蒸发"变成了光。

这是否意味着所有的黑洞很快就会从宇宙舞台上消失呢？肯定不会，因为一个黑洞的蒸发速度取决于其自身的质量。一个黑洞质量越大，蒸发得就越慢。一个黑洞蒸发的时间与质量的立方成正比。一个质量大十倍的黑洞蒸发所需的时间多了1000倍。一个质量为太阳十倍的恒星黑洞事实上需要恒久时间（10^{68} 年）才能完成蒸发。而对于一个位于类星体中心的质量为太阳10亿倍的超大质量黑洞而言，它需要花费前者 10^{24} 倍的时间完成蒸发。也就是说，恒星黑洞与超大质量黑洞实际上不会蒸发：它们确实是"黑"的。

霍金计算出只有大小等于原子核的黑洞才会在宇宙年龄内，也就是 140 亿年的时间内蒸发。要想得到一个类似的黑洞，需要将 10 亿吨（10^{15} 克），也就是一座小山或者 10^{39} 个质子的质量放入一个大小只有一个质子（10^{-13} 厘米）的区域内。霍金假设这种体积小、密度大的黑洞能从宇宙诞生之初极短的时间（短短的 10^{-43} 秒，被称作"普朗克时间"）内的"时空量子泡沫"中诞生。如此"迷你"的原初黑洞只有 10^{-33} 厘米，是一个质子的 10^{-20}。随后，它通过吸积自己周围浓密的物质增大，直至达到一个质子的大小。原初黑洞发射的能量高达 6000 兆瓦，等于六个核电站的产量之和。随着蒸发，它质量减小，光芒万丈，丧失了更多的质量。此过程继续，140 亿年后，黑洞质量只有不到 20 微克，和一个灰尘颗粒质量相等，接下来是巅峰时刻：迷你原初黑洞在爆炸声中结束了自己的生命，释放的伽马射线的能量等于 10^{16} 个星系的能量总和。然而，目前，人们尚未在宇宙中探测到这些美妙的烟花。我们还从未观测到迷你原初黑洞的蒸发。迷你原初黑洞还只存在于假设之中，而黑洞的蒸发概念，尽管经过了 20 世纪最严谨的两大理论——量子力学和广义相对论——的严密推理，仍然只是尚待验证的想法。

统一理论

　　在 21 世纪初，两个重要的理论构成了现代物理学的根基。第一个是**量子力学**（详见词条），它描述的是原子以及光的世界，强核力和弱核力以及电磁力（详见：**基本力**）在此主导着全场，而引力无足轻重。第二个是**相对论**（详见词条），它解释的是宏观宇宙的属性，星系、恒星、行星，在此，两种核力以及电磁力都不再是主角。这两个重要的理论，已多次得到了多种方法和许多观测资料的验证，只要在各自的领域内就运作得非常好。然而，当平时在亚原子范畴内无足轻重的引力变得和其他三种基本力同样重要时，物理学就气喘吁吁，失去了计策。可这正是宇宙诞生后的最初时刻，也就是无限小孕育出无限大时的真实情况。为了认清宇宙起源，也就是我们自己的起源，我们需要一个能统一量子力学和相对论的物理学理论，一种能够解释四种基本力地位相同情况的"量子引力"理论。

　　统一并不容易，因为在空间的属性方面，量子力学与广义相对论之间持有根本性的对立观点。相对论认为，容纳着星系、恒星的大尺度空间是平静、光滑的，没有任何波动与凹凸不平。相反，量子力学认为，亚原子范畴的空间和光滑完全不沾边。由于能量的不确定性，这个空间变成了一种外形不断变化、充满了周期十分短暂且随时随地出现并消失的波动与不规则的量子泡沫。这种量子泡沫的曲率与拓扑是混沌的，不能只用概率学术语描述。二者在空间属性的本质不同使得我们无法将相对论外推到宇宙的"零时"，也就是空间与时间都没出现的时刻。我们面前竖起了一道阻挡我们知识大道的围墙。这就是我们所称的"**普朗克墙**"（详见词条）。在大爆炸后十分短暂的 10^{-43} 秒的时间内，也就是普朗克时间内，相对论失效了。

面对挑战，物理学家竭尽全力去突破普朗克墙。他们完成了一些重要的步骤。美国的史蒂文·温伯格（1933— ）、谢尔登·格拉肖（1932— ）以及巴基斯坦的阿卜杜斯·萨拉姆（1926—1996），这些物理学家在 1967 年成功将电磁力以及弱核力统一为电弱力。欧洲核子研究组织（CERN）的粒子加速器观察到了电弱统一理论预言的传播电弱力的使者 W 粒子，这三位物理学家因此获得了 1979 年的诺贝尔物理学奖。人们也因此提出了统一强核力以及电弱力的统一理论。这些理论还未经实验考证，目前的加速器还达不到这个统一理论运作所需的能量。在很长一段时间内，引力拒绝与其他三种基本力的任何结合。直到 1984 年出现了**弦理论**（详见词条），引力才好像变得温顺了一些。

U

Univers (Architecture de l'), la Toile cosmique
宇宙结构，宇宙网

在 1923 年哈勃发现了星系以后，天文学家满怀激情地开始绘制宇宙地图。这是一项艰巨的任务，因为我们从天穹上看到的是二维太空。为了确定星系的分布，我们需要竭尽全力测量出它们到我们之间的距离，才能重建它们的第三维度。

如何获得宇宙深度呢？我们需要利用哈勃在1929年得出的宇宙膨胀这一重大发现。

星系的退行运动使得它们的光线发生红移（这是**多普勒效应**——详见词条），星系距离越远，光谱的谱线朝红端移动的距离越多（这是哈勃定律）。为了获得一个星系的距离，天文学家只需利用分光镜（一个配备了与牛顿使用的类似棱镜的装置）来分解它的光线，然后测量出它向红端移动的距离。

在丈量宇宙的过程中，一个层次分明的宇宙结构图呈现出来。如果星系是一个大小为十万光年左右的容纳恒星的住所，那么作为几十个星系集合的星系群就是宇宙中的村庄。因此，我们的银河系隶属于本星系群，除了我们的星系，它还包括仙女星系以及其他三十几个矮星系，这些矮星系的体积更小、质量也更小（正常星系中包含着1000亿颗恒星，而它们只包含了10亿颗恒星），其中大麦哲伦星云在距离17万光年左右的位置、小麦哲伦星云在距离20万光年的位置绕着银河系旋转。本星系群幅员约为1000万光年，约是一个星系直径的100倍。然而，还有比它更大的集合体。集合了数千个星系、直径约为6000万光年的某些星系团：它们是宇宙中的省会城市。

宇宙结构尚未结束：五六个星系团聚合后形成了超星系团，它容纳了近数万个星系，直径约为2亿光年。这些超星系团是宇宙中的国际大都市。我们的本星系群是"本超星系团"的一个成员，同属于本超星系团的还有其他十几个星系群和星系团。仍然没有结束！更大尺度的宇宙结构令人震惊。超星系团聚合成更庞大的扁平网状、丝状、墙状的星系结构，幅员为几亿光年，一望无际，为太空中庞大的巨洞（详见：**宇宙巨洞**）划定了界限，我们在这些真空中旅行几亿光年也不会遇到一个活着的星系！星系将自己喜爱群居的天性发挥得淋漓尽致，以至于所有的星系都群居在宇宙村庄、城市以及大都市中，使得它们之间的乡村一片荒芜。这些星系住所只占了宇宙总体积的1/10，剩下的全是星系巨洞。

因此，星系在黑夜中勾勒出一张巨大、明亮的宇宙网，由网状、丝状、墙状超星系团形成的框架构成了"组织"，密度最大的星系团构成了"绳结"，巨大的星系巨洞构成了"网眼"。

宇宙开始于一个十分均质的状态，那么它是如何编织出一张图案如此丰富的宇宙网的呢？一张来自于宇宙原始爆炸后第38万年的**宇宙微波背景辐射**（详见词条）图像——我们所能拍摄到的宇宙最久远的一张照片——告诉了我们其中的原因[1]。浸润着整个宇宙的微波背景辐射的观测数据显示，此辐射在太空任何方向上的温度基本上都是 –270.3℃，改变量不超过亿分之几。也就是说，第38万年，宇宙属性的改变量不超过 0.001%。那么，自宇宙诞生后的 140 亿年间，宇宙如何从超常的均质状态变为结构层次如此丰富的状态呢？简单是如何孕育复杂的呢？

---

1 在第 38 万年以前，宇宙是不透光的，光无法传播，望远镜无法拍摄到宇宙更年轻时候的照片了。

答案在于，微波背景辐射是高度均质，却非完美的均质。因为如果是完美的，宇宙就不能形成星系等结构，生命和意识也不会出现，宇宙将会是贫瘠的。星系实际上是太空荒漠中的绿洲。这些星系被居住其中的数亿颗恒星加热，能够躲避因宇宙膨胀而导致的星际空间持续的降温。作为宇宙港湾，星系放射有益能量和热量，为孕育生命的恒星提供了一个住所。完美的均质是不育的同义词，然而微小的瑕疵却可以创造生命。

令天体物理学家欣喜的是，COBE 卫星在 1992 年发现了宇宙微波背景辐射的温度波动，尽管这个波动十分微小。温度的波动意味着宇宙中存在一些密度略微比其他地方大一点儿（准确的数值是 0.001%）的地方。物理学家认为这些密度浮动是在宇宙暴胀的疯狂时期，从普朗克时间内——此时的宇宙只有氢原子大小的 $1/10^{25}$——出现的微小量子波动发展而来。这些密度波动一定成了**星系的种子**（详见词条），更大的波动孕育出巨大的星系，点缀了今天的太空。

因此，宇宙目前的大型结构都诞生于宇宙出现后远不到一秒钟内发生的微小变动。无限小孕育了无限大。

然而，宇宙园丁是如何让这些星系种子成长的呢？任务十分棘手，因为实验不容失败。如果这些种子只长到了一粒尘埃、一颗行星或者一颗恒星的大小，而非直径为十万光年左右的大型结构，实验可能不会成功，因为后者是无垠的星际空间这块冰冷荒漠中的绿洲，是生命和意识的摇篮。**暗物质**（详见词条）的引力前来帮助构建这些宏大的星系（详见：**星系的形成**）。

Univers (Composition chimique de l')

宇宙的化学组成

星系和恒星的化学组成几乎是相同的、固定的：在物质总量中，大约有 1/4 的氦以及 3/4 的氢。相反，比氦还重的元素所占的比重很小，只有不到 2%。然而，这并不妨碍重元素在宇宙演化过程中发挥十分重要的作用，正是它们生成了复杂，并最终使我们出现。值得注意的是，不同的恒星之间，不同的星系之间，氢与氦的比例是恒定的，然而，重元素的比例却可以有 100 倍的变化。氢和氦之间引人注意的恒定比例不可能是偶然结果。它应该有其根源。

从 1939 年开始，人们知道比氢更重的化学元素是在恒星这个大型的宇宙火炉中形成的。然而，氢与大部分的氦，由于它们的恒定比例，应该在宇宙的最初时刻就已经存在了，它们的相对量应该是一成不变的，不会随未来几十亿年恒星与星系的演化而改变，然而，这些恒星和星系却是重元素量变的主要原因。在大爆炸理论的背景下，天体物理学家事实上早已计算出在原始爆炸后的第三分钟左右，宇宙物质的 1/4 是氦，剩下的 3/4 是氢：这恰好是恒星与星系的组成！此一致性正是大爆炸理论的巨大成功之一。

Univers (Futur proche de l')

宇宙不久的将来

最新的宇宙研究表明，我们所在宇宙的几何结构是平的，而且是永恒膨胀的。我们的后代观察到的宇宙密度将随着宇宙加速变得越来越小，温度变得越来越低。

让我们开始穿越未来的旅行。地球和太阳在不久的将来会变成什么样子？

第一个重大事件将发生于二三十亿年后。大小麦哲伦星云是两个矮星系，二者目前环绕着银河系旋转，距离分别为 17 万光年和 20 万光年，到那时，它们将会跌入银河系口中，然后被银河系吸收。它们的恒星与银河系晕中的恒星融合。在此之后又过了 15 亿年，也就是在 45 亿年后，太阳的氢核心将变为氦核心（详见：**太阳的出生、生活与死亡**）。约在 1 亿年间——相较宇宙时间而言，只是一瞬间——太阳将是一颗红巨星，然后，燃料耗尽，坍缩为一颗白矮星，寿终正寝。

太阳大约将在 46 亿年后熄灭，在此以前，另一件重要的事情将在我们的本星系群中发生：银河系以及仙女星系——我们本地星系村中的两个主要星系——将在 30 亿年后开始撞击。事实上，目前距离地球 230 万光年的仙女星系，正以 90 千米 / 秒的速度朝我们飞来。这次撞击将持续 100 万年：仙女星系和银河系，一旦靠近，首先围绕彼此旋转，像参加了一场银河华尔兹舞会；两个星系最终融合为一体（详见：**仙女星系**）。

在更远的未来又会发生什么呢？宇宙加速膨胀使得大部分星系相距更远，以至于我们的后代无法再看到它们，无垠的宇宙看起来愈发空旷、荒凉。空间变大得如此之快，以至于任何物质粒子都无法聚合，因此，任何新的结构都不会再出现。再过数百亿年，银河系只是浩瀚宇宙海洋中的一个孤独小岛。天空中可观测的物体变得少之又少。

Univers (Futur très lointain de l')

宇宙遥远的未来

恒星时代的终结

如果太阳约在 46 亿年后停止发光，那其他恒星呢？当宇宙年龄是现在年龄——137 亿岁——成千上万倍的时候，银河系中的恒星因引力相连而逃脱了宇宙膨胀带来的变冷，将会继续发光。再过几百亿年，由于宇宙加速膨胀，我们将无法再看到旋涡星系，即便如此，它们会继续照亮太空。恒星时代继续如火如荼地进行着。

大部分的宇宙恒星居民是小质量恒星，这决定了恒星时代的长度：宇宙中 80% 的恒星质量小于太阳质量（在 0.1~0.8 太阳质量之间）。乍一看，人们可能会觉得它们的寿命比大质量恒星要短，因为质量小意味着氢燃料的存储量也小。然而，事实恰恰相反。大质量恒星喜欢挥霍浪费，它们竭尽全力发出光芒，大手大脚地消耗着氢燃料，因此很快耗尽了它们的储备燃料。几百万年，或者几千万年后，它们与世长辞。相反，小质量恒星却十分节俭，它们精打细算地过着日子，辐射很微弱，因而原本并不充裕的燃料储备维持了很长一段时间。事实上，最小质量的那些恒星（约是太阳质量的 1/10）在 140亿年结束时——宇宙现在的年龄——才开始消耗氢燃料。接下来，它们继续将氢聚合为氦，亮度也越来越大。尽管小质量恒星的亮度还不到太阳亮度的 1%，然而，它们靠大规模数量弥补了单个亮度上的缺陷，因此，星系的平均亮度能在相当长的一段时间内一直保持在 100 亿个太阳亮度之和的可观水平上——约是银河系目前亮度的 1/10。小质量恒星要经过 100 万亿年（10^{14} 年），也就是宇宙目前年龄的 1000 倍，才会耗尽自己储备的氢燃料。

小质量恒星灭绝后，宇宙还有没有可能从旋涡星系以及不规则星系的星际气体中孕育出新的恒星呢？这些星系还能继续发光吗？不能，因为约在 100 万亿年的时候，星系中储备的星际气体在最后一批恒星熄灭的时候也耗尽了，标志着新星形成的停止。恒星时代结束了。从此以后，恒星和星系的璀璨光芒将不再照亮夜晚，黑夜将一片漆黑。

从那时起，星际土壤中将密布着无数个恒星遗骸：**白矮星**、**中子星**以及**黑洞**（分别详见词条）。除了这些不再通过核聚变散发任何光芒的死亡恒星居民以外，还有褐矮星（详见：**褐矮星，失败的恒星**），它们是质量小于太阳质量 8% 的失败恒星。这些恒星胚胎质量不够大，其核心的物质密度不够大、温度也不够高，无法发生核反应，氢无法聚变为氦，因而无法变成真正的恒星（所需最低温度为 1000 万开）。虽然褐矮星的核心温度不足以使氢聚变为氦，但貌似足以短暂地聚合氘，这是宇宙最初几分钟内形成的另外一种关键的化学元素。褐矮星燃烧氘，因此并不完全黑暗。它们在极短的一段时间内辐射红外光。人们发现银河系黑暗的星际空间中可以隐藏着近万亿颗褐矮星——

这一数量与"真正的"恒星居民数量差不多。

在恒星时代结束时，历经 100 万亿年光彩夺目的闪耀后，死亡恒星与褐矮星等不同居民的分配情况如何？在一个与银河系类似的星系中，白矮星构成了总人口的 55%，而剩余的 45% 是褐矮星。中子星以及黑洞只占死亡恒星总人口中微小的 0.26%，因为它们是大质量恒星的遗骸，比中等质量恒星（约等于一个太阳质量），即白矮星的前身的数量少很多。当然，由于白矮星的质量相对较大（约等于太阳质量的一半），它们决定了星系的质量。在恒星时代结束时，白矮星为银河系质量做出了 88% 的贡献，而褐矮星只做出了 10% 左右的贡献，中子星以及黑洞，约 2% 的贡献。

褐矮星和弱相互作用大质量粒子

当所有恒星都死亡后，在制造新恒星所需的星际气体都耗尽后，宇宙注定要深陷于黑暗之中，不再存有任何光与能量之源了吗？不要小看了大自然的精巧以及创造力。它还发明了另一种制造恒星的方法：通过撞击聚集**褐矮星**（详见：**褐矮星，失败的恒星**）。

褐矮星的质量太小，核心温度太低，无法将氢聚合为氦，因此它们储备的氢燃料完好无损。数个褐矮星聚集形成一个质量为太阳 1/10 的物体，它有能力聚合氢。这种恒星十分精打细算地使用燃料，因此能够存活 25 万亿年（太阳能活近 100 亿年）。当然，通过褐矮星聚集而成的新恒星的出生率远低于从辉煌时期旋涡星系的**恒星托儿所**（详见：**星云或恒星托儿所**）中诞生的恒星出生率：类似银河系的星系在未来最多能有 100 颗恒星，而今天却有 1000 亿颗。多亏了褐矮星的撞击以及聚合，当宇宙时钟指到 10^{16} 年时，星系仍能发出微弱的光。那时候的亮度只有今日光芒的几十亿分之一。

在这个时期，**白矮星**（详见词条）是星系中的另一个主体，它们也非等闲之辈。它们也会发生撞击，聚合成更大质量的恒星。虽然氢燃料已经耗尽，它们根据新星的质量不同，靠燃烧氦或者碳发光。然而，通过白矮星聚集而成的恒星存活的时间要短很多，它们放射的光要比通过褐矮星聚集而成的恒星的光弱很多。

星系勉强继续发光。它们不满足于集合褐矮星形成新的辐射源，同时还找到了将自己星系晕中的暗物质转化为辐射的方法。物理学家认为它们的星系晕很可能是由**弱相互作用大质量粒子**（详见词条）构成的，这些大质量粒子开始形成于宇宙诞生之初。尽管弱相互作用大质量粒子鲜与重子物质相互作用，却能被白矮星（遥远未来中星系质量的主要构成者）的超浓缩物质（1 吨 每立方厘米）捕捉到。被捕捉到白矮星内部的弱相互作用大质量粒子在相遇后相互湮灭。湮灭使得白矮星升温、辐射。因此，银河系中由暗物质构成的星系晕逐渐被转化为光。然而，这种方法产生的光的数量十分微小：约是褐矮星聚集所发射光的 1%。一个星系晕中包含的所有弱相互作用大质量粒子发生湮灭时形成的光只等于一颗恒星发射全部的光。由于白矮星表面的温度非常低（约 $-200℃$），其辐射的性质是红外光。

星系以及星系团的蒸发

在宇宙遥远的未来，星系不会完好无损，它们将在引力的好心帮助下分裂瓦解。同时，引力使得银河系居民中的死亡恒星以及**褐矮星**（详见：**褐矮星，失败的恒星**）之间保持连续的能量交流。如果其中某些获得了能量，另一些就失去了能量，因为总能量是不会改变的。能量获得者将额外的能量转化为速度，绕行轨道变大，到达了星系的边缘。它们受冲力的驱动，逃脱了母体星系引力的束缚，迷失在浩瀚的星际空间中。在 10^{19} 年后，星系就这样丢失了 99% 的居民。表面看来，它蒸发了。

实际上，1% 的恒星（其数量是十亿）——恒星中质量最大的一部分——掉入了银河系中心，当它们死亡时，在此形成了超大质量黑洞。

星系蒸发能够留下十亿太阳质量的超大质量黑洞，星系团（详见：**星系团与超星系团**）也非等闲之辈。星系团中成千上万个星系中的每一个也都进行着能量交流。能量获得者（99%）将离开母体星团，迷失在星系际空间中，变成游荡于星系间的恒星级黑洞。能量丧失者（1%）聚集到星系团核心，形成了质量为太阳 1 万亿倍的超大质量黑洞，最初，它的光芒使宇宙短暂地振作了一段时间。当宇宙时钟指向 10^{27} 年时，神奇的星系以及星系团构成的宇宙网将在太空中消失。宇宙中将充满许多恒星级黑洞以及超大质量黑洞，伴随着无数小行星、彗星、行星、黑矮星、褐矮星、中子星以及只有几个太阳质量的小型黑洞，它们都是能量交换游戏中的胜利者，跑到了星系际空间中，一切都被黑色的面纱笼罩着，随着宇宙膨胀而移动。

质子的死亡

在 10^{27} 年，星系和星系团分裂瓦解。银河光晕中的**褐矮星**撞击以及**弱相互作用大质量粒子**湮灭（分别详见词条）——两种能量和光的源泉都枯竭了。宇宙还能巧妙地形成其他微弱的光源吗？肯定可以。方法很可能是**质子衰变**（详见词条）。

事实上，基本力的**统一理论**（详见词条）告诉我们，质子不是永恒的，在 10^{32} 年后衰变。实验显示质子的寿命应该大于 10^{35} 岁。假设它能活到 10^{37} 岁。质子衰变对白矮星长远以后的命运产生直接的影响。因此，白矮星中的一个质子能衰变为一个正电子以及一个 π 介子。正电子与电子湮灭产生一对伽马光子，而 π 介子将衰变为另外一对光子。因此，每一个死亡的质子都会产生四个光子。从第 10^{37} 年开始，一个白矮星依靠其内部质子衰变供给的能量散发出微弱的光。如你所料，它的亮度并不高：只有太阳亮度的 $1/10^{24}$，也就大约是 400 瓦特——只够供给几只电灯泡！即便你聚齐了一个星系中 1000 亿个由质子死亡供给能量的白矮星，它们的亮度仍然只有太阳亮度的 1%。（而且，在这极其遥远的未来，所有的星系肯定早在很久以前就全部蒸发了……）

太阳的命运

详见：**太阳的出生、生活与死亡**

黑洞蒸发为光

在宇宙极其遥远的未来，黑洞变成什么了？答案很惊人：它们将蒸发为光。英国物理学家斯蒂芬·霍金（1942—2018）在 1974 年，根据德国物理学家海森堡（1901—1976，详见：**黑洞**）的不确定性原理，证明了这一点。

所有黑洞的蒸发率并不相同。蒸发率由黑洞的温度决定，而温度又与质量成反比。一个黑洞的质量越大，温度越低，蒸发得就越慢。一个黑洞的寿命与其质量的立方成正比。因此，一个质量大十倍的黑洞将会多活一千倍的时间。在其蒸发的过程中，黑洞丧失的质量越多，温度越高，亮度越大。蒸发过程不断加速，直至黑洞在巅峰亮度中结束了自己的生命。

热的物体只有当自身温度高于周围温度时，才能发光、降温，因为温度只能从高传向低。因此，超大质量黑洞以及恒星级黑洞只有当自己身处的**宇宙微波背景辐射**（详见词条）随着宇宙膨胀变冷、降至比它们温度低后才开始蒸发。由于质量为太阳十亿倍的超大质量黑洞的温度只有 10^{-16}K，它只能等到 10^{34} 年，届时，宇宙膨胀将使宇宙微波背景辐射的温度降到此值，然后黑洞才开始蒸发。它大约需要花费 10^{92} 年才能完全变为光。相反，一个质量为太阳 1 万亿倍的超大质量黑洞的温度是前者的千分之一，也就是 10^{-19}K。它需要耐心等到 10^{39} 年才开始蒸发。它一直发光到 10^{100} 年，然后消失。那时宇宙微波背景辐射的温度将降低到 10^{-60}K……

黑暗时代

在 10^{37} 年到 10^{100} 年之间，由于质子衰变，白矮星、褐矮星以及中子星早已消失。超大质量黑洞与恒星级黑洞将是深沉黑暗中仅存的连续光源，在它们爆炸死亡时发出短暂的光芒。10^{100} 年以后，宇宙进入黑暗时代。它将很难找到新的能量源。它将只包含光子、电子、正电子、中微子以及弱相互作用大质量粒子（那些不位于星系光晕中、逃离了白矮星内部湮灭的粒子）。电子与它们的反粒子——正电子——二者会不会某日相遇，并在一片璀璨光亮中湮灭呢？它们将制造出微弱的光，短暂地照亮宇宙的某个小小角落。然而宇宙加速膨胀使得这些粒子几乎没有机会相遇。在 10^{42} 对电子/正电子中，其中一两对或许能被电磁力连为一体，形成半径为 10^{18} 光年的叫作正原子的大型原子。在这个巨大的舞池中，或许在 10^{120} 年这段漫长的时间后，旋转着舞蹈的电子，会遇到正电子，在一束光中湮灭。然而这些偶然事件无法挽救宇宙走向无情且漫长的趋于绝对零度的降温之路。

宇宙的死亡

自大爆炸后的第 38 万年开始到现在，物质一直主宰着宇宙。有一天辐射会不会在能量方面超过了物质，开始主宰宇宙的进程？不会。宇宙现在大部分的能量由星系晕以外的暗物质构成。除非弱相互作用大质量粒子发生衰变（由于我们尚未明确它们的准确性质，不知道它们是否会衰变），否则它们将一直存活到时间尽头。在十分遥远的未来，宇宙似乎要一直被物质（弱相互作用大质量粒子、电子、正电子以及中微子）主宰了。在这样一个密度持续变小、温度持续降低的宇宙中，热量与能量逐渐变少，生命与智慧能否找到继续生存的办法呢？宇宙是否会陷入一种没有任何温差、驱逐所有的创造、衰退大行其道的热力学平衡的状态中呢？难道就像德国物理学家赫尔曼·冯·亥姆霍兹（1821—1894）于 1854 年所言，宇宙正在走向灭亡吗？

没人知道答案。为了弄清宇宙的过去与未来，我们根据目前已知的物理学定律不仅大胆地推算到古老的 10^{-43} 秒——普朗克时间，而且还推算到 10^{100} 年这个十分遥远的未来。物理学家通过追溯过去，探索太初宇宙高密度、高温度的状态，已经发现了许多与众不同的神奇现象。**弦理论**（详见词条）就是其中一个出色的例子。我们并不知道事情在十分低温的状态下是否进展相同，也不知道当温度接近绝对零度时是否会出现新的物理定律。根据传统理论，光子继续丧失越来越多的能量，它们的波长变得越来越长。在 10^{40} 年，在质子死亡期过后，大爆炸宇宙微波背景辐射的波长将会比目前可观测宇宙的半径（约为 470 亿光年）还大。对于这种极端情况下可能会发生的事情，我们一无所知。黑暗未来以及宇宙灭亡的预言很可能并不是由于宇宙丧失了创造力，更有可能是因为人类缺乏想象力。

扩展阅读：有关宇宙在十分遥远未来的演化的详细介绍，请参阅弗雷德·C. 亚当斯、格雷戈里·劳林，《死亡的宇宙：未来天体的命运与演变》，《现代物理评论》，69，第 337-372 页，1997（Fred C. Adams&Gregory Laughlin, 'A Dying Universe: the long Term Fate and Evolution of Atrophysical Objects', *Reviews of Modern Physics*, 69, pp.337-372, 1997）；以及弗里曼·戴森，《没有终点的时间：开放宇宙中的物理学与生物学》，《现代物理评论》，51，第 447 页，1979（Freeman Dyson, 'Time without End: Physics and Biology in an Open Universe', *Reviews of Modern Physics*, 51, p.447, 1979）；还可参阅我的另一部作品做简要了解，《神秘旋律》，法亚尔出版社，1988（*La Mélodie secrète*, Fayard, 1988）或口袋书：Folio-Essais 丛书，伽利玛出版社，2000（*Folio-Essais*, Gallimard, 2000）。

Univers (Géométrie de l')

❧ 宇宙的形状

宇宙的形状由曲率决定，曲率可以是正的、负的或者为零。如果我们把三维的空间用二维的平面来表示，正曲率宇宙的形状是球面，负曲率宇宙的形状是马鞍，而零曲率宇宙的形状是平面。广义相对论告诉我们，质量和能量使空间弯曲，空间的形状由宇宙的质量和能量总内容决定。如果质量和能量的密度大，宇宙会合拢为球面。如果质量和能量的密度小，宇宙会开口呈现出一个马鞍面。如果宇宙密度恰巧为"临界"值，它既不正弯曲也不负弯曲，而是平的。

这个临界密度很小，还不到水密度的 10^{-20}。然而，由于宇宙体积庞大，每立方米内物质与能量的一点点改变都足以改变它的外貌，决定它的形状以及命运。

我们可以通过以下想法实验让宇宙的形状更直观化。假设我们有一个功率无限的电灯泡，它的光束照亮了黑夜。在一个正曲率的宇宙中，我们可以看到光束绕宇宙一圈后从反方向回来了。这就是我们所说的有限或者"封闭"的宇宙。这并不一定意味着宇宙是有边界的。地球的表面也是有限的，然而你可以绕着地球转无数圈，却绝不会碰到边界！在一个负曲率的宇宙中，光束会消失在无穷无尽之中。这个宇宙是无限的或者"开放"的。在平面宇宙中，也就是封闭宇宙与开放宇宙的中间状态，光束也会消失在无穷尽中。

人们在发现**暗能量**（详见：**暗能量：宇宙加速膨胀**）之前，认为宇宙只包含着物质和光，而且宇宙的未来只由空间形状决定：如果宇宙是凹下去的马鞍状（为了更形象地表述，我们将三维空间用二维宇宙表示），宇宙将永恒膨胀。如果它呈现球状几何图形，它的半径会达到一个最大值，最后会在一个大挤压中坍缩。如果宇宙是平的，它的命运也将是中间状态。

然而，在引入了暗能量后，一切变得皆有可能。宇宙的命运不再只由空间的形状决定。具有**宇宙学常数**（详见词条）的平坦宇宙会一直不断地加速膨胀。星系之间会有越来越多的星系巨洞区域。几百亿年以后，银河系只是无垠太空中的一个孤岛。其他大部分星系离我们越来越远，离开了我们的视线。相反，如果**第五元素**（详见词条）是宇宙加速膨胀的诱因，未来将会大不相同。星系间的分离是有节制的，而且在未来的某一天加速膨胀会停止。像这样一个宇宙，天空中将会有更多的星系，而我们的子孙后代眼中的宇宙风景也不会那么萧条。

那么，未来的宇宙风景将是一片荒芜，还是相反的一片生机盎然、充满了星系呢？未来的人们将在时间和空间中观察到成千上万颗 Ia 型超新星，因而能够更准确地研究宇宙加速膨胀，极有可能会给出一个准确的答案。

宇宙的运动

　　天上万物皆运动。宇宙本身不是静止的：宇宙空间在持续膨胀。如果我们说宇宙是静止的，就好比说我们扔到空中的气球能够悬在空中静止一样，这很明显有悖常理。宇宙的膨胀运动牵动着所有的星系。嵌在烘烤的蛋糕中的葡萄干随着面团膨胀彼此间的距离越来越远，同样地，星系也被空间膨胀牵引着相互远离。宇宙除了膨胀运动，还有其他运动：引力使得宇宙的所有结构——恒星、星系、星系团、超级星系团——相互吸引，相互"落向"彼此。同样，引力是维系全宇宙壮丽结构的纽带。然而构成这些结构的基本单元——无论是星系中的恒星，还是星系群或者星系团中的星系——都不像漂亮房子那样固定、坚硬：它们是持久移动的。

　　当你惬意地躺在沙发上阅读这本书时，你感觉自己是静止的。然而这个感觉大错特错。事实上，你参与了许多种运动，你是精彩绝伦的**宇宙芭蕾**（详见词条）的一分子。根据你所在的纬度，地球或快或慢地拉着你参与了自己每天的自转运动。如果位于两极，你会原地不动；然而，如果你位于赤道，每小时地球会带着你移动 1674 千米。在巴黎的纬度上（48°），每小时你会移动 1120 千米。我们的地球绕着太阳公转时，每秒钟带着我们在太空中移动 30 千米。而太阳又带着地球以 220千米 / 秒的速度绕着银心旋转旅行。银河系以 90 千米 / 秒的速度落向它的邻居仙女星系。这还没结束。由银河系、仙女星系以及三十几个矮星系构成的本星系群，受到了室女座星系团以及长蛇 – 半人马座超星系团的引力吸引，约以 600 千米 / 秒的速度划破太空。宇宙芭蕾还未结束：室女座星系团以及长蛇 – 半人马超星系团又落向另一个由数万个星系构成的叫作"巨引源"的巨大引力中心。

空中万物都在运动，万物均在改变，万物皆不持久。

Univers (Les sons primaux de l')

✑ 宇宙最初的声音

宇宙微波背景辐射（详见词条）是宇宙原始温度残余的热量。在宇宙的第 38 万年，原始浓雾消散，宇宙变得透明，释放了宇宙微波背景辐射。宇宙微波背景辐射的宇宙图像是目前我们利用望远镜所能获得的最古老的图像了。

自 1965 年被发现以来，天体物理学家一直孜孜不倦地研究着宇宙微波背景辐射。他们知道它是打开太初宇宙奥秘以及宇宙结构秘密的钥匙。最关键的问题是：宇宙经历了约 140 亿年的演化后，是如何从大爆炸发生后第 38 万年的一个极其均质的状态——COBE 卫星的观测数据显示，宇宙微波背景辐射的温度浮动不超过平均温度（–270.3℃）的亿分之几——变为了由今天的可观测宇宙中数千亿个星系编织而成的巨型宇宙地毯的呢？

2001 年，WMAP 卫星——COBE 卫星的继任者——进入了太空。美国航天局的这颗卫星距离地球 150 万千米，绕着太阳旋转，敏感度以及细致程度约是 COBE 卫星的 40 倍，它的任务是绘制更准确的宇宙微波背景辐射的温度波动图。

WMAP 告诉我们，原始光的冷区域与热区域的大小有很明显的区别。天体物理学家通过研究温度波动如何根据这些区域大小而变化，就能够确定宇宙的质量和能量之和，同时还能确定宇宙的形状。这是因为在大爆炸后的第 38 万年以前，声波可以从太初宇宙的一端传播到另一端。

人们通过温度波动来研究宇宙的原始声音，该研究好像证明了宇宙过去曾经历了一个暴胀期，同时证明了宇宙是平的（其物质与能量的密度为 10^{-31} 克每立方厘米）。然而天体物理学家对此成果并不满意。他们希望无限精确、敏锐地研究宇宙微波背景辐射。2009 年，欧洲空间局向 WMAP 卫星轨道发射了"普朗克号"卫星（这个名字是为了纪念物理学家马克斯·普朗克）。"普朗克号"卫星能够探测到低至百万分之五开的微小温度波动，同时能够检测到天空中角直径仅为 0.1°（满月角直径的 1/5）的区域，也就是说，它的精确度是 WMAP 卫星的十倍。不断提高的精确度与敏感度帮助天体物理学家更准确地研究宇宙一整套的原始声音以及和声。

✍ 循环宇宙

循环宇宙是一个膨胀与收缩无限循环的宇宙。事实上，如果宇宙包含足够多的物质（无论是亮的还是暗的），这些物质的引力在某一时刻会阻止宇宙的膨胀进程，使得星系的退行运动发生反转。大爆炸的相反现象——大挤压——可能会出现。星系和恒星将会被困在一个越来越小的空间里。最后，它们在强烈的高温中蒸发，物质衰变为基本粒子。宇宙会在异常璀璨的光亮中结束生命，回归到一个极小、极热、密度极大的状态。时间和空间又重新丧失了意义。

坍缩的宇宙能否从废墟中再生，如同凤凰涅槃，开始一个或许遵循新定律以及新物理常数的全新循环？没人知道答案，因为当问题涉及十分极端的温度与密度时（约 10^{32}°C 以及 10^{90} 克每立方厘米，这就是人们所说的普朗克温度和普朗克密度），现在的物理学就站不住脚了。

现代宇宙学认为，如果宇宙开始了一个新周期，其他周期会相继发生却各不相同。宇宙会积累越来越多的能量，因此，每一个周期都会比上一个周期持续更长的时间，而且宇宙的最大直径变得越来越大。然而，如果我们的宇宙所包含的物质不足以让引力停止膨胀，它就会一直膨胀到时间尽头，因此就不会出现周期循环。到时候，恒星将消耗掉自己所有的核燃料，然后熄灭。我们所知的生命由于缺少能量，都无法继续存在。

在十分遥远的未来，宇宙只是一片由辐射以及基本粒子构成的浩瀚海洋（详见：**宇宙遥远的未来**）。

最新数据显示，宇宙没有足够的物质（无论是亮的还是暗的）使引力逆转膨胀运动。事实上，膨胀运动不但没有减速，反而在一种占宇宙 68.3% 的神秘暗能量（详见：**暗能量：宇宙加速膨胀**）的反引力的推动下，好像加速了。因此，宇宙将会永远膨胀，大挤压不会发生，也不会出现第二次大爆炸。如此说来，宇宙不是循环的。

Univers observable

可观测宇宙

宇宙经历了暴胀阶段（详见：**宇宙暴胀**），也就是宇宙诞生之初疯狂的膨胀期，以及紧随其后的懒散阶段，宇宙因此变得非常广阔，即使我们配备了最强大的望远镜，无论是地基望远镜还是空间望远镜，都只能观测到其中一小部分。

在暴胀期之后的 140 亿年间，宇宙膨胀了 10^{27} 倍，因而宇宙目前的半径为 10^{53} 厘米。对我们而言，这个宇宙的大部分是无法触及的，因此，可观测宇宙相较于宇宙整体而言是很小的。可观测宇宙（即其中的天体之光有时间抵达我们、能被望远镜捕捉到的整个宇宙中的一部分）的半径是 470 亿光年，也就是

4.7×10^{28} 厘米。因此，可观测宇宙的半径是整个宇宙半径的 2×10^{-24}。如果把整个宇宙缩小到地球的大小，那么可观测宇宙的直径只有一个质子直径的二百万分之一！

你肯定会问，如果宇宙年龄是 140 亿岁，为什么我们的宇宙视野，即可观测的宇宙，不是 140 亿光年，而是上面提到的 470 亿光年呢。对于近距离天体而言，如果它的距离小于 2 亿光年，它所发射的光抵达我们所需的时间在数字上与光年表示的距离相同。因此，对于一个位于 5000 万光年处的星系，我们今天所接收的光是在 5000 万年前从这个星系发出的。宇宙膨胀使得此星系与银河系（包括地球）之间的距离不断变远，这一点事实上是可以忽略不计的，因为 5000 万年与宇宙年龄相比不值得一提。然而，对于那些更遥远的天体，我们就应该将宇宙膨胀考虑在内了。因此，目前距离地球 240 亿光年的一个星系，我们用望远镜捕捉到的光是它距离我们更近的时候发射的。事实上，当时它只距离我们 124 亿光年。它的光有充足的时间抵达地球，因为宇宙的年龄是 140 亿岁，而它却只需要 124 亿年的时间就完成了飞往地球的旅行。

这件事情和蚂蚁一直在不断膨胀的气球表面爬行的情况类似。假设这只蚂蚁的爬行速度是 2 厘米 / 秒。20 秒后，从蚂蚁的角度看，自己爬行的距离是 40 厘米。然而，大家不要忘记气球表面不是固定的，而是持续增加的。如果你拿卷尺测量距离，会发现蚂蚁实际爬行的距离超过了 40 厘米，因为气球是不断膨胀的。气球膨胀得越大，实际距离与表面距离之差就会越大。

同样地，由于发光天体距离更遥远，受到宇宙膨胀的影响更大，此星系当前的距离和发射我们今天所获之光时所在的距离之差也更大。一个现在距离我们 314 亿光年的星系，我们用望远镜捕捉的光来源于它距离我们 134 亿光年的时候。而一个现在距离我们 470 亿光年的星系，我们看到的光来源于它距离我们 140 亿光年的时候，此距离是宇宙存在后光所能经历的最远距离[1]。

随着时间的推移，宇宙一点点褪去更多的面纱，越来越遥远的星系之光有足够的时间抵达地球。宇宙偏远地区的光直到十分遥远的未来才会被我们的曾曾曾曾……孙辈看到：约在 30 亿年以后，当大麦哲伦云——现在绕着银河系旋转的一个伴星系——落向银河系并被它"残杀"时；或者当银河系与邻居**仙女星系**（详见词条）相撞时；约在 50 亿年后，当太阳消耗掉自己储存的全部氢燃料死亡时；约在 1 万亿年以后，当银河系中所有的恒星都熄灭（详见：**宇宙遥远的未来**）时，等等。

可观测宇宙比全部宇宙小很多，这是因为在宇宙暴胀阶段，空间膨胀的速度远超过了光的速度。

---

1 这些计算的依据是宇宙随着时间而变的膨胀率，这一点并不是确切的。它们并没有考虑 1998 年新发现的宇宙膨胀加速。

稳恒态宇宙模型

1965 年发现的**宇宙微波背景辐射**（详见词条），为大爆炸理论树立了权威，在此之前，宇宙学实际上只建立在一个唯一的观测结果上：那就是 1929 年爱德文·哈勃（1889—1953）发现的宇宙膨胀。哈勃发现遥远星系的光一直在发生红移。红移是由宇宙原始爆炸带来的星系退行运动导致的。然而大爆炸理论最开始并不受欢迎。宇宙开端、宇宙之初的观点容易被解读为"创世记"，承载了过多的宗教内涵。即便还没有刺鼻的味道，至少已经让人不太舒服了。因此，某些天体物理学家不赞同星系光的红移是由退行运动导致的。他们认为，光的红移，换句话说，也就是星系能量的丧失，并不是由宇宙膨胀造成的，而是由其他一些尚未被阐明的未知机制造成的，例如：光子在驶向我们的漫长星际旅途中"疲惫了"。这些观点并没有激起整个科学界的热情，因为它们缺少合情合理的根据。

其他研究者接受了宇宙膨胀的观点，然而是在其他理论的前提下，例如稳恒态宇宙模型（steady state）。这一模型是由英国天文学家霍伊尔（1915—2001）、戈尔德（1920—2004）以及邦迪（1919—2005）于 1948 年共同提出的。这一理论认为宇宙在任何时候都是不变的，既没有开端也没有尽头。因此，它排除了"创世记"的概念，同时否认了大爆炸理论支持的固有的改变与演化。在某种程度上，这个理论继承了**亚里士多德**（详见词条）的天空恒定观。然而，不变的宇宙与观测到的膨胀宇宙如何共存呢？如果星系之间不断生成越来越多的真空，宇宙就不可能和过去一样。霍伊尔、戈尔德和邦迪必须提出一种刚好能够抵消宇宙膨胀形成的真空的不断生成的物质。也就是说，这种物质不是通过一次大爆炸生成的，他们假设了一系列小爆炸。物质的生成率——1000 氢原子每立方米的空间每十亿年——如此低以至于人们无法测量。稳恒态宇宙模型一直风靡到 20 世纪 50 年代末，对当时的宇宙观产生了举足轻重的影响。

直到 20 世纪 60 年代初，稳恒态宇宙模型理论的弊端才开始显露出来。**类星体**（详见词条）和射电星系的人口普查显示，它们的数量随着时间的推移而变少，因此它们的人口发生了变化，这一事实与否认一切改变的理论无法兼容。压死该理论的最后一根稻草是 1965 年发现的宇宙微波背景辐射。由于稳恒态宇宙模型否认一个高温、高密度的开端，因此它不能（大爆炸理论的其他全部对手也都不能）合理地解释浸润着整个宇宙的均质的宇宙微波背景辐射[1]的存在。天体物理学家对宇宙微波背景辐射的认知是现代宇宙学的一个重要转折点。新纪元开始了。从此以后，大爆炸理论成了世界崭新的代言人。

1　有关大爆炸理论的竞争理论的详细介绍，请阅读我的另一部作品《神秘旋律》的第 9 章，法亚尔出版社，1988（*La Mélodie secrète*, Fayard, 1988）或伽利玛出版社，Folio-Essais 丛书，1991（Gallimard, *Folio-Essais*, 1991）。

✎ 虚拟宇宙

天体物理学在精确科学领域独树一帜。它是唯一一个无法在实验室进行实验的学科，与物理、化学以及生物都不同。实验只在约 137 亿年前发生过一次，人们再也无法复制。我们无法在试管中炮制恒星或者星系，也无法亲临现场提取样本，只能从远处观察它们。

然而，最近几年，随着能在一秒内做出超过 10^{15} 次计算的超级计算机的出现，局势发生了巨大的改变。天体物理学家虽然无法在实验室做实验，却利用超级计算机展开的数字化实验慰藉了自己的沮丧之情，这些超级计算机能够模拟并研究宇宙结构的演化。恒星、星系、星系团以及超星系团都可以被模拟。计算机乐此不疲地做出了无数的宇宙模型或"虚拟宇宙"。为了构建一个这样的宇宙，天体物理学家向计算机提供了一系列在他们看来"合理的"条件（被称作"初始条件"），例如，总物质（亮的和暗的）的密度、物质的不同组成成分（重子物质、异常物质等）以及作为**星系的种子**（详见词条）的密度波动。然后他们让物质依据物理定律（例如万有引力定律）发展。计算机因此可以跟踪数百万个星系的运动。经过约 137 亿年（超级计算机只需要几个小时就可以计算完这个演化过程）的演化后，天体物理学家要求计算机生成虚拟宇宙的图像，然后将其与现在的宇宙进行对比。

天王星与海王星

　　天王星是人们在现代发现的第一颗行星。在 18 世纪以前，人们只在太阳系中发现了 6 颗行星。英国天文学家威廉·赫歇尔于 1781 年偶然发现了天王星。

　　据测量，天王星的距离是地—日距离的 20 倍，然而土星的距离只是地—日距离的 10 倍：像变魔术一样，赫歇尔突然将太阳系的面积放大了 1 倍。天王星每 84 年绕太阳公转一圈。它正好位于肉眼可见的边界处，当然前提是你知道朝哪个方向去看。它看起来像一颗并不明亮的恒星，因此没有引起古人的注意也不足为怪。即便是今天，能够不借助望远镜就看到它的天文学家也很少。

　　海王星发现于 19 世纪 40 年代，是两位天文学家的独立工作，他们分别是工作于剑桥大学的英国人约翰·亚当斯（1819—1892）以及工作于巴黎天文台的法国人奥本·勒维耶（1811—1877），他们致力于解决有关这颗未知行星的棘手问题——质量与运行轨道。在写满了数万张计算纸后，1846 年，勒维耶计算出了它的位置，他得到的主要结果与亚当斯在 1845 年 9 月独立得到的结果一致。勒维耶是一个具有一定社会地位的天文学家，然而他却遭到了法国同行的质疑，这些人甚至不愿意翻阅一下勒维耶的计算结果！大为失望的他写信给工作于柏林天文台的德国天文学家伽勒（1812—1910），这位天文学家十分重视法国同行的计算结果。伽勒将望远镜瞄向了天空，在 1846 年，他第一眼就发现了另外一颗新行星，新行星的位置只与勒维耶宣布的位置差了一两度！

太阳系的边界又向外扩展了一点点儿：海王星的距离约是地—日距离的 30 倍。海王星的公转轨道周期是 164 年，自打被发现以来，它刚完成了一圈（这一圈在 2010 年结束）。它与天王星不同，不能被肉眼观察到。从望远镜看过去，它是一个小小的亮点，没有任何的细节。"旅行者 2 号"是唯一造访天王星与海王星的空间探测器，它于 1986 年拜访了前者，1989 年拜访了后者。多亏了探测器传回的神奇图片，我们才能了解到这两颗行星更多的物理属性。在这方面，天王星与海王星几乎是一对双胞胎姐妹：二者都约比地球重 15 倍（天王星是地球质量的 14.5 倍，海王星是 17.2 倍），体积都约为地球的 4 倍。与木星和土星一样，它们都主要也由氢分子（84%）、氦（14%）以及少量甲烷（2%）构成。

海王星、天王星比木星、土星的体积小、质量小，内部的气温与压强条件相对没那么极端，然而前两者不可能比后两颗气态行星更适宜生命生存。它们在太阳系的边缘，温度低很多：太阳光很难到达此处。天王星与海王星最外层大气的温度是 -215℃。尽管海王星离太阳更远，却并不比天王星更寒冷，这是因为它和木星以及土星一样，具有额外的能量源，而天王星却没有。和其他气态巨行星一样，天王星和海王星分别有巨大的云带围绕着自己快速旋转。点缀着木星以及土星外层大气的是氨云，而海王星与天王星的是甲烷云，因为极低的气温使氨凝结为晶体。由于甲烷吸收红光，因而使天王星呈现蓝绿色，使海王星呈现蓝色。众多气旋与风暴干扰着海王星与天王星的大气：海王星上的风速为 200~500 千米 / 时，而天王星上的飓风与木星上肆行的飓风很相似。海王星

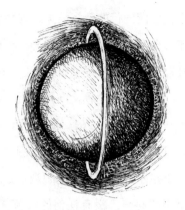

上最大的风暴叫作"大黑斑"，位于南半球。它的大小与地球相同，于 1989 年被"旅行者 2 号"空间探测器发现。大红斑（详见：**木星**）是它的三倍，在木星上持续存在了四个多世纪，而海王星的大黑斑好像持续的时间十分短暂：哈勃望远镜在 1994 年拍摄的照片显示它不在那儿了！又过了几个月，一个新的黑斑出现在北半球。这一切证明，海王星的大气演化得特别快。

与木星和土星一样，天王星与和海王星可能也都有岩石核心。然而，它们内部的压强不够高，无法打破氢的金属状态，使之仍然保持着分子状态。

天王星上的气候十分独特。自转轴倾斜了 98°，它是躺着旋转的。这好像是偶然形成的，岩石高速车是此事的真凶：人们认为一个大质量的**小行星**（详见词条）把行星撞翻了。天王星上的季节因此变得很极端。在 21 年内（天王星绕太阳公转一圈所需时间的 1/4），南极暴露在太阳下，而北极就陷入了寒冷的黑暗之中。在接下来的 21 年（地球时间）间，情况发生

了反转。而海王星 29.6°的自转轴与地球很相似，因此海王星上季节分明，季节持续的时间却更长（不是三个月，而是 41 年）也更冷。这些条件都使得生命难以在此出现。

与木星和土星一样，天王星和海王星都有许多卫星：前者有 27 颗已知卫星，后者有 14 颗。天王星有 5 颗"规则"卫星，足够大也足够重，引力可以将其塑造为球形，使它在行星的赤道面上旋转，也就是在一个与黄道面垂直的平面上旋转，因为天王星是躺着的。另外 22 颗"不规则"卫星，体积更小，质量也更小，是外形像马铃薯的小行星，通常在倾斜的轨道上逆行（与自转方向相反）。它们很可能是被行星引力捕捉过来的行星际碎片。而海王星，它有一颗规则的卫星——海卫一以及 13 颗不规则卫星。海卫一是一个十分特别的卫星，它的表面有氮喷射物。

与所有的类木行星一样，天王星与海王星也都饰有行星环。1977 年，人们在一次掩星过程中发现了天王星环，当时天王星转到一颗恒星前面，阻挡了它的光线。这样的排列是很少见的，每十年只出现几次。天文学家因此可以通过观察行星吞噬恒星光线来研究行星的大气。约在行星掩恒星的前后 40 分钟时，恒星十分短暂地消失然后又出现，这样的情况连续发生了 9 次，这令天文学家十分震惊！结论很明显：天王星有九个行星环！"旅行者 2 号"的壮观图像证实了这一发现。天王星环与土星环在外观上十分不同。土星光环很宽（11 万千米）而且很亮，相互之间隔着相对狭窄的真空区域（卡西尼环缝宽 5000 千米），然而天王星环暗且窄（通常不到 10 千米），相隔的空间相对较大（从几百到 1000 千米不等）。为什么天王星环如此狭窄？人们猜测构成行星环的物质粒子会随时相撞，随着时间的推移，可能会使行星环分散，使行星环变大。天王星利用"牧羊卫星"来完成这个戏法：人们之所以这么称呼它，是因为它像牧羊人一样工作，使自己的绵羊聚成一个紧密的羊群。同样地，"旅行者 2 号"在每一个狭窄行星环中看到了两颗牧羊卫星，分别位于环的两侧，利用自己的引力作用，使粒子在环中的运行轨道保持最初的形状，既不会变大也不会变小，因此行星环会保持自己狭窄的外形。最后，木星环与天王星环虽然宽度不同，在厚度上却是相似的：厚度只有几十米。

　　"旅行者 2 号"同样在海王星周围发现了五个行星环，其外观介于木星环与天王星环之间：其中三个像天王星环一样窄，另外两个和木星的一样宽散。

金 星

　　金星时而是"启明"，时而是"长庚"，因为它在日出前出现在东方天空，在日落后出现在天空的西侧。和水星一样，古人认为它与两个不同的物体相关。在老百姓眼中，由于黎明与黄昏分别是牧羊人放出与收回羊群的两个时刻，因而金星又经常被称作"牧羊星"。

　　金星是排在太阳与月亮之后、天空中第三亮的物体。它比天狼星（夜空中最亮的恒星）亮十倍，如果你知道朝哪个方向看的话，在白天也能看到它。金星之所以如此亮，是因为它厚厚的云层反射了从太阳吸收的80%的光线（相比之下，月球干燥的土壤只能反射8%；而它之所以看起来这么亮，是因为它比金星离我们近100倍），而且因为它是离地球最近的行星，它离地球最近的时候只有3860万千米（火星离地球最近的时候是 5630 千米）。

乍一看，金星很像地球的双胞胎姐妹，它们的质量和体形几乎相同。和地球一样，它的某些特性也深受**小行星**（详见词条）撞击等偶然因素的影响。金星与大部分行星以及太阳的自转方向相反。在金星上，太阳西升东落。此外，它的自转十分缓慢，自转时间（243 个地球日）比它绕着太阳公转的时间（225 个地球日）更长。也就是说，金星日比金星年还要长 8% ！人们认为，地球被一个巨大的小行星撞击后分离出了月球，同样地，一个体积庞大的小行星撞击了金星，当时的金星与其现在的自转方向相反，自此之后，它开始像一只乌龟一样朝着相反的方向旋转。

相似之处仅限于此。金星的大气层约是地球大气层密度的100 倍。地球大气的 90% 位于海拔 10 千米处，而金星对应的海拔为 50 千米。金星大气由 96.5% 的二氧化碳以及 3.5% 的氮构成，它让阳光进入，却不放阳光出来：行星表面吸收太阳的可见光，之后以红外线的形式重新释放出去。然而某些气体，例如二氧化碳，可见光可以从中透过，红外光却穿不过去。这些气体具有**温室效应**（详见词条），因为它们就像温室的玻璃一样，让可见光进入温室，却将温室植物释放的红外光封锁住。在金星上，被困住的太阳热量使得温度攀升至炼狱般的 460℃，比水星的温度还高。铅和锡在金星上能瞬间熔化。

金星的体积大约与地球相同。跟地球一样，其内部也不会很快降温，而且还储存了 40 亿年前太阳系大混乱时期疯狂小行星撞击时留下的好大一部分热量。金星保存了内火、其体内一直释放热量、金星最近发生了一次火山活动，这一切都被"麦哲伦号"探测器的宏观图像证实了。"麦哲伦号"探测器在 20 世纪 90 年代利用先进的雷达成像技术测绘了金星的全貌。虽然可见光无法穿过温度如炼狱般的金星大气，无线电波却可以毫发无损地从中穿过。

"麦哲伦号"金星探测器向我们展现了一个十分神奇的景色。在广阔的平原上耸立着两个"大陆"，一个叫作伊师塔地，一个叫作阿芙洛狄特地。"大陆"一词在此指的是巨大的高地，因为金星上肯定是没有海洋的。大陆高地占据金星表面的 8%，地球上是 25%。伊师塔地和阿芙洛狄特地的面积约等于澳大利亚的面积。金星上随处是小行星撞击造成的坑。金星上的撞击率约是人们在月球上观察到的 1/10。

与地球不同，金星的表面不像是由相撞形成山脉或者相离形成新土壤的陆地板块构成的。然而，在伊师塔地上高耸着绵延数百千米的山峦。其中包括金星上的最高山脉——麦克斯韦山脉，海拔为 11 000 米（地球上的珠穆朗玛峰是 8848 米）。这些山脉的成因很可能与地球上陆地移动的成因相同，是由部分熔化的石头内部发生的对流运动隆起的。

金星表面有许多宽约 1 千米，长数百千米的凝固熔岩流，这证明过去金星内部曾喷涌出灼热的岩浆。金星上有太阳系中已知最长的熔岩流：它长约 7000 千米！许多其他迹象表明，近期（可能不到 5 亿年）火山活动活跃：许多直径为十几千米的火山穹丘、并没出现在板块边界上而由不断喷涌的熔岩累积而成的大型火山，或者巨大的"王冠"——散布着直径为数百千米的火山的环状火山结构，可能是由火星幔某处熔化的物质喷涌而成的。

火山活动今天还在继续吗？"麦哲伦号"从来没有亲眼看到过火山喷发或者尚未凝固的熔岩流。从某些迹象判断，我们认为金星上的火山活动尚未结束，然而没有人可以做出保证。

Vide quantique

∞ 量子真空

当我们谈到真空时，会联想到一无所有。然而，在物理学中，情况并非如此。在量子力学中，真空是满的。这个真空是富有生机的，充满了粒子与反粒子组成的虚拟粒子对，充满了在短短的普朗克时间（10^{-43} 秒）内出现然后消失，完成一次生死循环的能量场。

德国物理学家海森堡（1901—1976）在不确定性原理中所描述的能量的不确定性使得以上论述成为可能。由于虚拟粒子对的生命转瞬即逝，人们无法直接测得它们。然而人们能够测得它们的一些重要间接影响。例如，它们能够改变氢原子的行为。1948 年，荷兰物理学家亨德里克·卡西米尔（1909—2000）假设了一个简单的实验，来证明这些居住于真空的幽灵粒子的存在：他将两块金属板平行放置。将会发生什么呢？卡西米尔认为"真空"中的虚拟粒子产生的压力应该通过一种可能将一块金属板推向另一块的无穷小的力表现出来。两块金属板将会发生十分微小的移动，小到技术大约需要等 50 年才能追上理论。到了 1997 年，人们观测到两个分离表面之间出现了仅为千分之几毫米的微小移动。

理论上，我们是可以依靠量子理论计算出真空的能量的。然而一个严重的问题摆在了我们面前：通过最简单的计算，我们可以得出真空能量的密度约为 1094 克每立方厘米，也就是可观测宇宙物质与辐射的能量以及导致宇宙加速膨胀的暗能量[1]密度的 10^{120} 倍（1 后面跟了 120 个 0）！如果真空的能量如此巨大，宇宙中所有的物质应该一瞬间爆炸！最初仅相隔几厘米的物体可能眨眼间相隔了天文距离！每过 10^{-43} 秒，宇宙体积都会变大一倍，而且这个过程会一直持续下去，直到真空能量消失的那一刻！这很明显是个荒谬的结果……苏联天体物理学家雅可夫·泽尔多维奇（1914—1987）于 1967 年首次意识到这一问题。在接下来的 20 年里，这位物理学家孜孜不倦地研究为何他们得出了一个明显错误的结果，为何得出的真空能量如此之高。

1　暗能量的密度是物质与辐射密度的 74/26=2.8 倍。

人们已经提出了许多与暗能量相关的假设，然而目前没有一个能引起评委会的兴趣……物理学家还不知道导致宇宙加速膨胀的暗能量是否来自原始量子真空，或者来自其他地方。获得暗能量起源是如此重要，因此人们需要更准确地计算出原始真空的能量，这项任务变得更加迫在眉睫。然而，由于物理学家现在需要解释的不再是为什么真空能量不是绝对为零的，而是为什么真空能量虽然存在，却微弱到其影响直至70亿年前才被感受到，问题好像因此变得更加困难了。

无论如何，即使我们对真空能量的准确来源一无所知，也不知道它的计算数值为什么是这样的，有一点是可以肯定的，那就是这个能量一定是存在的。

Vides du cosmos

宇宙巨洞

在引力的作用下，星系汇聚成星系团以及超星系团。宇宙中是否还有比超星系团更大的结构呢？

宇宙大尺度的测绘图向我们呈现了最让人叹为观止的景象。超星系团排列成巨大的丝状结构，长达数亿光年，一望无际。更神奇的是：这些丝状结构是宇宙无垠星系巨洞的边界，这些星系巨洞体积庞大，外形基本呈球状，人们跋涉数亿光年都可能遇不到一个活着的星系。这些星系将自己爱好群居的天性发挥到极致，它们汇集成群（宇宙村庄）、星系团（宇宙城市）以及超星系团（宇宙大都市），剩下的全部是荒无人烟的乡村。星系只占宇宙总体积的 1/10。其他全部是星系巨洞。

宇宙外貌就像一张巨大的宇宙网，超星系团排列成丝状结构，构成了"组织"，密度最大的星系团构成了"绳结"，巨大的球状星系巨洞构成了"网眼"。

Vie (Qu'est-ce que la…?)

生　命

人类一直忙于发现外星生命。为了指导搜寻工作，统一对"生命"一词的理解就变得十分重要了。

首先来看一下唯物主义的定义。生命是由无数粒子构成的。由于生命由细胞分子以及原子组成，某些物理学家过去曾认为生物学是物理学的一个分支，而物理学将解开生命的谜团。在他们眼中，生物只不过是一些精心制造的机器，由一些用显微镜才能看到、在自然界四种**基本力**（详见词条）的作用下运行的部分组成，这些组成部分是实验物理学的研究对象。总之，生命体与无生命体之间的唯一区别就是它们的复杂程度。

毫无疑问，机械化的解释能够使人理解生命的某些方面。

活细胞事实上由许多微型"机器"组成，每一个机器都有自己的特殊功能。人们会很自然地认为只要找到了每个机器的使用说明就能够耍把戏了！然而生命并非十分复杂的机器的简单组装。生物不仅仅是大量粒子的集合。此处的不仅仅，科学家尚不能给出一个准确的定义。接下来，我会尽量尝试通过列举生命体和非生命体之间的主要不同属性来给出一个定义。

首先，生命的特点是丰富的多样性。基本元素只有一百多种，而已知生命物种的数量可达 140 万种（75.1 万种昆虫、24.8 万种植物、28.1 万种动物，其余的是细菌、病毒、藻类、原生动物以及菌类）。尚待发现的生命物种可达 1 亿[1]。生命的多样性并不仅限于此。在同一个物种内，大自然赋予了最自由的创造力，使得一切皆有可能。特征与外观也是丰富多彩的。因此，生活在地球上近 80 亿的人口中，除了遗传的双胞胎，所有人的基因都不一样。人类不仅种族不同，不同的头发、皮肤、身材、脸型等特征塑造了每个人不同的外貌个性；人类还有不同的内部世界——思想以及情感，这也是多姿多彩的。这个特点将生命物体与亚原子粒子区别开来。人们只需要了解一个电子的特性，就可以认识全部的电子。当你遇到一个质子，就会对世界上其他质子的特点都了如指掌。而它们的内部世界，压根就不存在。

第二个本质的区别：无生命体会盲目地受制于物理定律，生命体却自主行动以完成一个任务或达成一个目的，这就是生物学家雅克·莫诺所称的"目的性"，"这是所有生命体都具有

---

[1] 参考阅读爱德华·威尔逊，《缤纷的生命》，中信出版集团，2016。

的一个基本属性，他们天生会计划"。

生命体与无生命体的另外一个区别：生命体十分复杂，远远超过了无生命体。这种复杂不是随机的，而是有条理地被引导到顶端以达到整体的和谐。即便是最简单的单细胞有机物，例如一个细菌，其内部数百万个大型细胞如同工厂流水线上技术娴熟的工人一样，各司其职、相互合作、和谐共处、团结一致、有条不紊地工作。

另外一个重要的区别：无生命体有时是封闭的，也就是说，完全与周围环境隔绝；相反，生命体与周围的环境之间存在持续的交流。生命无法孤立存在。它一直会与所在的环境交换能量，或者吸收养料，或者排出废物。植物通过根吸收土壤中的水分，又通过自己的叶子吸收二氧化碳。然后它们利用太阳能将这些元素转化为糖，同时通过**"光合作用"**（详见词条）向大气中释放氧气。每时每刻，许多原子都会在我们的身体过境。当我们呼吸时，空气分子从鼻子以及嘴巴进入我们身体的细胞内。氧分子在此释放能量，然后通过二氧化碳的形式被排放出去。每个有机物都通过一系列复杂的反应加工从环境中汲取的某些化学元素，从而获得能量，可以完成自己多样化的"计划"。化学处理以及获得能量构成了我们所说的生命的"新陈代谢"。当与外部世界的交流停止时，死亡就到来了。

最后一点（这可能是生命体与无生命体之间最大的一个区别），生命可以繁殖。除了吃喝拉撒和呼吸，生物最基本的一个功能是性。这个功能使得它们可以将自己的特征代代相传，从而使物种延续下去。

✎ 生命与熵

在 19 世纪工业革命期间，科学家与工程师怀有一个伟大的梦想，那就是建造一个高效、性能完美的理想机器，它消耗最少的燃料，却可以完成最多的工作。他们注意到，燃料机（转动的发动机、行驶的汽车、飞奔的火车）不可避免地向空间释放热量，因而造成了浪费。人们通过研究消耗的能量、释放的热量以及完成的工作之间的相互关系，发现了研究热的科学——热力学定律。其中热力学第二定律（详见：**热力学和宇宙**）的基本内容是，在一切封闭且孤立的系统内，混乱（物理学家用"熵"这一参数来衡量混乱程度）一定会不断增加，或者至少不会减少。这一定律彻底击碎了建造一个不浪费能量的完美机器的梦想，不可能有一个永动机能够在不添加新燃料的情况下一直运行下去。没有机器能够做到 100% 的高效。像汽车发动机消耗的油，或者蒸汽火车行驶所用的煤，这些能量被称作"有序"的能量，将一直被转化为热量，并消散在空间中；而"无序"的能量转化的热量，是无用的。它表现为空气分子的混沌运动。在所有系统中，随着时间的推移，一定会发生有序能量向无序能量的单方向转化。由于你没有在服务区停下来为汽车加油，汽车将会停止运行。

乍一看，生命似乎是热力学第二定律的一个特例。我们已经发现物质趋于瓦解。然而，生命却变得越来越有序。原子聚集在一起构成基因、胚胎成长、新物种出现：有序在增加、无序在减少的例子不胜枚举。这是否意味着生命违背了物理学定律，生物在挑战热力学第二定律的权威呢？

肯定不是。这只是由于人们错误地解读了热力学第二定律，因而生命似乎并没有遵守热力学第二定律。这一定律认为，无序在宇宙这样的封闭系统内会增加。然而这并不排除宇宙内部某些区域出现了有序，只要其他地方有一个更大的无序出现并抵消新生成的有序即可，而无序是在明显增加的。换句话讲，热力学第二定律可以在局部无效，却不能全局无效。

在我们没有察觉时，日常生活中经常出现局部违背热力学第二定律的情况。我们拿冰箱举例，它将热量从低温环境（冰箱内部）转移到高温环境（你的厨房）中，这很明显与热量从热至冷转移——例如一杯变温的咖啡——的自然行为相违背。冰箱之所以能够违背热力学第二定律，是因为它有一个电动机，运行时会升温，并将热量排放到厨房中，从此增加了无序的总量。冰箱之所以能运转，是因为它是一个开放的系统，与自己周围的环境（此处，即厨房中的空气）相互作用。

生命在某些特殊的地方也可以违背热力学第二定律，因为生命是一个货真价实的开放系统，与自己周围的环境不断地交换着能量（详见：**生命**）。为了生长，我们的身体大口吃着食物。多亏了这些食物，新细胞得以出现。降临于世的新细胞增加了身体的有序总量。然而，食物所代表的有序能量转化为无序能量，以热量的形式被我们的身体排放到环境中，这些无序超过了前面新生的有序。同样地，随着植物生长：植物吸收太阳能。太阳的热光增加了较冷地球上的无序，这个量超过了植物生成新细胞带来的有序之量。归根到底，太阳向地球输送自己的能量与热量，导致了**光合作用**（详见词条），生成了必要的无序，保证了地球上有序的出现——生命。

在更广范围内，恒星是诱发必要无序的因子，弥补了宇宙结构以及生命出现所需的有序。热水接触到冷空气时变冷，将水分子的无序传递给空气分子，从而增加了宇宙中的无序，同样地，恒星将自己的热光释放到冰冷的星际以及星系际空间中，因而增加了宇宙中的无序总量，同时保证了有益于生命的有序区域的出现。

恒星扮演好无序诱发者这个角色的一个重要前提是，恒星向其倾倒热量的空间比它们的表面温度要低，因为热量通常是从热传向冷的，不会反方向传输。如何制造一个比恒星更冷的环境呢？这需要整个宇宙的参与。由于宇宙在膨胀，它不停地变大、变冷。星系际空间最初的温度比但丁笔下所有地狱的温度还高（在极短的 10^{-43} 秒时，宇宙的温度高达 $10^{32}℃$），今天，经过了 140 亿年的演化后，温度降到了 $-270℃$。这样一个冰冷的温度与恒星表面灼热的温度（从几千开到几万开不等）形成了鲜明的对比，使得恒星增加了宇宙的无序总量，从而使得生命出现。

因此，局部与全局是相连的，万物都是相互依存的。生命的起源与宇宙的起源是纠缠在一起的。如果没有使星系不断远离我们的宇宙运动，任何复杂的分子或者生物都不可能出现在浩瀚宇宙的这个孤独的小沙粒地球上，我们就更不可能在这里谈论此事了。

生命与死亡

地球上的生命史同时朝两个垂直方向发展：首先，竖向上表现为随着时间的推移而不断增加的复杂性（人类的复杂性是单细胞细菌不可企及的）；其次，横向上表现为随着时间的推移惊人的生命多样性以及物种的丰富性。

如果你拜访了 30 亿年前的地球，看到的只有细菌以及古菌。生物还没有充分演化，种类也不多。你又拜访了 5 亿年前的地球：你还能看到以前的两种细菌，然而，你还遇到了大量的藻类、海绵、苔藓、真菌；此外，还有环节动物、三叶虫、虾、蟹以及其他软体动物。你又来到 1.4 亿年前的地球，上次的故人又出来欢迎你了（除了三叶虫），然而，这一次你还欣赏到了色彩缤纷的花朵，以及舞姿轻盈的蝴蝶，聆听到了蜜蜂的嗡嗡声，以及鸟儿美妙的歌声；你陶醉于海中鱼儿的欢游，还有幸看到了小型哺乳动物穿行在茂密的植被中。然而，游荡于风景之中的食肉恐龙以及其他史前爬行类动物把你整个人都吓呆了。

更适应环境的新型动物的出现并不一定意味着演化逊色的物种的消失。万物都有自己的位置。在草履虫以及其他原生动物等单细胞有机物周围，生存着海胆、水母、鹰、夜莺、老鼠以及人类等多细胞生物。然而这并不意味着一个物种一旦出现，就会一直存在。生命之树的某些分支以及枝杈会被截断，上面的全部物种会消失得无影无踪。因此，三叶虫没有抵住二叠纪末期笼罩了整个地球的严寒，而 6500 万年前一个疯狂火流星的撞击导致了大部分恐龙（详见：**恐龙和小行星杀手**）的灭绝。它们消失后腾出来的生态位置很快被其他物种占领。

物种演化并不断完善，是因为它们必须为了生存而战，因为道路尽头等待它们的是死亡。死亡推动着生命进步。死亡是生命不可或缺的一部分。这是符合自然规律的。在面对死亡以及灭绝的威胁时，生命几乎永远表现出顽强的抗击能力，它会重整旗鼓来寻找解决问题的新方法。无生命体的情况就截然不同：基本粒子以及原子之所以不演化，是因为它们不需要为了生存而斗争，因为它们没有灭绝的危机，它们没有经历自然选择。诞生于大爆炸后第 30 万年的光子与今天——大爆炸之后的第 137 亿年——生成的同类拥有完全相同的属性。

Vie extraterrestre

✍ 外星生命

众多科学发现告诉我们外星生命可能是存在的。直到 2014 年 4 月，天文学家发现了将近 1800 颗**太阳系外行星**（详见词条），它们分布于相对较近的恒星周围，这证明了行星——广阔无垠、毫无生机的宇宙中热量与生命的绿洲——的普遍存在。目前，它们中的大部分是和木星一样没有坚固表面的巨型气态行星。与具有类似地球的坚固表面的小行星相比，它们不太适宜生命居住。然而，太阳系外没有类地行星并不是一件板上钉钉的事实：这可能是受技术限制得到的结论。

另一个发现：1953 年，美国化学家斯坦利·米勒（1930—2007）与哈罗德·尤里（1893—1981）一起，在氨、甲烷、氢以及水的混合物中进行火花放电，模拟了地球年轻时经历的狂风暴雨，成功在试管中复制出氨基酸——生命的基本分子。尽管氨基酸与 DNA 的双螺旋结构有着天壤之别，但这个实验证明了生物分子能够由相对简单的化学成分合成。

还有一个有说服力的迹象：在 20 世纪 70 年代，天文学家居然在**星际空间**（详见词条）——十分不宜居的环境——中发现了复杂分子。所有超过三个原子的分子中都包含碳，这是生命的基础。某些星际分子很可能在地球的前生命化学中扮演了重要的角色。虽然这些分子还远比不上由上千上万甚至数百万原子组成的蛋白质、酶、核酸，但是，星际分子出现在如此不宜居的环境中，这说明不要低估了大自然的创造力，即便在最艰难的条件下，它也能找到巧妙的方法走向复杂。

太空中还有一个迹象表明我们的存在可能不是唯一的，生命可能并不止出现过一次（出现在地球上），它很可能还出现在我们意想不到的其他地方：某些**陨星**（详见词条），它们是 45.5 亿年前太阳系诞生时的那个疯狂撞击期的小行星的遗骸——例如，1969 年落到澳大利亚默奇森市附近的陨星——包含着数百种氨基酸，其中二十多种存在于生命细胞中。很显然，这些陨星上发生了前生命反应，却没有形成生命。

最后一个证明大自然制造生命时具有很大变通性的证据：**极端条件下生存的物种**（详见词条）的存在。它们被发现于深海中或者地球腹内，这让人很难继续相信所有的植物以及动物生命都必须依靠**光合作用**（详见词条）而存活。极端条件下生存的物种的存在，告诉我们生命可以完全不需要阳光而存在！在如墨般漆黑的深海中，或者在火山管附近，其温度不来源于太阳，而是地球内部的能量，在这些数百摄氏度的高温条件下，生命形态十分丰富。极端条件下生存的物种不断地在各个阵线上繁殖。我们在地下数千米处的岩石缝隙中发现了细菌，它们利用水氧化铁，也就是通过制造铁锈来生成能量！还有的细菌出现在最干旱的沙漠中、在盐分最高的水中、在放射性最强的地方。自然制造生命的创造力好像无边无际。

更惊人的是：微生物一旦出现，就好像在极端恶劣的环境下也能一直存在下去。在南极洲沃斯托克湖厚厚的冰层中，人们发现了细菌，尽管它们已经有 100 万年没有与陆地大气接触了，却仍然活着。更神奇的是：人们在一块困在数千万年琥珀中的蜜蜂化石中发现了正在冬眠的细菌！生物学家将它们重新唤醒了，这真是现实版的被白马王子唤醒的睡美人！

某些科学家经过推算认为，宇宙中应该存在着一些与我们在地球上见到的完全不同的生命形态，他们的生物化学并不以碳为基础，而是硅。生命摇篮也不再是水，而可能是氨水，而且至少应该出现在一个足够冷的行星上，因为只有在低温条件下氨才能呈现液态而不是气态。但这些假设经不住推敲：硅的化学性质比碳稳定，不利于生命所需的复杂分子的形成；太冷的行星缺乏促进生物演化的能量：生成氨基酸以及其他蛋白质所需的化学反应无法进行。不过，不要低估生命，它可不止一个把戏！谁知道它还给我们准备了什么惊喜呢？

Vie sur Terre (Unité de la)

地球生命的统一性

　　我们每个人都有两个父母、四个祖父母、八个曾祖父母，以此类推。每当我们在家谱上往前推一代人，这代祖先的数量就会增加一倍。按照这个推理方法，如果我们往前推 36 代，祖先的数量就是 2^{36} 个，也就是接近 700 亿人：由于两代人之间平均间隔 25 年，也就是说，往前推 36 代就大约等于回溯到了 900 年前，也就是公元 1100 年左右。如果我们回到公元 0 年，我们的祖先数量理论上应该是 10^{24} 人！这个数字远高于在地球上生活过的所有人数的总和（500 亿）。有一点是明确的，这些数字告诉我们任何人的家谱都不可能与其他人的完全不相干。

　　由于人口数量在上游减少得越来越多，如果我们追溯得足够远，就不可避免会得出一个结论：地球上现在所有的人都源自同一个祖先。人类学家已经证实了这个神奇的结论，他们说我们实际上都是同一个遥远古人的后代，这个祖先生活在几百万年前的非洲大草原上，他们给她取名为露西。

更惊人的是，通过解密人类以及其他生命物种的基因组，我们发现不仅人类的系谱树会汇合为一棵树，其他所有生命物种都是如此。例如，我们与黑猩猩有 99.5% 的共同基因。这就意味着我们拥有同一个祖先。无论是人类、动物还是植物，它们系谱树上不同的树枝一定会或早或晚地相交聚集形成唯一的一棵树——进化树。

事实上，我们都是同一个有机体——也就是约 38 亿年前一个原始细胞的后代。在这遥远的过去，生命突然因某个唯一的原因而出现。某些物种演化繁殖，而渡渡鸟以及恐龙等其他物种没能活下来。地球上曾出现过的 99% 的物种消失了。它们是进化树上比较低级的树枝，突然就断了。

科学家如何重建进化树呢？有人可能会认为，古生物学家只要能找到足够多的化石——这儿一个骨盆，那儿一颗牙，别处的一根胫骨——事情就解决了！这些古植物以及有机物的遗骸就会告诉我们过去生命的细枝末节。然而事实远非如此。超过 6 亿年的化石几乎不存在。或者这一时期的有机物没有留下痕迹，或者这些痕迹尚未被发现，或者它们早已随时间消失不见。古生物学家虽然能够告诉我们进化树的高级树枝上的情况（在时间上更靠近我们的物种的树枝），他们对低级树枝（在时间上离我们十分遥远的物种的树枝）的事情却只能保持沉默。

那么，重新勾画进化树的希望就完全破灭了吗？没有，因为这个历史就印刻在生物的身上。人们只需破译这段历史。分子生物学家会提供给我们阅读密码。他们通过比较作为生命基本构成单位的巨型分子——蛋白质与核酸——的结构以及功能，它们在有机体内看似彼此不同，却确确实实证实了生命的统一性。所有被研究的生物无一例外都具有同一个物理以及化学系统。人类以及麦秆，表面上迥然不同的两个有机体，其中的细胞却在本质上以同一种方式完成新陈代谢。在上面两种情况中，它们都以类似的方式吸收并保留能量、生长，然后复制自己的遗传密码。蚕与青蛙是两个有着天差地别的有机体，然而，你如果观察它俩的蛋白质以及核酸，会发现它们十分相似，甚至会搞错。

然而，对于存在共同祖先一事，最有说服力的证据肯定是所有生物为了传递遗传信息而使用的通用密码——印在 DNA 分子双螺旋结构上的密码。人们很难相信高度复杂、独特的机制是连续多次，却没有任何因果关联地独立出现在不同有机体内的。更有可能的是，这个机制早就存在于一个共同的祖先体内，然后是这个祖先将其传给了众多不同的后代。

为了重建进化树，生物学家坚持一个原则：两个有机体的分子越不同，它们的亲属关系越疏远，它们各自的第一个祖先相隔的时间越久，它们的树枝在进化树上相隔得越远。然而，最令人印象深刻的既不是不同之处也不是相似之处，而是这些表面看来如此不同的有机体与我们拥有如此之多的相同特征。连小麦和酵母都与人类有五十多种相同的氨基酸！分子生物学明确地告诉我们地球上所有的生物——人类、动物、鱼、昆虫、植物——都有一个唯一且共同的祖先。

扩展阅读：克里斯蒂安·德迪夫，《生机勃勃的尘埃：地球生命的起源和进化》，上海科技教育出版社，1999。

Vie terrestre (Origine de la)

ᘐ 地球生命的起源

生命无论是从火星还是太空中的其他地方来到地球上（详见：**泛种论**），还是直接起源于地球，大约都是在 38 亿年前出现在地球上的。

为了解释这一点，有些人赞同生命体自成一组，它们与无生命物体不受相同定律的支配。因此，在"生机论"中，一个额外的组成部分将生命力注入无生命物体内。法国哲学家亨利·柏格森（1859—1941）是生机论的狂热支持者，他认为"生命之流"与无生命物体对抗，并强迫它自我组织。

今天，生机论不再流行，因为应用于无生命物体的物理学与化学的普通定律好像越来越好地解释了生命体的一些关键属性。为了解释生命形态，再也不需要提及生命力了。生命形态通过一系列正常的物理变化自然而然地出现，这就是我今天支持的观点。

生命不再是自发出现的，路易·巴斯德（1822—1895）于1862 年，在法国科学院通过一系列实验证明了有生命的有机体不能自发诞生，只能诞生于另一个有生命的有机体。

然而，虽然巴斯德给了生命自发生成理论致命的一击，可是第一个生命有机体从哪儿来的呢？**查尔斯·达尔文**（1809—1882，详见词条）并不否认无生命物体能变成生命体。在1871年的一封著名信件中，他将生命摇篮描述成一个"高温的小池沼"。

在哈罗德·尤里（1893—1981）实验室工作的美国化学家斯坦利·米勒（1930—2007）是第一个用实验检验达尔文"热池沼"观点的科学家，他在实验室中模拟了达尔文的热池沼或原始海洋。结果超出了所有人的预期。几天后，水呈现出棕红色，经分析，这锅"原始汤"中存在有机分子以及氨基酸，它们是蛋白质的基本构成单位，而蛋白质又是地球生命的基础。欣喜之情溢于言表：这似乎意味着迈出了在实验室制造生命的第一步。接下来只需等待一个生命体出现在这份原始汤中就够了。

然而，米勒和尤里在实验室制造生命的巨大希望破灭了。即便他俩的气体混合物是正确的，还从未有人在试管中成功制造出生命：从无生机的氨基酸到第一个生命有机体的路途漫长且艰难，这就如同有一堆砖块并不意味着某天就能建成美丽的城堡。

目前，虽然我们还不知道早期的氨基酸是如何出现在地球上的，不过，这种分子化合物极有可能构成了生命早期的萌芽。现在有20种不同类型的氨基酸：无论是人类、细菌、海豚、蜻蜓，还是玫瑰花，到处都是一样的。它们到底是从地上长出来的还是从天上降下来的，这仍是个不解之谜。

∽ 银河系的传说

在美丽的夏夜，一条横跨天空的巨型乳白色拱桥会吸引我们的视线。在我的故乡，在太阳升起的东方，人们把这个拱桥称作"银河"。传说在河的两岸住着被天帝强行分开的牛郎织女。下面是越南作家范维谦（1908—1974）笔下带有浪漫主义色彩的柔情悲剧：

"织女是天帝最漂亮的女儿，十分勤劳善良。每天早晨，她都来到银河岸边纺织，日夜机杼不停。她要为天庭所有的仙女制作衣服，因此织布机工作的声音一直与银色浪花的歌声交织相伴。

"每天，放牧者牛郎赶着天帝的羊群沿着银河放牧。每天他都能看到勤劳纺织的公主，公主的美貌和优雅使他心生爱慕。没过多久，织女就与牛郎相爱了。当天帝知道他们互有好感后，并没有阻挠他们，而为他们赐婚，只是要求他们婚后必须继续做好以前的工作。

"新婚燕尔，牛郎和织女沉浸在甜蜜之中，忘记了天帝的命令。他们流连于天上的美景之中，将之前的工作完全抛于脑后。无人管理的牛羊游荡在天空的田野中。织女的织布机也不再有美妙的歌声相伴，蜘蛛乘虚而入在上面织网。

"天帝雷霆大怒。他拆散了这对夫妻，要求他们分别在银河两岸继续劳作。从此以后，他们只能隔着发亮的银河相望：

相隔甚远，彼此十分想念。

"天帝允许他们每年相见一次：每年的第七个月，也被称作牛郎月。每次团聚，牛郎和织女都会洒下欢乐的泪水，每次分离，又洒下伤感的泪水。因此，每年第七个月的雨水特别多，被称作'牛郎雨'。此外，如果每年这个时节去乡下，乡下人会提醒你注意乌鸦都不见了：它们都飞上天空搭桥，供牛郎织女团聚……"

La Voie lactée

— Débrouillez-vous ! Je ne peux pas vous nourrir toutes au biberon.

事实上，越南传说中的银河，就是西方人所称的"乳之路"。一直以来，无论在哪种文化中，人类都会把周围的世界以自己熟悉的模样来理解，需要将不同的信息碎片拼成一个统一的整体。在关于银河的传说中，夏日夜空中那乳白色的巨大拱形被西方人理解为天后赫拉的乳汁，而在越南，七月肆行的季风暴雨被解读成牛郎织女的泪水。人们以此来让自己所居的浩瀚宇宙变得不那么陌生，消除那种对于无垠太空的恐惧。

扩展阅读：范维谦，《平静大地上的传说》，法国信使出版社，1989（Pham Duy Khiêm, *Légendes des terres sereines*, Mercure de France, 1989）。

Voie lactée: la vision moderne

∽ 银河系的现代解读

自从伽利略于 1609 年将望远镜指向天空开始，人们对银河系形状的科学思索就从未停止。之后人们通过望远镜发现了越来越多颗恒星，而且它们变得越来越大，这无数颗恒星距离多远呢？银河系有没有一个边界，或者无边无际，在牛顿无垠的宇宙中均匀地将恒星分布其中？它是什么形状的？球状的还是平的？

英国物理学家汤姆斯·莱特（1711—1786）确定了银河系十分重要的一点：恒星不可能均匀地分布在天空中，而应该只分布了薄薄的一层。如果我们朝着与这层恒星相切的方向观察，眼前会出现许多恒星，形成了横跨天空的乳白色的巨大拱形，这一神奇景象在夏日无月的美丽夜空愉悦了我们的双眼。相反，如果朝着与此薄层相垂直的方向看，我们眼中几乎没有恒星。因此，莱特在 1750 年提出了一个球形的银河系，太阳以及其他恒星分布于很窄的一层中，像三明治一样夹在两个同心球形中。银河系就像一个没了果肉的橙子，太阳和恒星分布在它的果皮上。德国哲学家伊曼努尔·康德（1724—1804）重新审视了莱特的观点，认为球形不足以解释银河系的外观，认为它应该是扁平的圆盘状。他从行星围绕太阳公转的事实中获得了灵感，认为恒星在一个圆盘平面上，绕着银心做圆周运动。它们之所以看起来是静止的，是因为它们遥远的距离使得自身运动不易被察觉。日后，英籍德国天文学家威廉·赫歇尔（1738—1822），也就是**天王星**（详见：**天王星与海王星**）的发现者，通过耐心且仔细的工作，证实了康德天才般的直觉。他从天空的不同方向数了银河中恒星的数量，发现银河系的形状应该是平的。

在赫歇尔的银河中（过去一度与整个宇宙混淆），我们的恒星，也就是太阳，占据了中心位置。事实上，人类的自尊心不愿意言败：即使地球不是世界的中心，我们的恒星也得是世界的中心！数恒星个数并不能准确地限定星系的范围。需要不惜一切代价以另外一种方式进入宇宙深处。为了确定距离最近的恒星的距离，天文学家发明了一种叫作"**视差**"（详见词条）的方法：分别站在绕太阳公转的地球上的两个不同位置观察同一颗恒星，两个位置的时间间隔是六个月，也就是地球公转半圈的时间。因此，两次观察的位置之间大约相隔 3 亿千米，等于地球绕太阳旋转的椭圆轨道的平均直径。观察角度不同，相隔六个月所观察的恒星的位置与看似静止在天空的遥远恒星构成的画面背景之间有一个小角的差别，这个角被称作"视差"（来源于希腊语 parallaxis，意思是"改变"）。由于恒星的距离与所测量角度成反比（恒星距离越远，角度越小），只需要测量恒星的视差，就可以推算出它的距离。宇宙因此变得越来越大。恒星的距离不再和行星一样以光时为单位，而是光年。离太阳最近的恒星是半人马座的比邻星，距离 4.3 光年；然后是天狼星，8 光年；接着是织女星，22 光年。

银河系的边界并不止于此。超过 100 光年后，恒星的视差变得太小，无法被测量到。因而我们需要找到宇宙灯塔，它们的亮度足够大，能够从很远的地方被看到，指引我们朝远方航行。**造父变星**（详见词条）就是宇宙灯塔，它们的亮度有周期性变化。造父变星有一个重要的性质：其亮度越大，两次亮度最大值（被称作周期）的时间间隔越长（从几天到几个星期不等）。因此，我们只需要测量造父变星的周期就能推算出它实际的亮度。测得的表面亮度等于实际亮度除以距离的平方，因此我们很容易就能测出它的距离了。

美国天文学家哈罗·沙普利（1885—1972）充分利用了星系远方的信标，确定了银河系的边界。而且，他利用这些信标将太阳推下了银河系中心的宝座，再次给人类的心灵带来了创伤。沙普利热衷于探索球状**星团**（详见词条）的秘密，这是由 100 万颗因引力聚在一起、直径为数百光年的集合体。他对恒星在星系中的空间分布尤其感兴趣。他利用造父变星——宇宙灯塔，确定了一百多个球状星团的距离。这些星团分布在一个巨大的球体内：奇怪的是，这个球体的中心并不是太阳的所在地，而位于人马座方向上的几万光年处。沙普利在 1917 年得出了正确的结论，如同地球不是太阳系的中心，我们的恒星也不是银河系的中心（这个中心同时也是球状星团球体的中心），它位于银河系偏远的郊区。哥白尼，更准确地说，应该是**哥白尼的幽灵**（详见词条），重新出现了！

今天，我们知道银河系包含着数千亿颗因引力而连的恒星。它是一个直径为 10 万至 18 万光年，厚度为 1000 光年的薄圆盘，太阳在此不停地绕圈。在 2.6 万光年处，也就是银心到银河边界约一半多的距离处，太阳带着太阳系，以 220 千米 / 秒（或 79 万千米 / 时）的速度穿越银河空间。太阳自约 45.5 亿年前诞生以来，已经绕银河系旋转了 20 圈，每一圈需要花费 2.2 亿年。太阳系小到只有银河系大小的亿分之一。从太阳系的小角落里丈量整个银河系的难度，等同于一直冒险测量整个法国面积的蚯蚓的难度！

弱相互作用大质量粒子

　　我们通过研究星系中恒星的运动以及星团中星系的运动，得知宇宙只有31.7%是由物质构成的。在这31.7%中，只有4.9%是和你我一样由重子物质（也就是质子、中子以及电子）构成的，剩下的26.8%是由非普通或者"异常"物质构成的。人们尚不清楚这种异常物质的准确性质：无论是在实验室中，还是在宇宙中，人们都还未检测到任何一个**暗物质**（详见词条）粒子。虽然这种暗物质在**星系的形成**（详见词条）中起到了十分重要的作用，人们对其性质却是一无所知的。

　　然而，天体物理学家从不缺乏想象力，他们缺少的从来不是候选者！他们认为，从普朗克时间（10^{-34}秒）到大爆炸后的10^{-35}秒这段时间内，由夸克（质子与中子的基本单位）构成的重子物质诞生，同时诞生的还有大量异常物质粒子，它们每个都有质量。所有粒子的运动都有特有的温度：其速度越快，温度越高；其运动越迟缓，温度越低。在特定温度的环境中，物质粒子根据质量不同或快或慢地运动。大质量的粒子由于体型肥硕，比小质量的粒子运动得慢。因此，异常物质的粒子可以划分为两大类：一类是轻的，运动速度非常快，构成了物理学家所称的"热暗物质"；另一类是重的，运动速度迟缓，构成了"冷暗物质"。

　　目前，冷暗物质希望最大的候选者是弱相互作用大质量粒子（WIMPs）。这一总称是英语单词 Weakly Interacting Massive Particles（大质量粒子之间的相互作用非常弱：它们能轻松穿过地球，好像地球是完全透明的一样）的首字母缩合，意思是"瘦弱的人"，命名方式与被称作"晕族大质量致密天体"（详见：**晕族大质量致密天体和普通不发光物质**）的极暗物体相似。它们的存在得益于"超对称"理论的出现，这个理论试图统一光和物质，使得每一个光粒子与物质粒子都伴随着一个超对称伙伴，然而这个超对称伙伴的存在目前还只是一个假设。这些超对称粒子的名字都十分诗意：光微子、Z 微子、希格斯微子，分别是光子、Z 粒子以及希格斯粒子（超对称伙伴的名字就是在已知粒子的结尾加上一个"微子"）的超对称伙伴。考虑到大爆炸时弱相互作用大质量粒子的数量，它们应该比质子重百倍到千倍，全部暗物质的质量才能得到合理的解释。弱相互作用大质量粒子的质量与某些超对称理论以及**弦理论**（该理论认为粒子由非常小的弦的两端振动而来——详见词条）在完全不考虑暗物质的情况下的预测完全吻合。这个意想不到的一致性说明弱相互作用大质量粒子可能真的存在，而不是物理学家费尽心机的一派胡言。

无论如何，自 20 世纪 80 年代开始，世界各地的物理实验室就没有停止对暗物质粒子的围捕。必须要承认的是，这并不是一项简单的任务，因为这些遍布全宇宙的大质量暗物质粒子几乎不与重子物质发生反应，而我们的仪器却是针对重子物质制作的。通常情况下，如果每秒有 100 万个弱相互作用大质量粒子穿过一个表面约等于一欧元硬币大小的探测器，每天至多只有一个会与这个探测器发生反应！就在你读这行字的时候，每秒钟会有数十亿颗暗物质粒子穿过你的身体，而你却毫无察觉！

然而，一些厉害的工具很快出现在追捕暗物质的猎场上，例如位于日内瓦欧洲核子研究组织的大型强子对撞机（LHC，对强核力十分敏感的粒子，例如质子），已于 2009 年投入使用，达到的能量符合光微子、Z 微子以及希格斯微子的预计质量。或许在不久的将来它能够证明异常物质粒子的存在？无论结果如何，都值得一试：了解宇宙暗物质的性质是现代天体物理学中一项极大的挑战。未来发现它的研究者不仅将会发现一种新物质，还将揭开宇宙大部分质量的面纱。

黄道十二宫

从地球的角度看，一年内太阳在天空中移动一圈的轨迹叫作"黄道"[1]。黄道还指所有的行星绕着自己的恒星永不停歇地旋转时所在的平面。月球每月绕着地球旋转的平面与黄道面十分接近，二者之间的夹角只有5°。"黄道"（Écliptique）一词是"蚀"（Éclipse）的同根词。当月球穿过黄道面，与地球以及太阳排成一线时，日食或月食就会出现。

1　此外，这一运动使我们产生了自己是世界的中心、地球是太阳系中心的错觉。直到1543年，当**哥白尼**（详见：**尼古拉·哥白尼**）推翻了地球的中心地位，将其赋予太阳前，地心说宇宙一直深入人心。

从公元前 5 世纪开始，古人就根据传统将黄道分成 12 个星座或者"宫"（每一个代表了一年中的一个月），基本上与太阳每年在天空中移动时相继遇到的星座（详见词条）相对应。这些星座是：白羊座（3 月 20～22 日，太阳进入春分）、金牛座、双子座、巨蟹座（6 月 21～22 日，太阳进入夏至）、狮子座、室女座、天秤座（9 月 23～24 日，太阳进入秋分）、天蝎座、人马座、摩羯座（12 月 21～23 日，太阳进入冬至）、水瓶座以及双鱼座。由于早期的天文学家其实是占星家——他们不是为了研究天象，而是为了从中预言人类的命运——一直以来，这些星座都带有占星术的色彩。直至今天，它们仍被用来占卜，出现在世界各地的报刊中。这些星座构成了人们所称的"黄道十二宫"（Zodiaque），来源于希腊文 zodiakos，意思是"动物园"：实际上，除了天秤座，黄道十二宫中的所有星座几乎都与动物相关。事实上，太阳最初在天空中遇到了 13 个星座，然而其中一个——蛇夫座——没被列入传统的黄道十二宫中，因此一年只有 12 个月。

对于天文学家而言，黄道带是天空中以太阳运行轨迹为线两侧各 8°（是满月角大小的 16 倍）的区域。在黄道带中运行的不仅有我们的恒星，还有太阳系所有的行星。黄道带上的每一宫占据天空中的 30°（360/12），然而，星座所占据的角度通常不会超过 18°。而且，这些星座的边界都不像十二宫那样被准确限定好了。这样一来，即使黄道十二宫最初与相同名字的星座具有某种联系，随着时间的推移，二者之间的关系也会越来越疏远。黄道星座的数量一直保持在 12 个，然而星座的数量在逐渐增加，今天已经有 88 个。由于星座能够帮助旅行者准确确定自己在地球上的位置，准确辨别它们是很重要的。此外，地球的自转轴在空间中并不是固定的，在空中描绘出一个圆锥形（天文学家将这种现象称作"岁差"，详见**北极星**），因此，随着时间的改变，天空的外貌在每年的某段时间也会发生改变。这一切都使得黄道星座不再与同名星座有直接的联系。

D'après
Emile
Reiber

MISTÈRE
UNIVERS
?